# COURS D'ÉTUDES

## RATIONNELLES

OU

TRAITÉS MÉTHODIQUES ET PROGRESSIFS
DES SCIENCES NATURELLES, PHYSIQUES ET MORALES,
DE LITTÉRATURE, D'HISTOIRE ET DES BEAUX-ARTS,

AVEC LEURS APPLICATIONS

A L'INDUSTRIE, AUX ARTS ET A L'ORGANISATION SOCIALE
DES PEUPLES AU XIX$^{e}$ SIÈCLE;

SOUS LA DIRECTION DE M. GASC,

PROFESSEUR DES SCIENCES PHYSIQUES, OFFICIER DE L'UNIVERSITÉ,
CHEF D'INSTITUTION A PARIS, DE LA SOCIÉTÉ PHILOMATIQUE, ETC., ETC.,
ET AUTEUR DE DIVERS OUVRAGES DE SCIENCES ET D'ÉDUCATION.

Tous les volumes du *Cours d'Études rationnelles* sont revêtus de la signature du Directeur.

PARIS. — IMPRIMERIE DE A. ÉVERAT,
RUE DU CADRAN, 16.

# TRAITÉ ÉLÉMENTAIRE

DE

# GÉOLOGIE, MINÉRALOGIE

ET

# GÉOGNOSIE,

SUIVI D'UNE STATISTIQUE MINÉRALOGIQUE DES DÉPARTEMENS,

PAR ORDRE ALPHABÉTIQUE.

ET PRÉCÉDÉ D'UNE PRÉFACE DE M. GASC.

## Histoire naturelle Inorganique,

PAR

**M. G. BARRUEL,**

PROFESSEUR DE CHIMIE ET DE MINÉRALOGIE.

PARIS.

AIMÉ ANDRÉ, LIBRAIRE,

ÉDITEUR DES OUVRAGES DE MALTE-BRUN,

RUE CHRISTINE, N° 1.

1839.

## PRINCIPAUX OUVRAGES DE M. GASC

QUI SE TROUVENT CHEZ LE MÊME LIBRAIRE.

---

**CONSIDÉRATIONS** sur la nécessité et les moyens de réformer le régime universitaire. 1 vol. in-8°................ 5 f. » c.

**DES MÉTHODES** d'enseignement en général, et de la Méthode Jacotot en particulier. Brochure in-8°............ 1 25

**EXAMEN** critique du projet de loi sur l'instruction secondaire, présenté par le ministre de l'instruction publique à la Chambre des Députés, le 1er février 1836. Broch. in-8°. 1 25

**MÉMOIRE** sur l'influence de l'électricité dans la fécondation des plantes et des animaux, et considérations rapides sur la prétendue génération spontanée. Brochure in-8°... 1 25

**RÉFLEXIONS GÉNÉRALES** sur la vie et sur le système des molécules organiques, ou examen philosophique des principes fondamentaux de la physiologie. Brochure in-8°. 1 80

**PÉTITION** adressée à la Chambre des Députés sur les réformes qu'exigent, dans l'éducation publique l'état actuel de la civilisation et les besoins des sociétés modernes, avec beaucoup de notes. Brochure in-8°.................. 3 »

**DISCOURS** sur la réforme universitaire et sur la liberté d'enseignement, etc. Brochure in-8°...................... 2 »

Quelques autres ouvrages du même auteur sont épuisés.

# ERRATA.

Page 8, ligne 17. — 10,267, *lisez* 1,0267.

Page 22, ligne 13. — Changemens arrivés qui, *lisez* changemens arrivés et ceux qui, etc.

Page 58, ligne 34. — Les crustacés, *lisez* les crustacées.

Page 67, ligne 33. — Baryte sulfaté, *lisez* baryte sulfatée.

Page 80, ligne 22. — Il peut se mouvoir, *lisez* ils peuvent se mouvoir.

Page 91, ligne 11. — Filets circulaires, *lisez* filets aciculaires.

Page 117, ligne 20. — Wallastonite, *lisez* Wollastonite.

Page 131, ligne 8. — Est l'algue, *lisez* est l'aigue.

Page 132, ligne 28. — Grenat grostulaire, *lisez* grenat gossulaire.

Page 161, ligne 27. — Sanalpe, *lisez* sanualpe.

Page 175, ligne 14. — Glanzkotale, *lisez* Glanzkohle.

Page 198, ligne 22. — Ou mieux grillent, *lisez* ou mieux en grillant.

Page 228, ligne 11. — Tranchant, *lisez* tâchant.

Page 244, ligne 31. — Entre 8 et 55, *lisez* entre 18 et 53.

Page 254, ligne 10. — Tantaline, *lisez* tantalite.

Page 283, ligne 9. — Calcéum, *lisez* calcium.

Page 287, ligne 22. — L'ataï, *lisez* l'altaï.

Page 298, ligne 15. — A l'air nu, *lisez* à l'œil nu.

Page 298, ligne 17. — Et les variétés, *lisez* et les cavités.

Page 308, ligne 1. — Alcinc, *lisez* calcin.

Page 356, ligne 11. — Bolemnites, *lisez* bélemnites.

Page 354, ligne 22. — Muni de nageoires ayant, *lisez* muni de nageoires avait.

Page 354, ligne 24. — Chalonia, lisez chelonia.

Page 356, ligne 27. — Corat-rag et elle contient, *lisez* coral-rag, elle contient.

Page 359, ligne 2. — Alterias, *lisez* asterias.

Page 359, ligne 4. — Garelites, *lisez* Galérites.

Page 359, ligne 31. — Panopoca, *lisez* panopœa.

Page 397, ligne 12. — Huelgaël, *lisez* huelgoët.

Page 415, ligne 22. — L'ile de Croix, *lisez* l'ile de Groix.

Page 421, ligne 6. — Porphyre grès, *lisez* porphyre gris.

Page 427, ligne 29. — A Chessy-aux-Chenelettes, *lisez* à Chessy, aux Chenelettes.

Page 428, ligne 11. — De cendre, *lisez* de cuivre.

Page 431, ligne 32. — Sabluisant, *lisez* Subluisant.

Page 434, ligne 8. — Touche, *lisez* tourbe.

# PRÉFACE DU DIRECTEUR.

L'histoire naturelle inorganique ne s'annonce pas ordinairement avec le prestige qui accompagne les diverses branches de l'histoire naturelle des êtres vivans : et cependant elle n'est pas dépourvue de charmes, lorsqu'on ne la considère pas sous le même point de vue que le vulgaire, et surtout elle ne le cède à aucune autre partie des sciences pour l'utilité.

Pour les personnes qui prétendent cultiver réellement leur intelligence, qui sont pénétrées du sentiment de la dignité de l'espèce humaine et de la grandeur des œuvres du Créateur, l'étude des productions de la nature est, sans contredit, la plus importante de toutes, puisqu'elle les rappelle sans cesse à Dieu par le spectacle de ses ouvrages, et à elles-mêmes par l'aspect toujours renaissant des sources de nos besoins et de nos plaisirs. La plus douce jouissance de l'homme, et en même temps son premier intérêt, ne sont-ils pas de connaître son habitation? Et cette terre qu'il foule aux pieds aurait-elle pour lui moins d'attrait que les plantes qui y sont attachées, et que les animaux qui se promènent à sa surface, qui nagent dans les eaux, ou volent dans les airs? Les trésors qu'elle recèle dans son sein sont-ils donc moins précieux, et nous sont-ils moins utiles que ceux que nous trouvons à l'extérieur?

Les mouvemens de la vie, ses phases ou périodes, ses phénomènes divers, en un mot, semblent offrir un spectacle plus varié et plus brillant, et exciter un plus vif intérêt que les opérations lentes et cachées qui produisent ou modifient les substances en apparence immobiles de la nature morte. Ils réclament et obtiennent en effet une sorte de préférence ; mais cette préférence est le résultat d'une erreur ou d'un préjugé, l'œuvre indigeste de l'imagination, et le partage de l'ignorance. Sait-on bien quelle différence il y a entre la *nature vivante* et la *nature morte*, et quelle est entre elles la ligne de démarcation? Les mouvemens *intestins* ou intérieurs qui poussent les molécules de la matière brute, qui la travaillent de mille manières, et l'ornent des plus riches couleurs, n'ont-ils pas également droit à notre admiration? Et le jeu de cette force, qui dirige et place ces particules avec une précision et une rigueur mathématiques, et engendre cette multitude de formes parfaitement géométriques que nous offrent les cristaux, n'est-il pas un motif d'étonnement aussi puissant que tout autre phénomène de la nature?

D'ailleurs, chaque science considérée isolément perd beaucoup de son importance, et quelquefois même ne paraît alors qu'un simple objet de curiosité ou de spéculation philosophique. Sous ce rapport encore, les sciences agrandissent sans doute la sphère de nos idées, s'adaptent à la nature de l'homme comme être intelligent, sont un aliment *nécessaire* de sa pensée toujours active et de son désir inquiet de connaître; mais cet isolement d'une science n'est véritablement qu'une sorte d'abstraction qui n'appartient qu'à quelques esprits bornés ou insoucians : et ce qui généralement intéresse le plus dans une science quelconque, ce qui lui donne son complément naturel, c'est l'examen de ses rapports avec toutes les autres. C'est cette connexion bien établie, ou en d'autres termes, ce sont les applications des sciences qui constituent leur véritable utilité.

Pour ne parler que de celle qui fait l'objet de ce traité, quel intérêt n'inspire-t-elle pas aussitôt qu'on la met en relation avec les autres sciences et avec les arts de la société. Elle ne le cède à aucune autre ni pour le nombre, ni pour l'importance de ses rapports. Dans le sein de la terre, se trouvent ces pierres précieuses auxquelles le fanatisme du luxe a donné un si grand prix, et dont la valeur, quoique arbitraire et toute de convention, en fait une branche d'industrie du premier ordre, et une source de richesses. On retire aussi de ses entrailles ces métaux qui servent de représentation ou de signe à toutes les valeurs, et qui sont l'expression et le salaire de tous les produits du travail physique, des arts et de la pensée; et ces autres métaux qui ont reçu des emplois si divers dans les différentes branches de l'économie sociale, parmi lesquels il faut remarquer surtout ceux qui fournissent les instrumens de tous nos arts, qui se prêtent à tous les usages qu'en peut faire le génie de l'homme, et qui centuplent la puissance de l'adresse et du génie. C'est de là que l'on extrait ces roches qui servent à la construction de tous nos édifices, et les cimens qui en lient les différentes parties. C'est là qu'existent pour nous ces immenses magasins d'un combustible tout prêt à faire marcher nos usines, et à nous fournir, par une simple distillation, le gaz qui éclaire nos villes.

Ainsi, la plupart des arts prennent leurs matériaux et leurs instrumens dans l'histoire naturelle inorganique : l'économie domestique y trouve ses ustensiles ainsi que le principal assaisonnement de nos alimens, et les moyens de conserver les viandes; la médecine en retire une foule de remèdes héroïques; l'agriculture perfectionne ses procédés et augmente ses produits, en combinant avec art les terres de propriétés différentes, pour les opposer l'une à l'autre, et les neutraliser; l'art du potier, par d'autres préparations de ces mêmes terres, fournit à nos besoins divers, des vases de toute espèce, et garnit la table des favoris de la fortune de ces belles porcelaines ornées de peintures métalliques encore plus belles; des sables fondus avec d'autres matières minérales, en y mêlant quelquefois des métaux, produisent ces verres blancs et colorés, ces cristaux, ces glaces qui servent aux besoins et aux agrémens de la vie. Nos édifices, nos monumens, et l'humble habitation du pauvre; nos arcs de triomphes, qui servent à perpétuer le souvenir des grands événemens, nos statues, qui représentent les traits des personnages célèbres, ne sont que des matières pierreuses, du calcaire, des granites, des porphyres, des marbres différemment travaillés.

Si ensuite nous considérons les phénomènes qui ont donné au globe l'aspect qu'il présente, qui ont produit ces boursouflemens souvent si prodigieux, que nous nommons des montagnes, et qui sont liés entre eux comme les parties d'une chaîne ; ces bassins qui s'étendent plus ou moins loin pour joindre leurs bases ; ces plateaux qui contrastent avec les sommets aigus de plusieurs de ces montagnes ; ces gouffres immenses remplis d'eau, constituant les mers, et soumis en général à ces mouvemens oscillatoires réguliers et périodiques, qu'on nomme *flux* et *reflux*, ou *marée* montante et descendante, et qui sont un résultat remarquable de l'attraction combinée de la lune et du soleil sur la terre ; ces feux souterrains qui couvent au sein des montagnes et s'échappent avec explosion après avoir brisé les masses énormes de roches qui formaient leur prison : oh alors, nous trouvons partout des merveilles à admirer et des sujets nombreux de graves méditations ! Mais si nous joignons à ces phénomènes ceux qui se rapportent à la disposition par couches des parties diverses dont le globe se compose, nous arrivons à un ordre plus élevé de considérations. La terre alors nous révèle d'étonnantes révolutions, des cataclysmes qui ont tout bouleversé dans cette planète ; nous y trouvons écrites, avec une certaine précision, les dates aussi bien que les causes de ces catastrophes ; et, chose bien surprenante sans doute, cette histoire du globe renferme les archives du monde, et les véritables fondemens de la chronologie.

Sous ces points de vue divers, l'histoire naturelle inorganique devient une partie essentielle des sciences naturelles, et peut-être l'une des premières qu'il faut étudier. Il n'est pas permis d'ignorer, il est surtout agréable et utile de connaître la nature, les caractères, les gisemens, l'origine, les moyens d'exploitation des substances minérales qui servent à tant d'usages, les préparations que les arts leur font subir pour les y rendre propres, etc. Cette connaissance est surtout nécessaire à ceux dont la profession a pour objet de travailler ces substances dans les différentes branches d'industrie.

Le but que nous nous sommes proposé en publiant ce traité D'HISTOIRE NATURELLE INORGANIQUE, a été d'en conseiller et d'en faciliter l'étude. Nous avons pris ce titre général, parce que nous avons voulu donner des élémens de chacune des trois parties qui composent l'histoire de la terre, au lieu de nous borner seulement à celle qu'on appelle *Minéralogie*. Ces trois parties sont inséparables, parce qu'elles se prêtent un mutuel secours, et servent à s'expliquer réciproquement.

On pourrait jusqu'à un certain point considérer la MINÉRALOGIE comme étant l'*anatomie de la terre*, destinée à faire connaître les espèces simples ou *individus* dont se compose sa masse, et qu'on rencontre quelquefois isolés, mais plus souvent agrégés ou même combinés ensemble, en plus ou moins grand nombre. Dans ce cas, les espèces minéralogiques répondraient à ce qu'on appelle dans la science anatomique, les *organes élémentaires*.

En suivant cette comparaison, qu'on nous permettra, puisqu'elle sert à nous faire comprendre, la *Géognosie* serait semblable à cette partie de l'anatomie qui considère les appareils organiques, ou les organes composés, formés d'organes élémentaires réunis en faisceaux, puisqu'en effet la Géognosie s'occupe des roches et des terrains formés par la réunion des minéraux simples. Il est vrai que l'objet de la Géognosie a reçu une plus grande extension depuis qu'elle est devenue une science particulière, et que maintenant elle s'occupe des minéraux mêmes simples, lorsqu'ils se présentent en grandes masses, et toujours sous le nom de Roches, soit que ces masses soient compactes et dures, soit qu'elles soient tendres, friables et même pulvérulentes ou sablonneuses. Mais la Géognosie ne se borne pas à considérer ces masses en elles-mêmes et leurs caractères, puisqu'alors elle serait encore de la minéralogie proprement dite : elle a égard à leurs positions, à leur direction, à leurs âges ou aux époques de leur formation, etc.

Enfin la Géologie, toujours d'après notre comparaison, serait semblable à la Physiologie qui recherche principalemant les lois de l'organisation, l'origine, les conditions des phénomènes de la vie, etc. : car la Géologie étudie la *constitution* du globe, les changemens qu'il a éprouvés, les causes de ses diverses révolutions, pour arriver à connaître la raison de son état actuel.

Qu'on n'aille pas conclure de là que nous avons voulu comparer véritablement le globe à un grand animal. Nous nous sommes simplement proposé, au moyen de cet artifice de comparaison, de faire comprendre la relation intime et nécessaire qu'ont entre elles les trois parties de l'histoire naturelle inorganique que nous avons, pour cette raison, réunies dans ce volume.

Si notre comparaison était exacte, et si les trois parties dont il s'agit étaient en rapport dans l'ordre où nous venons de les placer, il est évident que nous aurions dû, pour agir rationnellement, en traiter dans le même ordre : et cependant nous avons interverti cet ordre dans l'ouvrage, précisément pour suivre une marche plus rationnelle. En effet, il est impossible de se livrer à l'étude de la Minéralogie si l'on n'a pas auparavant acquis les principales notions de la Géologie ; et c'est ce qui nous a engagé à en exposer en premier lieu les élémens. La Géognosie devait naturellement suivre la Minéralogie, parce qu'elle en est une sorte de complément, et qu'elle a besoin de la connaissance des espèces minérales. Ces raisons reparaîtront dans le cours de ce traité, et seront rappelées à leur place respective.

Maintenant, nous devons dire un mot de la manière dont nous avons traité le sujet de ce volume.

Nous avons partout cherché à remplir le but de notre entreprise, et les engagemens que nous avons contractés dans notre prospectus, en mettant autant que possible ce traité à la portée de toutes les intelligences. Pour cela, nous avons traduit en langue vulgaire toutes les expressions techniques dont l'emploi était nécessaire. Nous en avons fait autant pour la plupart des nombres avec décimales, à l'exception de ceux qui indiquent les densités de l'eau de mer, les fractions étant ici trop faibles et l'indication étant moins généralement essentielle que les autres.

Le cadre fort restreint dans lequel nous devions faire entrer les élémens des trois parties qui composent cette branche de l'histoire naturelle, nous a forcé de ne dire que ce qui était absolument nécessaire. Pour la même raison, nous n'avons dû prendre parti pour aucun système géologique en particulier : car, pour en apprécier le plus ou moins de fondement, il faut savoir, et ce livre est destiné à ceux qui, ne sachant pas encore, veulent se mettre à même d'apprendre. Pour empêcher de naître dans l'esprit de nos lecteurs des préventions plus ou moins fâcheuses, les limites qui nous étaient tracées ne nous permettant pas de traiter à fond cette matière, nous avons dû nous borner à citer à ce sujet les faits importans et les principales conséquences qui en ont été déduites.

Chaque fois qu'il a été nécessaire, nous avons renvoyé aux ouvrages spéciaux pour les descriptions et explications qui n'étaient pas du ressort de cet ouvrage. Ainsi, dans la Géognosie, nous n'avons pu qu'indiquer les fossiles principaux de chaque terrain, laissant à nos lecteurs le soin d'en chercher les descriptions dans les traités de Zoologie ou de Botanique. On concevra sans peine cette nécessité, si l'on fait attention qu'il eût fallu faire l'histoire de plusieurs milliers d'individus, tant d'espèces éteintes que d'espèces analogues ou identiques à celles qui existent maintenant : et d'ailleurs, nos traités d'histoire naturelle seront aussi une préparation à ce travail et donneront le moyen de l'entreprendre avec fruit.

Pour les propriétés chimiques et les applications aux arts des substances minérales, nous avons dû renvoyer aussi aux traités de Chimie, de Technologie, etc., que nous publierons successivement. Nous donnons cependant souvent des notions préparatoires à cet égard qui ne sont ni sans intérêt, ni sans utilité. Ainsi nous indiquons sommairement les modes d'extraction des principaux métaux, les usages des minéraux employés dans les diverses branches d'économie sociale, et les opérations qu'on leur fait subir à cet effet, la *cuisson* de la chaux, du plâtre, etc. ; mais nous ne pouvions donner dans cet ouvrage des détails étendus qui appartiennent nécessairement à d'autres. Du reste, indépendamment du renvoi aux traités également élémentaires qui font partie de notre collection, nous avons promis de joindre à chacun de nos traités une bibliographie des principaux ouvrages qui traitent de la même matière. Ainsi à la fin de ce volume, nous donnerons la liste des traités spéciaux que l'on pourra consulter sur la *Géologie*, la *Minéralogie* et la *Géognosie*.

Quoique nous ayons promis des livres élémentaires, à la portée de toutes les intelligences, on ne doit pas s'attendre que celui-ci, dans la partie minéralogique et géognostique du moins, puisse être compris par la seule lecture. Cela se peut pour des livres de morale, de littérature, d'histoire, de philosophie même, etc. ; mais nous n'avons pas prétendu que nos descriptions fussent intelligibles, sans la présence des objets décrits. Un traité de minéralogie suppose donc nécessairement que le lecteur a sous les yeux une collection ; mais les collections particulières sont rares, et nous avons dû suppléer à ce défaut en adaptant nos descriptions à une collection publique de la capitale, à laquelle ressemblent plus ou moins celles des villes de province, et avec laquelle d'ailleurs il est assez facile de les faire concorder, avec notre livre à la main. Il est évident, au reste, qu'un traité de minéralogie, pour initier à l'étude de cette science, doit être, en quelque sorte, le catalogue d'une collection quelconque.

La seule collection, vraiment publique, c'est-à-dire que l'on puisse fréquenter presque à volonté, est celle du Muséum d'Histoire naturelle. L'ordre dans lequel elle est classée nous a donc paru le seul convenable à cet ouvrage pour donner à chacun le moyen d'étudier, sur les échantillons naturels, les caractères des espèces dont on lira la description dans le livre. A chaque minéral, nous avons, autant que possible, indiqué la synonymie allemande, non seulement parce que les savans allemands ont contribué puissamment aux progrès de cette partie de l'histoire naturelle, mais aussi parce que notre ouvrage, par ce moyen, peut devenir utile aux jeunes gens de ce pays : les noms allemands d'ailleurs sont quelquefois employés seuls, même par les auteurs français. Par un motif semblable, nous avons donné, pour les roches, avec la synonymie allemande, la synonymie anglaise. Enfin, nous avons joint à ce traité les planches nécessaires à la parfaite intelligence des formes cristallines, des dispositions des terrains par couches, des principales opérations d'essais minéralogiques, etc.

Quelques minéraux ont été décrits très-brièvement, parce qu'ils sont connus depuis peu de temps et qu'ils ont été à peine étudiés jusqu'ici. Nous aurions pu les omettre sans doute, mais nous avons préféré citer ce qui en a été dit, quoique encore insuffisant.

Il n'est peut-être pas inutile d'avertir ici que la plupart des noms des minéraux ont été donnés arbitrairement. Cependant beaucoup d'entre eux ont reçu, depuis quelques années, le nom de savans de divers pays, en l'honneur de leurs travaux dans les sciences physiques ou naturelles. Ainsi la Gaylussite, la Thénardite, la Vauquelinite, la Lièvrite, la Breunnérite, la Humboldite, la Heulandite, la Klaprothite, la Berzelite, etc., sont dans ce cas. Mais on a fait un tel abus de ces dénominations, que certaines substances portent le nom de plusieurs savans à la fois, ou, ce qui est encore pis, que plusieurs, quoique d'une nature entièrement différente, ont le nom d'un seul, comme le *feldspath apyre* ou *andalousite* que l'on nomme JAMESONITE, aussi bien que l'*antimoine sulfuré plombifère*; ainsi encore on a donné le nom de Brucite (de Bruce, naturaliste anglais) à un fluo-siliciure de magnesium, et à un zinc manganité, et le nom de Humboldite à une chaux boratée siliceuse, et à un fer oxalaté.

En général la manie nomenclative offre de grands inconvéniens en minéralogie. Quelquefois la même substance a sept ou huit noms, dont plusieurs sont tirés du grec, souvent avec peu de discernement. En empruntant le secours de la langue grecque, on a sans doute eu en vue généralement de former des mots qui expliquassent la nature de la substance qu'on voulait nommer, ou du moins quelqu'une de ses propriétés, et il faut convenir qu'on y a réussi quelquefois; mais il arrive assez souvent que ces noms ont besoin eux-mêmes d'être expliqués, l'on pourrait dire commentés, et qu'ils sont loin par conséquent d'atteindre le but qu'on s'est proposé. Par exemple, on a nommé *argyrose* l'argent sulfuré, et ce nom aurait mieux convenu à l'argent natif, puisqu'il veut dire *argent* : le nom d'*exitèle*, qui veut dire *volatil*, et que l'on a donné à l'antimoine oxidé, aurait aussi bien convenu à l'arsenic natif, à l'arsenic sulfuré, etc., et beaucoup mieux à l'ammoniaque muriaté. Les noms d'*aphérèse* et d'*ypoleime*, qui signifient, l'un *soustraction*, et l'autre, *restant de compte*, et qui ont été donnés à des variétés de cuivre phosphaté, ne signifient absolument rien par rapport à ces minéraux; et tout autre mot, pris au hasard dans un dictionnaire grec, aurait été aussi judicieusement appliqué. Le nom de *dichroïte*, qui veut dire à deux couleurs, et qu'on a donné au saphir d'eau (nommé depuis cordiérite), comme exprimant son caractère spécifique, peut s'appliquer également à quelques autres minéraux, à la tourmaline, par exemple, qui présente aussi ce caractère.

Ces exemples suffisent pour expliquer et justifier notre observation critique : et nous ferons remarquer, en finissant, que les Allemands et les Anglais, lorsqu'ils veulent donner de telles indications par un nom, le composent de mots de leur propre langue, ce qui est moins prétentieux et plus compréhensible.

Il nous a semblé qu'une *statistique minéralogique* de la France, divisée par départemens, devenait une partie nécessaire de notre travail, pour donner à nos lecteurs le moyen d'étudier les substances minérales de leurs contrées respectives. C'est une sorte d'application pratique de l'histoire naturelle du globe que nous avons voulu faire par-là; c'est un résumé de minéralogie au bénéfice de chaque localité, qui a pour objet d'inspirer le goût d'une science trop peu cultivée sans doute, parce qu'on n'a pas encore assez fait pour la rendre facile et agréable, et aussi parce qu'on est trop porté à la regarder comme aride, et stérile en résultats.

Cette *statistique* a été faite presque entièrement d'après la collection de l'École des Mines, où les minéraux, comme on le sait, sont classés par départemens. Toutefois, cette collection ne donne pas à beaucoup près une idée exacte de notre richesse à cet égard. Quelques départemens n'ont pour ainsi dire contribué en rien à cet intéressant et utile répertoire qui, par les soins des nombreux et habiles ingénieurs des mines, répandus sur tous les points de la France, pouvait facilement se compléter ; et nous nous estimerions heureux si notre ouvrage pouvait contribuer à l'étendre et à le perfectionner.

Il serait utile de mettre sur les étiquettes de chaque échantillon le nom de la commune d'où il provient, celui du canton auquel elle appartient, l'orientation de la commune par rapport au chef-lieu de canton, et la distance à laquelle elle s'en trouve ; enfin le nom de l'arrondissement. Chaque chef-lieu de département devrait avoir sa collection à part : cela faciliterait les recherches et inviterait peut-être à en faire. Nous exprimons ici nos vœux en faveur de ces améliorations, dans l'espoir que l'administration des Mines en appréciera toute l'importance, et qu'elle chargera de ce nouveau travail les ingénieurs des départemens.

Enfin nous avons terminé ce volume d'histoire naturelle inorganique par deux tables, l'une par ordre de matière, et l'autre par ordre alphabétique, dans la vue de présenter un tableau analytique de tous les objets qui y sont traités, et de fournir les moyens de les trouver promptement, soit par leurs caractères, soit par leur nom. L'avantage de cette double table sera parfaitement senti, sans que nous ayons besoin d'insister sur ce point.

Quoique, dans les considérations qui précèdent, nous ayons démontré l'utilité de l'étude de l'histoire naturelle inorganique, et que nous l'ayons vengée de l'injuste dédain que semblent lui avoir voué les esprits légers et frivoles, on pourra s'étonner que, dans une grande publication comme celle que nous avons annoncée sous le titre de COURS D'ÉTUDES RATIONNELLES, nous débutions par un traité de *Minéralogie* que le préjugé peut faire accueillir avec peu d'empressement, au lieu de commencer par un de ces ouvrages d'un intérêt plus général. Nous croyons donc nécessaire de répondre d'avance à cette observation qui probablement sera faite. D'abord, comme on l'a vu, nous ne partageons point l'idée vulgaire sur cette science, et son rang ne dépend pas à nos yeux de l'opinion erronée des personnes peu éclairées; ensuite, voulant publier une collection de livres, tous également utiles à la jeunesse, d'après un plan qui nous est propre, nous n'avions aucune raison de donner la préférence à l'un plutôt qu'à l'autre.

J'avouerai cependant que les élèves de mon institution, suivant cette année un cours de Minéralogie et de Géologie, pour lequel ils avaient besoin d'un ouvrage approprié à cet enseignement, j'ai dû leur mettre sans retard ce volume entre les mains, et par conséquent le faire imprimer le premier.

Je voulais publier en même temps le premier volume de toute la collection, auquel je travaille depuis quelques mois, et qui, sous le titre de PHILOSOPHIE GÉNÉRALE DES CONNAISSANCES HUMAINES, doit servir d'introduction à tout le *cours d'études rationnelles*, et tenir lieu d'une sorte de discours encyclopédique; mais ce volume n'ayant pu être assez tôt terminé, j'ai été obligé d'en ajourner la publication au printemps prochain. Alors il paraîtra avec le volume d'astronomie que M. Arago, par attachement pour la jeunesse, par son dévouement bien connu pour la propagation des sciences, et aussi par intérêt pour notre entreprise, a bien voulu se charger de revoir.

GASC.

---

# HISTOIRE NATURELLE

# INORGANIQUE.

## INTRODUCTION.

L'histoire naturelle embrasse l'étude de tous les corps existant, soit à la surface de la terre, soit dans son intérieur, ou dans les eaux douces et salées. Ces corps forment deux grandes classes bien distinctes : les uns, doués de la vie et pourvus d'organes qui les constituent par leur réunion, sont nommés *corps organiques;* les autres, sans vie et sans organes, sont nommés *corps inorganiques;* ces derniers forment ce que l'on nommait le *règne minéral.*

La première de ces deux grandes classes est naturellement séparée en deux divisions bien nettement tranchées par des propriétés distinctives. Les corps susceptibles de changer de place ou doués de *locomotion spontanée* plus ou moins complète, et pourvus d'une *sensibilité* variant avec le plus ou moins de perfection des organe, ont le nom *d'animaux*, et composent ce que l'on appelait le *règne animal;* on nomme *zoologie* la science qui s'en occupe. Les êtres, privés de locomotion et de sensibilité un peu remarquable, nommés *végétaux*, formaient jadis le *règne végétal*, et sont l'objet de la *Botanique.* Dans l'étude de ces deux sciences, on ne se borne pas aux espèces vivantes, mais on s'attache encore à celles qui, perdues par suite des bouleversemens arrivés à la surface du globe, ne présentent plus que les restes pétrifiés de leurs parties les plus solides, et sont à l'état de fossiles.

La seconde grande classe, celle qui ne considère que les corps inorganiques, peut aussi former deux divisions; mais ici la distinction à établir entre elles est beaucoup moins tranchée; et cette séparation semble faite plutôt à cause de la différence de la nature des recherches qu'elles nécessitent qu'en raison des caractères qui les séparent réellement; car elles sont si intimement liées que l'étude de l'une demande nécessairement la connaissance d'une partie de l'autre. Dans l'une de ces divisions on étudie les caractères qui distinguent toutes les diverses substances minérales constituant l'écorce du globe terrestre et nommées *minéraux*, d'où est venu le nom de *minéralogie*, que l'on donne à cette branche de l'histoire naturelle inorganique. Dans l'autre, les minéraux ne sont plus considérés que sous le rapport de masses formées souvent de l'association de plusieurs d'entre eux et constituant des roches dont l'ensemble forme des terrains dont on recherche les âges relatifs, la structure, la forme, les accidens qui y sont survenus par suite de bouleversemens successifs, etc.: on nomme *géologie* et *géognosie* cette science, qui est réellement composée de la réunion de deux parties très-distinctes. Dans la première, à laquelle on doit plus spécialement donner le nom de *géologie*, on décrit la figure extérieure de l'écorce solide du globe, ses montagnes, ses dépressions qui, suivant leurs diverses profondeurs, ont formé les vallées, les mers, les cours des rivières; on recherche les causes des diverses dégradations extérieures et intérieures que l'on attribue soit aux eaux, soit aux tremblemens de terre, etc., etc. Cette science tient ainsi d'un côté à la géographie et à l'astronomie, et de l'autre à l'étude des roches et des terrains divers qu'elles forment et que l'on doit plus spécialement nommer *géognosie*. Pour cette dernière science, il est indispensable de connaître la minéralogie, les roches étant formées de minéraux qu'il faut avoir étudiés pour savoir les distinguer. La première de ces sciences, ou géologie proprement dite, doit être connue avant d'étudier la *minéralogie* pour que l'on puisse comprendre ce que l'on doit y dire du gisement des divers minéraux, c'est-à-dire de leur manière d'être dans l'intérieur de la terre et des substances qui les accompagnent.

D'après ce que nous venons de dire, la méthode la plus rationnelle, pour donner une connaissance élémentaire de la partie inorganique de l'histoire naturelle, consiste à commencer par ce que nous venons de nommer spécialement *géologie*, passant de cette branche à la *Minéralogie*, pour terminer par ce que nous avons désigné sous le nom de *géognosie*.

Avant d'entrer en matière, il n'est pas inutile de faire connaître les noms de tous les corps simples, ou connus pour tels maintenant, et qui seuls ou réunis deux, trois, etc. ensemble, constituent les diverses matières qui composent l'écorce du globe, renvoyant au traité de chimie pour connaître ces corps et leurs diverses combinaisons; les uns sont gazeux, comme l'air, les autres liquides; mais le plus grand nombre est solide; nous les rangerons par ordre alphabétique. — *Aluminium*, *Antimoine*, *Argent*, *Arsenic*, *Azote ou nitrogène*. — *Barium*, *Bismuth*, *Bore*, *Brôme*. — *Cadmium*, *Calcium*, *Carbone*, *Cérium*, *Chlore*, *Chrôme*, *Cobalt*, *Cuivre*. — *Etain*. — *Fer*, *Fluor*. — *Glucinium*. — *Hydrogène*. — *Iode*, *Iridium*. — *Lithium*. — *Magnésium*, *Manganèse*, *Mercure*, *Molybdène*. — *Nickel*. — *Or*, *Osmium*, *Oxigène*. — *Palladium*, *Platine*, *Plomb*, *Phosphore*, *Potassium*. — *Rhodium*. — *Selenium*, *Silicium*, *Sodium*, *Soufre*, *Strontium*. — *Tantale ou Columbium*, *Tellure*, *Thorium*, *Titane*, *Tungstène*. — *Urane*. — *Vanadium*. — *Yttrium*. — *Zinc*, *Zirconium*. Le *chlore*, *l'hydrogène et l'oxigène* sont gazeux; le *brome* et le *mercure* liquides. Le *fluor* que nous avons nommé n'a pas encore été obtenu seul : quand on détruit une de ses combinaisons, il en forme immédiatement une autre, ce qui fait qu'il échappe à notre observation.

# GÉOLOGIE.

Cette science, d'après la définition que nous en avons donnée, aura pour objet la connaissance de la figure extérieure de l'écorce solide du globe, de ses montagnes, de ses dépressions, etc., suites de commotions plus ou moins puissantes, et dont les tremblemens de terre actuels nous donnent une faible idée, malgré les désastres qu'ils causent. Les volcans, dont les éruptions forment quelquefois subitement des montagnes, des îles, et d'autres fois au contraire en font disparaître et les remplacent par des lacs ou des précipices; la disposition des matières qui constituent cette écorce solide, les accidens qui y sont survenus par suite des bouleversemens successifs, etc., sont aussi du ressort de la géologie.

## FIGURE DE LA TERRE.

La terre, comme les autres planètes, forme un sphéroïde ou globe que les observations ont démontré être un peu aplati aux pôles : le diamètre, dans le sens de l'aplatissement, est de 12,700 kilomètres (mesure de mille mètres), le diamètre de l'équateur est de 12,755 kilomètres, ce qui établit entre eux à peu près le rapport de 304 à 305. Sa surface est de 5,098,857 myriamètres carrés. ( Le myriamètre est de dix mille mètres ), son volume est de 1,082,634,000 myriamètres cubes; l'axe autour duquel elle fait sa rotation en 23 heures 56 minutes 4 secondes est incliné de 66 degrés 32 minutes 30 secondes sur le plan de son orbite : c'est ainsi que l'on nomme la circonférence ovale ou ellipsoïde qu'elle parcourt autour du soleil en 365 jours, 6 heures, 9 minutes, 11 secondes. (*Voir l'Astronomie.*) Les mesures sont calculées au niveau de l'Océan. On est amené par des phénomènes, que nous verrons plus loin, à penser que la terre, dans l'état actuel, est formée d'une masse maintenue en fusion par une température très-élevée, recouverte d'une enveloppe ou écorce solide très-mince, par rapport au diamètre de la terre, puisqu'on l'estime à 40 ou 44 lieues métriques au plus, et formée successivement par le refroidissement très-lent de la masse, qui, par son état de mollesse primitif, a pu s'aplatir par sa rotation autour de son axe. (*Voir la force centrifuge dans la physique.*) La densité moyenne de la terre, comparée à l'eau distillée, est de 5,48 ou 5,55, celle de l'écorce solide étant, suivant Laplace, à la densité moyenne du globe, comme 1 à 1,55, serait alors de 3,53 ou 3,65 : La densité moyenne de la masse intérieure en fusion serait d'environ 7. On croit généralement, d'après les lois de la pesanteur, que sa densité va croissant de la circonférence au centre. (*Voir, en physique, la densité.*) Cette pesanteur considérable de la masse en fusion doit faire présumer qu'elle est principalement composée de métaux. On croit que la masse des eaux était dans l'origine à l'état de vapeur, et donnait par conséquent à notre atmosphère une hauteur ou épaisseur considérable.

## SURFACE DE LA TERRE,

### DIVISÉE EN SURFACE SÈCHE, LIQUIDE, ET ATMOSPHÈRE.

La surface du globe présente des parties sèches constituant les continens et les îles, mais que nous confondrons ensemble sous le premier de ces noms, et des parties liquides formant l'Océan, les mers intérieures, etc. La superficie des continens pris ensemble est égale à environ le tiers de celle des mers, la surface de l'Océan Pacifique seul est égale à celle des continens, qui sont dessinés par le niveau des mers, et dont on remarque que toutes les grandes pointes sont tournées vers le sud; la hauteur moyenne des continens est d'environ 3000 mètres, la profondeur moyenne de l'Océan est peut-être un peu plus considérable : on l'estime entre 3000 et 4000 mètres; la couche atmosphérique qui enveloppe le globe est d'une épaisseur d'environ 64,000 mètres, ou près de 13 lieues métriques.

## Mers, Lacs et Rivières.

On donne le nom d'océan aux mers qui environnent les continens, et le nom de méditerranée à celles qui, pénétrant dans l'intérieur des continens, sont en communication avec l'Océan; comme la Mer-Noire, la Méditerranée, la Baltique, la mer Rouge, etc. On trouve en outre au milieu des continens de grands amas d'eau salée sans communication avec l'Océan, comme la mer Caspienne. Lorsque leur étendue n'est pas considérable, on les nomme lacs; on donne aussi le nom de lacs à des amas d'eau considérables, mais qui, ayant par des rivières communication avec l'Océan, ne sont pas salés. Ces mers ou lacs sont quelquefois à des niveaux bien inférieurs à celui de l'Océan; ainsi la mer Caspienne a le sien à 300 pieds environ au-dessous, le terrain au milieu duquel elle se trouve présentant une dépression considérable; on verra plus loin à quelle cause on peut l'attribuer; d'autres, au contraire, comme dans le Haut-Pérou, sont beaucoup plus élevés: il s'en trouve qui sont à 4000 mètres au-dessus de ce niveau; outre ces eaux, il y en a d'autres qui sillonnent dans toutes les directions les divers continens, et, venant des parties les plus élevées, se jettent dans ces mers; on les nomme fleuves ou rivières, etc. (*Voir, dans la géographie, les différentes dénominations pour les embranchemens des eaux, affluens, latitudes, longitudes*, etc.)

## Salure de l'Océan, des Mers intérieures, de quelques Lacs.

Tout le monde sait que la masse d'eau qui constitue l'Océan et les mers méditerranées est salée. On a observé que la quantité de sel contenu dans l'eau variait un peu dans l'Océan pour les diverses latitudes: ainsi à l'équateur elle contient un peu plus de sel, mais la différence est peu considérable; les analyses ont donné de 3,27 à 3,91 de sel pour 100 d'eau, c'est environ un vingt-huitième de son poids, ce sel n'est pas pur: voici sa composition pour 100. Chlorure de sodium ou sel commun 72, sulfate de magnésie 17, chlorure de magnésium 10, carbonate de chaux et de magnésie 0,578, ou environ un demi, sulfate de chaux 0,289; on y trouve aussi du chlorure de calcium. Cette composition varie un peu suivant les localités; la salure diminue dans les endroits où les courans de grands fleuves se mêlent à l'eau de la mer et quelquefois à de très-grandes distances, et même l'eau des mers en devient tout-à-fait douce, mais, comme on voit dans ce cas, c'est purement accidentel.

Il n'en est pas de même des mers intérieures qui communiquent avec l'Océan : elles sont en général moins salées que lui; la mer Méditerranée semble cependant contenir davantage de sel, si l'on s'en rapporte à la pesanteur; quant aux mers ou lacs salés sans communication avec l'Océan, il est possible que leur degré de salure change à la longue, ce qui a lieu lorsque l'évaporation enlève plus d'eau que les fleuves qui s'y perdent n'en apportent; car, si à une époque quelconque il y a égalité entre l'évaporation et les affluens, les dépôts entraînés par les fleuves comblant peu à peu le fond, le niveau devra s'élever, la surface s'étendre; et dans ce cas l'évaporation sera nécessairement plus considérable et ne pourra qu'augmenter en même temps que la surface; la salure deviendra ainsi de plus en plus forte, et enfin deviendra telle que peu à peu il se formera des dépôts salins. La composition de l'eau de ces lacs salés n'est pas la même que celle de l'Océan : les sels qui s'y trouvent le plus ordinairement sont des chlorures de magnésium, de sodium, de calcium, de potassium, plus un peu de chlorure d'aluminium, de manganèse, et du bromure de magnésium. D'autres lacs, comme en Égypte, contiennent du carbonate de soude ou natron mêlé de chlorure de sodium; d'autres, comme en Toscane, contiennent de l'acide borique; d'autres enfin, comme au Thibet, du borate de soude. (Voir la chimie pour ces noms et ces combinaisons.) Les amas d'eau de cette espèce les plus considérables ont des affluens, ainsi la mer Caspienne reçoit le Volga, la mer Morte le Jourdain; cette dernière, sur laquelle on récolte tous les ans du pétrole, doit en être alimentée par quelque source intérieure.

Pesanteur spécifique, ou Densité des diverses eaux de mer.

Le docteur Marcet a fait une série d'expériences sur la pesanteur spécifique de l'eau de l'Océan prise à diverses latitudes, c'est-à-dire, sur le poids d'un volume donné de cette eau comparé à celui d'un volume égal d'eau distillée prise pour unité, c'est-à-dire pesant 1, et a obtenu le résultat suivant :

Océan arctique, pes. spéc. 1,02664, équateur 1,02829, hémisphère nord idem, hémisphère sud 1,02882. (*Voir* ci-dessous, aux Caractères physiques des minéraux, l'article de la pesanteur spécifique.) Mer Jaune, golfe de Pékin 1,02291. M. Scoresby, pour juger si la salure était uniforme, a pris la pesanteur d'eaux prises à une même latitude, mais à diverses profondeurs. Voici l'une des séries d'expériences qu'il a faites à une latitude de 76 degrés 34 minutes nord. A la surface, pes. spéc. 1,0265; à 120 pieds (anglais) ou 36,575 mètres 1,0264; à 240 pieds ou 75,15 mètres 1,0266; à 360 pieds ou 108,726 mètres 1,028; enfin, à 600 pieds ou 182,288 mètres, 10,267 : ce qui fait présumer avec assez de raison que la salure est sensiblement la même aux différentes profondeurs dans un même lieu.

Le docteur Marcet a trouvé les densités suivantes pour les eaux de quelques mers intérieures ou lacs. Mer Noire 1,01418; mer Baltique 1,01523; mer de Marmara 1,01915; Méditerranée 1,02930; lac Ourmia 1,16507. La pesanteur de l'eau de la mer d'Azof doit être beaucoup moindre, car elle est encore moins salée que celle de la mer Noire, aussi gèle-t-elle quelquefois maintenant, comme du temps de Mithridate. Depuis un temps immémorial cette mer n'avait pas gelé, lorsqu'il y a quelques années ce phénomène eut lieu; alors on conclut qu'il était dû au refroidissement de la température du globe, ignorant sans doute que Mithridate, dans une semblable circonstance, avait fait passer son armée sur ses glaces, et qu'en 828 le Nil gela.

Les densités indiquées plus haut pour les diverses profondeurs ne sont que celle de l'eau ramenée à la pression seule de l'atmosphère ; car, à mesure que l'on pénètre plus profondément, la densité doit augmenter, puisque, comme on le verra dans la physique, l'eau est compressible d'environ 51 millionièmes de son volume primitif par chaque pression atmosphérique que l'on ajoute ; c'est ainsi que l'on nomme l'effet du poids de la couche d'air qui entoure le globe sur les corps au niveau de l'Océan, effet qui est égal à celui d'une colonne d'eau d'environ 10 mètres $^1/_3$, ou 32 pieds : ainsi, par chaque augmentation de 10 mètres $^1/_3$ de profondeur, l'eau diminuera de cette quantité du volume à la surface. On voit, d'après cela, que la densité dans les profondeurs de 2, 3 et même 4000 mètres devra être beaucoup augmentée, au point que bien probablement aucune espèce végétale ou animale ne peut y vivre, la lumière, qui d'ailleurs est habituellement nécessaire à la vie, y manque complétement, comme on le verra en physique.

### Température à la surface de la terre.

La température du globe terrestre, prise à la surface, ou, pour mieux dire, la température de la couche atmosphérique voisine de la surface de la terre, varie considérablement dans les différens lieux à une même époque, et dans un même lieu à des époques diverses même très-rapprochées : tout le monde sait que le matin ordinairement il fait moins chaud qu'à midi, que la nuit est aussi plus froide que le jour : ces variations sont dues à l'action du soleil ; c'est aussi cette action qui, suivant qu'elle agit plus ou moins obliquement sur un point du globe, d'après sa position sur son orbite, y détermine les différentes saisons. La position géographique y contribue beaucoup aussi : plus la latitude sera élevée, c'est-à-dire plus on sera près des pôles, plus les rayons du soleil agiront obliquement, par conséquent moins ils échaufferont ; plus au contraire on se rapprochera de l'équateur, plus leur action sera perpendiculaire ou d'aplomb et puissante. D'autres causes agissent pour faire varier la température : le voisinage des montagnes refroidit les plaines, et réciproquement le voisinage des plaines élève un peu la température des montagnes; le voisinage de la mer influe aussi sur les températures. Dans des lieux situés aux mêmes latitudes et aux mêmes hauteurs, mais dont l'un serait voisin de la mer et l'autre serait dans l'intérieur des terres, le voisinage de la mer diminuera sensiblement les extrêmes ou *maxima* de froid et de chaleur; les vents ont aussi leur influence, ils élèvent ou abaissent la température suivant qu'ils viennent de l'équateur ou du pôle; les pluies agissent aussi dans ce sens. Les observations ont montré que le *maximum* auquel un thermomètre puisse monter, quand on le place à 2 ou 3 mètres d'élévation au-dessus du sol et de toute réverbération, était 46 degrés de la division centigrade, qu'en pleine mer il ne s'élevait jamais au-dessus de 31 degrés, que l'eau de la mer sous la ligne n'avait jamais plus de 30 degrés de chaleur, qu'enfin le plus grand froid que l'on eût observé était de 50 degrés. La température moyenne au bord de la mer est de 30 degrés au-dessus de 0 à l'équateur, et de 12 degrés au-dessous au pôle boréal. La température moyenne d'un lieu est la suite d'une longue série d'observations thermométriques faites tous les jours dans toutes les saisons : on prend les *maxima* et *minima* de chaque jour qui servent à prendre les moyennes de chaque mois; ces moyennes donnent celle de l'année; les moyennes de plusieurs années 10,15, 20, donnent, en prenant leur somme et la divisant par le nombre d'années, la température moyenne du lieu; on s'y prend de même pour les moyennes de chaque mois, seulement il faut commencer par faire les sommes des *maxima* et *minima* que l'on divise par le nombre de jours du mois; puis on ajoute ces deux nombres que l'on divise par deux. On appelle lignes isothermes, celles qui passent par les lieux qui ont les mêmes températures moyennes. Si la surface de la terre était partout à une même hauteur, ces lignes seraient presque parallèles à l'équateur; cependant on a observé qu'aux mêmes latitudes les côtes exposées à l'est avaient une température plus basse; on a observé aussi que l'hémisphère austral est plus froid que l'hémisphère boréal.

### Température de l'atmosphère aux différentes hauteurs.

La température de l'atmosphère diminue à mesure que l'on s'élève. On a calculé qu'elle diminuait d'un degré par chaque élévation successive d'environ 180 mètres : de là vient que les sommets des montagnes élevées sont couverts de neige perpétuelles. Cette hauteur varie avec les latitudes, et est plus basse dans l'hémisphère sud, qui est plus froid. M. de Humboldt a donné une table des hauteurs des neiges perpétuelles ou éternelles dans diverses chaînes de montagnes avec leurs latitudes, en partant de l'équateur et remontant dans l'hémisphère nord. Il serait intéressant de faire une série d'observations du même genre dans l'hémisphère sud. (*Voir les Fragmens asiatiques.*)

### TABLE DES HAUTEURS DES NEIGES ÉTERNELLES,

PAR M. DE HUMBOLDT.

| MONTAGNES. | LATITUDES. | LIMITES INFÉRIEURES DES NEIGES PERPÉTUELLES. | | |
|---|---|---|---|---|
| | | Toises. | Mètres. | Pieds anglais. |
| Cordilière de Quito | 0° à 1° 1/2 S. | 2460 | 4794,65 | 15730 |
| — de Bolivia | 16 à 17 3/4 S. | 2670 | 5203,93 | 17070 |
| — de Mexico | 19 à 19 1/4 N. | 2350 | 4580,24 | 15020 |
| Hymalaya, pente nord | 30 3/4 à 31 N. | 2600 | 5067,50 | 16620 |
| — pente sud | 30 3/4 à 31 N. | 1950 | 3800,62 | 12470 |
| Pyrénées | 42 1/2 à 43 N. | 1400 | 2728,65 | 8950 |
| Caucase | 42 1/2 à 45 N. | 1700 | 3313,36 | 10870 |
| Alpes | 45 1/4 à 46 N. | 1370 | 2670,16 | 8760 |
| Carpathes | 49 à 49 1/4 N. | 1330 | 2592,12 | 8500 |
| Altaï | 49 à 51 N. | 1000 | 1949,04 | 6400 |
| Norwége, intérieur | 61 à 62 N. | 850 | 1656,68 | 5400 |
| — *id.* | 67 à 67 1/4 N. | 600 | 1169,42 | 3800 |
| — *id.* | 70 à 70 1/4 N. | 550 | 1071,97 | 3500 |
| — côtes | 71 1/4 à 71 1/2 N. | 366 | 713,35 | 2340 |

Fourrier a trouvé, par le calcul, que la température de l'espace au milieu duquel se meuvent les planètes, était de 50° au-dessous de 0° ou — 50°. M. Svanberg, au moyen de deux autres espèces d'élémens de calculs, a trouvé — 49°,85 et — 50°,35, résultats qui s'accordent parfaitement. La température varie quelquefois dans un même lieu au bout de longues années; dans l'Annuaire du bureau des Longitudes de 1834, M. Arago cite plusieurs exemples de cette espèce: ainsi, autrefois dans le Vivarais la vendange était toujours finie dans les derniers jours de septembre, maintenant elle finit seulement du 8 au 20 octobre; à la même époque, dans le Mâconnais, on faisait du vin muscat dont le raisin ne mûrit plus maintenant; en Angleterre, on cultivait la vigne; dans l'Amérique septentrionale, on observe maintenant que les hivers sont moins froids et les étés moins chauds, ce qui est attribué au déboisement; mais si la diminution des deux extrêmes a été la même, la température moyenne n'a pas été changée.

De ce que la température moyenne ne change pas maintenant sensiblement, il ne faut pas conclure qu'elle a toujours été ce qu'elle est, elle a dû, au contraire, changer considérablement, comme on en aura plus loin la preuve par les débris végétaux et animaux que l'on trouve dans les terrains des régions polaires, et qui maintenant ne peuvent vivre que dans les régions les plus chaudes de la terre, comme des palmiers, des éléphans, tandis qu'à cette époque la zone torride n'était peut-être pas habitable, en raison de sa trop haute température.

### Température de l'intérieur de la terre.

Les variations annuelles de la température à la surface du globe deviennent de moins en moins sensibles à mesure que l'on pénètre dans l'intérieur de la terre, et cessent tout-à-fait à environ une centaine de pieds: dans les caves de l'Observatoire, à une profondeur de 28 mètres ou 86 pieds, la différence n'est pas d'un trentième de degré; cette température est de très-peu supérieure à la moyenne du lieu de l'observation. La température moyenne d'un lieu est assez exactement connue par celle de l'eau des puits d'où l'on ne tire que peu d'eau. A partir de cette profondeur, la température s'élève graduellement et assez rapidement à mesure que l'on pénètre plus profondément. On a fait à ce sujet beaucoup d'observations dans divers pays: en Angleterre, en France, au Mexique, en Saxe et en Suisse, les unes sur l'air des travaux, les autres sur les eaux stagnantes ou sur les sources, enfin, d'autres prenant la température des roches aux différentes profondeurs. M. Cordier, dans un Éssai sur la température de la terre imprimé dans le tome VIIe des *Mémoires de l'Académie*, les a mises en ordre et discutées pour rechercher les causes d'erreur des divers modes d'observation, les évaluer, et chercher un moyen d'arriver à des résultats précis, ce qu'il a obtenu. En Saxe, les observations ont été faites en plaçant le thermomètre dans une niche creusée dans la roche dans des parties éloignées des principaux travaux; la boule du thermomètre était enfoncée dans la roche, la niche fermée au moyen d'une porte en bois que l'on n'ouvrait que pour observer le degré du thermomètre. M. Cordier a fait avec un très-grand soin des observations de ce genre; voici son procédé, qui est plus exact que tous les autres. On creuse dans la roche un trou cylindrique de 2 pieds ou 65 centimètres de profondeur, et large d'un pouce et demi ou 4 centimètres, plongeant d'environ 15 degrés pour éviter le renouvellement de l'air après son refroidissement; on y place ensuite un thermomètre enveloppé de sept tours de papier joseph, que l'on ferme au-dessous de la boule au moyen de fil et que l'on maintient au milieu par quelques tours de fil, mais peu serré, et permettant d'en retirer en partie le thermomètre pour observer ses indications; on le met enfin dans un étui de fer-blanc; une fois introduit dans le trou, on l'entoure de fragmens de la roche fraîchement détachés et brisés, puis enfin on bouche le trou au moyen d'un fort tampon de papier. Dans les expériences faites, on laissait séjourner le thermomètre une heure : il serait bon de constater au bout de combien de temps il devient stationnaire. Nous allons donner quelques résultats observés, prévenant que les degrés thermométriques que nous avons cités jusqu'ici et ceux que nous citerons seront toujours ceux de l'échelle centigrade.

### 1° *Observations sur les sources des mines.*

| LIEUX DES OBSERVATIONS. | | PROFONDEUR. | | TEMPÉRATURE | |
|---|---|---|---|---|---|
| | | Toises. | Mètres. | des sources. | moy. du lieu |
| Mines de plomb et d'argent, département du Finistère. | Poullaouen.... | 19 1/2 | 39 | 11°,9 | 11°,5 |
| | *Id.* | 37 3/4 | 75 | 11 9 | 11 5 |
| | *Id.* | 71 1/2 | 140 | 14 6 | 11 5 |
| | Huelgoet..... | 30 1/2 | 60 | 12 2 | 11 |
| | *Id.* | 41 | 80 | 15 | 11 |
| | *Id.* | 61 1/4 | 120 | 15 | 11 |
| | *Id.* | 117 1/2 | 230 | 19 7 | 11 |
| Mines de cuivre, Cornwall. | Dolcoath..... | 224 1/2 | 439 | 27 8 | 10 |
| Mines d'argent, Mexico... | Guanaxuato... | 267 1/2 | 522 | 36 8 | 16 |

### 2° *Observations sur la température des roches, thermomètres dans des niches.*

| | | | | | |
|---|---|---|---|---|---|
| Mines de plomb et d'argent, Saxe. | Beschestglück. | 91 2/3 | 180 | 11 25 | 8 |
| | *Id.* | 132 2/3 | 260 | 15 | 8 |
| Saxe................ | | 36 1/2 | 71,9 | 8 75 | 8 |
| | Alte-Hoffnung. | 85 2/3 | 168,2 | 12 81 | 8 |
| | Gotha....... | 136 3/4 | 268,2 | 15 | 8 |
| | | 194 1/2 | 379,54 | 18 75 | 8 |

### 3° *Le thermomètre ayant été à un mètre dans la roche pendant dix-huit mois.*

| | | | | | |
|---|---|---|---|---|---|
| Mines de cuivre, Cornwall. | Dolcoath..... | 207 1/2 | 421 | 24 2 | 10 |

## *Résultats obtenus par M. Cordier, au moyen de son procédé pour les roches et par les eaux des puits.*

| LIEUX de l'observation. | PUITS ET MINES. | PROFONDEUR. | | TEMPÉRATURE observée. |
|---|---|---|---|---|
| | | Toises. | Mètres. | |
| Carmeaux (Tarn.) | Eaux des puits de Vériac............ | 3 1/12 | 6,2 | 12°,9 |
| | Eaux du puits de Bigorre............ | 5 1/2 | 11,5 | 13 15 |
| | Roc au fond de la mine du Ravin..... | 92 2/3 | 181,9 | 17 1 |
| | Roc au fond de la mine de Castillan... | 98 1/4 | 192 | 19 5 |
| Littry (Calvados.) | Surface extérieure des mines......... | | 0 | 11 |
| | Roche au fond de la mine de Saint-Charles, moyenne................ | 50 1/2 | 99 | 16 14 |
| Decize (Nièvre.) | Eaux du puits de Pélisson........... | 4 1/4 | 8,8 | 11 4 |
| | Eaux du puits des Pavillons.......... | 8 1/3 | 16,9 | 11 77 |
| | Roche au fond de la mine de Jacobé. Station supérieure. | 54 1/2 | 107 | 17 78 |
| | Roche au fond de la mine de Jacobé. Station inférieure.. | 87 | 171 | 22 1 |

On voit, par ces résultats, que dans quelque point du globe que l'on fasse des observations de ce genre, à quelque latitude que ce soit, la température croît avec la profondeur d'après une moyenne de 1 degré du thermomètre par 25 mètres. On a calculé que la température, à 55 lieues de profondeur, devait être de 100° du pyromètre de Wedgwood. Pour se former une idée de cette chaleur, il faut penser que le 0 de l'échelle de cet instrument, dont le nom veut dire mesure de feu, que ce 0 correspond à 500° du thermomètre centigrade et que chaque degré en représente 70 à 75 du même thermomètre; mais l'exactitude de cet instrument est très-loin d'égaler celle du thermomètre dans les limites habituelles. (*Voir* la physique.) Le même calcul indique que la température centrale doit être d'environ 3,000° de ce pyromètre.

Tous les résultats de l'expérience et du calcul démontrent d'une manière claire qu'il est extrêmement probable, sinon certain, que l'intérieur est en état de fusion ; d'autres phénomènes qui se présentent à la surface de la terre contribuent aussi à augmenter cette probabilité, comme les volcans et les sources d'eaux chaudes, dont la température est quelquefois considérable, et qui sont cependant souvent à de très-grandes distances des volcans. Nous citerons parmi celles qui se trouvent dans ce cas, celles de Carlsbad, dont la température est de 73°,89 ; celles des Yom Mack, à 20 milles de Macao, dont l'une marque 85°,55; les bains de Luc, qui ont 55°; enfin les eaux de Bath, qui en ont 46°,66. Les Geysers, qui sont les plus remarquables que l'on connaisse, sont dans le voisinage des volcans de l'Islande, dont elles sont probablement dépendantes; elles s'élèvent quelquefois à une hauteur de 70 pieds comme une large colonne en gerbe. Lorsque des pierres tombent dans le conduit central, lorsqu'il forme une éruption de vapeurs, elles en sont expulsées violemment, brisées et lancées à des hauteurs considérables.

### Température des Mers et Lacs aux diverses profondeurs.

La température intérieure des mers et des lacs semble en opposition avec ce que nous venons de dire, car elle décroît à mesure que l'on descend plus profondément; cela tient à ce que l'eau acquiert, à une certaine température, comme nous le verrons tout à l'heure, un maximum de densité : ce maximum, qui est entre + 3°,5 et + 4° ou 3°,5, et 4° au-dessus de zéro pour l'eau douce, est à — 3°,67 ou 3°,67 au-dessous de zéro pour l'eau de mer, d'après les recherches d'une exactitude extrême de M. Despretz, qui a constaté en même temps que sa congélation a lieu à —2°,55 quand elle n'est pas en repos, et qu'elle peut rester liquide jusqu'à — 15°, lorsqu'elle est tout-à-fait sans mouvement.

Des observations faites par M. de la Bèche sur la température des eaux des lacs de Thun et de Zug, lui ont donné les résultats suivans :

| LAC DE THUN. | | LAC DE ZUG. | |
|---|---|---|---|
| A la surface...... | 15°,55 | A la surface...... | 14°,44 |
| A 15 brasses...... | 5 55 | A 15 brasses..... | 5 55 |
| A 105 *id*......... | 5 27 | A 38 *id*......... | 5 |

Voici comment l'eau d'une température voisine de 4° se trouve à la partie inférieure : l'eau, en se refroidissant, augmente de densité, descend et fait place à d'autres portions qui, ayant une température supérieure, sont plus légères, puisqu'elles ont augmenté de volume, comme on le verra en physique. Il s'établit alors un courant descendant d'eau froide et un courant ascendant d'eau plus chaude : cette action est une des causes des grands courans, dont nous aurons à faire mention par la suite.

On doit conclure de tout ce qui a été dit jusqu'ici que l'écorce solide n'a été produite que par le refroidissement successif de la masse; Buffon, d'après cela, pensant que la température actuelle de la terre était principalement due encore à l'effet de la chaleur centrale, et très-peu à l'action du soleil, en avait conclu que dans un certain nombre d'années, nombre considérable il est vrai, cette chaleur centrale étant détruite par le refroidissement successif, la terre serait partout comme vers les pôles, et pour lors inhabitable. Guidé par la connaissance acquise de l'accroissement de température en se rapprochant du centre, partant de la surface de l'écorce solide, qui, agissant comme un écran, tend à maintenir cette chaleur centrale dont la diminution est par suite extrêmement faible. Fourier a trouvé que cette chaleur centrale n'influerait sur la température de la surface que de $1/30$ de degré ; c'est-à-dire qu'au lieu d'avoir à craindre cette congélation effrayante annoncée par Buffon, *tous les changemens de température sont accomplis à $1/30$ de degré près.* (Voir la Notice de M. Arago sur l'état thermométrique du globe, dans l'Annuaire du bureau des longitudes de 1834). Dans la même notice, on le démontre par le mouvement de la lune autour de la terre, qui est exactement le même qu'il y a deux mille ans, car il n'a pas varié d'un centième de seconde; ce qui indique positivement qu'il n'y a pas eu augmentation de vitesse et par suite pas de diminution de diamètre. Or, comme on le démontre en physique, la constance des dimensions indique celle de la température qui n'a pas dû varier de $1/10$ de degré.

## FORME EXTÉRIEURE DE L'ÉCORCE SOLIDE.

La forme de la partie solide du globe est fort irrégulière et présente une grande quantité d'inégalités qui, bien que nous paraissant énormes, sont pour ainsi dire insensibles comparativement au rayon terrestre; car la plus élevée, en la supposant de 8,000 mètres, et c'est 179 mètres de plus qu'on ne lui en a reconnu, ne serait que la sept cent quatre-vingt-quinzième partie de ce rayon. Tous les continens ont une pente sensible vers la mer : le point culminant d'un continent n'est pas le centre de sa surface; la distribution de ces inégalités est très-irrégulière; ainsi dans l'Amérique méridionale les Andes se trouvent très-près de la côte de la mer du Sud et très-loin de l'océan Atlantique. Ces élévations plus ou moins considérables, ou montagnes, ont reçu des dénominations particulières, pour les distinguer, ainsi que les dépressions, les unes des autres, ce qui est du ressort de la géographie. On considère en général les continens comme formés de deux espèces de contrées, les unes de montagnes, les autres de plaines. Ces dernières sont des portions de pays en général assez unies, mais peu étendues, ordinairement bornées par des hauteurs et des pentes. (*Fig.* 1, *pl.* 5.)

Quand elles sont bornées seulement par des pentes ce sont des plateaux (*Fig.* 2, *Pl.* 5) ; si, au contraire, ce sont des montagnes seulement qui les entourent, ce sont des bassins (*Fig.* 3, *Pl.* 5). Souvent une plaine dans son ensemble est formée de plaine proprement dite et de plateaux ; ces derniers se trouvent aussi au milieu des montagnes et quelquefois à de très-grandes hauteurs. Celui de Freyberg est à environ 200 toises ou 390 mètres de hauteur ; celui de Madrid à 312 toises ou 608 mètres ; celui de Mexico à 1168 toises ou 2277 mètres ; il a une étendue d'environ 150 lieues ; celui de la Grande-Tartarie est à 1539 toises ou 3000 mètres ; enfin celui de Potosi, à 2137 toises ou 4166 mètres : les bassins ne sont pas toujours environnés de presque tous les côtés par des montagnes, quelquefois ce sont simplement des collines. Les bassins sont aussi disposés par étages comme des gradins ; il y en a, de même que des plateaux, dans les pays de montagnes et dans ceux de plaines : ceux des montagnes sont ordinairement plus petits et sont souvent plutôt des vallées que des bassins.

### Montagnes.

Les montagnes sont rarement isolées, elles sont le plus ordinairement groupées dans des directions principales ; elles forment alors ce que l'on nomme des chaînes, qui sont quelquefois simples, quelquefois doubles ou même triples ; elles sont séparées les unes des autres par des dépressions qui suivent leur direction et constituent les grandes vallées ou vallées longitudinales. Ces grandes chaînes sont nommées chaînes centrales. Leur direction est celle du partage des eaux : des chaînes moins considérables se ramifient sur les côtés des chaînes centrales, dans des directions qui leur sont presque perpendiculaires ; on les nomme chaînes latérales ou transversales. Elles forment entre elles des vallées plus petites que les premières, et nommées aussi transversales, et partent ordinairement du sommet des chaînes centrales. Toutes les vallées ne présentent pas la même physionomie, comme nous le verrons plus loin ; leur aspect dépend de la composition, de la hauteur, du rapprochement des montagnes ou des collines entre lesquelles elles se trouvent. Nous avons vu que les montagnes formaient souvent des chaînes; quelquefois elles sont amoncelées sans ordre comme celles de la Bretagne; il n'y a guère que les montagnes volcaniques qui soient isolées. Les diverseschaînes semblent indépendantes les unes des autres; ainsi les Alpes et les Pyrénées sont séparées, mais peut-être cependant pourrait-on les considérer comme liées par les Cévennes et le Forest. Leur hauteur est très-variable, les plus hautes connues sont les pics de l'Himalaya au Thibet, dont le 14e a 7821 mètres ou 4013 toises; le Nevado Sorata dans les Cordilières, qui a 7696 mètres ou 3949 toises; le Mont-Blanc, 4810 mètres ou 2468 toises; le Mont-Perdu aux Pyrénées, 3410 mètres ou 1750 toises; le Mont-Dore, Auvergne, 1884 mètres ou 967 toises, etc.

Les chaînes de montagnes ont des pentes très-différentes, celles qui forment les vallées ou *versans* sont très-rapides, celles qui descendent vers les plaines sont très-faibles; ce sont elles que l'on nomme habituellement pentes. Leur angle est de 4 ou 5 degrés. Dans une chaîne il y a toujours une pente plus rapide que l'autre, on la nomme *contre-pente* en topographie. Ainsi le Jura (*Fig.* 4, *Pl.* 5) a sa pente en A du côté de la Franche-Comté, et sa contre-pente en B du côté de la Suisse.

Généralement les chaînes les plus longues sont aussi les plus hautes; l'élévation diminue ordinairement en approchant des extrémités. Dans la longueur des chaînes il se trouve des dépressions que l'on nomme cols ou passages, parce qu'ils sont les seules routes pour traverser les chaînes, quoique leur élévation soit quelquefois considérable. Celui du grand Saint-Bernard est à 2491 mètres ou 1278 toises; celui du Mont-Cenis, à 2066 mètres ou 1060 toises; le Simplon 2005 mètres ou 1029 toises; celui du Port-d'Oo aux Pyrénées, à 3002 mètres ou 1540 toises. Dans les Cordilières, il y en a qui ont plus du double.

Les collines ou petites montages forment aussi des chaînes,

mais elles sont beaucoup plus courtes; le sol, dans la partie la plus élevée, y est très-accidenté. Elles sont du reste disposées d'une manière semblable à celle des montagnes.

Les formes des montagnes sont très-variables; on peut en distinguer cinq espèces. On nomme *pics*, celles dont les pentes sont très-rapides, les sommets aigus, comme certaines parties des Alpes (*Fig*. 5, *Pl*. 5), où l'on voit un des côtés du Mont-Blanc et des pointes sortir des masses de neige retenues dans les parties moins verticales et qui constituent les pics. Les montagnes du Jura sont allongées horizontalement et arrondies (*Fig*. 6, *Pl*. 5); elles sont en *amandes* : d'autres, formées d'assises parallèles et horizontales, sont *planes* (*Fig*. 7, *Pl*. 5). Les volcans brûlans sont en forme de cône (*Fig*. 8, *Pl*. 5) : cette forme est le résultat des phénomènes d'éruption que nous aurons à décrire plus loin au nombre des causes qui contribuent aux changemens qui s'opèrent à la surface du globe. Les anciens volcans éteints offrent souvent une forme qui tient des cônes volcaniques et des montagnes planes; ce sont presque des cônes tronqués composés de couches parallèles (*Fig*. 9, *Pl*. 5).

### Vallées.

Les vallées proprement dites sont dans les pays de montagnes; cependant on donne aussi ce nom aux dépressions ou plaines qui se trouvent entre les collines. Nous avons déjà vu que, de même que dans les chaînes, il y en a de principales et de transversales ou latérales; de même il y a aussi des vallées principales et transversales. Tantôt elles sont d'une largeur uniforme, tantôt alternativement élargies et resserrées. La formation des vallées n'est pas encore parfaitement connue; nous citerons les hypothèses que l'on a établies d'après le peu d'observations qui en ont pu être faites jusqu'ici. On attribuait jadis exclusivement à l'action de forts courans d'eau le creusement des vallées; cependant on en a trouvé de complétement sèches et qui ne peuvent être dues à l'action de l'eau : quelques-unes cependant sont nécessairement produites par cette action, mais ce ne sont que des vallées de dimensions extrêmement petites quant à la longueur; elles sont bordées d'escarpemens presque verticaux : on les nomme *ravins* et *gorges*. Souvent le fond des vallées est plat; ce sont des plaines dont le sol a été nivelé en quelque sorte par les dépôts que les fleuves qui s'y trouvent y ont faits successivement. Dans les vallées des montagnes on observe quelquefois (*Fig.* 10, *Pl.* 5), en regardant l'ensemble de la vallée, des dispositions symétriques qui pourraient faire penser que le torrent qui coule maintenant seulement en T' coulait jadis en T, et que par son action érosive il aurait peu à peu creusé son lit jusqu'en T'; mais pour que les choses se fussent ainsi passées, il eût fallu que le torrent, à la première époque, eût un volume beaucoup plus considérable. Quelquefois l'on observe une suite d'étages ou gradins correspondans des deux côtés de la vallée (*Fig.* 11, *Pl.* 5). On suppose dans cet exemple que ces divers étages résultent des dépôts successifs qui se formaient sur les bords du torrent où le courant était moins violent, et que peut-être même cet exhaussement successif a produit peu à peu la diminution du volume du cours d'eau. D'autres vallées, avec ou sans cours d'eau, ont été bien certainement produites par un soulèvement qui a été assez puissant pour rompre les couches que l'on retrouve des deux côtés de la vallée (*Fig.* 12, *Pl.* 5).

Les vallées transversales forment en général des angles aigus avec les vallées principales; celles des hautes montagnes sont souvent plus petites que celles des collines. On rencontre dans les vallées des dépressions considérables qui forment des lacs dont la profondeur est quelquefois inférieure au niveau de l'Océan. Des sondages faits dans le lac de Genève ont indiqué dans quelques endroits une profondeur de 292 mètres ou 150 toises.

Parmi les vallées sèches on peut citer celles de sable que l'on rencontre dans les déserts. Quelques autres sont fermées de tous les côtés; on y trouve ordinairement un lac et quelquefois une fente plus ou moins considérable par où l'eau, s'échappant avec force, est souvent employée à faire marcher des usines. D'autres accidens se présentent aussi ; ils consistent dans une différence subite de niveau dans la longueur de la vallée, ce qui cause la formation des *cataractes* ou *sauts*.

### Iles.

On remarque souvent que les îles sont disposées en groupes ou en lignes de la même manière que les sommets d'une chaîne de montagnes, et elles ne sont pas autre chose, en effet ; celles qui sont isolées sont ou volcaniques, ou bien aussi, peut-être, ne sont que les sommets les plus élevés d'une chaîne dont les autres cimes sont cachées sous l'Océan.

## CHANGEMENS ARRIVÉS A LA SURFACE DES CONTINENS,

### ET CAUSES QUI LES ONT PRODUITS.

Les divers agens auxquels sont dus les changemens arrivés qui se présentent encore journellement à la surface du globe, et dont nous étudierons successivement l'action, sont l'atmosphère, les eaux douces ou salées, sous forme de sources, de courans ou de mers, les éruptions volcaniques, les sources gazeuses et de pétrole, enfin les tremblemens de terre.

### Action de l'Air.

L'action chimique de l'air sur les roches même les plus dures est sensible, mais elle est en même temps si lente que l'on ne peut le plus souvent en juger que par l'aspect extérieur comparé à celui de l'intérieur ; mais cette action de l'atmosphère est complexe : ce n'est pas l'air seul qui agit, mais l'air et l'eau aidés des changemens de température, sans lesquels probablement l'action serait nulle au moins pour quelques-unes.

L'atmosphère en mouvement ou le vent contribue à changer l'aspect de la surface ; c'est lui qui, enlevant les sables, en forme des monticules que l'on nomme *dunes ;* ces dunes sont disposées en petites chaînes, si l'on peut s'exprimer ainsi, qui par suite produisent des vallées. Leur production est quelquefois assez rapide ; on en voit souvent sur le bord de la mer, comme dans les landes de Bordeaux : il s'en forme de même dans les sables des déserts. Les matières cinériformes ou les cendres lancées par les volcans sont souvent aussi entraînées à de grandes distances par les vents.

### Action de l'Eau.

L'action de l'eau est aussi ou chimique ou mécanique ; ainsi quelquefois elle décompose les roches et par-là cause leur désagrégation ; mais le plus souvent cet effet est dû à son action mécanique par l'infiltration ou le mouvement, ou par son changement d'état de liquide en glace, puis de glace en liquide. La désagrégation ne se fait pas également vite dans toutes les espèces de roches, et l'énergie de cette action dans une même roche dépend aussi de sa disposition, qui permet à l'eau de s'y infiltrer plus ou moins facilement. Ainsi, lorsqu'une roche schisteuse comme l'ardoise est disposée de manière que ses feuillets soient presque verticaux, l'eau peut très-facilement y pénétrer, tandis que si les feuillets sont presque horizontaux, l'eau coule dessus comme sur des dalles : quand la roche est poreuse, peu importe le sens dans lequel elle se trouve, l'eau est également absorbée. Si la température de l'atmosphère vient également à baisser assez pour congeler l'eau qui se trouve dans les pores de la pierre ou entre ses fissures, son volume, qui augmente dans ce cas, suffit pour rompre la roche et la réduire en fragmens plus ou moins petits, ou seulement elle agrandit les anciennes fissures et en forme de nouvelles qui, peu à peu se multipliant, finissent par la réduire en sable ou en gravier. Quelquefois la substance qui compose la roche est un peu soluble dans l'eau et se dépose comme ciment dans l'intérieur de la pierre, qui prend alors une dureté considérable, et, n'étant plus poreuse, ne laisse plus pénétrer l'eau ; cet effet a été observé sur des roches calcaires ou pierres à chaux. Cette action destructive n'agissant pas également sur toutes les roches, si celles qui sont à la partie la plus élevée résistent quand celles qui les supportent seront brisées, il pourra arriver des éboulemens et quelquefois même très-considérables :

le même accident pourra se présenter si l'eau trouve une couche imperméable comme l'argile, qui peu à peu devient comme de la boue ; elle cherchera des issues et formera des sources qui détruiront peu à peu l'adhérence de la masse, laquelle, si le plan des couches est incliné, glissera du haut en bas. C'est de cette manière que se fit l'éboulement du Ruffiberg ou Rossberg, en Suisse, le 2 septembre 1806, éboulement qui couvrit de rochers et d'argile délayée en boue plusieurs villages et fermes qui furent détruits. Les rochers et la boue qui tombèrent dans le lac de Lowertz refoulèrent violemment les eaux qui allèrent de l'autre côté inonder le village de Seven, dont quelques maisons furent renversées ; on évalua le nombre des victimes de cette catastrophe à huit ou neuf cents. Dans les pays de montagnes, au pied des parties escarpées comme à celui des falaises, le long des côtes, on voit, par des talus plus ou moins considérables formés des débris de la masse, que des éboulemens successifs résultent de causes semblables.

### Action des Sources.

Les eaux courantes, comme celles des sources, entraînant avec elles des portions de roches qu'elles traversent à l'état de dissolution, ou seulement mécaniquement, comme des sables, changent aussi peu à peu les terrains qu'elles parcourent ; quelques-unes sont tellement chargées de substances en dissolution, qu'elles les abandonnent en grande partie quand, arrivées au contact de l'air, elles perdent les principes qui avaient favorisé l'action dissolvante, comme l'acide carbonique pour la chaux carbonatée, la haute température pour l'acide silicique ; et il se forme alors quelquefois des dépôts considérables, comme à la fontaine Saint-Alyre près de Clermont, aux Geysers, en Islande. Ce sont les sources qui, comme on l'a vu plus haut, contribuent le plus aux éboulemens. Elles se trouvent ordinairement au pied des montagnes, et sont d'autant plus abondantes que celles-ci sont plus hautes et plus boisées ; mais il s'en trouve aussi dans les lits des rivières, des lacs, ce qui se reconnaît pendant l'hiver, parce que au-dessus il ne se forme pas de glace. Certaines rivières, qui ne gèlent jamais à moins de froids très-intenses, comme l'Essonne, doivent cette propriété à ce que dans tout le long de leur cours il y a des sources. Voici pourquoi la congélation ne s'opère pas: l'eau des sources arrive avec la température de l'intérieur et peut-être à 10 et 11 degrés et quelquefois beaucoup plus haut; cette eau est par conséquent d'une pesanteur spécifique moindre que celle de la masse et doit arriver à la surface. Comme ce courant ascendant n'est pas interrompu, la congélation ne peut s'opérer au-dessus de la source, et par suite, si tout le lit de la rivière en est pourvu, elle ne peut geler nulle part; on connaît aussi des sources d'eau douce dans la mer. Nous avons déjà vu que quelques sources avaient des températures très-élevées. A Chaudes-Aigues, en France, il y en a une très-abondante dont la température est voisine de cent degrés, c'est-à-dire de l'ébullition, et l'on en profite pour chauffer les maisons en la faisant circuler dans des tuyaux; on s'en sert aussi pour la cuisine.

La composition des eaux des sources varie presque autant que leur température; et lorsque ces conditions sont remarquables, elles constituent ce que l'on appelle *les eaux minérales*, dont la médecine fait un si fréquent usage, soit comme boisson, soit comme bain. Quelquefois elles sont presque pures, ou bien elles sont diversement chargées d'acide carbonique qui les rend fortement mousseuses, et de sels de soude, de magnésie, de chaux, etc.; ce sont les eaux gazeuses, salines, comme celles de Vichy, de Seltz, de Seidlitz, d'Epsom, etc.; d'autres, sulfureuses, et qui, comme les précédentes, sont tantôt chaudes, tantôt froides, comme celles d'Aix-la-Chapelle, de Barèges, de Cauteret, etc.; elles contiennent des sels de soude, de l'acide carbonique et de l'acide hydro-sulfurique, qui leur donne l'odeur d'œufs pourris; ces dernières déposent souvent du soufre qui est d'un blanc jaunâtre.

Ces sources ne se présentent pas de la même manière: quelquefois ce sont seulement de petits filets d'eau à peine perceptibles, d'autres fois elles sortent assez abondamment pour former des rivières dès leur naissance, comme la fontaine de Vaucluse;

d'autres sont jaillissantes, comme nous avons vu qu'étaient les Geysers; d'autres enfin, sont intermittentes, c'est-à-dire qu'elles ne fournissent de l'eau que par intervalles; on verra dans la physique les causes de ce phénomène. On a souvent besoin de rechercher les sources; ainsi les puits se creusent jusqu'à ce que l'on en trouve une qui fournisse de l'eau en assez grande abondance. On parvient quelquefois à en obtenir de jaillissantes quand on creuse assez profondément, comme pour les *puits artésiens*, qui consistent en trous qui, malgré leur petit diamètre, descendent à des profondeurs de plusieurs centaines de pieds et que l'on garnit, à mesure qu'on les creuse, de tuyaux de fonte. Depuis long-temps, en Chine, on en creuse de semblables : au lieu de tuyaux de fonte on se sert de gros bambous. On trouvera dans la technologie les détails comparatifs des modes de percemens européen et chinois; ce dernier, beaucoup plus économique, commence à être mis en usage. Ces puits, d'une si grande importance dans la plupart des localités, ne peuvent se rencontrer dans toutes les espèces de terrains; ils sont susceptibles de réussir dans les plus nouveaux; voici les conditions dans lesquelles le forage d'un puits réussit : il faut que le terrain contienne à une certaine profondeur une couche poreuse, très-perméable à l'eau, composée de graviers ou de cailloux (A, *Fig.* 13, *Pl.* 5), et placée entre deux couches, B et C, imperméables, dont celle de dessus soit assez solide pour résister à l'effort de l'eau qui tend à remonter au niveau dont elle est partie (*voir* en physique l'équilibre des liquides), comme dans les deux branches d'un syphon. Lorsque ayant creusé en P on a percé la couche imperméable supérieure B, l'eau s'élance dans le trou de sonde avec une force d'autant plus grande que les fissures à travers lesquelles cette eau a pénétré dans la couche poreuse sont à une hauteur plus considérable. Il y a quelquefois plusieurs séries de couches susceptibles de donner des puits artésiens ou *forés*, et placées à différentes distances les unes des autres; ce sont les plus profondes dont l'eau monte à une plus grande hauteur.

Toutes ces eaux qui se trouvent dans l'intérieur de la terre proviennent des pluies et des neiges qui, couvrant les sommets des montagnes, fondent pendant l'été jusqu'à une certaine limite variable, comme on l'a vu précédemment, avec la latitude et la position. Ces eaux s'infiltrent au moyen des fissures des roches non perméables et à travers les pores de celles qui le sont, remplissent des cavités ou des couches très-meubles et s'arrêtent à une certaine profondeur, parce qu'elles rencontrent des couches qui sont complétement imperméables. On a calculé, mais le résultat est fort hypothétique, qu'un trentième de l'eau qui tombe sous forme de pluie ou de neige s'infiltrait ainsi. Le reste, par son écoulement, constitue des torrens qui vont grossir les fleuves, les lacs. Les sources ne coulent pas toujours avec la même abondance; leur volume diminue peu à peu à mesure que l'automne avance dans nos régions, et quelques-unes tarissent complétement à la fin de septembre ou au commencement d'octobre; quand les années sont très-sèches, il arrive même que presque toutes se trouvent dans le même cas : elles recommencent à couler après les pluies d'automne.

D'après ce qui a été dit l'on voit que les sources, en opérant des changemens à la surface de l'écorce solide, agissent par pression, par frottement et par dissolution. Il en est de même des eaux de pluie, des torrens qui en résultent, et des rivières.

### Action des Rivières et Torrens.

Dans certaines roches très-peu solidement agrégées l'action des pluies suffit pour en entraîner des particules; mais les rivières et surtout les torrens causent des dégradations très-fortes. Les torrens sont des cours d'eau extrêmement rapides, mais non continus le plus habituellement : souvent leur lit est sec; il ne se remplit que lorsque des chutes de pluie très-abondantes ou des fontes subites de grandes quantités de neige ont lieu; leurs lits sont continuellement creusés par eux; ils se forment dans les pays de montagnes ou de collines, dont la pente donne au cours de l'eau une grande rapidité, et par suite une action érosive considérable qui s'accroît de l'action des premiers débris enlevés sur les terrains successivement parcourus, jusqu'à ce que, la pente diminuant insensiblement, la vitesse de l'eau diminue proportionnellement, et les fragmens de roche se déposent peu à peu, les plus gros les premiers, jusqu'à ce qu'enfin la force du courant soit tellement faible que les parties les plus fines, provenant du frottement des autres, se déposent elles-mêmes sous forme de vase. Les angles de ces fragmens s'étant ainsi émoussés de plus en plus, sont devenus arrondis, et dans cet état on les appelle *cailloux roulés, galets* : ces dépôts sont connus sous le nom général d'*alluvions*. On a des exemples sensibles de l'action des courans pour tenir ces débris en suspension, dans les rivières dont la vitesse est plus grande quand elles grossissent et se trouvent plus chargées de matières terreuses ; au point que la Seine, par exemple, a dans ces circonstances une couleur jaune très-marquée due aux matières qu'elle peut alors tenir en suspension, le courant d'eau agissant sur elles comme le vent sur la poussière qu'il élève d'autant plus haut et plus abondamment qu'il est plus violent : mais à mesure que les eaux baissent, le courant diminue de vitesse et les eaux s'éclaircissent. On pourra se faire une idée de la différence de vitesse résultant du plus ou moins de hauteur de l'eau des rivières par les observations faites sur le Nil, qui pendant son débordement parcourt 7000 mètres par heure, et seulement 2100 quand il est rentré dans son lit habituel. Par une expérience facile on se fera une idée suffisante de la faculté que l'eau acquiert, par un accroissement de vitesse, d'entraîner les corps pesans et petits, dans un vase de verre blanc que l'on remplit en partie d'eau, et dans lequel on met ensuite un peu de sable ; on imprime à l'eau un mouvement de rotation, qui dans la plus grande vitesse entraînera la plus grande partie du sable, laissant seulement les grains les plus gros ou les plus pesans ; les portions entraînées se déposeront peu à peu selon leur poids, les plus légères ou les plus fines restant seules enfin en suspension : on a fait plusieurs applications de cette force de l'eau en mouvement, 1° pour le lavage des mines, qui après être bocardées, c'est-à-dire pilées, sont soumises à l'action d'eaux courantes qui entraînent les parties pierreuses et laissent les parties métalliques qui sont plus pesantes; 2° pour obtenir des poudres très-fines, en agitant l'eau dans laquelle on a mis une matière pilée, laissant reposer et ne décantant, c'est-à-dire ne faisant écouler l'eau qui se trouve au-dessus du dépôt formé, que lorsque les parties les plus fines sont en suspension; 3° enfin à faire mouvoir des machines, comme les moulins à eaux, etc.

La vitesse du courant des rivières dépend de la pente, qui varie à chaque instant, souvent pour une même rivière qui forme des dépôts dans les parties où le courant a le moins de force; celles dont la pente étant considérable et le cours d'assez peu d'étendue pour que la rapidité du courant n'ait pu diminuer d'une manière notable, entraîneront souvent des galets jusqu'à la mer; celles, au contraire, dont le courant est d'une longueur assez grande pour que la vitessse première ait été considérablement diminuée, n'y porteront qu'un sable fin ou même une boue excessivement fine; ainsi l'aspect de ces détritus entraînés jusqu'à la mer peut faire présumer la rapidité ou l'étendue de leur cours. Cette diminution de vitesse croissant avec l'éloignement de la source, tient à ce que ces sources partant de montagnes plus ou moins élevées, ont à leur origine une pente rapide qui diminue graduellement, et qu'alors si le terrain parcouru jusqu'à la mer est considérable, le ralentissement du courant le sera aussi. Nous avons vu que cependant le ralentissement n'était pas constant, parce que l'inclinaison du terrain variait et qu'il y avait des alternatives de ralentissement et d'accroissement de vitesse; ces derniers sont aussi dus quelquefois à des rétrécissemens du courant, ou bien à une espèce de barrage formé par des roches; on leur donne le nom de *rapides*, et ce mot est alosr *employé* comme substantif. Dans le dernier cas il se forme des chutes ou cataractes quelquefois d'une grande élévation : les rochers sur lesquels elles tombent sont souvent polis à la longue; il arrive que l'humidité continuelle et abondante qui pénètre les parties inférieures les décompose peu à peu, et leur désagrégation s'ensuivant, il se forme un creux (*Fig.* 14, *Pl.* 5); l'excavation augmentant les couches supérieures tombent et forment de leurs débris un talus au pied de l'escarpement. Cet effet a lieu au saut du Niagara : les observations prouvent que cette cataracte a reculé de plus d'un myriamètre, et qu'il s'en faut de près de trois pour qu'elle atteigne le lac Érié, qui finira par disparaître plus ou moins complétement, à moins que les roches au-dessus desquelles coule le fleuve ne soient d'une nature telle que l'eau ne puisse les décomposer.

Quelquefois il se produit dans le cours des fleuves des trous en forme de puits dans les parties du terrain les moins dures; ils résultent de l'action de galets mus par des tourbillons qui jouent l'office de tarières ; on en trouve dans le cours du Tarn, à la chute du Sabot et ailleurs.

La direction des courans des rivières dépend du relief du terrain qu'elles parcourent; elles cherchent toujours à détruire les obstacles qu'elles rencontrent, pour que leur lit offre la moindre résistance possible au cours de l'eau, qui agissant sur les rives escarpées de la même manière que la chute du Niagara, cause des éboulemens qui en changent la direction. Des effets semblables se présentant de temps en temps des deux côtés des rivières, leur lit change continuellement (ces effets sont d'autant plus fréquens et plus considérables que les rives sont plus escarpées et formées de terrains plus facilement altérables), mais cependant toujours très-lentement.

### Débordemens des Rivières.

Nous avons vu précédemment que les eaux courantes entraînaient en suspension des débris dont le volume et la quantité variaient avec la force du courant. Quand les rivières ne débordent pas, on estime que la quantité de dépôt qui se forme pendant les plus basses eaux compense ce qui est entraîné pendant leurs plus grandes crues; si au contraire elles débordent, les plaines de la vallée sur lesquelles elles se répandent reçoivent une grande quantité de dépôt qui tend à élever leur niveau et souvent les féconde, comme fait le Nil, qui depuis l'ère chrétienne a élevé le sol de la haute Égypte de 6 pieds 4 pouces. On a observé que les débordemens élargissaient plutôt qu'ils ne creusaient le lit dont le fond est souvent protégé par des plantes et par les pierres qui le garnissent, et sont un peu agglomérées par les dépôts sablonneux ou vaseux. Les dégâts qui résultent des crues sont moins considérables, ordinairement, lorsque les inondations peuvent se faire sans obstacle, parce qu'alors elles vont graduellement; mais si, arrêtées par quelques digues, ponts ou barrages quelconques, elles viennent à les rompre, l'inondation, étant instantanée, cause des désastres quelquefois terribles. Les chutes de rochers, les encombremens de glace, dans des vallées supérieures, produisent des effets semblables ; et ces débâcles, c'est ainsi qu'on nomme ces inondations subites dues à des ruptures de digues naturelles ou fruits du travail de l'homme, sont toujours plus affreuses encore : car il se forme alors de véritables lacs qui engloutissent les vallées basses et emportent tout devant elles, hommes, animaux, arbres et maisons.

### Glaciers.

Ces débordemens sont dus à des chutes de pluie très-abondantes ou à des fontes considérables de neige, qui entraînent avec elles du haut des montagnes des portions de neige durcie ou de glace qui, arrêtées par les étranglemens des vallées, finissent par constituer quelquefois des amas énormes que l'on nomme glaciers, et qui se trouvent descendus à des niveaux inférieurs à celui des neiges perpétuelles. On y voit souvent des fragmens très-volumineux de rochers, qui tombés des cimes les plus escarpées par suite de leur désagrégation, sont ensuite portés par les glaces dans leur mouvement progressif et restent déposés sur le terrain ou elles se sont liquéfiées, et forment ce que l'on nomme des *moraines*, ou bien tombent avec elles au fond des précipices qu'elles ont rencontrés. La vitesse descendante des glaciers dépend, comme celle des cours d'eau, de la pente du terrain sur lequel ils se trouvent. Une échelle laissée par Saussure dans un glacier, en 1787, a été retrouvée il y a peu de temps dans la mer de glace, à trois lieues du point où elle avait été abandonnée.

L'élévation de ces glaciers au-dessus du niveau de la mer

varie comme les neiges perpétuelles avec les latitudes ; aussi dans les zones glaciales descendent-ils jusqu'à la mer, dans laquelle, finissant par être entraînés, ils flottent et forment probablement les montagnes de glace que l'on rencontre dans les mers polaires, auxquelles on ne peut guère attribuer une autre origine.

Les eaux dans leurs cours altérant les parois contre lesquelles elles frottent, les glaciers doivent aussi produire un effet semblable et contribuer ainsi à l'altération de la surface des continens.

### Changemens produits par les dépôts des eaux courantes.

Nous avons vu que dans les débordemens les vallées s'enrichissaient de tous les débris que l'eau abandonnait ; leur sol ainsi a dû successivement s'élever et même quelquefois considérablement ; par exemple, à Rouen, en creusant le sol on a trouvé des constructions romaines indiquant certainement que le niveau du terrain était dans ce temps beaucoup plus bas. Comme la rivière n'y est pas plus encaissée, c'est-à-dire que ses bords ne sont pas plus escarpés, et son niveau n'étant pas différent par rapport à celui du terrain au milieu duquel elle coule, on doit en conclure qu'avec le temps certaines rivières, au lieu de creuser leur lit, doivent au contraire l'élever dans les parties les plus éloignées de leur source. Cette élévation successive des terrains périodiquement inondés, a désséché complétement certaines vallées qui étaient en marais du temps des romains, et sont cultivées maintenant. Quelquefois, il est vrai, ces desséchemens sont en partie dus aux produits végétaux qui s'y sont formés, comme dans la vallée de l'Essonne, qui jadis était couverte de bois dont les racines et les débris ont produit des tourbes qui sont exploitées.

Les dépôts, vers les embouchures des rivières et sur les bords de la mer, donnent au contraire souvent lieu à la formation de marais, de lagunes, mais qui, par l'accumulation successive de nouveaux dépôts, peuvent donner lieu à la formation d'îles, ou malheureusement à un barrage des rivières, dont la navigation se trouve ainsi fortement entravée : ces effets différens sont d'ailleurs puissamment modifiés par l'action plus ou moins forte des marées. Nous verrons, après avoir parlé des marées et des courans dans l'Océan, ainsi que des dégradations qu'ils produisent le long des côtes, quelle est à cet égard leur influence, suivant leur force plus ou moins grande ou leur absence totale.

### Marées.

On nomme ainsi un mouvement d'oscillation imprimé aux eaux de l'Océan par lequel, sur la plupart des côtes deux fois par jour, l'eau monte jusqu'à certaines limites, variables dans un même lieu aux différens jours, et deux fois descend et s'éloigne de la côte à des distances d'autant plus considérables que la pente de la plage se rapproche davantage de la ligne horizontale, et que l'on nomme *marées hautes*, *marées basses*, et aussi *flux* quand elle monte, et *reflux* quand elle descend. Sur certaines côtes il n'y a qu'une marée haute et une marée basse par jour. Ce phénomène est dû aux actions attractives réunies du soleil et de la lune, actions distinctes entr'elles et produisant chacune leurs marées qui se combinent ensemble sans se détruire. Les hauteurs des marées varient avec les phases de la lune dont l'influence est beaucoup plus grande que celle du soleil dans la production de ce phénomène; les marées sont plus fortes aux nouvelles et pleines lunes, elles décroissent de là jusqu'aux quartiers après lesquels elles augmentent jusqu'à ce que la lune soit revenue au point d'être pleine ou nouvelle, ou plutôt, comme on l'a observé, un jour et demi après : ces grandes marées ne sont pas toujours égales; elles sont plus fortes quand les marées solaires sont à leur maximum en même temps que les marées lunaires, et elles sont plus faibles dans le cas contraire. On trouvera dans le traité d'astronomie le moyen de connaître d'avance quelles seront les grandes marées les plus fortes dans le cours de l'année. Aux époques de nouvelle et pleine lune, la marée est haute, à la même heure, dans un même lieu, mais à des heures très-différentes pour des lieux quelquefois très-rapprochés. Ainsi l'heure du plein à cette époque, arrive à Bayonne à 3 heures 30 minutes; à Brest à 3 heures 45 minutes; à St.-Malo à 6 heures, au Havre à 9 heures 15 minutes, à Boulogne à 10 heures 40 minutes, etc.

Les marées montent aussi aux mêmes jours à des hauteurs différentes dans divers lieux : ainsi à St.-Malo la différence entre les plus basses et les plus hautes marées est d'environ 45 pieds ; elle est un peu plus forte à Granville ; elle est de 20 pieds au Havre, de 19 à Boulogne. Comme ces hauteurs doivent être atteintes dans le même temps, le courant est d'autant plus rapide que la marée monte davantage. Ce courant, à une certaine distance des côtes, est au maximum de 2 milles à l'heure, entre les côtes du Cotentin, Gersey, Guernesey et Aurigny ; il parcourt jusqu'à 13 milles à l'heure, un peu plus de 2 myriamètres, quand un vent violent aide la marée. Ces hautes marées qui se présentent dans quelques localités, sont dues à des obstacles opposés au mouvement général, comme des caps, des détroits, par lesquels l'eau se trouve arrêtée dans sa course et reflue plus fortement dans les lieux qu'elle rencontre avant les obstacles. Dans les îles qui sont disséminées au milieu de l'océan Atlantique, la hauteur des marées est beaucoup moindre, rien ne s'opposant au mouvement de la masse ; aux Canaries la hauteur est d'environ 10 pieds, aux Açores de 7, aux îles du cap Vert de 5, à l'île Ste-Hélène de 3 ; sur les îles de l'océan Pacifique elles sont plus faibles encore, l'éloignement des grandes côtes étant plus considérable. Au fond de quelques grands golfes, dont l'entrée se trouve obstruée par un grand nombre d'îles opposant une digue à l'irruption de la marée et à sa sortie, le cours en est beaucoup moins régulier, comme à la Véra-Cruz où l'on ne voit qu'une marée par jour ; ces exceptions sont dues en partie à la position dont nous venons de parler, à l'action des vents alisés, et au grand courant équatorial dont nous nous occuperons bientôt, et qui modifient ensemble les marées aux Indes occidentales, où leur maximum est souvent de 3 pieds, et dans quelques endroits de quelques pouces seulement.

Le mouvement des marées est souvent modifié par les vents qui les augmentent ou les diminuent suivant qu'ils soufflent dans le sens de leur cours, et alors quelquefois elles arrivent à des hauteurs capables de porter la désolation sur les côtes ; ou bien dans une direction diamétralement opposée, elles n'arrivent pas alors à leur hauteur; et par suite, dans le premier cas, la vitesse du courant est beaucoup augmentée et au contraire ralentie dans le second. Les marées qui existent aussi dans les mers intérieures et même théoriquement dans les lacs, y sont trop faibles pour être prises en considération; les marées se font sentir à l'embouchure des rivières comme dans les golfes, et elles y remontent même quelquefois à de très-grandes distances; on croit que dans le fleuve des Amazones elles remontent jusqu'à 200 lieues, d'où il suit que dans cette étendue de rivière il y a plusieurs marées montantes et descendantes dans le même temps. Le flux y est moins rapide que le reflux, ce dernier ayant pour lui le courant de la rivière qui s'oppose au contraire à l'entrée de la marée, et produit dans l'endroit où son lit se rétrécit ce que l'on nomme une *barre*, qui résulte de la différence de niveau de la marée montante avec le cours de la rivière, différence d'autant plus sensible que la force de la marée est plus grande et le courant plus faible : c'est principalement sur les bords que l'effet est le plus marqué; il offre l'aspect d'un flot qui s'avance en écumant et produisant quelquefois un bruit considérable. Romme, dans un ouvrage intitulé *vents, marées et courans du globe*, dit que la barre de la rivière des Amazones forme un flot de 12 à 15 pieds de hauteur dont le bruit s'entend à 2 lieues. L'action érosive des courans des marées ne se produit que sur les côtes, le mouvement ne s'étendant qu'à une profondeur probablement peu considérable par rapport à celle de l'Océan dont la masse n'éprouve aucun mouvement dû à l'influence des marées. Mais sur les côtes c'est plus encore l'action des vagues qui viennent s'y briser, que celle du courant de la marée qui occasione des dégradations très-promptes, quand elles rencontrent des terrains composés de rochers peu solides à la hauteur que peuvent atteindre les marées et lorsque ces côtes sont escarpées; le terrain à ce niveau se creuse comme à la chute du Niagara, les parties supérieures tombent, se brisent et forment un talus qui pendant quelque temps arrête ou au moins diminue cette action, mais qui, bientôt entraîné par les courans laisse sans protection les falaises qui subissent ainsi périodiquement de semblables destructions partielles, comme sur les falaises depuis la Hève au-dessous des phares du Havre en remontant du côté de Fécamp. L'action destructive n'est pas toujours aussi intense puisqu'elle dépend de la force des vagues, qui elles-mêmes reçoivent leur mouvement de la force du courant, et de celle de la marée qui varie tous les jours, et surtout de celle du vent. Quand le rivage est bordé de rochers difficilement destructibles que nous ferons connaître plus loin, tels que granite, gneiss, etc., cette action est très-faible. Cependant si la plage au bas de ces roches est couverte de galets lorsque la mer est fortement agitée, elle les soulève et les projette contre les parois de la roche : ils y font l'office du bélier des anciens et doivent les creuser, c'est à une semblable action que l'on attribue la formation de certaines grottes.

Tous ces débris arrachés aux falaises ne profitent pas au lit de l'Océan, les courans des marées, qui ne contribuent que peu à la démolition, les entraînent et les déposent souvent sur les grèves plates qui acquièrent ainsi au bout d'un certain temps une hauteur assez considérable pour protéger contre les marées extraordinaires les terrains bas qui se trouvent derrière : ces accumulations de galets ou de sables sont souvent détruites par une seule tempête, mais elles se reforment promptement. Quelquefois en avant de ces talus il se produit d'autres amas que l'on nomme bancs et dont la direction dépend de celle des vents dominans : ces bancs sur lesquels se brisent les vagues avant d'arriver au talus de la côte, empêchent sa destruction : ils finissent souvent par s'élever au-dessus du niveau des plus grandes marées, et laissent entre eux et la côte des espaces dans lesquels l'eau demeure. Quand ce sont des sables, ils ne forment pas des talus uniformes, mais très-inégaux, offrant presque l'aspect de petites chaînes de très-petits monticules formant des vallées, et qui avancent de plus en plus; ces amas de sables sont ce que l'on nomme *dunes;* ils augmentent toujours de telle manière qu'ils finissent par recouvrir jusqu'aux maisons des villages construits sur les plages que ces sables envahissent, et dont on ne peut arrêter l'action. Ces dunes sont dues à deux causes : d'abord les courans de la mer qui rejettent le sable, puis l'action du vent dominant, qui, après avoir desséché les parties supérieures les enlève et les chasse devant lui. On voit d'après cela que pour la formation de dunes sur une côte, il faut que le vent dominant vienne de la mer : ces dunes retiennent quelquefois les eaux de pluies qui, ne pouvant se faire jour pour se rendre à la mer, forment de petits lacs d'eau douce qui avancent avec les dunes. On a des exemples remarquables de ces mouvemens de sables dans les landes de Bordeaux : on a calculé qu'il avançaient d'environ 20 mètres par an ; ces sables sont quelquefois mais rarement agrégés par l'action chimique ; cependant il y a de ces sables consolidés, comme ceux de la Guadeloupe, où l'on trouve des ossemens humains ; ils sont agglomérés par des coquilles et des coraux à la nouvelle Hollande, sur la côte de Caramanie, etc.

Ces matières rejetées par la mer compensent en partie probablement les débris qui, charriés par les rivières, tendent à élever le lit de l'Océan, et par suite le niveau de ses eaux. Nous verrons plus loin que les courans de rivières ne contribuent pas seuls à l'élever ; cependant son niveau n'a pas éprouvé de changement sensible. On a bien observé des changemens partiels ; mais leur défaut de généralité démontre que ce n'est pas le niveau de l'eau qui a varié, car le changement ne pouvait avoir lieu sur un point de la côte sans se faire sentir sur tous les autres ; nous montrerons par la suite que ces accidens tiennent au soulèvement des terrains : un des faits que l'on avait cités pour prouver que son niveau baissait, l'éloignement auquel le Damiette actuel se trouve de la mer, lorsque du temps de Saint-Louis, il était port de mer, tient à une autre cause ; les recherches historiques dans les manuscrits arabes ont appris que pour prévenir un débarquement de ce côté de l'Egypte, l'ancien Damiette fut détruit, et que l'on construisit à une certaine distance de la mer une ville nouvelle qui reçut le même nom. D'après ce que nous avons vu plus haut au sujet des dislocations des falaises et des dépôts, on connaît déjà l'une des causes qui font que l'Océan gagne du terrain d'un côté et en perd de l'autre.

### Courans dans l'Océan. — Deltas, Iles flottantes.

Le mouvement que les marées impriment à l'Océan n'est pas le seul que l'on y ait observé : on y remarque des courans, qui sont généraux ou qui appartiennent seulement à quelques localités ; les uns sont permanens, les autres périodiques ; le plus remarquable est le grand courant équatorial, qui, partant de l'océan Indien remonte la côte occidentale d'Afrique, après avoir doublé le cap de Bonne-Espérance, traverse l'océan Atlantique, passe entre les Antilles, pénètre dans le golfe du Mexique, en sort par le détroit de la Floride, remonte au nord en suivant à une certaine distance les côtes des États-Unis, traverse de nouveau l'océan Atlantique, longe les côtes occidentales de l'Europe, jetant souvent des produits des Antilles, sur celles d'Irlande et du golfe de Gascogne, d'où il regagne les tropiques.

Il y a plusieurs autres grands courans permanens qu'il serait trop long de suivre dans leurs trajets ; les plus remarquables sont les courans polaires et celui qui de l'océan Pacifique arrive par la Terre-de-Feu dans l'océan Atlantique. Nous avons décrit le plus important pour que l'on pût se faire une idée de leur étendue, d'après lui ; leur histoire appartient plutôt à la géographie ; nous constatons seulement leur existence comme modifiant les marées, les cours des fleuves, et contribuant à l'arrangement des alluvions. On attribue le grand courant équatorial aux vents alisés et au mouvement de la terre dont la portion solide fait sa révolution plus vite que la masse liquide.

Quant aux courans périodiques que l'on observe dans quelques localités comme dans l'archipel Indien, ils sont dus évidemment aux vents périodiques que l'on nomme moussons : les marées sont aussi des courans périodiques.

Dans les mers intérieures il y a souvent aussi des courans permanens ; ils sont dus aux rivières qui s'y jettent et qui tendent à augmenter la masse liquide et à élever le niveau à moins que la surface de ces mers ne produise une évaporation qui balance les affluens. Dans la Méditerranée, il y a un courant, mais au lieu d'en sortir il y pénètre avec une vitesse assez faible, puisqu'elle n'est que de 11 milles par jour, ce qui devrait finir par élever considérablement le niveau de cette mer, s'il n'y avait pas un courant inférieur dont l'écoulement suffit pour arrêter cet effet, courant dont on ne fait que présumer l'existence, aucune expérience ne l'ayant constatée ; c'est au courant supérieur qui y pénètre qu'est due la salure plus considérable de cette mer : on attribue ce courant à la grande évaporation de ses eaux qui, pour rétablir leur niveau, en reçoivent de l'Océan, et de la mer Noire.

Il y a au contraire dans la Baltique un courant qui verse le surplus de ses eaux dans la mer du Nord, avec une vitesse moyenne de 2 milles à l'heure ; cette différence entre ces deux mers tient en partie à celle de leur température qui étant très-haute dans la première, rend son évaporation très-rapide.

Outre ces courans permanens et périodiques, il y en a d'autres qui ne sont qu'accidentels et varient d'intensité avec les causes qui les produisent ; ce sont des espèces de *remous* causés par la force du courant des rivières à leur embouchure, et qui, presque nuls dans le temps des basses eaux, sont quelquefois très-rapides lors des inondations.

Nous avons dit plus haut, en parlant des rivières, que leur courant portait à la mer une quantité assez considérable de dépôts vaseux, sablonneux, ou même de galets : les accidens de terrain produits par ces dépôts varient, suivant que ces rivières se rendent dans des mers intérieures où les marées n'existent pas, ou dans l'Océan : dans le premier cas, le courant de la rivière ne rencontrant pas d'obstacle transporte ces débris jusqu'à l'embouchure où ils s'arrêtent ; l'intensité du courant diminuant à mesure qu'il pénètre dans la mer, ils y forment des îles que l'on nomme *deltas*. Tout le monde connaît celui formé par le Nil, qui le premier reçut ce nom à cause de sa ressemblance avec cette lettre de l'alphabet grec ; le Pô, le Danube en forment plusieurs ainsi que le Volga ; il s'en forme même aux embouchures des rivières lorsque la mer n'y a que des marées faibles ou bien y est semée de bas fonds.

Il arrive parfois que l'on rencontre aux embouchures des grands fleuves, qui parcourent le sol non encore défriché de l'Amérique, des îles flottantes qui résultent de l'enchevêtrement de grands arbres qui, tombés dans les fleuves en même temps que le sol qui les portait, et dont la base avait été minée comme nous l'avons indiqué plus haut, se réunissent et forment d'immenses radeaux, d'une épaisseur peu considérable, mais occupant quelquefois de 15 à 20 milles de long, sur lesquels poussent quelques petits arbres qui préfèrent les terrains humides, comme des saules, mais qui, en raison du mouvement continuel de ce sol dont l'agitation dans les grands vents doit être très-forte, au point probablement de se désunir par places, ne peuvent arriver à de grandes dimensions : pendant les basses eaux ils sont couverts de fleurs et d'abeilles ; il est probable que la solidité de ces radeaux augmentera par la multiplication des racines des arbustes qui y poussent ; les Anglais les nomment *raft*; on en rencontre principalement sur le Mississipi et les rivières qui s'y jettent.

Quand les rivières ont leur embouchure dans des points de l'Océan où les marées sont considérables, il n'y a pas en général formation de deltas ; il y a cependant quelques exceptions fournies par des rivières dont les courans sont très-puissans, comme le Gange, le Rhin ; mais leurs embouchures ne sont pas très-larges. Quand le courant n'est pas très-fort, la marée empêche que les accumulations arrivent à une hauteur suffisante pour former des îles, et les dépôts au lieu de se faire à l'embouchure, se font dans le lit même de la rivière dont ils finissent par rendre la navigation presque impossible.

Une partie des matières entraînées par les rivières dans les mers, est souvent, avec les débris résultant de l'action des vagues sur les côtes, conduite loin de la place où ce courant les avait amenées ;

les contre-couraus ou remous, résultant du refoulement des eaux de la mer par la rivière, les prenant à leur tour; c'est ainsi que certaines portions des détritus qu'entraîne le Nil sont ensuite refoulées par la mer le long de l'isthme de Suez, qui, au lieu d'être rongée par l'action des flots, profite de ce qu'ils rejettent : on n'a pas à craindre d'après cela, que, cette barrière manquant, la mer Rouge, dont le niveau est supérieur à celui de la Méditerranée, ne vienne y faire, à une époque plus ou moins reculée, une irruption qui inonderait certainement les côtes voisines.

On voit, d'après ce que nous avons dit, que l'action érosive des mers n'a lieu que sur les bords et à une très-petite profondeur, relativement à celle de l'Océan qui reste probablement tout-à-fait immobile et doit plutôt augmenter la solidité des matières sur lesquelles il repose en raison de l'énorme pression qu'il y exerce.

Nous avons déjà vu que des débris végétaux amenés dans l'Océan pouvaient, mais insensiblement, vu leur peu d'importance, contribuer à élever son lit ou à le changer; mais les animaux ou au moins quelques espèces d'animaux y contribuent d'une manière très-remarquable; ce sont les molusques et les zoophytes qui produisent des masses de coraux et de coquilles considérables, sans cependant que l'on doive croire ces coraux en masses aussi importantes qu'on l'avait annoncé jadis; les animaux qui font ces constructions ne se trouvant que dans les climats chauds, ne peuvent descendre à de grandes profondeurs où ils trouveraient une température bien inférieure à celle qui est nécessaire à leur existence : toujours est-il qu'ils forment des bancs d'une certaine épaisseur qui reposent sur des rochers, et qui ont quelquefois une très-grande étendue; les archipels de la mer du Sud en sont parsemés (*voir* la Zoologie).

### Volcans brûlans, Volcans continentaux, Volcans sous-marins; Iles qui en résultent.

Les volcans sont une des causes qui produisent les plus grands changemens à la surface du globe, où ils se trouvent disséminés comme autant de soupiraux jouant presque, par rapport à la croûte solide du globe, le rôle des soupapes de sûreté dont on pourvoit les chaudières à vapeur, et par lesquels, à des époques irrégulièrement distantes les unes des autres, s'échappent des torrens de gaz, de vapeur, de cendre, de fragmens de roches plus ou moins volumineux, et de laves qui, coulant comme des fleuves de feu, offrent dans leur ensemble un aspect sublime et effrayant.

On avait cru d'abord qu'il ne s'en rencontrait que dans le voisinage de la mer ou dans la mer elle même, et de là on avait conclu que leur existence et les phénomènes qu'ils produisent étaient dus à des infiltrations ou des irruptions de cette eau dans le sein de la terre, et que là, rencontrant ou des métaux capables de décomposer l'eau instantanément et avec détonnation ou incandescence comme le potassium, le sodium, etc., ou bien encore pénétrant jusqu'aux profondeurs où la masse est en fusion, alors elle se convertissait instantanément en vapeur, ou en gaz dans la supposition de la décomposition par les métaux alcalins, et que de là résultaient les éruptions. Mais on a trouvé depuis qu'il y avait des volcans à des distances énormes de la mer, dans l'Asie centrale, à 300 ou même 400 lieues de la mer dans la chaîne du Thianchan. Depuis on en a trouvé aussi à de très-grandes distances de l'Océan dans la chaîne des Andes, ce qui doit contribuer à faire écarter cette hypothèse; on a aussi supposé qu'ils étaient dus à l'inflammation des houillères.

Il est probable que les matières vomies par les volcans à l'état de fusion font partie de la masse intérieure qui est encore incandescente. Il reste à savoir quelles sont les causes qui déterminent leur éjection. Nous nous bornerons à décrire les phénomènes des éruptions, et ceux qui les précèdent et les suivent.

Nous ne nous occuperons ici que des volcans en activité; ils sont peu nombreux et disseminés fort irrégulièrement; quoique placés à de grandes distances les uns des autres, les phénomènes qu'ils présentent sont tellement semblables que l'on doit les considérer comme les effets d'une même cause.

Les éruptions ont lieu en tous temps et à toutes les heures indifféremment; elles sont souvent précédées d'un dégagement de fumée plus abondant dans les grands volcans, de détonnations intérieures qui ressemblent à des décharges d'artillerie, de tremblemens de terre locaux; souvent les sources d'eau douce des environs diminuent ou même disparaissent; celles d'eaux minérales se troublent ou diminuent; presque toujours il y a dégagement d'acide carbonique, puis l'éruption commence par des vapeurs acides abondantes qui sortent par l'ouverture centrale que l'on nomme *cratère* ou par des fissures latérales, et quelquefois par les deux en même temps; puis sortent des matières cinériformes ou pulvérulentes, des pierres quelquefois très-volumineuses, enfin des courans de *laves* qui sont des matières en fusion; les laves sortent presque toujours par les fissures latérales et très-rarement par le cratère lui-même. Les cendres sont souvent lancées, sous forme de colonne, à des hauteurs prodigieuses : quand les éruptions sont très-violentes il s'y mêle quelquefois des phénomènes électriques. Ordinairement l'intervalle du temps qui s'écoule entre les éruptions d'un volcan n'est pas très-considérable; cependant lors de l'éruption du Vésuve en 79, sous Titus, éruption qui fit périr Pline, couvrit Herculanum etc., on ne se souvenait pas qu'il y en eût jamais eu; et depuis cette époque jusque dans le courant du 17<sup>e</sup> siècle il ne s'en était pas reproduit; l'Etna, le Cotopaxi présentent des cas semblables; mais ce sont des exceptions.

Nous avons énuméré dans cette description l'ensemble des phénomènes des éruptions, mais ils ne se présentent pas toujours réunis : quelquefois elles arrivent sans qu'aucun signe précurseur les ait annoncées. La force qui fait remonter les laves jusqu'à la surface du sol doit être énorme : pour qu'elles puissent traverser toute l'épaisseur de l'écorce solide, en la supposant même épaisse seulement d'une vingtaine de lieues, il ne faut pas moins d'une pression intérieure de 28 à 30 mille atmosphères pour les amener à la surface du sol.

Ces laves au moment de leur sortie ne sont pas toutes de la même fluidité; ordinairement elles semblent couler comme du miel; quelquefois elles sont beaucoup plus liquides : la vitesse de leur course dépend de l'inclinaison du terrain et de leur fluidité; il est rare qu'elles parcourent plusieurs lieues en un jour, habituellement elles emploient 4, 5 et même jusqu'à quinze jours et plus pour faire une lieue : leur mouvement se ralentit continuellement par la diminution de fluidité qui résulte du refroidissement qui ne se fait cependant que très-lentement. Il arrive quelquefois que la lave s'infiltre à travers les fissures qui se forment par la carbonisation des arbres qui se trouvent au milieu du courant. La température qu'elles ont est assez considérable pour fondre le feld-spath, le mica, l'argent : du métal de cloche plongé dans celle qui sortit du Vésuve lors de l'éruption de 1794, n'y fondit pas, il se fit une liquation; l'étain et le zinc coulèrent, le cuivre resta solide. A Torre del Greco, dans un courant de lave qui traversa la ville, du verre fut porcelanisé, du plomb fondu, du fer changé en oxide oligiste. (*Voyez* la Minéralogie pour ces diverses substances.)

Le refroidissement des laves est toujours lent mais plus ou moins suivant l'état du sol qui, lorsqu'il est humide les refroidit plus rapidement; la croûte solide qui se forme à la surface retarde le refroidissement par son peu de conductibilité surtout lorsqu'elle est poreuse; l'état atmosphérique le ralentit ou l'accélère, une pluie forte et prolongée la refroidit très-vite. C'est la lenteur de la consolidation de la masse intérieure qui y détermine la formation de diverses substances et leur cristallisation, comme on le verra ailleurs.

Dans certaines éruptions, il s'établit de nombreux et très-grands courans de laves, dans d'autres il n'en sort pas du tout : le volcan de Stromboli, qui travaille continuellement, ne rejette pas de lave; le cratère en est presque plein et cependant elle ne s'en échappe pas. Il arrive quelquefois, pendant les éruptions, des torrens d'eau qui proviennent de pluies ou de fonte de neige et qui se chargent de matières terreuses ou de cendres et forment des courans de boue; quelquefois aussi les nuages accumulés autour des volcans, condensés tout d'un coup, tombent en pluie qui entraîne avec elle une partie des cendres dispersées dans l'atmosphère.

Les éruptions volcaniques ne se font pas seulement à la surface des continens, il s'en produit aussi au milieu des mers par des volcans que l'on nomme sous-marins; ils offrent les mêmes caractères que les autres, ils sont toujours dans le voisinage d'îles volcaniques, leurs éruptions produisent des bas-fonds et des îles que l'on peut pour ainsi dire voir croître, tant leur formation est rapide. On connaît un assez grand nombre de ces phénomènes qui ne remontent pas à des époques très-reculées : souvent ces îles disparaissent et ne laissent que des bas-fonds; quelques-unes résistent, rendues plus solides par des écoulemens de laves qui les protégent contre l'action érosive des flots; telles sont un grand nombre de celles que l'on trouve dans l'océan Pacifique.

Vers 1690, on trouva, au milieu des Hébrides, une île nouvelle soulevée par une éruption, mais elle disparut au bout de peu de temps. En 1707, il s'en forma une près de Santorin; elle a résisté jusqu'ici. En 1783, à une petite distance des côtes d'Islande, plusieurs îles parurent, et pendant quelques mois des quantités considérables de scories et de ponces furent rejetées, et des flammes s'élevaient de temps en temps au-dessus de la mer, puis ces îles disparurent; alors commença une éruption terrible du Shaptar-Jokul. En 1811, près de Saint-Michel, l'une des Açores, une éruption sous-marine produisit une île qui parvint à une hauteur de 300 pieds au-dessus du niveau de la mer; l'eau, pendant l'éruption, était soulevée à une grande hauteur: au milieu de l'île se trouvait un cratère d'où sortait une eau bouillante à travers laquelle, par intervalles, s'échappait une colonne de cendre et de fumée s'élevant à près de 800 pieds; quelquefois aussi des torrens de vapeurs et de fumée roulaient à la surface de la mer; en même temps on entendait ces détonnations qui ressemblent à celles de l'artillerie; elles étaient accompagnées d'une vive lumière : cette île, que l'on nomma Sabrina, disparut bientôt. En 1814, sur les côtes du Kamtschatka, il sortit une île qui ne parut que peu de temps.

Enfin, en juillet 1831 non loin des côtes de Sicile, sortit une île nouvelle; il paraît que l'éruption avait commencé dès le mois de juin, car l'amiral Pulteney-Malcolm, passant à cette époque dans ces parages, y éprouva des secousses qu'il crut produites par un tremblement de terre. Le cratère qui se trouvait à peu près au tiers de la hauteur totale de l'île au-dessus du niveau de la mer, contenait comme celui de l'île Sabrina de l'eau qui bouillonnait et s'échappait au moyen d'une fissure latérale; il en sortait d'énormes quantités de cendres lancées à plusieurs centaines de pieds avec des explosions violentes; les cendres étaient mêlées de quelques pierres, mais d'un petit volume : cette île visitée par M. Constant Prévost, que l'académie des Sciences désigna pour y faire des observations, a été décrite avec le plus grand soin; il était accompagné d'un peintre qui en a fait une vue très-exacte et qui, parcourant l'île avec les personnes de l'expédition, fut presque renversé par un vautour qui s'y était fait une aire. La mer avait une agitation très-forte autour de cette île qui est connue sous les noms de Corrao, Hotham, Graham, Siacca et Julia nom que lui donna M. Prévost, tout en annonçant qu'elle ne pouvait tarder à disparaître sous l'effort des vagues, ce qui est arrivé au commencement de 1833. Il ne reste qu'un bas-fonds à la place qu'elle occupait. On prétend que presque à la même place il s'en était déjà formé une au commencement du dernier siècle.

Les îles volcaniques sont beaucoup moins fréquentes dans l'océan Atlantique que dans la mer du Sud et l'océan Pacifique. Les plus remarquables sont l'Islande, les Canaries dont l'une, Ténériffe, offre un pic d'une élévation au-dessus du niveau de la mer, de 3,700 mètres. Dans l'autre Océan, ils forment une longue suite depuis le Kamtschatka, sous deux directions; l'une descendant au sud offre des volcans remarquables, dans les îles Kurilles celles du Japon, Formose, les Philippines d'où cette espèce de chaîne se ramifie par Gilolo; Endesou Flores et Combava ou Sumbawa, Java etc. L'autre par les îles Aléoutiennes; un grand nombre d'autres volcans se trouvent sur les îles disséminées dans l'océan Pacifique comme aux îles Sandwich ou Hawaï.

Les volcans offrent généralement une forme conique qui les fait distinguer souvent assez facilement de loin ; cette forme est due aux phénomènes qui les produisent. Nous avons vu, en parlant des volcans sous-marins, qu'ils produisaient souvent des îles qui résultent évidemment du soulèvement de l'écorce solide par l'effort avec lequel la matière fondue tend à s'échapper : si l'effort est assez puissant pour que la masse soulevée vienne à rompre, il y a formation d'un cratère et éruption ; mais il arrive quelquefois que de pareils soulèvemens se font sans qu'il y ait éruption dans l'endroit soulevé. C'est ainsi que s'est formé tout d'un coup le Jorullo. Vers la fin de septembre 1759, le terrain, sur une étendue de 4 milles carrés, s'éleva brusquement d'une hauteur à pic de 12 mètres sur le contour, et, croissant jusqu'à 160 mètres au point le plus élevé, toute la superficie se couvrit de petits cônes d'où sort continuellement de la fumée ; on les nomme dans le pays *hornitos* et la masse soulevée *malpays* : il y eut éruption violente. Le mont Nuovo s'éleva, en 1538, au près de Naples, en vingt-quatre heures, jusqu'à la hauteur de 440 pieds sur une superficie de plus de deux milles carrés ; mais il ne s'y fit pas d'éruption. On cite une masse de rocher qui s'éleva à près de 1,000 mètres au-dessus du niveau de la mer près de l'île d'Unalaschka dans l'archipel du nord, etc. Quelquefois, au contraire, les montagnes volcaniques disparaissent et font place à des lacs : c'est ce qui arriva, en 1772, au Papandayang à Java, qui, pendant la nuit du 11 au 12 août, s'enveloppa d'un nuage lumineux, puis disparut sur une longueur de 15 milles et une largeur de 6, engloutissant quarante villages ; il y périt près de 3000 personnes. Nous aurons à revenir sur ces soulèvemens.

Les cratères par lesquels sont projetées les colonnes de fumée, de cendres et les pierres, forment les cônes qui caractérisent la plupart des volcans ; ces cônes ne se forment cependant pas toujours ainsi en Islande, souvent cette formation n'a pas lieu. Ces cônes sont produits par l'accumulation des matières qui sont projetées hors du cratère et qui retombent autour de l'ouverture qui devient ou conique ou en forme de dôme. L'intérieur ressemble à un entonnoir qui est ou droit ou incliné suivant la direction des déjections. Ces cratères ont quelquefois des dimensions très-grandes ; celui du Kairoua ou Mouna, Hona, Raraï dans l'île de Hawaïi ou Howhyhée, est long d'environ deux milles large d'un mille et profond d'environ 800 pieds ; des parois de cet immense entonnoir s'élèvent 50 cônes irréguliers, dont les uns rejettent continuellement des colonnes de fumée ou de flammes, les autres des laves qui coulent rejoindre la masse liquide incandescente qui remplit le fond.

Dans l'intérieur des cratères plusieurs substances se condensent après les éruptions; celle qui est la plus abondante est le soufre qui en se solidifiant cristallise ; on y trouve aussi de l'acide borique, des sels d'ammoniaque, du fer oligiste ; on trouve dans quelques localités des crevasses, d'où sortent des vapeurs d'eau contenant du soufre qui se condense comme dans les cratères, quoiqu'il n'y ait pas là de volcans brûlans, mais qui doivent peut-être leur existence à des éruptions avortées qui ne se sont pas renouvelées ; on les nomme *solfatares ;* on en rencontre souvent dans les terrains volcaniques.

On trouve autour des volcans beaucoup de sources d'eaux minérales ; quelquefois elles sont très-acides comme au *rio-vinagre*, au Pérou, qui contient un peu d'acides sulfurique et hydrochlorique.

Les changemens produits à la surface du sol par les éruptions doivent être considérables ; car chaque fois que le phénomène se reproduit, la forme du volcan est altérée par les matières qui retombent à sa surface, et par les laves qui coulent plus ou moins abondamment ; mais, en outre, la quantité des déjections leur fait couvrir quelquefois de grands espaces de terrain et sur une grande épaisseur, comme le prouve la disparition d'Herculanum, et de Pompéi, sous les monceaux de cendres de l'éruption de 79, qui détruisit aussi l'ancien cône qui est maintenant connu sous le nom de *Somma* ; d'un autre côté les torrens, qui résultent souvent de la condensation subite des nuages, entraînent avec les cendres tout ce qu'ils rencontrent sur leur passage, végétaux et animaux, et forment des espèces d'alluvions où ces corps sont destinés à devenir fossiles.

### Volcans éteints.

On trouve des contrées fort étendues dans lesquelles la disposition des roches et la forme des montagnes sont tout-à-fait analogues à celles des volcans brûlans. Tous leurs caractères montrent que ce sont des volcans, mais qui ne sont plus en activité depuis les temps historiques ; on ne doit pas en conclure cependant qu'ils ne seront plus en activité, d'après l'éruption du Vésuve en 79, puisqu'à cette époque non plus on n'avait aucun souvenir ni tradition de l'époque des dernières éruptions, et que depuis elles ont eu lieu fréquemment. On trouve une grande quantité de volcans éteints en France, dans l'Auvergne, le Vélay, en Bourgogne et en Allemagne. Aucun historien ne parle de ces montagnes comme de volcans, même pour les plus nouveaux ; ils sont donc éteints depuis une époque qui leur est antérieure. On pense cependant, d'après le grand tremblement de terre qui eut lieu en 480, que ceux de l'Ardèche ont pu avoir des éruptions à cette époque. Ces volcans ne se sont pas tous éteints aux mêmes époques. On a essayé de déterminer leurs âges relatifs par la composition de leurs laves : les uns ont leurs cratères parfaitement conservés ; dans d'autres, et ce sont probablement les plus anciens, on n'en trouve pas de traces.

### Tremblemens de terre.

Nous avons dit que toutes les éruptions sont accompagnées de tremblemens de terre, et ces derniers s'étendent dans tous les lieux. Ces deux phénomènes ont probablement la même origine, sur laquelle on peut faire beaucoup de conjectures, mais que l'on ne connaît pas positivement : tantôt ils ne se font sentir que sur des espaces très-limités, et sont pour ainsi dire locaux ; tantôt ils étendent leur action sur une très-grande étendue de terrain auquel ils impriment un mouvement d'ondulation très-rapide, quelquefois et trop souvent capable de renverser des édifices et de détruire en peu d'instans des villes considérables : tel fut celui qui, en 1779, renversa la plus grande partie de Lisbonne, et dont les secousses furent ressenties dans toute l'Europe, et jusqu'en Amérique. Le mouvement communiqué à la mer fit monter dans le voisinage les vagues à la hauteur de soixante pieds, et cette agitation était encore sensible jusque sur les côtes d'Angleterre. La description de ce terrible phénomène a été publiée dans les journaux de Londres, par un Anglais présent sur les lieux. Souvent les tremblemens de terre, quand ils sont violens, sont accompagnés de tonnerre; presque toujours ils produisent un bruit sourd qui ressemble à celui d'une voiture qui roule. Le mouvement du terrain n'est pas toujours ondulé: quelquefois il agit par secousses vives, brusques et presque verticales, produisant presque l'effet que l'on éprouverait dans une voiture qui serait arrêtée dans son mouvement par un obstacle suffisamment résistant, et dont la caisse se trouve comme enlevée sur ses ressorts. On a plusieurs descriptions détaillées de ces phénomènes, lorsqu'ils se présentaient avec une grande intensité: celui de la Jamaïque, en 1692, qui engloutit presque tout Port-Royal; celui de la Calabre, en 1783, qui fit écrouler grand nombre d'édifices, et pendant lequel il se forma plusieurs lacs; celui qui, au Chili, en 1822, éleva la côte de plusieurs pieds, sur une étendue de plusieurs centaines de milles, etc., etc.

### Soulèvemens des Montagnes.

C'est par des soulèvemens semblables, mais beaucoup plus considérables, que les montagnes ont été formées, à ce que pensent la plupart des géologues. Tantôt la croûte extérieure s'est soulevée en même temps que les couches inférieures, et s'est seulement crevassée; tantôt les parties intérieures, poussées par une force plus grande, ont commencé par relever les couches supérieures; puis, les déchirant, se sont élancées à travers, et ont atteint des hauteurs plus ou moins considérables. De la nature des roches, et de la force avec laquelle le soulèvement s'est fait, dépendent les formes diverses des montagnes que nous avons décrites. Cette opinion est fondée sur les observations de relèvement des couches qui sont devenues presque verticales après avoir été certainement formées horizontalement, et dont la direction coïncide avec celle des chaînes de montagnes. Ces soulèvemens, dont on n'avait pas eu l'idée avant les observations multipliées qui depuis trente ou quarante ans ont fait de la géologie une science exacte, ces soulèvemens expliquent parfaitement la présence des coquilles marines à des hauteurs de plus de trois mille mètres.

Depuis ces observations, on a reconnu que les divers systèmes de montagnes n'étaient pas du même âge; enfin M. Elie de Beaumont, à la suite d'une foule d'observations exactes dans les Alpes, etc., crut en devoir tirer la conséquence suivante : tous les soulèvemens d'une même époque sont parallèles : les âges de ces montagnes se reconnaissent par la nature des terrains de sédimens qui se sont formés depuis l'état de repos de ces chaînes après leur formation, et par l'âge des couches relevées que l'on peut comparer entre elles. On verra plus loin, lorsque nous traiterons des terrains, comment et à quels caractères on les reconnaît.

Les changemens opérés à la surface du sol par les tremblemens de terre ne se bornent pas à ces bouleversemens de villes, à ces soulèvemens de terrains; ils produisent aussi des crevasses, ils changent le cours des eaux, quelquefois ils font glisser des terrains à des distances sensibles; quelques-uns ont causé des affaissemens considérables de terrain sur certains points, lorsqu'en même temps ils causaient des soulèvemens non loin de là, comme on l'observa, en 1819, dans l'Indostan.

Les forêts sous-marines que l'on a reconnues sur diverses côtes de l'Angleterre et sur celles de France, près de Morlaix, comme sur celles de Normandie, sont peut-être dues à un affaissement résultant de tremblemens de terre, car en général les bois ont conservé leur forme; on y retrouve des feuilles qui sont en couches assez épaisses, on y reconnaît des chênes, des bouleaux, des ormes, des aunes, des noisetiers et de grandes quantités de noisettes, des sapins, des graminées, des légumineuses. On y trouve des débris d'animaux, d'élans, de daims, d'insectes, etc.

Quant aux soulèvemens, on en trouve sur plusieurs côtes; ils ont du être produits, comme celui de la côte du Chili, lors du tremblement de terre de 1822, qui a dû être précédé de beaucoup de mouvemens semblables; car on trouve à une hauteur de 50 pieds des couches de coquilles parallèles au rivage, semblables à celles qui bordent la portion soulevée en dernier lieu. On trouve des dépôts de coquilles soulevées ainsi à Plymouth, en Suède, près de Nice, en Grèce, etc. En général les coquilles que l'on trouve ainsi sont entièrement pareilles à celles qui vivent actuellement dans le voisinage; d'où l'on conclut que ces soulèvemens ne sont pas anciens : ce sont eux qui avaient fait croire que le niveau de la Baltique baissait comme nous l'avons dit plus haut.

### Sources de Naphte et de Gaz.

Divers produits, dont l'origine a peut-être quelque analogie avec celle des volcans, sont les sources de naphte ou pétrole et d'asphalte, enfin celles d'où s'échappent des gaz inflammables; ces produits se rencontrent cependant quelquefois dans des contrées où l'on ne connaît pas de volcans brûlans ou éteints. Les sources de naphte et d'asphalte sont quelquefois très-abondantes et semblent inépuisables; ainsi celles de l'île de Zante sont dit-on aussi riches que du temps d'Hérodote; celles qui fournissent l'asphalte qui recouvre la mer Morte ne semblent pas non plus avoir diminué, malgré les récoltes annuelles que l'on y fait; sur quelques points de la mer Caspienne, à Bakou, dans la province de Schirvan, on s'en sert comme combustible. On en rencontre dans plusieurs parties de l'Inde, en Amérique, etc.

Les sources de gaz causent souvent dans les mines des accidens qui malgré la crainte qu'ils doivent inspirer aux ouvriers puisqu'ils y courent risque de la vie, n'ont pu leur faire adopter dans la plupart des houillères de France la lampe de sûreté qui, inventée par Humphry Davy est une des plus utiles découvertes que l'on ait faites, puisqu'elle peut sauver la vie aux milliers d'ouvriers attachés à ce genre d'exploitation. Ces gaz, qui sont des hydrogènes carbonés, sont inflammables ; lorsque leur dégagement a été assez considérable pour que leur mélange avec l'air puisse détonner, ils produisent cet effet et de funestes résultats lorsqu'on en approche un corps enflammé. La lampe de Davy est complétement enveloppée d'une toile métallique qui empêche que la détonnation qui se fait dans son intérieur ne se communique au dehors, c'est ce qui sera démontré dans le Traité de Chimie ; ce gaz est connu des mineurs sous le nom de *feu grisou*.

Il trouve quelquefois des fissures au moyen desquelles il arrive à la surface du sol d'où il sort ; dans quelques endroits on a cherché à en tirer parti. En Chine, où l'on voit en activité, depuis des siècles, des industries que nous croyons avoir découvertes, plusieurs de ces sources sont exploitées. M. Imbert assure qu'à Thsée-Lieou-Tsing, conduites par des tuyaux de bambou jusqu'auprès de sources salées, et là, par des tuyaux de terre, elles servent à l'évaporation de ces eaux ; une seule de ces sources chauffe 300 chaudières, d'autres servent aux usages de la cuisine et à l'éclairage. Dans plusieurs contrées, on a depuis trouvé, comme en Chine, des sources de gaz inflammable dans le voisinage des sources salées. Près de Bakou, sur les bords de la mer Caspienne où le terrain produit du naphte, ce gaz est si abondant, qu'il suffit aux habitans de faire un trou peu profond pour qu'il s'en échappe de manière à s'en servir pour l'éclairage ou pour la cuisine.

Le gaz hydrogène carboné n'est pas le seul qui se dégage ainsi ; on connaît plusieurs localités où se trouvent d'abondantes sources de gaz acide-carbonique ; c'est principalement dans les terrains volcaniques : ainsi tout le monde connaît les effets de la grotte du Chien à Naples, qui sont dus à ce gaz. Il y a sur les bords du lac de Laach une cavité d'où il s'en dégage assez fortement pour que des animaux qui s'en approchent en soient asphyxiés ; vis-à-vis Birresborn on trouve un étang à travers lequel passe un fort courant de ce gaz qui en rend l'approche dangereuse.

## STRUCTURE INTÉRIEURE DE L'ÉCORCE SOLIDE,

### ET ACCIDENS QUI INTERROMPENT OU DÉTRUISENT SA RÉGULARITÉ.

La masse de l'écorce solide du globe est composée de différens élémens qui forment des roches ou masses pierreuses ou terreuses, plus ou moins solides, dont l'étude suivra celle des minéraux qui les composent; l'ensemble des diverses réunions de ces roches forme les terrains que nous aurons à étudier en dernier, mais dont nous devons faire connaître d'avance les différentes dispositions et les accidens que l'on y rencontre, comme fentes, cavernes, etc. Les roches qui les composent sont divisées en deux grandes sections : 1° stratifiées, c'est-à-dire, formant des couches ou lits plus ou moins épais ou puissans; 2° non stratifiées, c'est-à-dire, en masse n'offrant aucun indice de disposition par couches.

On observe rarement une régularité parfaite dans la stratification, c'est-à-dire que les couches n'ont pas un parallélisme rigoureux : quand elles ont un parallélisme sensible, on dit que la stratification est *concordante* comme dans les *Fig.* 15, 16, 17, 18, *Pl.* 6.; souvent les couches ne sont pas parallèles et sont au contraire dans des directions presque perpendiculaires les unes aux autres; la stratification est alors *non concordante*, comme on le voit dans les *Fig.* 19, 20, 21, *Pl.* 6. Les stratifications concordantes offrent quelquefois des contournemens violens; on dit alors qu'elles sont à plans tordus (*Fig.* 22, *Pl.* 6). Celles des terrains houillers offrent souvent et même presque toujours des contournemens brusques, anguleux, sous formes de zigzags très-multipliés, qui font que les couches sont alternativement inférieures et supérieures (*Fig.* 23, *Pl.* 6). On trouve souvent dans les couches des modifications comme des renflemens, des rétrécissemens; au milieu des renflemens on remarque par fois un *noyau*, *amas* ou *nid* de substances d'une nature différente (*Fig.* 24, *Pl.* 6). Il n'est pas rare de voir au milieu d'une couche une grande quantité de ces noyaux ou nids, irrégulièrement arrondis, que l'on nomme *rognons*, et disséminés dans toute la masse (*Fig.* 25, *Pl.* 6).

Couches.

Quand les couches sont très-épaisses et d'une grande étendue en longueur et largeur, on les nomme souvent *bancs;* les couches très-peu épaisses et de très-peu d'étendue sont appelées *veines* en France; leur plan se rapproche tantôt de la ligne horizontale et tantôt de la verticale. Toutes ces couches sont quelquefois séparées par des fentes, causées, ou par des affaissemens, ou par des soulèvemens partiaux; ces fentes produisent quelquefois en même temps un écartement sensible, d'autres fois il n'y en a pas du tout, mais presque toujours dans les deux cas le niveau des couches n'est plus le même des deux côtés de cette séparation que l'on nomme *faille.* (*Fig.* 26 et 27, *Pl.* 6.) Quand il y a écartement, le vide formé se remplit ordinairement de dépôts alluviens, comme sable, argile, etc., qui se solidifient, ou bien de dépôts volcaniques; quand on a dans ce cas perdu la veine, il faut pour la retrouver, remonter ou redescendre; l'inclinaison de la faille indique ce que l'on a à faire; il faut aller du côté de l'angle obtus formé par la couche et la faille. On appelle fausses failles, celles qui n'ont pas interrompu la continuité des couches.

Les Anglais nomment *dyke* une espèce de faille consistant en une fente qui est remplie d'une roche, formant une sorte de mur qui coupe les couches, mais sans qu'il y ait soulèvement d'un côté ou abaissement de l'autre; elles sont un peu relevées, le long des parois de cette espèce de filon, par l'effort que la matière a employé pour y pénétrer; ce relèvement prouve que la matière s'y est introduite de bas en haut.

Les couches sont quelquefois séparées sur une grande largeur par un affaissement partiel de terrain; les portions de couches qui se trouvent au-dessus sont alors rompues et enfouies confusément dans cet éboulement que l'on nomme *brouillage* (*Fig.* 28 *Pl.* 6); on en rencontre de temps en temps dans les mines de houille.

### Filons.

On nomme ainsi des masses minérales en général peu épaisses, quelquefois se prolongeant très-loin, qui coupent presque toujours les couches et traversent aussi les roches non stratifiées; leur plan tend souvent à se rapprocher de la verticale; ce sont comme de grandes failles, formées de substances différentes de celles des terrains qu'ils traversent. On nomme *toit* dans un filon, la portion de la roche qui se trouve supérieure lorsqu'il est incliné; l'autre côté se nomme *mur*, *chevet* ou *lit*. On nomme *salbandes* ou *épontes* les portions du filon qui touchent le toit et le mur, elles sont souvent composées d'argiles et polies, quelquefois il n'y en a qu'une. On appelle *tête* ou *crête* du filon, ou encore *affleurement*, la partie supérieure qui est à la hauteur du sol; quelquefois elle est saillante : la puissance des filons est en général de deux à trois mètres au plus, on en cite cependant de plus épais en Hongrie: ils sont souvent formés par la réuniou de plusieurs petits filons; il y en a qui s'étendent beaucoup; celui de Guanaxuato a été exploité sur un longueur de 12,000 mètres et à une profondeur de 550. On connaît des filons de fer qui ont plusieurs lieues. On ne sait pas si les filons pénètrent très-avant; souvent ils s'amincissent à une certaine profondeur; ils sont en général formés de minéraux plus cristallisables que les roches qu'ils traversent; on y trouve des minéraux particuliers qui sont très-rarement dans les roches, et même ne s'y rencontrent jamais, et des minéraux métalliques. Quelquefois ils sont remplis de galets, d'argile, de sable, et rarement de fragmens très-anguleux des roches environnantes, de débris végétaux et animaux, enfin de houille. Les cristaux sont tournés vers le centre du filon.

Les filons traversent des terrains de différente nature; en général la matière du filon tient peu à la roche dont les parties adjacentes au filon sont souvent altérées, surtout du côté du toit. On croit que c'est à cette altération que tient la formation des salbandes.

Il est rare qu'un filon soit seul; il s'en trouve souvent plusieurs, formant plusieurs systèmes : dans chaque système les filons sont parallèles. Toujours le filon riche traverse celui qui ne l'est pas ; ainsi en Saxe le filon argentifère traverse celui d'étain, d'où l'on doit conclure qu'il est postérieur. Les Anglais donnent aux filons le nom de veines.

On nomme petits filons, des fentes qui traversent non pas un terrain, mais une couche, et s'y ramifient beaucoup ; leur composition est plus ou moins différente de celle de la roche qu'ils traversent ; il y en a qui sont formés par des roches, ainsi dans le gneiss on trouve de petits filons de granite ; on y trouve moins de cristaux que dans les filons.

Il est important de trouver l'inclinaison ou le plongement des couches et même des filons, c'est-à-dire l'angle qu'ils forment avec la ligne horizontale, et aussi leur direction, afin de pouvoir en connaître la position ; on obtient facilement ces deux résultats avec la boussole de géologie ; elle consiste en une boussole ordinaire en forme de montre avec un cercle divisé en degrés qui permet de prendre facilement *l'orientation ;* à cette boussole est adapté (*Fig.* 29, *Pl.* 6) un crochet AD qui s'ouvre de telle manière que lorsqu'on pose l'instrument sur un plan quelconque, la ligne AB se trouve parallèle à ce plan, un fil à plomb CF indique sur le rapporteur AFB, l'angle que cette ligne fait avec la verticale, par suite avec la ligne horizontale, c'est-à-dire l'inclinaison ou le *plongement* de la couche ou du filon.

### Grottes et cavernes.

On rencontre souvent dans certains terrains des cavités plus ou moins considérables, avec ou sans divisions, par compartimens, et que l'on nomme *grottes* et *cavernes ;* quelquefois, par leurs nombreuses stalactites ressemblant aux clefs pendantes de l'architecture gothique, par leurs stalagmites qui semblent des groupes de statues posés çà et là sur le sol, et par les fréquentes réunions de ces deux sortes de dépôts formés par les gouttes d'eau qui suintent de la voûte, produisant alors des colonades, etc., elles présentent un spectacle admirable, surtout par la réflexion de la lumière des torches (*Fig.* 30, *Pl.* 6); mais ce qu'il y a de plus intéressant pour le géologue dans ces réduits, c'est la découverte que l'on y a faite d'une grande quantité d'ossemens fossiles d'animaux de différens genres, comme lions, tigres, ours, loups, renards, chats, belettes, éléphans, rhinocéros, chevaux, hippopotames, sangliers, daims, bœufs, cerfs, lièvres, lapins, souris, corbeaux, pigeons, alouettes, etc. Ils sont recouverts et comme empâtés, quelquefois avec des galets, par une espèce de limon ou d'argile et de sable, et recouverts par places de stalactites; dans quelques cavernes du midi de la France et en Allemagne, on a trouvé des ossemens humains mêlés avec ceux des animaux que nous avons cités. On trouve aussi des amas bréchiformes, c'est-à-dire composés de fragmens anguleux empâtés, contenant des ossemens qui comblent des fentes accidentelles de roches, et adhèrent ensemble au point d'être souvent plus solides que ces roches elles-mêmes.

FOSSILES : leur influence sur la distinction des terrains en *primitifs*, *de transition*, *secondaires*, etc.

On rencontre au milieu d'un grand nombre de terrains des ossemens fossiles et des débris végétaux au moyen desquels on a essayé aussi un classement de ces terrains en deux grandes sections, l'une fossilifère, l'autre non fossilifère; puis les terrains fossilifères se subdivisent à leur tour, d'après la nature des débris organiques que l'on y rencontre; dans les uns on ne trouve que des débris de végétaux et d'animaux marins; enfin quelques-uns contiennent aussi des reptiles, des oiseaux, des mammifères. Souvent les ossemens que l'on rencontre appartiennent à des espèces perdues; ainsi, parmi les reptiles, les *Ichtyosaurus*, espèce de crocodiles ayant des nageoires au lieu de pattes, dont on trouve cinq variétés; les *plésiosaurus*, dont la forme avait quelque ressemblance avec celle du cygne, et qui dans l'eau se dirigeait au moyen de quatre nageoires, on en a rencontré sept variétés, et autant de *ptérodactyles*, reptiles volans ayant des ailes dans le genre de celles des chauves-souris; parmi les crustacés, les *trilo-*

*bites* dont on ne trouve pas d'analogue, dont la tête ressemble quelquefois, vue en dessus, à celle d'un crapaud et dont le corps disposé comme celui du cloporte pouvait de même se mettre en boule; on en trouve en effet aussi dans cette position; parmi les mammifères, plusieurs *anoplotherium, mastodon, lophiodon, palaeotherium*, etc., etc. Parmi toutes les espèces éteintes, il y en a bon nombre dont on ne trouve pas même les analogues vivans.

Le nombre des espèces fossiles, végétales, ou animales de toutes les classes, comme zoophytes, radiaires, annelides, conchifères, mollusques, crustacés, insectes, poissons, reptiles, oiseaux, mammifères, est énorme, puisqu'il s'élève à plus de quatre milles et que ce nombre augmente journellement par suite des recherches actives et multipliées auxquelles on se livre surtout depuis quelques années.

Ne pouvant décrire dans ce traité ces espèces, ce qui demanderait des volumes, nous renvoyons pour leur connaissance aux traités spéciaux, car aucun ouvrage de géologie publié jusqu'ici n'en a donné de descriptions que les botanistes et les zoologistes seuls sont capables de faire convenablement.

Nous nommerons seulement, lorsque nous en serons à l'étude des terrains, à la géognosie, les différentes espèces qui, s'y trouvant plus généralement, en forment, pour ainsi dire, un des caractères spéciaux. Nous dirons d'avance cependant que, d'après la nature des fossiles que l'on y trouve, ou d'après leur absence totale, on divise les terrains en *primitifs*, ce sont ceux où l'on ne trouve aucun fossile; en *intermédiaires* ou de *transition*, on y trouve des fossiles végétaux et quelques fossiles marins; en *secondaires*, où l'on trouve des fossiles de toutes les espèces; enfin depuis, on a fait une autre série de terrains: on leur donne le nom de *tertiaires*; ils se trouvent au-dessus du terrain secondaire. Ces dénominations sont encore usitées, mais ces divisions sont loin d'être assez nombreuses pour séparer convenablement les terrains d'après les différences qu'ils présentent. Nous reviendrons sur ce sujet en essayant de les faire connaître.

### Résumé des diverses Révolutions qui ont amené le globe terrestre à l'état actuel.

D'après tout ce que nous avons vu sur la constitution du globe terrestre, les accidens de terrain, les causes qui ont dû les produire, on pourra comprendre les deux systèmes opposés qui ont été mis en avant sur l'état primitif du globe, ce qui eût été impossible si nous avions commencé par-là.

Dans ces deux systèmes on reconnaît que la terre a dû être dans le principe dans un état de mollesse tel, que la force centrifuge, résultant de son mouvement autour de son axe, put l'aplatir dans ce sens. (On trouvera dans le Traité de Physique la définition de cette force et les phénomènes qu'elle produit.)

Dans l'un de ces systèmes, qu'on appelle celui des *Neptuniens*, parce qu'on y fait tout dépendre de l'influence des eaux, l'état de mollesse y est regardé comme résultant du mélange de la portion solide avec l'eau qui tenait en dissolution toutes les parties solubles et formait une sorte de boue épaisse avec les parties non solubles. Dans ce système, les inégalités du sol ne s'expliquent pas facilement. On suppose que les substances non en dissolution se sont déposées par la différence de pesanteur spécifique; mais alors les couches auront dû se former uniformément, les matières les plus pesantes d'abord et les plus légères en dernier, le tout recouvert de la masse d'eau qui aurait successivement diminué; mais on n'explique pas ce qu'elle aurait pu devenir. Les inégalités du sol seraient résultées de cette disparition de la plus grande partie de l'eau, qui par son évaporation aurait laissé cristalliser les matières qu'elle tenait en dissolution, mais de manière à produire des élévations considérables qui forment maintenant les îles, les continens et les chaînes de montagnes qui les traversent; les couches relevées se seraient disposées comme les matières qui s'attachent aux parois verticales des vases remplis de liquides tenant des substances en suspension. Il est impossible dans ce système d'expliquer la chaleur centrale, qui est parfaitement démontrée. En effet, si on l'attribue, ainsi que les volcans, à l'action de l'eau sur les métaux alcalins renfermés dans le sein de la terre, on exclut toute intervention de l'eau dans la formation originaire de la masse, car alors ces métaux auraient été brûlés immmédiatement, et, transformés en oxides, ils n'auraient plus la même action.

Dans l'autre système, qu'on appelle *Plutonien*, l'état de mollesse primitif est regardé comme résultat de l'action du feu qui avait fondu la masse du globe, et maintenait à l'état de vapeur toute l'eau qui se trouve maintenant à la surface et donnait à l'atmosphère une hauteur prodigieuse. Par son mouvement orbiculaire dans l'espace, dont la température a été calculée devoir être de —50° ou 50 degrés au-dessous de zéro, comme nous l'avons dit plus haut, le refroidissement de l'atmosphère et de la surface dut s'opérer insensiblement. Enfin arriva une époque à laquelle il fut tel que certaines substances moins facilement fusibles, se solidifièrent ou se figèrent, formant une croûte mince, et par celà même de peu de solidité, mais qui, prenant successivement plus d'épaisseur acquit une force assez grande pour résister un peu à l'effort produit par le mouvement de la masse en fusion, et se ridait seulement plus ou moins profondément : le refroidissement de l'atmosphère s'opérait en même temps, et les vapeurs se condensant graduellement tombaient sous forme de pluie, les eaux s'évaporaient rapidement au contact de cette croûte encore très-chaude, qui, soulevée par l'effort intérieur dont l'action était proportionnée à la résistance, forma peu à peu des collines de plus en plus élévées. Il se fit en même temps des crevasses par lesquelles la matière liquide, venant à sortir, s'épanchait sur les parties solidifiées et, se refroidissant rapidement, devenait elle même bientôt dure et contribuait à en augmenter la puissance, et à diminuer d'autant l'influence de la chaleur intérieure à la surface. Elle perdit par degrés le pouvoir de vaporiser l'eau qui, tombant de l'atmosphère où elle se condensait par son refroidissement successif, dut y former des lacs, des mers, et enfin la couvrit entièrement par suite du peu d'élévation des collines, et du peu de profondeur des dépressions qui en étaient en quelque sorte la compensation. La température de cette eau devait être trop chaude pour qu'aucun animal pût y vivre et même aucun végétal y croître : l'épaisseur de sa croûte et sa résistance augmentant, les déchiremens furent moins nombreux et plus considérables ; et les soulèvemens plus prononcés produisirent des îles, enfin des continens.

La végétation put commencer ; après elle, vinrent les animaux marins ; les détritus augmentant, par suite des dislocations, les terrains meubles, acquérant plus d'épaisseur et sortant des eaux par suite des soulèvemens, purent nourrir les plantes gigantesques dont on ne trouve plus que les débris. Ces plantes étant aidées dans leur végétation par une température continuellement chaude au moyen de la chaleur propre du globe, l'action du soleil y était à peine sensible et les saisons n'existaient pas en action ; elles l'étaient aussi par les pluies abondantes qui se succédaient rapidement, à cause du refroidissement non interrompu de l'atmosphère. Ces végétaux, enfouis dans les marais, recouverts par les détritus, entraînés des montagnes par les torrens puissans, résultats des pluies inondantes de cette époque, entraînés aussi par les épanchemens de la matière en fusion qui s'échappait de l'intérieur à travers les déchiremens produits à la croûte par les tremblemens de terre qui devaient être alors plus fréquens et plus puissans, en raison de la faible épaisseur de la croûte ; ces débris enfouis se transformèrent en houille, en bitume, etc.

Les animaux de divers genres parurent et se modifièrent, ainsi que les plantes, en même temps que le refroidissement de la surface du globe, augmentant par l'accroissement de l'épaisseur de l'écorce solide devint tel, que l'influence de la chaleur intérieure, diminuant peu à peu et celle du soleil se faisant sentir, les saisons et les climats se produisirent ; des espèces disparurent, de nouvelles furent créées.

Les soulèvemens continuèrent et devinrent d'autant plus élevés que la croûte, étant plus épaisse, offrit une résistance plus grande ; et l'effort, une fois vainqueur, produisit des résultats en rapport avec son intensité : d'où l'on pourrait presque conclure que l'âge des chaînes de montagnes est indiqué par leur élévation, jusqu'à une certaine époque.

Comme on peut le voir maintenant, les deux systèmes n'ont pas agi isolément. La première part des phénomènes est due à l'action du feu, mais le refroidissement arrivé à un certain point commença l'action de l'eau qui, à plusieurs reprises, causa des déluges partiels dont on retrouve les traces certaines par les fossiles des terrains des diverses époques géognostiques, les cailloux roulés, etc. Dans le commencement, la chaleur propre du globe, diminuant d'intensité, a seule causé les premières formations de terrain; le refroidissement continuel de la surface ayant permis à l'eau en vapeur, de se condenser, c'est-à-dire de devenir liquide, elle commença dès lors à concourir à l'arrangement de l'écorce solide, mais presque insensiblement; son action augmenta nécessairement en même temps que sa masse tandis que l'influence de la chaleur intérieure diminua, tout en agissant de manière à produire des bouleversemens plus grands, mais plus rares; l'action de l'eau devint à son tour dominante et produisit ces terrains immenses de cailloux roulés, ces *blocs erratiques*, c'est-à-dire, transportés à des distances très-grandes des masses d'où ils avaient été détachés. Il y eut plusieurs périodes de cette action puissante des eaux dues très-probablement à chaque soulèvement considérable de montagne, dont les crêtes condensèrent une grande quantité de la vapeur d'eau faisant encore partie de l'atmosphère jusqu'aux soulèvemens prodigieux, d'où résultèrent les hauteurs de l'Hymalaya des Alpes, des Cordilières qui achevèrent peut-être la condensation des dernières parties de vapeur d'eau que notre atmosphère put abandonner, et dont les effets produisirent le déluge universel.

Depuis ce dernier cataclisme, les phénomènes ont été de l'ordre de ceux que nous voyons journellement opérer par les alluvions, c'est-à-dire l'entraînement des débris, par les cours d'eau ordinaires, les crues, les torrens, les marées, etc., et qui constituent les terrains de la période alluviale.

# MINÉRALOGIE.

Cette science a pour but, comme nous l'avons déjà dit, la connaissance des diverses espèces minérales ; la partie de ce livre qui en traite sera une sorte de catalogue raisonné des minéraux connus; catalogue donnant les diverses propriétés caractéristiques au moyen desquelles on peut les distinguer plus ou moins facilement les uns des autres, et précédé d'une définition de chacun de ces caractères, ainsi que de la description des instrumens nécessaires pour la manifestation de quelques-uns d'entre eux.

Dès les temps anciens, on avait remarqué certaines propriétés particulières de quelques substances minérales d'après lesquelles on en avait fait des applications : celles qui, transparentes et de couleurs vives et limpides, étaient susceptibles par leur dureté de conserver leur poli, servaient à orner les idoles; d'autres de plus grandes dimensions étaient taillées en forme de vases. On avait du temps des Grecs connaissance de la propriété que possède le succin ou ambre jaune d'attirer les corps légers, après avoir été frotté avec de la laine, et c'est d'*électron,* nom grec de cette substance, que vient le nom d'électricité, ce corps étant le premier qui ait offert ce genre de phénomène. Depuis cette époque, on avait essayé de réunir ensemble les substances qui présentaient certains caractères qui leur fussent communs; mais ce n'est guère que vers le dix-septième siècle que l'on fit un classement méthodique de leur ensemble et que la minéralogie put commencer à être considérée comme une science.

Long-temps elle fut stationnaire et bornée comme la plupart des autres, parce que l'étude des sciences naturelles se faisait dans un esprit de préjugé, de vues étroites, de dogmatisme qui était comme l'esprit du temps. La science, qui seule pouvait l'éclairer, la chimie n'existait réellement pas encore; ses notions consistaient seulement dans un amas de faits réunis sans ordre, sans méthode, et toujours mal observés. Ce ne fut que vers la fin du dix-huitième siècle que l'esprit d'analyse et d'observation sévère des faits, qui est le véritable esprit philosophique, imprima aux sciences physiques et naturelles la direction et le mouvement qui depuis leur a fait faire tant de progrès. Les découvertes chimiques de cette époque donnèrent seules à la minéralogie la précision qui la distingue; de sorte que, sans méconnaître l'importance des travaux des minéralogistes antérieurs à cette époque, nous pouvons la considérer comme une science nouvelle.

## CARACTÈRES ET PROPRIÉTÉS DES MINÉRAUX.

Ces caractères sont ou généraux ou particuliers; ils servent à les distinguer facilement les uns des autres. On les divise en caractères extérieurs ou physiques, et en caractères chimiques.

### CARACTÈRES PHYSIQUES.

*La forme*. 1° Considérée extérieurement, elle peut être régulière, pseudo-régulière, imitative, irrégulière, et pseudo-morphique. 2° Considérée intérieurement, on a égard à la texture de la masse et à son état d'agrégation.

#### Formes extérieures.

*Forme régulière*. C'est la forme que présentent les cristaux qui résultent d'un phénomène en vertu duquel les molécules, c'est-à-dire, les parties des corps considérées dans un état de division infinie, se groupent ensemble de manière à former des plans se rencontrant sous des angles invariables pour chaque espèce, et d'où résultent des solides polyédriques (mot qui veut dire réunion de plusieurs plans) qui sont ceux de la géométrie, souvent très-modifiés, mais auxquels on peut toujours les ramener.

Quelques-unes de ces formes avaient été observées par les anciens. Avant Pline on connaissait les cristallisations du diamant, du cristal de roche; les premiers minéralogistes n'avaient observé que peu de formes régulières, telles que le cube, l'octaèdre etc.; Romé de Lisle fit le premier des recherches sur ce sujet; il trouva la constance des angles, il vit de plus que les cristaux d'une même substance, quelque différens qu'ils fussent en apparence, dérivaient tous d'une forme fondamentale, dans laquelle des troncatures, sur les angles plans, c'est-à-dire, formés par deux plans seulement, et que l'on nomme aussi arêtes, et sur les angles solides, c'est-à-dire, formés par la réunion de trois plans ou faces au moins en un point, avaient donné naissance à de nouvelles facettes. Hauy en France, et Bergman en Suède, remarquèrent la cassure, lamelleuse des minéraux cristallisés, ce qui conduisit le premier à sa théorie mathématique de la cristallisation.

Depuis ce temps on a reconnu que les substances dans lesquelles un des élémens était commun, et était semblablement combiné à l'élément différent, cristallisaient dans un même système; d'où l'on a donné à ces corps le nom d'isomorphes qui veut dire une même forme; les angles ne sont pas cependant exactement de la même grandeur.

On a aussi reconnu que quand deux ou plusieurs substances se trouvaient ensemble dans un cristal, les angles étaient des moyennes des angles donnés par les cristaux de ces substances à l'état de pureté, c'est-à-dire, que par compensation ils ont une valeur intermédiaire provenant de la combinaison du plus grand et du plus petit.

Les nombreuses formes des cristaux que présentent les minéraux dérivent toutes d'un des polyèdres suivans, que l'on nomme formes primitives. Le *tétraèdre*, qui est le plus simple de tous, et qui est formé de quatre triangles équilatéraux, c'est-à-dire à côtés égaux (*Fig.* 1, *Pl.* 1). Exemple : cuivre gris, zinc sulfuré; il est souvent modifié par des troncatures sur les arêtes et les angles solides, ensemble ou séparément (*Fig.* 2 *et* 3, *Pl.* 1);

quelquefois même les angles solides sont remplacés par un pointement résultant des troncatures sur les arêtes, s'inclinant de manière à former des angles solides moins aigus.

Le *cube :* c'est un parallélipipède, ayant tous ses angles droits. Quand une ligne tombant au milieu d'une autre forme, deux angles égaux, ces angles sont *droits*, et les deux lignes perpendiculaires l'une à l'autre; tout angle plus grand que celui-là est *obtus*; tout angle plus petit est *aigu*. Les faces sont égales et parallèles comme dans un dez à jouer (*Fig.* 4, *Pl.* 1). Exemple: le plomb sulfuré, la chaux fluatée. Le *rhomboèdre* est un solide dont toutes les faces sont égales, sans être à angles droits, et formant entre elles des angles aigus et obtus; il est plus ou moins aigu, c'est-à-dire plus ou moins allongé (*Fig.* 5, *Pl.* 1). Exemple: chaux carbonatée. Sa coupe perpendiculaire au grand axe donne un hexagone régulier (*Fig.* 6, *Pl.* 1).

Ces deux solides peuvent être modifiés par des troncatures sur les angles solides et sur les arêtes (*Fig.* 7 et 8, *Pl.* 1). Les faces nouvelles peuvent devenir plus grandes que les faces primitives et même les faire disparaître tout-à-fait.

L'*octaèdre :* il est formé de huit plans triangulaires; quand tous les triangles sont équilatéraux, l'octaèdre est régulier (*Fig.* 9, *Pl.* 1). *Ex.* : spinelle. Toutes les troncatures des angles solides, perpendiculaires à ses axes, sont carrées (*Fig.* 10, *Pl.* 1). Cette forme et celle de la figure 7 sont nommées *cubo-octaèdres*, parce que les faces de ces deux solides s'y trouvent réunies: les triangles peuvent être égaux et isocèles, c'est-à-dire n'avoir que deux côtés égaux; dans ce cas la base est carrée; il n'y a que les troncatures parallèles à la base qui soient carrées. Cet octaèdre peut être ou aigu ou obtus. Quand les triangles sont scalènes, c'est-à-dire, ont tous leurs côtés inégaux, toutes les troncatures des angles solides sont rhomboïdales; quelquefois l'octaèdre est allongé dans le sens de sa base : on le nomme *octaèdre cunéiforme* (*Fig.* 11, *Pl.* 1). *Ex.* : baryte sulfaté, plomb sulfaté.

Le *prisme quadrangulaire*, 1° droit, à base carrée. C'est un parallélipipède dont deux faces égales et parallèles sont plus petites ou plus grandes que les quatre autres qui sont égales entre elles; toutes ont leurs angles droits (*Fig.* 12, *Pl.* 1). 2° Le prisme droit, à base rhomboïdale; les deux égales faces (que l'on nomme bases dans toutes les espèces de prismes) sont rhomboïdales, les autres sont des parallélogrammes rectangles, ou plans ayant quatre côtés perpendiculaires. 3° Le prisme rhomboïdal oblique; toutes les faces sont des rhomboïdes (*Fig.* 13, *Pl.* 1). Un prisme est droit quand son axe est perpendiculaire à sa base, et il est oblique quand l'axe y est incliné; l'axe est la ligne qui passe par le centre des deux bases.

Ces solides sont souvent modifiés, tantôt par des troncatures sur les arêtes parallèles à l'axe (*Fig.* 14, *Pl.* 1); tantôt sur celles des bases (*Fig.* 15, *Pl.* 1); tantôt sur les angles solides (*Fig.* 16, *Pl.* 1). Lorsque les faces se multiplient beaucoup sur les arêtes du prisme, il devient alors cylindroïde, c'est-à-dire se rapproche de la forme d'un cylindre: ces diverses modifications se réunissent quelquefois aussi dans un même échantillon. Les bases des prismes peuvent être remplacées par des *biseaux* reposant sur les arêtes des bases (*Fig.* 17, *Pl.* 1), ou sur les arêtes des prismes (*Fig.* 18, *Pl.* 1). Elles peuvent être remplacées aussi par des *pointemens* reposant sur les arêtes des bases (*Fig.* 19, *Pl.* 1), ou sur celles des prismes (*Fig.* 20, *Pl.* 1). Ces pointemens se nomment aussi *sommets* ainsi que les biseaux; ces derniers sont *dièdres*, c'est-à-dire, n'ont que deux faces, les autres sont *pyramidaux*. Ils se réunissent avec les autres modifications dans un même échantillon. Quand il n'y a pas de sommets à un prisme il est *basé*.

Le *prisme exaèdre:* il a six faces; si tous les angles formés par les faces sont égaux, le prisme est *régulier* (*Fig.* 21, *Pl.* 1); si tous les angles sont inégaux, il est symétrique; le prisme peut être droit ou oblique. Il est souvent modifié par des troncatures sur les arêtes des faces ou des bases, ou sur les angles solides; quelquefois les bases sont remplacées par des pointemens reposant sur les arêtes ou sur les faces du prisme; il se présente assez souvent un pointement à trois faces reposant sur deux faces ensemble (*Fig.* 22, *Pl.* 1).

Lorsque dans les prismes les bases sont beaucoup plus grandes que les faces du prisme, de quelque forme que soit celui-ci, ces prismes très-surbaissés, c'est-à-dire très courts, sont généralement appelés tables.

Le *Dodécaèdre*. C'est un solide composé de douze faces *rhomboïdales* (*Fig.* 23, *Pl.* 1); *trapézoïdales*, c'est-à-dire, n'ayant que deux des quatre côtés parallèles; *pentagonales*, ayant cinq côtés, ou *triangulaires*; les triangles peuvent être tous égaux; ils sont ou isocèles (*Fig.* 24, *Pl.* 1), ou scalènes (*Fig.* 25, *Pl.* 1). Ils sont tous également inclinés à la base et à l'axe: dans le dodécaèdre scalène, les arêtes sont inégalement inclinées à l'axe en alternant. Quand les triangles sont inégaux, il y en a quatre isocèles et huit scalènes.

L'*Icosaèdre* (*Fig.* 26, *Pl.* 1). Il est formé par vingt faces, dont huit sont des triangles équilatéraux, et douze des triangles scalènes; de même que les autres formes, il est susceptible de modifications.

A l'exception du tétraèdre, tous les cristaux ont leurs faces parallèles entre elles, à moins qu'ils ne soient électriques par la chaleur, comme dans la tourmaline, ou qu'il n'y ait *hémitropie*, mot qui veut dire, d'après son étymologie grecque, demi-mouvement, cas dans lequel on remarque quelquefois des angles rentrans; ces cristaux semblent résulter d'une séparation et d'une demi-révolution de l'une des parties. Ce n'est probablement cependant que le résultat d'un groupement de deux cristaux, comme dans ceux qui donnent des croix, etc. On voit par-là que les cristaux ne sont pas toujours isolés, et présentant toutes leurs faces; ce cas est le plus rare. Ordinairement, ils sont implantés sur une masse amorphe, c'est-à-dire sans forme particulière, de même nature ou tout-à-fait différente, et dont ils semblent sortir; mais il suffit de pouvoir observer quelques facettes pour déterminer la forme qu'aurait eue le cristal s'il eût été complet. Quelquefois les cristaux ne sont que très-peu saillans et présentent seulement une surface hérissée de pointes; cette disposition se nomme drusique, parce que le plan ainsi couvert de petits cristaux s'appelle *druse*. Les groupemens des cristaux sont souvent en forme de boules ou globuliformes, de faisceaux, de baguettes, ou *bacillaires*, de gerbes, de réseaux ou *réticulés* par la réunion de prismes très-fins et que l'on nomme pour cela *aciculaires* ou en aiguilles, ou *capillaires* comme des cheveux; quelquefois ces cristaux très-fins s'assemblent à la surface ou dans l'intérieur d'autres minéraux, en affectant des formes d'arbres; on les nomme *dendritiques*, de *dendron*, mot grec qui veut dire arbre. D'autres fois, des cristaux un peu plus volumineux prennent, en s'accolant, la forme de crêtes de coq; on les nomme *crêtés*.

Les faces des cristaux sont quelquefois arrondies et leur donnent l'apparence de sphères, d'œufs, de lentilles : on dit alors que la substance est sphéroïdale, ovoïde, lenticulaire. Les cristaux sont encore altérés d'une autre manière; ainsi, souvent il arrive que des faces parallèles ont pris une extension très-grande, comme si on avait pressé le cristal dans ce sens pour l'aplatir; on dit alors qu'ils sont comprimés.

### Formes pseudo-régulières.

Ce sont celles qui ne doivent leur régularité qu'à une espèce de moulage, qui a pu se faire, ou parce que la substance a trouvé vide la place qu'avait occupée primitivement une substance quelconque, ou bien parce que la nouvelle a détruit l'ancienne et s'y est substituée peu à peu; mais les pseudo-cristaux ou faux cristaux (du mot grec *pseudo*, qui veut dire faux) qui en résultent, sont très-facilement reconnaissables en ce que les arêtes ne sont pas vives et que leurs angles sont émoussés; leur cassure n'est d'ailleurs jamais lamelleuse, et leur surface est ordinairement terne et un peu raboteuse.

### Formes épigènes.

Elles résultent de changemens dans les principes constituans d'un cristal, sans qu'il ait perdu sa forme. Ainsi le *plomb sulfuré épigène* provient du *plomb phosphaté*; le *phosphore* et *l'oxigène* font place au *soufre*. Ce nom vient de deux mots grecs, *epi*, qui signifie *dessus*, et *geinomaï*, qui veut dire *engendrer*, nom qui rend mal ce qui s'est passé, car ce nouveau corps résulte d'une substitution, et non d'une nouvelle formation recouvrant l'ancienne.

### Formes imitatives.

Ce sont celles qui offrent quelque ressemblance avec des objets quelconques : ainsi *coralloïde*, ressemblant au corail ; *filiforme*, en forme de fils fins contournés, car, s'ils étaient droits, on dirait aciculaire ; *cellulaire*, quand la masse est parsemée de cavités qui lui donnent une ressemblance avec les cavités des tissus animaux, et surtout végétaux, que l'on appelle cellulaires ; *réniformes*, lorsqu'un assemblage de surfaces arrondies donne une ressemblance avec des rognons ou reins ; quand il n'y a que des hémisphères en nombre indéterminé près les uns des autres, on dit *mamelоné*; si les portions globuleuses sont plus entières, on dit *botryoïdes* ou en forme de grappes ; et à mesure que d'autres dénominations de ce genre se présenteront, lors de la description des espèces, nous aurons le soin de les expliquer. Ces dernières formes, mamelonées et botryoïdes, sont souvent produites par les dépôts que forment les eaux qui tombent sur le sol ; quand ces mamelons acquièrent une certaine hauteur, on les nomme *stalagmites ;* aux voûtes d'où ces gouttes d'eau tombent, de semblables dépôts se forment : on les nomme *stalactites.* Nous avons donné plus haut quelques détails sur ces concrétions en parlant des grottes, dans la géologie. Souvent ces dépôts sont creux, parce que les premières gouttes d'eau ont fait le dépôt de la matière qu'elles contenaient à leur surface, et, par suite, une sorte de tube le long duquel des dépôts successifs se sont formés ; on les nomme *fistulaires*.

### Formes pseudo-morphiques.

On nomme ainsi des substances minérales ayant remplacé des bois, des graines, des coquilles, des os, etc., tout en conservant leur forme. On a voulu dire sans doute fausse substance, et l'on a dit fau ss forme. Les incrustations ne font que recouvrir les corps.

Forme intérieure. Clivage.

On nomme ainsi la texture et l'état d'agrégation.

La texture des vrais cristaux est toujours plus ou moins nettement lamelleuse ou laminaire dans certains sens ; on les casse avec une facilité très-différente souvent pour les divers sens. Cette propriété se nomme *clivage*, et fut connue d'abord par les ouvriers qui taillent le diamant. C'est au moyen de cette propriété des cristaux, que de la figure la plus modifiée on peut revenir à la forme qui lui a servi de noyau primitif, et qui, obtenue, se nomme aussi *solide de clivage*. Comme nous venons de le dire, tous les *sens* de clivage ne sont pas également faciles ; il en est qui, par le simple choc du marteau, donnent immédiatement ces solides, comme en brisant une noisette on trouve immédiatement l'amande. Exemple : plomb sulfuré, chaux carbonatée ; quelquefois il n'y a pas assez de sens de clivages pour y parvenir ; on est alors obligé, après avoir obtenu ceux qui étaient possibles, d'achever le solide de clivage par le calcul, d'après les plans obtenus. Il arrive au contraire quelquefois qu'il y en a beaucoup plus qu'il ne faut pour obtenir la forme primitive qui est alors difficile à déterminer ; on choisit, dans ce cas, la forme résultant des clivages les plus faciles, et dont les faces sont les plus nettes. Les clivages qui l'ont produite sont alors considérés comme essentiels, les autres comme surnuméraires.

Lorsque dans une substance les divers sens de clivage donnent plusieurs solides, ceux qui concourent à la formation de l'un d'eux constituent un *ordre* de clivage ; ainsi, il faut plusieurs *sens* de clivage pour former un *ordre*. Dans la chaux carbonatée, on trouve six ordres auxquels concourent vingt-deux sens de clivage. Il y a des clivages tellement faciles, que l'ongle suffit pour les opérer. On obtient les clivages au moyen de petits marteaux (*Fig.* 37, *Pl.* 2.) ; on place le minéral sur un petit tas d'acier, légèrement creux d'un côté (*Fig.* 38, *Pl.* 2).

### Mesure des Angles.

Pour connaître exactement la forme des cristaux, il faut mesurer les angles que les diverses faces font entre elles : on se sert pour cela d'instrumens que l'on nomme *goniomètres ;* nous ne parlerons ici que des goniomètres simples : on trouvera celui de réflexion dans la physique.

### Goniomètre simple.

Il consiste en deux lames d'acier ou alidades AB, CD. (*Fig.* 27, *Pl.* 2), réunies par un axe E, autour duquel elles peuvent tourner ; on y a ménagé deux rainures FG, HI, qui peuvent glisser le long de l'axe, et permettre de raccourcir les branches qui servent à mesurer les angles quand les cristaux sont groupés, peu saillans, ou empâtés, c'est-à-dire engagés dans une substance de nature semblable ou différente. L'axe est pourvu d'une vis de pression qui empêche les alidades de se déranger lorsqu'on leur a donné la longueur convenable, et après avoir mesuré un angle. Pour prendre exactement cette mesure, il faut appliquer ces deux lames sur les deux faces dont on veut connaître l'inclinaison, en ayant soin de maintenir l'arête au croisement des lames, et ces dernières perpendiculairement à l'arête. On pose ensuite le goniomètre sur un rapporteur (*Fig.* 28, *Pl.* 2) de manière à faire pénétrer l'axe, qui est un peu saillant, dans un petit trou C, placé au centre de l'axe du rapporteur ; une vis L, tenant à une des lames, passe à travers la rainure AB du rapporteur, et par un écrou l'on maintient le tout dans une position invariable. On peut alors mesurer le nombre des degrés de l'angle formé par les deux branches non évidées des alidades, qui est le même, comme opposé, que celui formé par les deux autres, qui sont souvent trop courtes pour arriver jusqu'aux divisions du cercle.

### Forme intérieure, ou Texture.

Dans les masses amorphes, la texture peut être 1° *laminaire*, c'est-à-dire présenter de grandes lames qui sont de vrais sens de clivages au moyen desquels on peut arriver à la forme primitive; 2° *lamelleuse*, ou en petites lames se croisant dans tous les sens; quand les lamelles sont très-petites, la masse offre l'aspect du sucre: aussi la nomme-t-on, dans ce cas, *saccharoïde*, du mot latin *saccharum*; 3° *schisteuse*, composée de grands feuillets se séparant facilement comme dans l'ardoise; 4° *stratiforme*, quand les feuillets assez épais et de diverses teintes ne sont pas séparables; 5° *fibreuse*, formée d'une foule de petites fibres déliées qui sont parallèles ou divergentes, et partant d'un même centre : dans ce cas elle est *radiée*; s'il y a plusieurs couches de fibres les unes sur les autres, elle est *fibreuse conjointe*; 6° *concrétionnée*, composée de couches concentriques ; chaque couche est souvent fibreuse; 7° *grenue*, formée par la réunion de grains plus ou moins gros : quand ils sont ronds et d'un moyen diamètre, on la nomme *oolithique*; s'ils sont très-petits, on dit *miliaire* : ces expressions sont surtout employées pour certains calcaires ; 8° *compacte*; c'est une texture grenue à grains tellement fins, qu'on ne peut les distinguer.

On nomme *puddings* ou *breches*, des conglomérats de parties formant noyaux dans une pâte homogène : puddings, quand ces noyaux sont arrondis; breches, quand ils sont anguleux.

### État d'agrégation.

On entend par-là le plus ou moins de solidité de la masse, qui varie depuis une ténacité très-difficile à vaincre, jusqu'à celle que l'on nomme *meuble*; c'est-à-dire, à l'état de sable ou de grains plus ou moins gros, qui ne sont aucunement liés entre eux, ou tout au plus comme la terre : de là l'épithète de *terreuse*.

### Cassure.

Elle dépend de la texture de la substance : dans les cristaux on nomme longitudinale celle qui est parallèle à l'axe, et transversale celle qui lui est perpendiculaire.

La cassure s'obtient par le choc : elle peut être compacte, et en même temps plane et unie ou terreuse ; inégale, elle est alors grenue ; conchoïde, ce nom vient de *concha,* mot latin qui veut dire coquille, lorsqu'elle est un peu concave et arrondie ; écailleuse, lamelleuse, schisteuse ou en feuillets minces ; testacée ou en même temps schisteuse et conchoïde ; esquilleuse, c'est-à-dire, offrant de grandes inégalités en lignes droites, pointues, comme les os ou le bois cassé.

Il arrive souvent qu'un minéral ait une cassure particulière dans chaque sens : ainsi elle peut être lamelleuse dans un, et conchoïde ou esquilleuse dans l'autre.

### Dureté.

C'est la résistance qu'oppose une substance quand on veut la rayer ou la pulvériser, mais sans choc. Pour rayer on emploie : l'ongle, le carbonate de chaux cristallisé, la chaux fluatée, une pointe d'acier, le briquet, la lime, le verre, le cristal de roche, le diamant, etc. C'est une des meilleures manières de reconnaître les minéraux non cristallisés. On pourrait se tromper cependant sur ce caractère, car en voulant rayer une substance avec une autre que l'on croit plus dure, si au contraire elle l'est moins, celle-ci laissera peut-être une trace, mais qui sera due à une poussière provenant de la substance que l'on aura frottée sur celle dont on voulait éprouver la dureté; pour s'en assurer, on passe son doigt mouillé sur la trace : par ce moyen on enlève la poussière, et l'on peut voir si l'on a gravé un trait.

### Ténacité.

C'est la force plus ou moins grande avec laquelle un corps résiste au choc quand on veut le rompre. Il ne faut pas confondre cette propriété avec la dureté. Il y a des substances qui, bien que très-dures, sont très-peu tenaces et sont même friables, c'est-à-dire qu'elles se laissent facilement briser; ainsi, la pierre-ponce qui est employée pour polir l'acier, se laisse facilement entamer, ce qui tient à sa porosité; le diamant, qui est le corps le plus dur que l'on connaisse, est peu tenace.

### Raclure.

C'est la poussière produite par la rayure ou la pulvérisation, dont la couleur diffère suivant les espèces ; ainsi trois substances qui se ressemblent beaucoup extérieurement, les hématites rouges et brunes qui sont des oxides de fer anhydres et hydratés, et certains oxides de manganèse qui sont aussi concrétionnés, présentent des raclures qui les font distinguer facilement; celle de la première est rouge, celle de la seconde est jaune, celle enfin de la dernière est brun presque noir. On entend aussi par raclure la trace produite quand la poussière a été enlevée, et qui est tantôt éclatante, tantôt terne; quelquefois il se développe par la raclure des odeurs particulières : urineuse, de truffe, d'œufs pourris, etc.

### Tachure.

On nomme ainsi la trace que certains minéraux laissent quand on les frotte sur des corps blancs, comme le papier ou la porcelaine.

### Flexibilité et élasticité.

C'est la propriété qu'ont les substances de se laisser plier, et de conserver la forme qu'on leur a ainsi donnée, comme le plomb, l'étain, etc. Si l'effort, au moyen duquel on aurait plié la substance, venant à cesser, elle reprenait sa première forme, elle serait en même temps flexible et élastique comme l'acier.

### Ductilité.

C'est la facilité plus ou moins grande avec laquelle les corps s'étendent par l'action du marteau, des laminoirs, des filières; on obtient des feuilles ou des fils d'autant plus fins que la ductilité est plus grande. Ainsi, le fer, l'argent, l'or, sont très-ductiles; d'autres métaux le sont moins, d'autres pas du tout.

### Onctuosité.

Les minéraux sont quelquefois gras ou savonneux au toucher,

c'est ce que l'on nomme onctueux, comme certaines argiles. Ils sont quelquefois, au contraire, rudes et secs comme la pierre-ponce; on dit alors qu'ils sont maigres.

### Froid.

On nomme ainsi la sensation plus ou moins fraîche que l'on éprouve en posant un minéral sur la main; le froid produit par le quartz hyalin ou cristal de roche, est beaucoup plus sensible que celui produit par le verre ou le cristal artificiel.

### Son, Sonorité.

Quelques minéraux produisent par le choc un son qui est tellement fort, qu'en Chine on s'en sert en place de cloches; cette sonorité a valu à l'un d'eux le nom de phonolithe, qui, d'après son étymologie grecque, veut dire pierre sonore.

### Transparence.

C'est ainsi que l'on nomme la propriété de certains minéraux, de laisser passer assez librement les rayons de lumière pour distinguer nettement les corps à travers leur épaisseur; la transparence varie beaucoup. Lorsqu'elle ne laisse apercevoir les objets que peu distinctement, on dit que le corps est demi-transparent; s'il ne laisse pas apercevoir les formes, mais seulement les ombres et les lumières un peu fortes, il n'est que translucide; si enfin il ne laisse passer aucun rayon lumineux, il est opaque; entre ces désignations il y a une foule d'intermédiaires que l'on comprendra facilement d'après ces définitions, lorsqu'on sera obligé de les employer.

### Réfraction.

Elle tient à la transparence. Elle est simple quand les corps vus au travers paraissent simples, et double quand ils paraissent doubles eux-mêmes; cette propriété, très-importante à observer, dépend absolument de la disposition des molécules : elle n'est pas à beaucoup près aussi fortement prononcée dans tous les cas, et ne se rencontre jamais dans les minéraux non cristallisés, ou dérivant du cube. Quelques minéraux ne la présentent qu'à travers des faces non parallèles ; ainsi, pour le cristal de roche, on ne la voit qu'à travers une face du pointement, et l'une de celles du prisme ; d'autres, au contraire, à travers des faces parallèles, comme la chaux carbonatée primitive limpide, connue sous le nom de spath d'Islande ; les causes de ce phénomène se trouvent développées dans la physique.

### Éclat.

On peut l'observer à la surface et dans la cassure ; il est vif, il est vitreux, adamantin, c'est-à-dire analogue à celui du diamant, du mot grec *adamas*, diamant ; il est gras, résineux, nacré, soyeux, métallique ; s'il n'y a qu'un très-faible éclat, le corps n'est que luisant ; s'il n'y en a pas du tout, comme dans la plupart des cassures terreuses, il est terne.

### Couleur.

Ce caractère est en général le moins certain. En effet, on trouve quelques espèces qui se présentent sous une foule de nuances, et beaucoup d'espèces différentes qui ont la même ; ainsi, par exemple la topaze est jaune, incolore, rougeâtre, bleue, etc., et l'on trouve des corindons, des chrysobéryls, des émeraudes, etc., jaune de topaze ; toutes ces couleurs se présentent avec toutes les nuances possibles, depuis la transparence incolore la plus pure, jusqu'au noir presque parfait. On distingue les mêmes nuances d'intensité différentes, par les mots foncé, claire ou pâle.

### Iridation.

On voit souvent à la surface des corps plusieurs couleurs qui semblent changer de place quand on les fait mouvoir ; on dit alors que la surface est *irisée*. Les corps transparens ou translucides ; offrent aussi quelquefois le même phénomène ; mais à l'intérieur il est dû alors à des couches d'air très-minces ; c'est le phénomène des anneaux colorés, dont on trouve l'explication dans la physique.

### Chatoiement.

Le *chatoiement* ressemble beaucoup à ces *iridations*, mais il en diffère en ce que les couleurs ne sont qu'au nombre de deux ou trois, tandis que dans les autres on voit presque toutes les couleurs de l'arc-en-ciel ou iris, d'où est venu leur nom.

Un même échantillon offre quelquefois diverses couleurs dans les différens sens où on le regarde; c'est ce que l'on nomme *polichroïsme*, ou plusieurs couleurs; quand il y en a deux, comme dans la cordiérite, c'est le *dichroïsme;* s'il y en a trois, *trichroïsme*, etc.

### Pesanteur.

On entend par-là le poids des corps comparé à celui de l'eau à volumes égaux, et qui se prend avec la balance de Nicholson ou avec la balance hydrostatique, ou même avec des balances ordinaires mais sensibles, et se servant d'un flacon bouché à l'émeri; dans ce dernier cas, le flacon bien exactement rempli d'eau distillée, est bouché ensuite avec son bouchon de verre qui, pour entrer, a dû chasser l'eau qui avait été mise exprès jusqu'au haut du col. Ce flacon, bien essuyé, est placé dans un des plateaux de la balance et près de lui le corps dont on veut avoir la pesanteur. Dans l'autre plateau, on met pour faire équilibre les poids nécessaires, on peut prendre de la grenaille de plomb, puis on enlève le corps dont on cherche la pesanteur. Il faut alors, pour rétablir l'équilibre, mettre à sa place des poids bien justes, dont la somme donne le poids exact du corps; on retire alors le flacon que l'on débouche, et l'on y plonge le corps, objet de l'expérience : il faut faire attention à ce qu'il n'y reste aucune bulle d'air adhérente; on remet le bouchon qui fait encore sortir l'eau dont le corps a pris la place; on essuie, on remet dans la balance; on rétablit l'équilibre au moyen de poids dont la somme donne le poids de l'eau que ce corps a chassée du flacon, et qui est par conséquent exactement du même volume. Si le poids du corps était de 15 grammes, celui de l'eau de 5 seulement; si pour poids comparatif de l'eau on prend 1, celui du corps ou sa pesanteur spécifique ou densité sera 3. Les autres méthodes se trouveront dans le traité de physique. J'ai préféré indiquer celle-ci qui est très-exacte quand elle est faite avec soin, parce que partout on peut trouver des balances sensibles et des flacons bons pour cette expérience; le mode de pesée n'exigeant pas que les balances soient exactes puisqu'il peut servir avec celles qui le seraient le moins.

### Magnétisme.

Les propriétés magnétiques servent principalement à reconnaître la présence du fer; les corps qui en sont doués ne les possèdent pas tous de la même manière : ainsi, les uns ont seulement une action d'attraction sur les deux extrémités du barreau ou de l'aiguille aimantée; les autres jouissent de la polarité, c'est-à-dire que, de même que les aiguilles et les barreaux, ils ont un pôle austral et un pôle boréal, et par suite ont des actions attractives et répulsives, les pôles de même nom se repoussant, ceux de noms contraires s'attirant. Pour reconnaître ces propriétés, il faut avoir un barreau ou une aiguille aimantée, percés au centre, d'un petit trou dans lequel se place un pivot autour duquel il peut se mouvoir (*Fig.* 29, *Pl.* 2). On rend l'aiguille beaucoup plus sensible en mettant à une certaine distance un barreau aimanté, qui lui fait prendre une direction perpendiculaire à celle qui lui est naturelle (*Voir le Traité de Physique*).

### Électricité.

Les minéraux peuvent être ou conducteurs ou électriques à des degrés très-variables; l'électricité peut s'y développer par frottement, compression, contact ou chaleur; la plus grande partie des minéraux est électrique par frottement, mais pas également. L'ambre jaune ou succin est celui dans lequel ce mode en développe le plus; la chaux carbonatée est le corps le plus facilement et le plus fortement électrique par la pression : cette manière d'électriser les corps n'est applicable qu'à un petit nombre de minéraux. Les métaux surtout sont ceux qui en développent le plus au contact, mais ce mode est peu applicable aux recherches minéralogiques : quant à l'électricité par la chaleur, elle est produite dans certains minéraux non conducteurs, et qui sont en général des cristaux non symétriques, comme les tourmalines, les boracites, etc. Le développement de l'électricité n'a pas lieu avec la même intensité et aux mêmes températures dans les différentes espèces qui ont cette propriété : souvent l'intensité augmente avec la température, et cesse quand la température est stationnaire, puis revient pendant le refroidissement ; ce qui pourrait faire croire que la disposition non symétrique des molécules leur fait, par la dilatation, exercer un frottement réciproque les unes sur les autres, et que c'est à ce frottement seul qu'est due l'électricité développée. Cette hypothèse est d'autant plus possible, que les pôles changent de place quand l'électricité reparaît par le refroidissement ; qu'alors le frottement des molécules se fait dans une direction diamétralement opposée, et que l'on sait que tel corps frotté avec telle substance devient positif, et avec telle autre négatif. Il n'y a que le cas d'électrisation par la chaleur dans lequel la polarité se présente, et pour cela il faut encore que le corps tout entier soit également chauffé ; dans toutes les autres circonstances, il devient positif ou négatif (*voir* la physique).

Pour reconnaître s'il y a électricité développée, on se sert, en place d'électroscope ordinaire, d'une petite aiguille en laiton terminée à ses deux extrémités par de petites boules, et se posant sur un pivot de même nature sur lequel elle peut tourner librement. Cette aiguille est toujours laissée dans son état naturel (*Fig.* 29, *Pl.* 2), et pour cela le support n'est pas isolant. Si l'on veut reconnaître la nature de l'électricité, on peut se servir d'une aiguille semblable à la précédente, mais dont le support est isolant, et l'on communique à cette aiguille l'électricité positive ou négative à volonté ; on en approche alors le minéral, et l'on voit s'il y a attraction ou répulsion, et par suite on juge la nature de l'électricité qu'on y a développée, puisque les fluides de même

6

nom se repoussent, et ceux de nom contraire s'attirent. Si l'on pense qu'il y ait polarité, après avoir essayé un des bouts du cristal, on essaie l'autre qui doit agir d'une manière opposée. Haüy fit construire un appareil très-simple pour ces essais; c'est une aiguille terminée à l'une de ses extrémités par une boule : à l'autre on a remplacé la boule par un petit rhomboèdre de chaux carbonatée, qui acquiert facilement par pression l'électricité positive et la conserve long-temps. (*Fig.* 30, *Pl.* 2).

### Phosphorescence.

On nomme ainsi la propriété que certains minéraux ont de devenir lumineux par la chaleur, le frottement ou l'électricité; il y en a chez lesquels ce phénomène est produit avec la plus grande facilité. Ce caractère n'est pas très-important, puisque les diverses variétés d'une même substance ne la possèdent pas toutes; ainsi la baryte sulfatée cristallisée est peu ou point phosphorescente; celle qui est en boules radiées, connue sous le nom de pierre de Bologne, l'est fortement.

## CARACTÈRES CHIMIQUES.

Ils se reconnaissent par l'action de l'eau, des alcalis, des sels, du feu.

### Action de l'Eau.

Elle a pour but de montrer si la substance est soluble ou non : pour cela on pile le minéral à essayer; on l'introduit dans un petit tube bouché à l'une de ses extrémités, et soufflé en olive dans cette partie (*Fig.* 31, *Pl.* 2). On verse un peu d'eau distillée dessus, et l'on chauffe légèrement pour faciliter l'action, en tenant le tube un peu obliquement. Quelques substances non solubles ont la propriété de former une pâte avec l'eau à laquelle elles se combinent, par exemple, certaines argiles; d'autres absorbent rapidement l'eau sans faire pâte et sans s'y combiner : cela tient à leur porosité. L'absorption est si forte, que si on place ces corps sur un autre corps humide, comme la langue, ils s'y attachent; c'est ce que l'on nomme *happement à la langue*. Quelques minéraux, au lieu d'absorber de l'eau, tendent, lorsqu'ils sont exposés à l'air, à perdre celle qu'ils renferment en combinaison; ils blanchissent alors et deviennent comme farineux; c'est ce que l'on nomme *efflorescence*. D'autres attirent l'humidité de l'air au point de devenir liquides eux-mêmes; cette propriété est la *déliquescence*. Ceux qui sont solubles ont tous une saveur particulière. Quelques-uns de ceux qui ne sont pas solubles, certains métaux, par exemple, en ont une aussi : ces saveurs sont, acides, alcalines, salées, amères, douces, fraîches, astringentes, hépatiques ou d'œufs pourris, enfin métalliques. La plupart des minéraux poreux développent une odeur particulière, quand on projette sur eux l'haleine dont ils absorbent l'humidité. On donne à cette odeur le nom d'argileuse, quoiqu'elle soit donnée par des substances qui n'ont souvent aucun rapport avec les argiles, si ce n'est la porosité.

### Action des Acides.

On se sert des acides *nitrique*, *hydrochlorique*, *sulfurique*, pour attaquer les minéraux qui en sont susceptibles, et qui se dissolvent complétement ou prennent seulement l'aspect d'une gelée; on les emploie aussi pour reconnaître les carbonates, parce qu'il se fait, quand on met une goutte d'acide étendu d'eau à la surface, un bouillonnement plus ou moins fort, que l'on nomme *effervescence*, et qui les caractérise : on se sert de tubes semblables à ceux de la *Fig.* 31, *Pl.* 2.

### Action des Alcalis.

On les emploie ordinairement pour les essais au feu, pour rendre solubles dans les acides les minéraux qui sans cela ne seraient pas attaqués.

### Action des Sels.

On s'en sert aussi le plus souvent en minéralogie pour les essais au feu. Pour faciliter la fusion de quelques substances, on prend le *borax*, le *phosphate de soude et d'ammoniaque* : pour oxider d'autres minéraux, on emploie le *nitrate de potasse* ou *salpêtre*.

### Action du Feu.

L'essai des minéraux par le feu a pour but de rechercher s'ils contiennent de l'eau, s'ils sont combustibles, volatils, où s'ils activent la combustion.

Pour voir s'ils contiennent de l'eau ou tout autre principe volatil, ou si eux-mêmes sont volatils, on doit mettre le minéral à essayer dans un tube barométrique bouché par une de ses extrémités que l'on souffle un peu en olive. Il est bon de recourber le tube pour que les parties liquides, une fois condensées, ne puissent retomber dans la partie chauffée qui pourrait alors casser. Le tube doit être fait comme dans la (*Fig.* 32, *Pl.* 2), et placé dans la même position. S'il y a des matières volatiles liquides, elles se rendent en A; celles qui sont naturellement solides se condensent en B, à la partie supérieure du tube.

On reconnaît qu'ils sont combustibles ou qu'ils activent la combustion, en les mettant sur des charbons rouges : dans ce second cas le minéral, qui toujours est alors un nitrate, fuse à peu près comme la poudre, et la combustion du charbon est beaucoup plus vive. On peut aussi essayer les matières que l'on suppose combustibles en les mettant sur une plaque de métal rougie.

Leur fusibilité étant très-variable, puisqu'il y en a qui fondent bien avant la chaleur rouge, tandis que d'autres résistent aux températures les plus élevées, on a dû employer plusieurs moyens. Les uns sont fondus dans des tubes de verre (*Fig.* 31, *Pl.* 2), les autres, en les maintenant dans la flamme d'une bougie, au moyen d'une pince (*Fig.* 33, *Pl.* 2) qui est naturellement fermée à l'extrémité A, et ne s'ouvre qu'en appuyant le pouce et l'index sur les deux boutons B. Ces deux branches AB doivent être très-fines pour être d'un bon emploi; l'autre partie BC offre une pince naturellement ouverte : on peut aussi les placer sur une feuille de platine très-mince. Si cette température ne suffit pas, on a recours à un instrument que l'on nomme chalumeau.

### Chalumeau.

Il est ordinairement formé d'un tube de métal dont le diamètre va en diminuant d'une extrémité à l'autre. La finesse du petit trou qui le termine varie avec l'usage auquel l'instrument est destiné : ainsi construit, il a l'inconvénient de cracher, parce qu'à force de souffler, l'eau de l'haleine qui se condense le long du tube finit par l'obstruer, et le courant d'air la chasse sur la flamme. Pour les essais minéralogiques on se sert souvent de chalumeaux en verre, formés d'un tube auquel on a soufflé une boule qui se trouve entre le coude du tube et l'extrémité effilée. On emploie aussi des chalumeaux en cuivre composés d'un tube AB (*Fig.* 34, *Pl.* 2), entrant à frottement dans un réservoir R, d'où part latéralement un tube CD, au bout duquel on adapte un petit bout EF en platine qui n'est pas altérable par la chaleur. Ayant eu besoin de faire des essais avec des chalumeaux semblables à ceux dont les orfévres se servent pour faire les soudures, et dont l'ouverture, étant plus grande, exige un souffle beaucoup plus fort, je n'ai pu éviter le crachement qu'en établissant un réservoir plus grand et s'ouvrant à frottement par le milieu comme un étui, pour y introduire une éponge fine comme dans les flageolets à pompe. (*Fig.* 35, *Pl.* 2.) Pour s'en servir, il faut, après avoir mis l'ouverture large dans la bouche, placer le bec au bord intérieur de la flamme, un peu au-dessus de la mèche. En soufflant, il se forme un jet de flamme que l'on nomme *dard*, et que l'on incline à volonté pour le diriger sur l'essai que l'on veut faire : on peut se servir de la flamme d'une bougie ou mieux d'une petite lampe à mèche plate. Le dard est composé de deux parties (*Fig.* 36, *Pl.* 2), l'une bleuâtre, occupe l'intérieur de la flamme depuis la mèche jusqu'à la moitié environ de la longueur du dard ; cette portion agit sur les corps comme principe désoxidant ; c'est-à-dire que s'ils sont *brûlés*, elle les *débrûle* ; il faut s'exprimer ainsi pour rendre claire son action. L'autre partie, blanchâtre, agit au contraire comme principe oxidant, ou si l'on aime mieux, brûle les corps. Quand on n'a pour but que la fusion d'un minéral, on le porte avec la pince dans la portion du dard où finit la flamme bleue : c'est là que la température est plus élevée. On doit, au lieu de pince, pour tenir la substance, se servir d'une petite cuiller ou d'un petit creuset que l'on fait soi-même avec une feuille de platine très-mince, ou d'un charbon de bois dans lequel on creuse une petite cavité. Quand le minéral infusible seul, devient fusible par l'addition de fondans comme le borax, etc., on emploie minéral et fondant en poudre grossière.

Quand une substance doit être essayée seule, il faut que le fragment soit d'autant plus petit, que la fusibilité est plus difficilement obtenue.

Lorsque les substances que l'on doit essayer contiennent du phosphore, du soufre, de l'arsenic ou du plomb, il ne faut pas se servir de pinces dont les bouts soient en platine, ni de feuilles du même métal, parce qu'ils seraient altérés.

Par l'action du chalumeau, certaines substances brûlent en répandant des fumées ou des odeurs qui les caractérisent ; ainsi l'arsenic donne une fumée blanche et une odeur d'ail, etc.

## DESCRIPTION DES ESPÈCES,

### D'APRÈS LE CLASSEMENT DU MUSEUM D'HISTOIRE NATURELLE.

D'après ce que nous avons dit relativement à l'ordre dans lequel nous décrirons les espèces et qui est l'ordre d'Haüy, suivi dans le classement du muséum, nous verrons 1° les acides ; 2° les substances terreuses alcalines acidifères, 3° ce qu'il nommait d'abord les minéraux terreux non acidifères, ce sont les silicates ; mais dans ce temps l'acide silicique était regardé comme une terre, sous le nom de silice ; 4° les combustibles non métalliques, comme le soufre, le diamant, la houille, etc. ; 5° enfin les combustibles métalliques et leurs combinaisons.

Cette méthode cependant, au fond préférable à toutes les autres, serait susceptible de quelques améliorations importantes. Ainsi, par exemple, pour aller réellement du simple au composé, on devrait commencer par les combustibles non métalliques, étudier ensuite les acides, parmi lesquels il faut mettre le quartz, qui n'est que l'acide silicique; puis viendraient les métaux terreux ou alcalins et leurs combinaisons, tels que la chaux, la baryte, la potasse, etc.; à leur suite se placeraient naturellement les substances que l'on considère comme des pierres et qui ne sont, pour le minéralogiste, que des combinaisons deux à deux, trois à trois, des matières métalliques précédentes avec l'acide silicique; enfin la série minérale se terminerait par l'histoire des corps que l'on regardait autrefois exclusivement comme des métaux, ce sont les métaux proprement dits, l'or, l'argent, le fer, le plomb, etc. La manière de classer les corps, en minéralogie, que nous venons d'indiquer, serait plus rationnelle, puisqu'elle renfermerait dans un même faisceau toutes les combinaisons de la chaux, de la soude, de l'argent, du cuivre, etc., combinaisons rigoureusement du même ordre. Du reste, le classement d'Haüy, qui se rapproche le plus de ce système naturel, sera suivi sans modifications, pour les motifs que nous avons développés dans la préface.

Avant de commencer les descriptions nous donnerons, comme par appendice, quelques détails sur les gaz et sur les eaux.

### Gaz.

Leur importance minéralogique étant nulle, nous renvoyons à ce qui en a été dit en géologie; et pour leurs propriétés, au traité de chimie.

### Eaux.

Les eaux qui se trouvent à la surface de la terre sont de trois espèces 1° *douces*, ce sont celles qui n'ont ni saveur sensible ni odeur, et qui forment les rivières, les marais, la plupart des fontaines, des puits, et des lacs, ayant des issues. Ces eaux ne sont cependant pas pures; elles contiennent de petites quantités de différens sels, et de l'acide carbonique, comme nous l'avons vu en géologie.

2° *Salées*, ce sont celles de l'Océan, des lacs sans issues, et de certaines sources. Elles contiennent différens sels, mais principalement du sel marin ou chlorure de sodium : celle de la mer contient cinq pour cent de matières salines dont moitié en sel marin. Les eaux des sources en contiennent de trois à vingt-cinq pour cent ; c'est en grande partie de ces eaux que l'on retire le sel qui est employé pour la cuisine. On trouvera la description des différens modes d'exploitation dans le traité des arts chimiques. On en exploite en Lorraine, en Franche-Comté, en Saxe, en Wesphalie, etc.

3° *Minérales*, que l'on peut diviser en salines, gazeuses et sulfureuses, et de plus en froides et chaudes, ou thermales.

### Eaux salines.

Les eaux *Salines* sont celles qui contiennent des sels en quantité notable : elles diffèrent des eaux salées en ce que la proportion de sel marin qui s'y trouve y est inférieure à celle des autres. Ces sels sont des sulfates, carbonates et chlorures, ou hydrochlorates de soude, de magnésie, et de chaux. On en trouve dans un grand nombre de lieux, comme à Plombières, à Bourbonne-les-Bains, à Chaudes-Aigues, à Epsom, à Sedlitz, etc.; quelques-unes sont chaudes ; d'autres contiennent beaucoup d'acide carbonique, et pourraient, comme celle de Sedlitz, être aussi regardées comme eaux gazeuses.

### Eaux gazeuses.

Les eaux gazeuses sont celles qui contiennent une grande quantité d'acide carbonique en dissolution ; il les rend mousseuses, et leur donne un goût acidule agréable, comme celles de Spa, Selterz, etc., qui sont froides ; celles de Vichy, Carlsbad, Bade, etc., qui sont chaudes : quelques-unes contiennent du carbonate de fer ; on les nomme eaux ferrugineuses, telles sont celles de Passy près Paris, Dinan près Saint-Malo, etc.

### Eaux sulfureuses.

Les eaux sulfureuses sont facilement reconnaissables à leur odeur hépatique ou d'œufs pourris qu'elles doivent à l'acide hydrosulfurique qu'elles contiennent, et qui leur donne leurs vertus médicinales ; elles contiennent en outre des sels et des sulfures alcalins. Elles sont en général chaudes ; on en trouve à Enghien près Paris, à Baréges, Bonne, Cauterets, Aix-la-Chapelle, Bade, etc. Il faut voir le traité de chimie pour la composition de ces eaux, et leur classification fondée sur les élémens qui les constituent, et le traité de Matière médicale pour leurs propriétés curatives ou médicinales.

On a vu en géologie l'origine de ces eaux, et les terrains dans lesquels elles se trouvent.

---

## SECTION PREMIÈRE.

### SUBSTANCES ACIDES.

#### Acide borique, boracique; Sassoline.

1. Ce corps est sous forme de croûtes peu épaisses, ou de paillettes d'un blanc nacré, quelquefois jaunâtre; les paillettes sont diaphanes ; il fond aisément au chalumeau en verre incolore ; il est soluble dans l'eau ; cette dissolution rougit la teinture de tournesol ; il colore en vert la flamme de l'alcool. Il est quelquefois mélangé de soufre, dans ce cas il vient ordinairement du cratère de Vulcano, l'une des îles Lipari ; d'autre fois il est mélangé de chaux sulfatée ou de fer sulfaté : il se trouve disséminé à la surface de la terre ou dans des fentes, près des lacs de la Toscane dont les eaux en tiennent en dissolution, et d'où on le retire en grande quantité pour le commerce, pour les pharmacies et la préparation du borax, sel que l'on apportait jadis de l'Inde, où il était connu sous ce nom et sous celui de tinkal, sel composé de soude et de cet acide qui lui doit son nom. Il est probable qu'il se condense en même temps que la vapeur d'eau qui l'entraîne.

#### Acide sulfurique.

2. Ce que l'on désigne sous ce nom est ou liquide, ou en croûtes cristallines qui ne sont pas de l'acide sulfurique pur, mais le plus

souvent un sulfate d'alumine très-acide. On en a indiqué au Popayan, Amérique méridionale ; à Java ; près des bains de St.-Philippe, en Toscane. Il provient probablement de l'acide sulfureux qui se dégage des fumeroles des volcans, et qui, dissous par les eaux et combiné à quelques bases, surtout à l'alumine, absorbe l'oxigène de l'air pour passer à l'état d'acide sulfurique, dont le nom vient du soufre qui entre dans sa composition.

### Acide hydrochlorique.

3. Il s'en dégage beaucoup des volcans ; il se trouve promptement absorbé par les eaux des sources ou de pluie, et elles en contiennent quelquefois des quantités notables. C'est cet acide qui avec le sulfate acide d'alumine, donne la saveur acide à la rivière nommé Rio-Vinagre au Popayan. Cet acide, composé d'hydrogène et de chlore, entre dans la composition du sel marin.

---

## SECTION II.

## SUBSTANCES TERREUSES, ALCALINES, ACIDIFÈRES.

### CHAUX CARBONATÉE, calcaire, Spath d'Islande, Pierre à Chaux, *Kalkspath*, *Kalkstein*.

4. On trouve cette substance cristallisée, lamelleuse, laminaire, saccharoïde, grenue, fibreuse, compacte, concrétionnée, grossière, terreuse, pseudomorfique. Le système cristallin de ce minéral est un *rhomboèdre* ( *Fig.* 5 , *Pl.* 1 ); les formes dominantes, sont la forme primitive ou système cristallin; *l'inverse* ( *Fig.* 39, *Pl.* 3), qui est un rhomboèdre un peu plus allongé, le *cuboïde* qui est un rhomboèdre se rapprochant beaucoup du cube; *l'équiaxe*, qui est un rhomboèdre très-aplati ( *Fig.* 40, *Pl.* 3, ); le *prisme hexaèdre* basé, ( *Fig.* 21 , *Pl.* 1 ), ou terminé par trois faces ( *Fig.* 22 , *Pl.* 1 ), le *dodécaèdre* (*Fig.* 20, *Pl.* 1 ); le *métastatique* ( *Fig.* 25, *Pl.* 1 ). On trouve aussi deux rhomboèdres très-allongés ; il n'y a pas enfin de substance qui ait autant de variétés de cristaux; on trouvera dans l'atlas de la Minéralogie d'Haüy, les dessins de cent cinquante de ces

formes. Les cristaux sont souvent accolés, rarement isolés; ils sont souvent mâclés ou hémitropes. Nous avons décrit ces formes précédemment.

Les variétés lamelleuses sont tantôt grenues, tantôt bacillaires; la cassure, comme celle des cristaux, est parfaitement lamelleuse. Il y a plusieurs ordres de clivage; l'un d'eux est composé de trois sens de clivage, tous également faciles, qui donnent la forme primitive. Parmi les clivages supplémentaires, ceux qui donnent le rhomboèdre inverse et surtout l'équiaxe, sont les plus communs : on observe souvent des stries indiquant ces clivages; ces stries sont des filets circulaires, saillans ou intérieurs, quelquefois très-contournés, comme on en voit quelquefois dans les glaces.

Les couleurs les plus ordinaires dans les cristaux et les variétés lamellaires sont le blanc, le grisâtre, le jaunâtre, le jaune de miel, le rose, etc.; quelquefois ils sont tout-à-fait incolores; les couleurs sont en général peu foncées; le plus souvent transparentes, quelquefois translucides, seulement sur les bords, et dans ce cas cela tient à des mélanges mécaniques; l'éclat est vitreux, rarement nacré. La chaux carbonatée est rayée par la chaux fluatée et par la pointe d'un canif; elle raye la chaux sulfatée, pèse 2,723, électrique par pression, conserve l'électricité, qui est positive, pendant un ou deux jours; toutes les espèces sont entièrement solubles avec bouillonnement ou effervescence dans l'acide nitrique; placées dans la flamme, elles décrépitent, c'est-à-dire éclatent; toutes, chauffées au chalumeau, donnent de la chaux; pour l'éprouver, on humecte le dos de la main, on y place le fragment refroidi, et l'on sent un picotement un peu vif.

On met souvent à la suite de la chaux carbonatée laminaire ou cristalisée, une variété qui a le plus ordinairement la forme *inverse*, sous le nom de chaux carbonatée quartzifère, et qui n'est que de la chaux carbonatée mêlée de sable; on a vu des cristaux moitié purs moitié mêlés. Cette variété est aussi désignée sous le nom de grès cristallisé de Fontainebleau; elle contient environ les deux tiers de son poids de sable: les variétés saccharoïdes sont composées de petites lames qui se croisent dans tous les sens.

La cassure est grenue, les couleurs sont le blanc, le verdâtre, le bleuâtre, sans aucun mélange ; ou au contraire très-mélangées, d'un éclat un peu miroitant plus difficile à casser que les variétés lamelleuses. La variété la plus blanche est le marbre statuaire ; quelquefois le frottement en dégage des odeurs d'urine, d'acide hydrosulfurique, ou de bitume ; on les nomme alors fétides.

### Chaux carbonatée compacte, pierre à chaux.

Les variétés compactes se trouvent en grandes masses, soit d'un blanc jaunâtre, soit d'un gris clair, sans mélange de couleur ; quelquefois au contraire les couleurs sont très-mélangées, rarement bleuâtre ; opaque ; la cassure est presque toujours conchoïde aplatie, quelquefois esquilleuse ou schisteuse, jamais translucide sur les bords, ce qui la distingue de la chaux carbonatée saccharoïde. Il s'y trouve quelquefois des points brillans, ce qui est dû à la présence de coquilles marines, qui sont transformées en calcaire lamellaire ; on y aperçoit souvent des dendrites formées par des oxides de fer ou de manganèse. Une variété des environs de Florence, sciée dans un certain sens, présente des vues de ruines ; on lui donne le nom de *ruiniforme*. Les variétés les plus homogènes et à grain très-fin sont employées pour la lithographie.

C'est ordinairement cette variété de chaux carbonatée que l'on exploite pour la fabrication de la chaux. Cette opération consiste à chauffer la pierre dans des fours qui marchent sans interruption pendant plusieurs mois : alors le combustible, qui est du charbon de terre, est mêlé avec la pierre, ou dans des fours avec lesquels on chauffe une fournée jusqu'à ce que toute la pierre soit transformée en chaux. Pour cela on fait dans le four avec la pierre à chaux une voûte partant du sol, tout autour de l'intérieur du four, à six pieds environ de hauteur. On remplit le dessus de cette voûte avec de la pierre en moins gros morceaux jusqu'au haut du four, et l'on brûle dessous des bourrées ou de la tourbe, etc. ; dans ce cas, lorsque la *cuisson* est parfaite, c'est-à-dire quand tout l'acide carbonique est dégagé de la pierre, on cesse le feu, et l'on retire la chaux quand elle est refroidie. Dans le premier cas, à mesure que le combustible brûle, la matière se tasse, et l'on maintient le fourneau plein, en y mettant en même temps combustible et pierre; quand la pierre arrive au bas du four elle est *cuite*; on la retire. On prépare ainsi des chaux que l'on nomme grasses, lorsqu'elles augmentent de volume et ne durcissent pas sous l'eau; et d'autres que l'on nomme hydrauliques lorsqu'elles durcissent sous l'eau; elles contiennent de l'argile. On verra les diverses propriétés et les préparations en détail dans le traité des arts chimiques, ainsi que les usages, dont les principaux sont la fabrication des mortiers, l'amendement des terres, le traitement du fer, etc.

### Marbres.

Les marbres sont presque tous des chaux carbonatées saccharoïdes ou compactes. On désigne par le nom de marbres antiques, ceux dont les gisemens sont perdus ou l'exploitation abandonnée, et ne se rencontrent que dans les anciens monumens. Pour constituer un marbre, une pierre doit être susceptible d'être taillée en grandes plaques et de prendre le poli. Tantôt ils sont d'une seule couleur, tantôt de plusieurs couleurs mélangées : parmi ces derniers, on nomme *brèches* ceux qui sont formés de fragmens anguleux, cimentés par une pâte calcaire; si les fragmens sont petits, on les nomme *brocatelles*. Les marbres unis *blancs* constituent le *marbre statuaire*, qui vient de *Paros*, de *Carrare*, etc. Il y en a qui sont complétement *noirs;* ils se trouvent à Dinan, Namur, dans les départemens de l'Arriége, de la Mayenne, etc., d'autres sont *jaunes*. Il y a le *jaune antique*, le *jaune de Sienne*, etc., d'autres sont *rouges*, le *rouge antique*, le *griotte d'Italie* que l'on trouve près de Narbonne: parmi ceux qui sont veinés, on distingue le *Portor* qui est noir veiné de jaune, le *St-Anne*, noirâtre veiné de blanc, le *bleu turquin* veiné de bleuâtre; parmi les brèches, le *grand deuil* à fragmens blancs dans une pâte noire, la *brocatelle d'Espagne* composée de petits grains jaune isabelle dans une pâte lie de vin, le *lumachelle* du mot italien *lumaca*, limaçon, formé en grande partie de débris de coquilles et de madrépores de diverses couleurs; d'autres, comme le *vert antique*, le *cypolin*, le *campan*, contiennent d'autres minéraux; le premier, de la *serpentine*; le second et le troisième, du *mica*. On trouvera dans les traités de MM. Brongniart et Beudant les descriptions des plus importans.

### Chaux carbonatée concrétionnée.

Les chaux carbonatées concrétionnées, sont composées de couches planes, concentriques ou ondulées, et formées de fibres. L'albâtre, qui en est une variété, a la texture grenue ou lamellaire. Elles forment souvent des stalagmites et des stalactites, comme nous l'avons vu plus haut; le *tuf* est aussi une variété de chaux carbonatée concrétionnée, mais il est poreux et même cellulaire, il contient souvent du sable et des débris de corps organiques; quelques variétés sont translucides. Ces dépots concrétionnés se font quelquefois très-rapidement, de manière à recouvrir les corps plongés dans les eaux qui les abandonnent, et forment des incrustations; ainsi les eaux d'Arcueil, celles de Maintenon, forment un dépôt qui finit par engorger les tuyaux; à Carlsbad, les incrustations qui se font à la surface des sables roulés par ces eaux, leur donnent l'apparence de dragées. Quand on plonge dans ces eaux des substances quelconques, elles sont promptement recouvertes; ainsi, à la fontaine Saint-Allyre, près de Clermont, et à la Cour-de-France, près de Juvisy, à quelques lieues de Paris, on plonge de petits paniers en fil de fer dans lesquels on met des feuilles, des fruits: tout est bientôt recouvert; on les vend comme objets de curiosité. A Saint-Philippe en Toscane, l'eau, qui sort extrêmement chaude, a laissé déposer d'énormes stalagmites sur lesquelles elle coule, on y moule par incrustation des médailles, des bas reliefs. On se sert des albâtres, qui sont tantôt blancs, tantôt jaunes ou rougeâtres, pour faire des pendules, des vases, des statues; le tuf est souvent employé pour bâtir. On désigne par le nom de *pyzolites*, à cause de leur forme semblable à des pois agglomérés, les amas de calcaire compacte concrétionné qui se trouvent aux environs des sources minérales.

### Chaux carbonatée grossière, Pierre à bâtir.

La chaux carbonatée grossière, est celle qui sert habituellement pour la bâtisse : les couleurs sont le blanc grisâtre, ou le blanc jaunâtre. La cassure est grenue; la pesanteur y varie beaucoup suivant que le grain est plus ou moins serré; celle qu'on nomme *pierre de liais* a le grain très-fin et serré : elle est très-solide. La *pierre de roche*, dure comme le liais, est poreuse; elle contient toujours des coquilles; la *lambourde* est tendre et à gros grain. Pour plus de détail il faudra consulter les traités de construction. Une variété très-poreuse est employée à faire des fontaines filtrantes.

### Chaux carbonatée terreuse, ou Craie.

La chaux carbonatée terreuse ou craie, est presque toujours blanche; quelquefois cependant grise ou brunâtre, sèche au toucher, sans éclat ni transparence : la cassure est terreuse; elle est très-tendre; elle happe un peu à la langue; elle sert principalement à faire le blanc que l'on vend ou en crayons ou en pains, pour dessiner, pour la peinture en détrempe, et pour faire de la chaux hydraulique artificielle, en la mélangeant avec de l'argile. Pour faire le blanc, qui est souvent nommé blanc d'Espagne, on la brise en petits morceaux que l'on délaie dans l'eau jusqu'à ce que le tout forme une bouillie liquide que l'on agite : on laisse ensuite reposer environ deux heures pendant lesquelles le sable qui s'y trouve mêlé a pu se déposer; on puise le dessus avec des seaux sans remuer le fond, l'on verse dans des tonneaux où la craie ainsi purifiée se dépose, et on fait écouler l'eau de dessus; on retire la craie par mottes que l'on pose sur des morceaux de craie brute qui absorbent rapidement l'eau; on les moule alors en pains que l'on fait sécher lentement à l'air en les empilant.

La chaux carbonatée, terreuse, spongieuse, est très-douce au toucher, très-blanche, rarement colorée en jaune; on trouve aussi une chaux carbonatée pulvérulente, que l'on nomme quelquefois *farine fossile*, elle recouvre le calcaire grossier qui est si fréquent aux environs de Paris, qu'on lui a donné le nom de terrain parisien.

Les pseudo-morphoses, sont des coquilles, des madrépores, etc. Sous le nom de *madréporite*, on distingue une variété gris brun, composée de pièces distinctes, parallèles ou divergentes, réunies en faisceaux; on ne connaît pas bien son gisement : elle contient, outre le carbonate de chaux, de l'oxide de fer, de l'alumine et de l'acide silicique ; ce nom ne vient que de son apparence.

*Gisemens* des chaux carbonatées lamelleuses. Elles se trouvent en *filons* dans les terrains que l'on nomme primitifs ou primordiaux, et dans ceux de transition ou intermédiaires, en *nids*, dans des roches amygdaloïdes, c'est-à-dire parsemées de cavités plus ou moins grandes, remplies de substances souvent étrangères qui s'y trouvent, ayant à peu près la forme des amandes : ces nids sont disséminés dans des calcaires coquillers.

Les variétés fibreuses sont en *filons* et *petits filons* : elles se partagent ordinairement en nombre pair de branches; les fibres sont toujours perpendiculaires à la direction des filons; elles se trouvent aussi en concrétions.

Les saccharoïdes se trouvent en *couches* : très-souvent dans les terrains primitifs, assez rarement dans les terrains secondaires.

Les compactes, en *couches* : dans les terrains secondaires anciens; les compactes bitumineuses, dans le calcaire secondaire alpin; l'oolithique, qui est une variété en grains ronds plus ou moins gros, réunis par une pâte calcaire, existe en couches dans le calcaire du Jura, dans des calcaires secondaires antérieurs aux craies, et son nom vient de la forme ovale de ses grains semblables à de petits œufs.

Les marbres : dans les terrains de transition ou de calcaire alpin, en couches.

Les concrétionnées en stalactites ou stalagmites : ce sont des dépôts journaliers qui se font aux voûtes ou sur le sol des grottes.

La craie : en couches très-épaisses contenant souvent des coquilles fossiles, telles que *oursins, térébratules, bélemnites*, etc.

Le calcaire grossier marin se présente en couches dans un terrain secondaire; le grossier fluviatile, est aussi en couches supérieures à celles du calcaire marin.

La marne calcaire, qui n'est qu'un calcaire terreux fluviatile qui se délite, c'est-à-dire se réduit facilement en poudre à l'air, se trouve en couches dans plusieurs terrains secondaires. On s'en sert *pour amender* les terres trop argileuses.

### Chaux carbonatée magnésifère, Chaux carbonatée lente, Dolomie, *Bitterkalk, Talkspath.*

5. Elle se trouve cristallisée et en masses grenues ou saccharoïdes : ce sont ces dernières que l'on nomme *dolomies*. Elle est tantôt solide, tantôt friable. Les formes sont celles de la chaux carbonatée pure; les surfaces des cristaux sont quelquefois convexes. Blanche, éclat vif nacré, ne brunit pas au feu, ne décrépite pas; réfraction double; la poussière est lentement soluble dans l'acide nitrique avec effervescence; phosphorescente par le frottement; les variétés lamelleuses se trouvent dans les filons des roches talceuses; celles qui sont saccharoïdes se trouvent en couches dans les terrains primitifs et secondaires au-dessus des terrains houillers.

### Chaux carbonatée quartzifère; Grès cristallisé.

6. Cette substance est en cristaux, ayant la forme du rhomboèdre inverse, et présentant tout-à-fait l'apparence du grès; c'est même, à proprement parler, un grès calcaire : on ne la trouve qu'à la carrière de Bellecroix, dans la forêt de Fontainebleau, et près de Nemours; les cristaux sont souvent groupés, quelquefois la matière est mamelonnée.

### Chaux carbonatée argileuse.

7. Cette espèce n'est autre chose qu'un calcaire mélangé de sable très-fin : on lui a donné ce nom à cause de la propriété qu'elle a de faire, en quelque sorte, pâte avec l'eau. En général

sa couleur est gris blanchâtre ou jaunâtre ; quelques variétés sont fétides, d'autres sont phosphorescentes par le frottement : on la trouve ordinairement en masse peu solide.

CHAUX CARBONATÉE FERRIFÈRE, ferro-manganésifère ou calcaire brunissant.

8. Ces variétés se trouvent ou cristallisées, principalement en rhomboèdre primitif (Fig. 5, Pl. 1), équiaxe (Fig. 40, Pl. 3), et inverse (Fig. 39, Pl. 3), ou en masse. Blanc de lait, éclat nacré très-vif, un peu translucides sur les bords ; les faces des cristaux sont souvent contournées, ne font pas sensiblement effervescence avec l'acide nitrique qui les jaunit ou brunit ; au chalumeau, ne donnent pas de chaux ; y deviennent quelquefois magnétiques et brunissent toujours ; la substance brunit même à la longue, par l'action de l'air. Le calcaire purement ferrifère, n'est qu'un mélange d'un peu de carbonate de chaux avec beaucoup de carbonate de fer, mais en proportions variables ; on ne l'étudiera qu'au fer. La variété dont il est ici question contient le fer et le manganèse à l'état d'oxide : on la trouve en filons dans des terrains anciens et des filons métallifères.

CHAUX CARBONATÉE BITUMINEUSE.

9. Cette substance est noire ou brune ; sa couleur est due au bitume qui s'y trouve mêlé, et qui lui donne aussi son odeur quand on la frotte ou qu'on la chauffe.

On désigne en général par le nom de *pierre de porc* les variétés très-fétides ; quelques-unes donnent l'odeur de truffe ; on les nomme *pierres de truffes*.

ARRAGONITE, Igloïte, Chaux carbonatée dure ou prismatique, *excentrischer Kalkstein*.

10. Cette substance cristallise ; les cristaux les plus ordinaires sont le prisme *hexaèdre* basé (Fig. 21, Pl. 1), puis un prisme rhomboïdal terminé par un angle dièdre ou biseau (Fig. 18, Pl. 1), souvent *implantés* les uns sur les autres. On trouve aussi un dodécaèdre triangulaire plus aigu que celui de la Fig. 24, Pl. 1, sous

le nom d'apotôme ; elle est aussi en *masse fibreuse, concrétionnée, coralloïde* : on lui donne alors le nom de *flos ferri*. Blanche, verdâtre, grisâtre, jaunâtre ; éclat vitreux plus vif que dans la chaux carbonatée pure, translucide, rarement diaphane ; cassure conchoïde, fibreuse, facile à casser, raye le calcaire, est rayée par la chaux phosphatée, double réfraction, pèse 2,947, dans la flamme se délite en projetant les parties qui se détachent. Composée de 95 à 99 de carbonate de chaux, de 0,5 à 4 de carbonate de strontiane, et de 0,2 à 0,5 d'eau.

On la trouve empâtée dans le gypse, les argiles, les basaltes, les tufs volcaniques, en Auvergne, aux Pyrénées, en Espagne, en Dauphiné, en Angleterre, etc.

Chaux phosphatée ; Phosphorite, Apatite, Asparagolithe, Béril de Saxe, Terre de Marmarosch, *phosphorersaurer Kalk*, *Spargelstein.*

11. Ce minéral se rencontre à l'état laminaire, cristallisé ; les formes dérivent d'un prisme à six pans qui est la forme primitive (Fig. 21, Pl. 1), et souvent très-modifié par des pointemens, des troncatures ; le pointement est souvent tronqué (Fig. 42, Pl. 3), ainsi que les arêtes du prisme. On le trouve aussi *terreux*, *fibreux*, rarement en grande masse ; dans un même gisement, les cristaux ont les mêmes modifications ; les faces des cristaux sont striées parallèlement à l'axe ; les couleurs sont le blanc laiteux, le bleuâtre, le verdâtre, le vert jaunâtre, le vert d'asperge, le bleu violacé ; quelques variétés sont incolores, d'autres presque noires ; éclat gras, vif, cassure conchoïde ; raye la chaux fluatée, est rayé par le quartz ; quelquefois transparent, plus souvent diaphane ou opaque, très-difficilement fusible au chalumeau ; les variétés translucides y deviennent transparentes ; pèse de 3,17 à 3,29 ; la poussière est phosphorescente sur les charbons, soluble dans l'acide nitrique sans effervescence, d'où elle est précipitée par l'ammoniaque. Sa composition varie beaucoup : c'est le plus souvent un mélange de beaucoup de phosphate de chaux avec du fluorure de calcium ; quelquefois du carbonate de fer ou de chaux, du silicate de fer, etc. ; enfin, jamais

un phosphate de chaux pur. Les variétés cristallisées sont disséminées dans des roches de granite, etc., près de Nantes, de Limoges, en Saxe, au Tyrol, au Saint-Gothard, en Cornwall, etc. En Saxe et en Bohème on les trouve en filons, dans les minerais d'étain principalement; en dépôts terreux, fibreux, formant des collines assez considérables en Estramadure, où l'on s'en sert pour bâtir; la craie et les argiles près de Paris la contiennent en petits grains. Quelques variétés à couleurs vives sont employées en joaillerie.

Chaux fluatée, fluorite. Fluorure de Calcium. Chlorophane, Sphath fluor ou fusible; *Ratofkite*, *Flusspath*.

12. On la trouve *cristalline*, *compacte* et *terreuse*; la forme primitive est un octaèdre; la forme dominante est le *cube* (Fig. 4, Pl. 1). On trouve rarement l'*octaèdre* (Fig. 9, Pl. 1.) et le *dodécaèdre* (Fig. 23, Pl. 1). Ces formes sont souvent modifiées; le clivage donne l'octaèdre et le tétraèdre. Les cristaux sont ordinairement groupés, quelquefois isolés; les couleurs sont variées et vives; il y a des variétés limpides, laiteuses, gris bleuâtre, bleu violâtre, jaunes, vertes, rouges, etc. La cassure des cristaux est lamelleuse, très-éclatante, raye la chaux carbonatée, pèse 3,1 environ. La poussière est phosphorescente sur les charbons, ou sur une plaque fortement chauffée; décrépite au feu, facilement fusible au chalumeau, surtout par l'addition d'un peu de gypse. On emploie les variétés dont les couleurs sont les plus belles et les mieux nuancées, pour faire des vases, et pour la joaillerie; elles viennent du Derbyshire. Dans les arts, elle sert à la préparation de l'acide hydrofluorique pour graver sur le verre, et comme fondant dans les opérations métallurgiques. Composée de calcium 52, fluor 48.

On la rencontre dans la plupart des terrains, mais elle appartient surtout aux gîtes métallifères où quelquefois elle est en filons, comme au Hartz; là on l'emploie comme fondant, particulièrement pour certains minerais de cuivre. La variété compacte se trouve en masse ou concrétionnée; sa cassure est ou conchoïde ou plus souvent esquilleuse; la variété terreuse recouvre les cristaux. On en trouve en Auvergne, en Bourgogne, dans les Vosges, en Suède, en Suisse, en Angleterre, etc.

CHAUX SULFATÉE, Gypse, Sélénite.

13. Elle se trouve cristalline, saccharoïde, fibreuse, compacte, concrétionnée, terreuse, etc. Il y a trois clivages, un très-facile, deux très-difficiles; la forme primitive est un prisme rectangulaire oblique; les formes dominantes sont : les *trapézienne* (Fig. 43, Pl. 3), *équivalente* (Fig. 44, Pl. 3), *prominule* (Fig. 45, Pl. 3.), etc., *lenticulaire* et en *fer de lance*, résultant de l'accolement de deux lentilles. Souvent les faces sont très-contournées, les cristaux sont groupés, isolés ou empâtés dans une marne incolore, blanche, jaunâtre le plus souvent, grisâtre, rougeâtre, l'éclat souvent nacré; la cassure est unie dans les variétés saccharoïdes, un peu esquilleuse dans celles qui sont compactes; se laisse facilement rayer par l'ongle; la râclure est blanche, pèse 2,33; au chalumeau blanchit, et si l'on chauffe fortement, fond en un émail blanc qui, au bout de quelque temps tombe en poussière. Composée de chaux 34, acide sulfurique 46, eau 21.

On taille les variétés compactes blanches pour faire des vases, des statues, etc.; c'est l'albâtre ordinaire, l'albâtre gypseux. Les variétés laminaires transparentes sont employées en place de verre pour recouvrir des images dans de petits cadres; c'est ce que l'on nomme pierre à Jésus, miroir d'Ane, etc. On s'en sert aussi en agriculture pour exciter la végétation des prairies artificielles, pour la bâtisse, le moulage des statues et la fabrication du stuc. Pour ces usages, on le soumet à une température capable de lui faire perdre son eau; il prend alors le nom de *plâtre*. Voici comment on opère : entre trois murs hauts de dix pieds et surmontés d'un toit dont les tuiles, assez écartées pour laisser passer librement la fumée, peuvent cependant empêcher la pluie de pénétrer dans l'enceinte, on construit un four, en divisant la largeur de l'espace par des rangs formés des plus grosses pierres à plâtre, sur lesquelles on en dispose d'autres assez grosses, en voûtes de deux pieds environ, disposées comme des aquéducs ; on entasse le reste de la pierre de manière à ménager des ouvertures qui permettent à la flamme de passer à travers tout le tas, dont la hauteur a environ un pied de moins que les murs. Tout étant disposé sous chaque voûte, dont le nombre varie suivant l'écartement des murs, on allume un feu de bourrées qu'il faut ménager, pour ne pas fondre les parties qui forment la voûte. Celui des environs de Paris est fait avec un gypse *calcarifère*, c'est-à-dire contenant de la chaux carbonatée.

CHAUX SULFATÉE ANHYDRE, karstenite, anhydrite; Spath cubique, Pierre de tripe, *Würfelspath.*

14. Son système cristalin est un prisme rectangulaire droit (Fig. 12, Pl. 1.), qui est la forme dominante : il est quelquefois modifié par des troncatures sur toutes les arêtes parallèles à l'axe, et prend le nom de périoctaèdre : par le clivage on revient à la forme primitive. On la trouve aussi laminaire, botryoïde, c'est la pierre de tripe; ou bien fibreuse et saccharoïde ; les couleurs sont : le blanc grisâtre, bleuâtre ; le bleu, le violet ; il y a des variétés d'un bleu d'indigo; la cassure est ordinairement lamellaire; peu transparente, raye la chaux carbonatée, pèse 2,96; double réfraction; au chalumeau, fusible en un émail blanc; à l'air, elle absorbe l'humidité; de là, des variétés épigènes. Composée de chaux 42, acide sulfurique 36, plus, quelques substances étrangères qui y sont accidentelles.

On trouve les deux espèces de chaux sulfatée dans un assez grand nombre de terrains; on en trouve dans presque tous les gisemens de sel gemme ; elles sont en couches souvent bien prononcées; on aura occasion de voir en détail ces gisemens à la partie géognostique.

CHAUX ARSÉNIATÉE, Pharmacolite.

15. Cette substance se trouve rarement cristallisée, mais souvent en masses cristallines dérivant du rhomboèdre : on a cependant des prismes hexaèdres (Fig. 21, Pl. 1.) et un dodécaèdre scalène

plus allongé que celui de la (Fig. 25, Pl. 1); souvent en petites masses mamelonnées; elle est blanche, quelquefois colorée en rose par de l'arséniate de cobalt, opaque, pèse 2,6. Au chalumeau, elle donne des vapeurs blanches ayant l'odeur d'ail. Une variété de Wittichen, a donné à Klaproth, chaux, 25; acide arsénique, 51; eau, 24. Une variété en choux-fleurs, de Sainte-Marie-aux-Mines, que j'ai analysée, contenait chaux, 21; acide arsénique, 64; eau, 13. Une variété d'Andreasberg, sous le nom d'*arsénicide*, contient d'après John : chaux, 27; acide arsénique, 46; eau, 24. Une autre variété composée à peu près comme celle de Sainte-Marie-aux-Mines, est nommée *haidengerite*; elle cristallise en dodécaèdres scalènes; une autre enfin de Schneeberg, contenant de l'arséniate de cobalt, est nommée *roselite*. On la rencontre en petits filons, à Wittichen en Souabe, au Hartz en Saxe, à Joachimsthal en Bohême, à Sainte-Marie-aux-Mines en France.

### Glaubérite. Polyhalite rouge. Brongnartine.

16. On trouve la glaubérite cristalline : sa forme est un prisme rhomboïdal oblique (*Fig.* 13, *Pl.* 1) dont les faces latérales sont un peu striées; raye la chaux sulfatée; blanc jaunâtre. Le polyhalite rouge est tout-à-fait analogue à la glaubérite, et composé de presque parties égales de sulfate de chaux et de sulfate de soude; il contient de plus, à l'état de mélange, un peu de sel gemme et d'argile ferrugineuse.

### Polyhalite gris.

17. Il y a une variété grise de polyhalite, qui se trouve avec le rouge à Vic, et qui contient environ 40 de sulfate de chaux, 29 de sulfate de soude et 17 de sulfate de magnésie, plus de l'argile, ferrugineuse, etc.; à Ischel en Autriche, on en a trouvé une variété semblable dans laquelle le sulfate de potasse remplace le sulfate de soude.

Ces trois substances se trouvent disséminées dans les argiles des mines de sel gemme et dans le sel lui-même.

WEBSTERITE, Aluminite, Alumine sous-sulfatée, Argile native, Hallite.

18. Substance terreuse, blanc mat, rayée par le gypse, douce au toucher, pesant, 1,66; happant à la langue, insoluble dans l'eau, soluble dans l'acide nitrique, donnant un précipité gélatineux par les alcalis, soluble dans la potasse. On l'a trouvée en petits rognons à Hall, en Saxe, d'où lui est venu le nom d'hallite, à Newhaven, à Auteuil près Paris; composée de 30 d'alumine, 23 d'acide sulfurique, 47 d'eau.

ALUNOGÈNE, Alumine sulfatée.

19. Ce minéral est fibreux ou écailleux, blanc, nacré, soluble, d'une saveur astringente, soluble dans la potasse, forme de petits mamelons dans les solfatares à Pouzzole, à la Guadeloupe, en Colombie: composé d'alumine, 16; acide sulfurique, 36,5; eau, 46,5.

ALUNITE, Alumine sous-sulfatée alcaline, Pierre d'Alun, *Alaunstein*.

20. Cette substance est en masse blanche, quelquefois grisâtre, elle cristallise en rhomboèdre; on la trouve aussi fibreuse, compacte, terreuse; pèse 2,69, raye difficilement le verre: soumise à la calcination, elle devient en partie soluble : la dissolution est précipitée en gelée par les alcalis; le précipité est soluble dans la potasse. Contient alumine, 40; acide sulfurique, 35; potasse, 10; eau, 14. Se rencontre dans les terrains trachytiques près de Rome, au Mont-d'Or, en Hongrie, à la Guadeloupe, etc. Elle sert à faire de l'alun.

ALUMINE SULFATÉE SODIFÈRE.

21. On trouve cette espèce sous forme de nids irréguliers, blancs, solubles dans l'eau et cristallisables en prismes quadrangulaires: la cassure des nids est fibreuse; pèse 1,9; contient, sulfate d'alumine, 42; sulfate de soude, 17; eau, 42. On la rencontre dans des solfatares à l'île de Milo et dans la province

de Saint-Jean, dans l'Amérique méridionale, dans un schiste argileux bleu noirâtre très-tendre.

ALUMINE SULFATÉE AMMONIACALE, Ammonalun.

22. Elle se trouve sous forme de petites veines, fibreuses, blanches ou incolores, d'une saveur piquante, soluble dans l'eau, cristallisable en octaèdre; composée de sulfate d'alumine, 37; sulfate d'ammoniaque, 18; eau, 45. On ne l'a encore rencontrée que dans les lignites de Tschermig en Bohême.

GIBSITE, Alumine hydratée.

23. Se trouve en petites masses mamelonnées blanches ou verdâtres, rayant la chaux carbonatée, pesant 2,4, infusible; elle se colore en bleu quand on la chauffe avec le nitrate de cobalt, soluble dans l'acide nitrique; contenant alumine, 65; eau, 35. A été découverte dans une mine de manganèse à Richemont, dans le Massachusets : près d'Arles, on trouve un autre hydrate d'alumine coloré en rouge par de l'oxide de fer.

DIASPORE, Alumine hydratée.

24. Ce minéral est laminaire; les clivages donnent un prisme rhomboïdal; il est blanc ou brun, pèse 3,43, il raye le verre, est infusible, décrépite fortement, se colore en bleu quand on le chauffe avec le nitrate de cobalt. On ne connaît pas son gisement: composé d'alumine, 76; oxide de fer, 7, eau, 15.

BARYTE SULFATÉE, Barytine, Spath pesant, Barosclenite, Barytite.

25. Cette substance se trouve à l'état cristallin, lamelleux, fibreux, saccharoïde, compacte, terreux : la forme primitive est un prisme rhomboïdal droit : les formes dominantes sont, un prisme rhomboïdal très-aplati, que l'on nomme table rhomboïdale; le même, modifié sur les angles solides obtus, que l'on nomme *apophane* (*Fig.* 46, *Pl.* 3), *binaire* (*Fig.* 18, *Pl.* 1), *unibinaire* (*Fig.* 11, *Pl.* 1), *raccourcie* (*Fig.* 47, *Pl.* 3), *épointée* (*Fig.* 48, *Pl.* 3), *accélérée* (*Fig.* 49, *Pl.* 3), *sexdécimale*

(*Fig.* 50, *Pl.* 3), souvent en petites tables réunies, quelquefois les pointes sortent seules, ce qui forme la variété crêtée. Les couleurs sont : le blanc, le rouge de chair, le jaune, un beau rouge, rarement le bleu ; il y a des variétés diaphanes, d'autres translucides ; l'éclat est très-vif à la surface des cristaux ; les variétés bacillaires ont l'éclat un peu nacré ; raye la chaux carbonatée ; est rayée par la fluorine ; pèse 4,7. Une variété fibreuse est phosphorescente ; au chalumeau, décrépite et fond en émail blanc qui a la saveur d'œufs pourris.

On l'emploie dans les laboratoires pour préparer la baryte ; on s'en sert pour falsifier la céruse, et, comme fondant, pour diverses opérations métallurgiques. Quelques auteurs anglais ont annoncé qu'on s'en servait avec avantage, après sa calcination, au lieu de plâtre, pour les prairies artificielles.

Elle se trouve dans les filons métalliques, dans un schiste argileux, dans le voisinage des minerais de cuivre et près de ceux de plomb, d'argent, de mercure ; en Angleterre, au Hartz, en Hongrie, elle se trouve en couches dans les roches granitiques ; en Auvergne, et dans plusieurs points des Alpes, etc., se rencontrent les variétés saccharoïdes. Composée de baryte, 66 ; acide sulfurique, 34.

BARYTE CARBONATÉE, Withcrite, Barolyte, Spath pesant aéré.

26. Elle se trouve cristallisée, fibreuse, compacte ; la forme dérive d'un rhomboèdre un peu obtus, la forme dominante est un prisme hexaèdre régulier, quelquefois terminé par un pointement, ou modifié par des troncatures. Le plus souvent on la trouve en croûtes épaisses ; l'éclat est gras ; il y a un peu de translucidité, la cassure est esquilleuse ; raye le calcaire, est rayée par la fluorine, pèse 4,29. La couleur est le blanc un peu laiteux ; la poussière est phosphorescente sur les charbons ; au chalumeau, jaunit la flamme et fond en émail blanc ; se dissout lentement dans l'acide nitrique, avec effervescence. Cette dissolution mêlée à l'alcool colore sa flamme en jaune. Elle est employée comme mort aux rats en Angleterre. Elle a été trouvée en

Angleterre dans des filons de minerais de plomb; en Styrie, dans un fer carbonaté; en Sibérie, dans le Salzbourg, en Sicile, etc. Se compose de Baryte, 77; acide carbonique, 22; chaux, etc.

### BARYTO-CALCITE.

27. Ce minéral n'a été trouvé qu'à l'état cristallin : sa forme est un prisme rhomboïdal oblique; il est blanc, raie le calcaire, il est rayé par la fluorine, pèse 3,66; au chalumeau, il devient caustique; soluble avec effervescence dans l'acide nitrique; il n'a encore été trouvé qu'à Alstone-Moor, comté de Durham. Composé de carbonate de baryte, 66; carbonate de chaux, 34.

### STRONTIANE SULFATÉE, Célestine, *Schützite*.

28. On trouve cette substance cristallisée, lamellaire, fibreuse, compacte et terreuse; cette dernière est ordinairement calcarifère. La forme primitive est un prisme rhomboïdal, les formes dominantes sont celles que l'on nomme, *unitaire* (*Fig.* 18, *Pl.* 1), *apotôme* (*Fig.* 50, *Pl.* 3), *émoussée* (*Fig.* 51, *Pl.* 3), *dodécaëdre* (*Fig.* 52, *Pl.* 3). Il y a des variétés presque incolores : souvent elles sont bleuâtres, quelquefois grises; un peu plus dure que la baryte sulfatée, pèse 3,96; au chalumeau, elle fond en un émail blanc d'une saveur d'œufs pourris, soluble alors dans l'acide nitrique, et colorant la flamme de l'alcool en rouge. Composée de strontiane, 56; acide sulfurique, 44; souvent elle est mélangée d'autres substances. Moins abondante que la baryte, elle se trouve dans beaucoup de gisemens, dans les terrains gypseux avec soufre, en Sicile, à Cadix, en Suisse, et sans soufre dans les environs de Paris; la variété apotôme existe dans les fentes des silex qui sont disséminés dans la craie; la variété fibreuse, aux États-Unis, à Jena, etc.

### STRONTIANE CARBONATÉE, Strontianite.

29. On ne l'a trouvée que rarement cristallisée, en prismes hexaèdres, quelquefois en aiguilles mal déterminées et accolées, mais ordinairement en masse rayonnée; d'un blanc le plus sou-

vent verdâtre; d'un éclat gras, raye le calcaire; pèse 3,65. La poussière est phosphorescente sur les charbons, soluble avec effervescence dans l'acide nitrique; la dissolution colore la flamme de l'alcool en pourpre; fusible au chalumeau. Contient strontiane, 68; acide carbonique, 30; plus, de l'oxide de manganèse, de la chaux, de l'eau. Se trouve à Strontian en Écosse, dans un filon, ainsi qu'en Saxe et dans l'Amérique méridionale.

MAGNÉSIE SULFATÉE, Epsomite, *Bittersalz.*

30. Cette substance n'a encore été rencontrée qu'en efflorescences à la surface des roches magnésiennes; quelquefois fibreuse, ordinairement blanche, rarement colorée en jaunâtre ou en rose. Pèse 1,66, soluble dans l'eau, efflorescente, facilement fusible. Composée de magnésie, 18; acide sulfurique, 33; eau, 48. Elle contient quelquefois des sulfates de soude, de fer, de manganèse, de cobalt, de cuivre.

On l'a trouvée en Catalogne, en France, en Angleterre, etc. principalement dans les roches magnésiennes schisteuses : elle est souvent aussi en dissolution dans des eaux minérales qui lui doivent leurs propriétés purgatives. On s'en sert pour la préparation de la magnésie et de son carbonate.

MAGNÉSIE FLUO-PHOSPHATÉE, Wagnérite.

31. On trouve ce minéral en masse lamellaire, mais rarement; cristallisé en prismes rhomboïdaux ou rectangulaires, presque toujours modifiés; elle présente des clivages parallèles aux faces du prisme rhomboïdal ; raye difficilement le verre ; blanc; pèse 3,2; soluble dans l'acide nitrique; fond difficilement au chalumeau. Composé de phosphate de magnésie, 80; fluorure de magnesium, 19; oxide de fer et manganèse, traces. Il est disséminé dans des veines de quartz, au milieu de schistes, dans la vallée d'Hollgraben, le Salzbourg, et aux États-Unis.

MAGNÉSIE BORATÉE, Boracite, *Wurfelstein.*

32. Se trouve toujours cristallisée ou cristalline; ses formes

peuvent se rapporter au cube ou au dodécaèdre rhomboïdal (*Fig.* 23, *Pl.* 1), qui sont presque toujours modifiés, non symétriquement, par des troncatures ; les formes *défective* (*Fig.* 53, *Pl.* 3), *surabondante* (*Fig.* 54, *Pl.* 3) et *quadriduodécimale* (*Fig.* 55, *Pl.* 3), sont les plus fréquentes. Grisâtre, l'éclat est plus vif à la surface que dans la cassure qui est inégale, et présente de faibles indices de trois clivages ; ordinairement translucide ; raye le verre, pèse 2,56 ; électrique par la chaleur, fusible au chalumeau en un globule vitreux hérissé de pointes. Composée de magnésie, 30 ; acide borique, 70. Se trouve disséminée dans le gypse, près de Lunebourg, de Kiel, etc.

DATHOLITE, Chaux boratée siliceuse, Esmarkite.

33. Cette substance est en masses cristallines ou concrétionnées. La forme primitive est le prisme rhomboïdal droit : blanchâtre, éclat vitreux, raye la fluorine, pèse 2,98 ; fusible en un verre transparent au chalumeau, attaquée facilement par l'acide nitrique. Composée de chaux, 35 ; acide borique, 24 ; acide silicique, 37 ; eau, 6 ; se rencontre dans des filons en Bavière, au Tyrol, à Arendhal, etc.

MAGNÉSIE CARBONATÉE, Baudisserite, Breunerite, Giobcrite.

34. On la trouve cristallisée, lamellaire, compacte et terreuse. La forme primitive est un rhomboèdre (*Fig.* 6, *Pl.* 1) ; blanche, raye le calcaire, pèse 2,7, environ ; faiblement électrique par pression ; au chalumeau ne se délite pas, et acquiert des propriétés alcalines, sensibles seulement par les papiers réactifs ; soluble à froid dans l'acide nitrique avec une faible effervescence. Composée de magnésie, 48 ; acide carbonique, 51 ; le reste en eau, oxide de manganèse, chaux, etc. Elle remplit de petits filons, dans le Piémont, le Tyrol.

MAGNÉSITE, Magnésie carbonatée silicifère, Écume de mer.

35. Ne se rencontre qu'en petites masses réniformes ou amorphes ; blanche, quelquefois jaunâtre, rosée, sans éclat : cas-

sure plus ou moins terreuse, opaque, pesant de 2,6 à 3,4; rude au toucher; au chalumeau, très-difficilement fusible, en émail blanc; soluble dans l'acide nitrique. Composée de magnésie, 24; acide nitrique, 50; eau, 22; le reste en alumine, oxide de fer, sable. On s'en sert pour faire des pipes dans le Levant; pour la fabrication de la porcelaine, on emploie celle de Baldissero en Piémont, et celle de Vallecas près Madrid. Elle se trouve sous forme de veines, de rognons, dans différents calcaires, en Piémont, en Anatolie, à Salinelles près Montpellier, à Montmartre, etc.

BRUCITE, Magnésie native, Magnésie hydratée, *Wassertalk*.

36. Cette substance est laminaire, blanche, d'un éclat nacré, douce au toucher, rayée par la chaux carbonatée, pèse 2,34. Infusible au chalumeau, elle acquiert seulement des propriétés alcalines qui agissent sur les papiers réactifs. Si on la chauffe avec le nitrate de cobalt, elle se colore en gris; se dissout sans effervescence dans les acides étendus d'eau. Composée de magnésie, 70; eau, 30. Se trouves en veines à Hoboken dans le New-Jersey.

CONDRODITE, Magnésie silico-fluatée, Maclurite, Brucite.

37. Ce minéral se trouve cristallisé et granulaire; sa forme est le prisme rectangulaire oblique; on en rencontre en *prismes rhomboïdaux* (*Fig.* 13, *Pl.* 1), et *octaèdres* (*Fig.* 9, *Pl.* 1); jaunâtre ou brunâtre, peu éclatant, raye le feldspath, rayé par le quartz, pèse 3,19; difficilement fusible au chalumeau; insoluble dans les acides. Composé de magnésie, 54; acide silicique, 33; acide hydro-fluorique, 4; le reste en potasse, oxide de fer, eau. On ne l'a rencontré que disséminé dans des calcaires grenus, dans le New-Jersey, la Finlande, la Sudermanie, la Saxe, et près du Vésuve.

THÉNARDITE et EXANTHALOSE, Soude sulfatée, Sel de Glauber, *Wundersalz*.

38. Ces deux substances, souvent étudiées séparément, sont

probablement identiques; l'une se trouve cristallisée, et l'autre en efflorescence. Les cristaux sont des octaèdres à base rhomboïdale; elles sont blanches, solubles dans l'eau, d'une saveur amère; composées de soude, 35; acide sulfurique, 45; eau, 20. On a trouvé la première en croûtes au fond des eaux des salines d'Espartines près Madrid, où on l'exploite pour faire de la soude; la seconde, dans les galeries salines de l'Autriche, du Salzbourg, etc., et en efflorescence au Vésuve.

### Reussine, Blædite.

39. La première de ces substances forme au printemps des efflorescences dans les marais de Serpina, près de Billin en Bohème. La saveur en est amère; elle est entièrement soluble dans l'eau; contient, sulfate de soude, 66; sulfate de magnésie, 31; chlorure de magnésium, 2; traces de sulfate de chaux. La seconde vient des marais d'Ischel en basse Autriche, et forme des houpes soyeuses dans les mines de Schemnitz en Hongrie. Elle contient : sulfate de Soude, 53; sulfate de magnésie, 37; eau, 22, et des traces de sulfate de chaux, de fer et de manganèse.

### Sel gemme, Salmare, Chlorure de Sodium, Sel marin, Sel commun, *Steinsalz, Bergsalz.*

40. On le trouve en masses cristallines, fibreuses, en croûtes, en stalactites, rarement cristallisé. Sa forme est le cube, quelquefois modifié : les masses cristallines donnent facilement le cube par le clivage; ordinairement incolore; il y a des variétés grises, rouges, bleues; l'éclat est vif dans la cassure; lamelleux, fragile, rayé par le calcaire; pèse 2,15; soluble, fusible, composé de 40 de sodium, et de 60 de chlore; employé pour la cuisine, pour les préparations du chlore, de l'acide hydro-chlorique, du sulfate de soude et de la soude. On le rencontre en amas, en couches, en petites veines, rarement en filons, dans les terrains de gypse ancien, dans quelques terrains calcaires et argileux; enfin en dissolution dans les eaux de la mer et de quel-

ques sources; en Pologne, en Allemagne, en Russie, en France, en Espagne, en Angleterre, etc.

NATRON, Soude carbonatée, Alcali minéral.

41. Se trouve en efflorescence à la suite des temps secs dans quelques plaines basses et dans quelques lacs en Égypte; il forme après leur dessèchement des croûtes assez épaisses, blanches. Au Vésuve, à l'Etna, à la Guadeloupe, on en voit d'effleuri à la surface des laves. Il est composé de beaucoup de carbonate de soude, d'un peu de sulfate de soude et de chlorure de sodium. Son nom vient du lac Natron, en Égypte, où il est exploité depuis long-temps et employé comme soude.

URAO, Natron.

42. C'est une substance saline cristallisant confusément : on la trouve saccharoïde, fibreuse, compacte; blanche, soluble, cristallisable en prismes rectangulaires obliques. C'est un carbonate de soude avec excès d'acide. On le trouve à Lagunilla en Colombie, dans un terrain argileux, dans le Fessan près du grand désert, en Égypte, en Perse et dans l'Inde.

L'Urao et le Natron sont employés pour fabriquer du savon, du verre, etc.

GAYLUSSITE.

43. Ce minéral est cristallisé en prismes rhomboïdaux obliques: incolore, éclat vitreux, rayé par le calcaire, pèse 1,73; donne de l'eau par la calcination; insoluble dans l'eau, soluble dans l'acide nitrique; composé de soude, 20; chaux, 10; acide carbonique, de 29 à 32, et un peu d'argile. A été trouvé dans l'argile qui recouvre l'Urao à Lagunilla en Colombie.

SODALI-CALCITE.

44. Ce minéral, laminaire, donne par le clivage un rhomboèdre qui se rapproche de celui de la chaux carbonatée : incolore, transparent, pèse 2,92 ; raye facilement la chaux car-

bonatée, il a la réfraction double très-prononcée, l'éclat vitreux ; il est insoluble dans l'eau, soluble dans l'acide nitrique avec effervescence; au chalumeau, il décrépite, brunit, et se réduit difficilement en chaux. Composé d'environ, 70 de carbonate de chaux, 13 de carbonate de soude, 10 d'eau, et d'un peu d'oxide de fer.

Cette substance, que d'après sa composition l'on pourrait nommer sodali-calcite, me fut donnée par un élève qui l'avait achetée comme chaux carbonatée primitive, sans en avoir appris la localité; elle était accompagnée d'un peu de talc. L'analyse faite, et après en avoir donné à l'école des Mines, je n'ai pas voulu sacrifier le petit échantillon qui me reste, pour refaire l'analyse, qui a cependant besoin d'être recommencée avec plus de précaution.

### Soude nitratée, Nitre cubique.

45. On la trouve en couches granulaires, elle pèse 2,096; elle est entièrement soluble dans l'eau, mais non déliquescente; saveur fraîche, amère : traitée par l'acide sulfurique concentré, elle donne de l'acide nitrique, que l'on reconnaît facilement à son odeur. Elle contient soude 37, acide nitrique 63, quand elle est pure; mais on la rencontre presque toujours mêlée d'autres substances et surtout de sulfate de soude; placée sur des charbons rouges, elle en active la combustion. On la trouve près de la baie d'Yquique au Pérou, elle y forme une couche qui a environ 40 lieues de long sur un mètre d'épaisseur : on en exporte en Europe de grandes quantités pour la fabrication de l'acide nitrique.

### Borax, Tinkal, Soude boratée.

46. Cette substance est cristallisée; on la trouve en prismes hexaèdres (*Fig.* 21, *Pl.* 1), blanche, quelquefois jaunâtre, mate, douce au toucher, pèse 1,74, soluble dans l'eau ; sa dissolution presque saturée bouillante, traitée par l'acide hydrochlorique un peu étendu, laisse déposer en refroidissant des écailles nacrées qui sont de l'acide borique : au chalumeau, elle se boursoufle,

puis fond en un globule vitreux, incolore; composée de soude, 16; acide borique, 37; eau, 47; se trouve en dissolution dans les eaux de quelques lacs dans l'Inde; en couches minces au Thibet, en Chine, à Ceylan, dans le Potosi, etc. On l'emploie comme fondant chez les orfévres, les bijoutiers, dans les laboratoires de chimie, enfin pour l'application des couleurs sur la porcelaine, etc.

NITRE, Salpêtre, Potasse nitratée, *Kalisalpeter.*

47. Il se trouve en efflorescences superficielles; il est soluble, d'une saveur fraîche, non déliquescent, d'un blanc de neige, pèse 1,93, presque toujours mêlé de chaux nitratée; placé sur des charbons rouges, il en active la combustion; fusible; traité par l'acide sulfurique, il laisse dégager de l'acide nitrique. Sa dissolution concentrée est précipitée en jaune par le chlorure de platine, ce qui sert à le distinguer de la soude nitratée. Composé de potasse, 46; acide nitrique, 54.

On le rencontre dans un grand nombre d'endroits, ainsi que dans tous les lieux habités, au milieu des plaines calcaires, dans des cavernes calcaires, en Europe, en Asie, en Afrique, en Amérique.

Son principal usage est la fabrication de la poudre à tirer, usage pour lequel on est obligé de l'amener à un état de pureté parfaite. Celui que l'on retire par la lixiviation des platras, en France, est purifié par des cristallisations successives. On s'en servait exclusivement, il y a encore quelques années, pour la fabrication de l'acide nitrique; on le remplace maintenant, pour cet usage, par la soude nitratée; on l'emploie en médecine comme diurétique, c'est-à-dire, pour exciter les urines. (Pour sa préparation et son raffinage, voir les arts chimiques.)

POTASSE SULFATÉE, Aphtalose.

48. Ce minéral est ordinairement blanc, quelquefois coloré en verdâtre ou bleuâtre par des sels de cuivre; soluble dans l'eau, pèse 2,4; saveur amère, inaltérable à l'air; il forme des ma-

melons ou des enduits sur les laves et dans leurs cavités au Vésuve.

POTASSE MURIATÉE. Sylvine, Chlorure de Potassium.

49. On n'a trouvé cette substance qu'en petite quantité dans le sel marin de Hallen et de Berghtesgaden en Autriche ; elle est soluble dans l'eau, saveur salée, composée de potassium, 53, et chlore, 47.

AMMONIAQUE MURIATÉE, Salmiac, Sel de Tartarie.

50. Ce sel ne se rencontre que sur les laves et les roches voisines des houillères incendiées ; fibreux ou cristallisé, en octaèdres souvent altérés, blanc ou grisâtre, pèse 1,5 ; saveur âcre, piquante ; soluble, volatil. Il sert à décaper le cuivre pour l'étamer, à préparer l'ammoniaque, et aussi en médecine. On le trouve près de Saint-Étienne, au Vésuve, à l'Etna, à Lancerote, à l'île Bourbon ; chez les Tartares mongols, il existe en masses considérables.

AMMONIAQUE SULFATÉE, Mascagnine.

51. Il forme des enduits sur les laves récentes du Vésuve, de l'Etna, sur les laves décomposées à Pouzzoles près de Naples : soluble dans l'eau, saveur piquante, cristallisable en prismes rhomboédriques.

CALAÏTE, Chaux et Alumine phosphatées, Turquoise.

52. Ce minéral se trouve en rognons ; bleu clair ou verdâtre ; raie le verre, rayé par le quartz ; il pèse 2,86 ; chauffé dans un tube il donne de l'eau, et reste en matière noire insoluble dans les acides ; infusible. Il contient de l'alumine, de la chaux, de l'acide phosphorique, des oxides de cuivre, de fer, et probablement de l'acide hydro-fluorique ; se trouve en Perse. Employé en bijouterie.

KLAPROTHITE, Klaprotine, Lazulite, Azurite, Feldspath bleu, Alumine et Magnésie phosphatées, *Blauspath*.

53. Elle se trouve cristallisée et amorphe; la forme est un prisme triangulaire (*Fig.* 12, *Pl.* 1); d'un bleu plus ou moins foncé, raie la chaux fluatée, rayée par le quartz, pèse 3; par la calcination, la couleur disparaît; au chalumeau, sur un charbon, se boursoufle, devient bulleuse et d'un aspect vitreux, mais sans fondre. Composée de alumine, 35; magnésie, 14; acide phosphorique, 43; plus, de l'oxide de fer, de l'acide silicique, de l'eau; se trouve dans des schistes argileux, dans des roches quartzeuses, et dans le granite, dans le Salsbourg, la Styrie, l'Autriche.

WAVELLITE. Alumine hydro-phosphatée, Hydrargirite, Devonite, Lazionite, Alumine fluo-phosphatée.

54. On trouve cette substance cristallisée et mamelonnée; la forme dérive d'un prisme droit rhomboïdal; couleur blanche tirant souvent sur le vert; raie le calcaire, rayée par le feldspath, pèse 2,33; chauffée dans un tube, elle donne une eau acide qui dépolit le verre; chauffée au chalumeau, sur un charbon, elle se boursoufle et devient d'un blanc de neige. Les acides la dissolvent à chaud. Composée de alumine, 32; acide phosphorique, 33; fluor, 4; eau, 27; le reste en oxides de fer, de manganèse, chaux. On la rencontre en veines dans le schiste argileux, à Barnstaple, Cork, dans les dolomies en Groënland, au Mexique, etc.

AMBLIGONITE, Alumine et Lithine phosphatées.

55. Cette substance cristallise en prismes rhomboïdaux, verdâtres; éclat vitreux, raie la chaux phosphatée, rayée par le quartz, pèse 2,9. Fusible au chalumeau, sur un charbon, en un verre transparent, devenant opaque en refroidissant; si l'on opère sur une feuille de platine, en ajoutant un peu de soude, la lithine produit, comme d'ordinaire, sur la platine un cercle brun; composée de phosphates d'alumine et de lithine. On ne l'a trouvée qu'en petits cristaux dissiminés dans des granites à Chursdorf

en Saxe; à Arendal, avec tourmaline, topaze, pyroxène, grenat.

WOLLASTONITE, Spath en table, Chaux silicatée, Grammite, *Tafelspath, Schaalstein.*

56. Ce minéral n'a été trouvé qu'en petites masses cristallines, bacillaires; ces dernières ont des clivages parallèles à des prismes rhomboïdaux; blanc ou jaunâtre, éclat souvent nacré; friable, mais rayant cependant le verre; pèse 2,86. Au chalumeau, difficilement fusible en un verre blanc. Composé de chaux, 47; acide silicique, 51; le reste en oxides de fer, de manganèse, et en eau; se trouve à Cziklova dans le Bannat, à Pargas en Finlande, aux États-Unis, dans les laves de Capo-di-Bove près de Rome, etc.

EDELFORSE, Pierre calcaire d'OEdelfors, Chaux silicatée.

57. Cette substance est aciculaire, fibreuse, compacte; elle présente des clivages parrallèles aux faces d'un prisme rhomboïdal; blanche ou grise, mate ou seulement luisante, translucide sur les bords, cassante, raie le verre, pèse 2,58. Fusible au chalumeau en un verre incolore. Composée de chaux, 36; acide silicique, 58; le reste en alumine et oxides de fer et manganèse; a été trouvée à Cziklova dans le Bannat avec la Wallastonite, et en petites couches près d'OEdelfors en Smolande.

HOMBOLTILITE, Chaux et Magnésie silicatée.

58. Substance cristallisée en prisme droit à base carrée (*Fig.* 12, *Pl.* 1) raie le verre, pèse 3, est mise en gelée par l'acide nitrique; composée de chaux, 32; magnésie, 9; acide silicique, 54; le reste en alumine, oxide de fer. On l'a trouvée au Vésuve.

TOPAZE, Pyrophysalithe, Chrysolithe de Saxe, Rubis du Brésil, Aigue-marine orientale, Alumine fluo-silicatée.

59. Ce minéral se trouve toujours cristallisé ou au moins cristallin. La forme dominante est un prisme rhomboïdal ayant réellement huit faces (*Fig.* 14, *Pl.* 1). Mais, dérivant d'un prisme

rhomboïdal; il est souvent terminé par un pointement à quatre faces, on le nomme alors *quadrioctonal;* les faces latérales des prismes sont souvent striées dans le sens de l'axe. Il y a souvent des modifications provenant de troncatures sur les arêtes du prisme, et sur celles du pointement, ce qui donne les variétés *sexoctonale équidifférent* (*Fig.* 57, *Pl.* 3), *undecioctonale* (*Fig.* 58, *Pl.* 3). Les faces, devenant très-multipliées sur les côtés du prisme, donnent la forme *cylindroïde.* Il y a des variétés incolores, limpides; d'autres, d'un jaune plus ou moins foncé, jaune rougeâtre, rose, bleu; quelques-unes passent au vert. Éclat très-vif; la transparence varie beaucoup, mais l'opacité est rare. La cassure est lamelleuse dans un sens, conchoïde dans l'autre; raie le quartz, pèse 3,5; électrique par la chaleur, et conservant long-temps l'électricité; infusible au chalumeau. Composée de alumine, 60; acide hydrofluorique, 5; acide silicique 35. On en fait des bijoux de prix, principalement avec celles qui sont d'un jaune pur, ou orange rouge; cette dernière, que sa couleur soit naturelle ou bien dûe à l'action du feu, se nomme topaze brûlée ou rubis balais.

On trouve la topaze en cristaux et en petites veines dans des terrains primitifs, dans des granites, dans des filons d'étain, en Suède, aux États-Unis, en Sibérie, en Saxe, au Brésil, etc.

PICNITE, Topaze bacillaire, Alumine fluo-silicatée, Béril schorliforme, Leucolite d'Atenberg, *Stangenstein.*

60. Cette substance se trouve en fibres accolées, formant des prismes à six faces, mal déterminés ordinairement; blanc jaunâtre, verdâtre, ou rougeâtre; raie le quartz, rayée par la topaze; pèse 3,5; à peine diaphane; faiblement électrique par la chaleur, et ne conserve pas l'électricité. Infusible au chalumeau, se couvre cependant de petites bulles. Composée d'alumine, 51; acide hydro-fluorique, 7; acide silicique, 38. Sans usage; se trouve dans les filons d'étain, à Altenberg, en Saxe, en Bohême, en Norwége, etc.

CRYOLITHE, *Eisstein*, Alumine et Soude fluatées.

61. Ce minéral se trouve toujours cristallin; le clivage donne un prisme rectangulaire; blanc, quelquefois jaunâtre; translucide, raie le calcaire, rayé par la fluorine, pèse 2,96. Très-fusible au chalumeau; soluble à chaud dans l'acide nitrique. Composé de sodium, 34; aluminium, 13; fluor, 54. On ne l'a encore trouvé qu'à Jvikaet, au Groënland, en couches et filons dans le granite, etc.

FLUELITHE.

62. Substance accompagnant la wavellite de Cornwall, elle est en prismes ou en octaèdres à base rhomboïdale; limpide, incolore; composée d'aluminium et de fluor.

QUARTZ, Acide silicique.

63. Cette substance présente des variétés très-différentes en apparence, mais sensiblement composées de même, sauf les mélanges mécaniques et les colorations dues à la présence de divers oxides métalliques; quelques-unes contiennent de l'eau en quantité assez notable, pour devoir par la suite être étudiées comme espèces hydratées.

Nous les séparerons en quatre variétés principales, formant des sous variétés. 1° hyalin, 2° agate, 3° jaspe, 4° terreux.

QUARTZ HYALIN. Cristal de Roche.

64. Il est cristallisé ou cristallin. On le trouve en prismes hexaèdres réguliers, terminés par des pointemens à six faces (*Fig.* 24, *Pl.* 1), ou en dodécaèdres triangulaires (*Fig.* 41, *Pl.* 3), souvent modifiés par des troncatures, et aussi déformés par l'élargissement de faces parallèles, etc., la forme dérive d'un rhomboèdre; cristaux sont le plus souvent groupés ou réunis en druses, moins souvent empâtés, presque toujours striés sur les faces des prismes parallèlement à leurs bases. Les assemblages de cristaux ont quelquefois la contexture rayonnée fibreuse. On le trouve aussi pseudomorphique, schistoïde, laminaire, en masse laiteuse, en cail-

loux roulés, etc. Il est ordinairement incolore, mais cependant quelquefois grisâtre, blanc de lait, gris ou brun de fumée. Les variétés qui sont employées en bijouterie, à cause de leurs couleurs, ont des noms particuliers : on nomme le rouge de sang, *hyacinthe de Compostelle;* le vert poireau, *prase;* le rose, *pseudo-rubis;* le violet, *améthyste;* le bleu, *péliom;* le jaune, *fausse topaze.* Les masses sont quelquefois pénétrées de substances étrangères : ainsi, quelques variétés sont parsemées assez uniformément de petits points brillans diversement colorés : on les nomme *aventurine;* d'autres sont pénétrées d'oxides de titane en longues aiguilles, de baryte sulfatée, d'asbeste, de pyrite de fer, de chlorite, etc.; quelques-unes présentent des cavités contenant de l'eau et une bulle d'air; on les nomme *aërohydres.*

La cassure est très-éclatante, conchoïde, quelquefois laminaire ou saccharoïde; il est assez fragile, mais il raie le verre; il est rayé par la topaze; les faces des cristaux sont éclatantes, la nature de l'éclat varie avec la contexture; il est vitreux dans les variétés cristallisées, et gras dans les variétés laiteuses ou compactes; quelques-unes sont chatoyantes, soyeuses, on les nomme par cette raison œil de chat : d'autres sont irisées; cela provient de fissures accidentelles. Le plus souvent transparent, quelquefois diaphane, rarement opaque, pèse 2,65, produit, sur la main, un froid qui le fait distinguer facilement du cristal artificiel; quelques variétés sont fétides par le frottement ou le choc, d'autres sont phosphorescentes; réfraction double, électrique par frottement. Infusible au chalumeau; composé de silicium, 48; oxigène 52, quand il est parfaitement pur; mais il est souvent mélangé d'un peu d'oxides de fer et de manganèse, d'alumine, de chaux, etc. Les variétés diaphanes et colorées, sont employées en bijouterie; les autres sont souvent employées comme fondant, en métallurgie, surtout dans le traitement des minérais en cuivre pour enlever l'oxide de fer. On le trouve tapissant les cavités dans des filons, dans des terrains anciens; il recouvre souvent les crevasses des variétés de quartz que l'on étudiera plus loin; il entre dans la composition des granites, etc., comme on le verra dans l'Histoire des Roches; il est aussi en couches. L'améthyste se trouve en filon ou dans des agates, au Brésil, en Hongrie, etc. Les plus belles variétés incolores viennent de Madagascar et du département de l'Isère. Jadis on le taillait pour en faire des coupes, des vases, etc., qui coûtaient fort cher; on ne le taille plus maintenant que pour faire des bijoux, et les variétés limpides, incolores, pour faire des lentilles de lunettes, s'emploient en ayant soin de les tailler perpendiculairement à l'axe de cristallisation, à cause de la double réfraction.

### Quartz-Agate.

65. Se présente souvent en masses globuleuses, en rognons, en stalactites ou en stalagmites, et pseudo-morphiques: les rognons sont souvent creux, et leur intérieur est ou mamelonné ou tapissé de quartz hyalin en druses, ce que l'on nomme en *géode*. Il y a une grande variété de couleurs qui donnent toutes des noms particuliers à l'agate : blanche laiteuse, quelquefois nuancée de bleuâtre, verdâtre, rose; elle prend alors le nom de *calcédoine:* blanche, presque opaque, *cacholong;* vert-pomme, *chrysoprase;* vert-poireau, *héliotrope;* bleu pâle égal, *saphirite;* rouge très-translucide, *cornaline;* brun rouge quelquefois orangé, *sardoine;* quelquefois les rognons pleins, sciés par le milieu, présentent des couches concentriques ou parallèles, de différentes nuances: on les nomme *onix* ou *rubanées;* quand ces dernières ont été crevassées, et que les vides ont été remplis par des infiltrations de quartz hyalin, on les nomme *agates brèches;* souvent la dureté est plus grande que celle du quartz hyalin, la ténacité est toujours plus grande. On emploie les agates à faire des mortiers et pilons, pour les laboratoires de chimie, des brunissoirs, enfin en bijouterie; on les colore quelquefois en noir ou en blanc : dans le premier cas on les trempe dans de l'huile, puis dans de l'acide sulfurique; pour les rendre blanches, on les trempe dans une dissolution de sulfate de soude, puis on les chauffe au rouge. Quelques-unes sont pénétrées de dendrites noires, rouges, etc.; on les nomme *agates arborisées;* s'il y a confusion dans les dendrites,

on les nomme *agates mousseuses*. On les trouve dans des roches amygdaloïdes, dans les terrains de transition ; il s'en forme quelquefois près des sources qui avoisinent les volcans ; les plus belles viennent du Levant ; on les trouve isolées dans des plaines de sable.

Quartz pyromaque, Agate commune, Pierre à Fusil, Silex.

66. On peut y joindre par appendice le silex, que l'on distingue en compacte et carié ; il est plus tenace que le quartz hyalin, sa cassure est conchoïde et esquilleuse, les couleurs sont ternes ; brun, vert noirâtre, très-rarement mélangées ; quelques variétés sont blanchâtres : il y a une sous-variété que l'on nomme quartz corné, *hornstein* à cause de son aspect ; la cassure est presque plane, à peine conchoïde et quelquefois un peu grenue, sa couleur grise ordinairement, tire quelquefois sur le rouge ou le jaune ; il se trouve souvent en rognons dans les terrains de craie et de calcaire Jurassique ; le hornstein, dans des filons métallifères à Huelgoët ; on s'en sert comme pierre à feu pour fusils, briquets. On les broie pour mêler aux argiles dans la fabrication des poteries.

Silex carié, Agate molaire, Pierre meulière.

67. Il est en boules, souvent creuses, cellulaires ; quand on le rencontre en bloc, on en fait des meules de moulin, on s'en sert aussi pour bâtir, principalement pour les fondations, à cause de son inaltérabilité et de ses cellules. Retenant le mortier dans ses cavités, il donne lieu à des constructions solides. Les meilleures pierres meulières que l'on connaisse viennent de la Ferté-sous-Jouarre : leurs cavités sont souvent tapissées de cristaux de quartz hyalin. On en trouve aussi à Champigny. Leur nom vient des nombreuses cavités qui leur donnent de la ressemblance avec les os cariés.

Quartz résinite.

68. Il a quelque analogie apparente avec l'agate ; mais il en diffère par la présence constante d'une certaine quantité d'eau, et

il ne devrait être étudié qu'après les autres variétés, comme acide silicique hydraté. On le trouve en masses irrégulières, en filons et en incrustations mamelonnées ou pseudo-morphiques, souvent fendillé; les couleurs, toujours assez vives et rarement nuancées, sont, blanc laiteux, rougeâtre, grisâtre, bleuâtre; quelquefois avec un chatoiement bleu, jaune, rougeâtre: c'est l'*opale* qui est employée en bijouterie et est fort chère: il y en a dont les reflets sont très-faibles, elles ont moins de prix : celles dont les reflets dominans sont jaunes, se nomment *girasol*, etc. : quelques variétés ont l'aspect tout-à-fait gélatineux : d'autres, quoiqu'en rognons, ont la texture schisteuse très-prononcée ; on les nomme *ménilithe* : d'autres, presque opaques, deviennent transparentes quand on les met dans l'eau ; on les nomme *hydrophane*. Le quartz résinite passe quelquefois à l'état terreux à la surface des rognons; il pèse 2,11 : la cassure, excepté dans la *ménilithe*, est parfaitement conchoïde ; il est facile à casser, ordinairement très-translucide, toujours très-éclatant; l'éclat est vitreux. Il contient de 6 à 11 pour 100 d'eau. On le trouve en petits filons dans les porphyres argileux, les terrains volcaniques, avec le silex dans le calcaire siliceux à Champigny.

### Quartz-Jaspe.

69. On le trouve rarement à l'état cristallin ; il est en rognons, pseudo-morphique et en filons : les couleurs sont variées, souvent mélangées, foncées, rouge, brun, vert, jaune, gris, rarement bleu et noir; ce dernier est quelquefois employé comme pierre de touche, à la place de la véritable pierre de touche ou lydienne, dont nous parlerons aux roches; plus difficile à casser que l'agate; la cassure est imparfaitement conchoïde, non esquilleuse : il forme souvent des masses que l'on nomme puddings à cause de leur mélange de brun et de couleurs claires qui y sont disséminées; souvent pseudo-morphique ainsi que l'agate; ils remplacent des bois de différentes espèces, chêne, hêtre, palmier, et des fruits. On les classe souvent à part dans les collections, sous le nom de *quartz xiloïde*; les belles variétés se taillent comme les agates.

QUARTZ TERREUX. Quartz nectique.

70. On désigne sous ce nom les quartz qui peuvent se réduire en une poudre qui est toujours rude au toucher ; le nectique se trouve en rognons tellement légers, qu'ils nagent sur l'eau, ce qui tient à leur porosité. On le trouve à Saint-Ouen près Paris, dans le terrain marneux ; quelquefois il est en poudre ; on en a trouvé aussi en nids disséminés dans un calcaire à Vierzon, département du Cher, et autour des rognons de silex ou de résinite : il est ordinairement d'un blanc pur.

GRÈS.

71. On pourrait, par appendice, ajouter ici les grès à grain fin dont on fait des meules à repasser : une variété du Brésil est un peu flexible : d'autres, très-poreuses, sont employées pour filtrer l'eau ; mais ils rentrent plutôt dans l'étude des roches que dans celle des minéraux.

ZIRCON, Zirconite, Ceylanite, Hyacinthe, Jargon.

72. On le trouve toujours cristallin ou cristallisé ; la forme primitive est l'octaèdre à base carrée (*Fig.* 9, *Pl.* 1). On trouve le plus ordinairement *le prisme à base carrée, terminé par un pointement reposant, tantôt sur les faces* (*Fig.* 19, *Pl.* 1), et nommé alors *prismé*, tantôt sur les arêtes du prisme, c'est la variété *dodécaèdre* (*Fig.* 20, *Pl.* 1) ; il y a souvent des troncatures sur les arêtes qui réunissent les pointemens aux prismes, ou sur celles du prisme lui-même ; dans le premier cas, il y a des troncatures formant biseau sur les angles solides ; jaunâtre, orange, rougeâtre, bleu, brun, etc. ; toutes ces couleurs disparaissent par le feu : éclat très-vif ; cassure conchoïde ; raie le quartz, mais difficilement ; translucide, souvent nuageux ; réfraction double ; tout-à-fait infusible au chalumeau, y perd sa couleur. On l'emploie en bijouterie sous le nom de *jargon* ; les variétés, d'un rouge assez prononcé, sous le nom d'*hyacinthe* ; quand on leur a fait perdre leur couleur, on les emploie comme faux

diamans : composé de zircone, 67; acide silicique, 34. On le trouve dans des syénites, des granites, des laves, dans des sables et le lit des ruisseaux; en Norwége, en Écosse, aux États-Unis, dans le Forest, au Saint-Gothard, au Puy-en-Velay, à Ceylan, etc.

### Gadolinite, Yttrite, Ytterbite.

73. Elle se rencontre cristallisée et réniforme; la cristallisation dérive d'un prisme rhomboïdal oblique (*Fig.* 13, *Pl.* 1). Les cristaux sont très-rares, jaunâtres ou brunâtres, quelquefois noirs; éclat vitreux; cassure conchoïde esquilleuse; raie le verre; pèse 4,23; fusible au chalumeau en verre opaque; soluble dans les acides; composée de yttria, 45; oxide de cérium, 18; oxide de fer, 12; acide silicique, 26. On ne l'a trouvée encore que dans la Pegmatite, près de Fahlun, et en premier lieu à Ytterby en Norwége.

### Yttria phosphatée, Xénotime.

74. Ce minéral, fort rare, est ordinairement cristallisé en octaèdre peu net, jaune brunâtre, éclat résineux, cassure laminaire; raie la chaux fluatée; rayé par le quartz, ce qui le distingue du zircon auquel il ressemble beaucoup; pèse 4,6. Insoluble dans les acides; au chalumeau, infusible sans addition; avec le carbonate de soude, il y a effervescence et formation d'une scorie infusible. Contient : yttria, 63; acide phosphorique, 34; sous-phosphate de fer, 3. Il y a des traces de fluor. On l'a trouvé disséminé dans une pegmatite près de Lindenaës en Norwége.

### Eudialite.

75. Cette substance se trouve cristalline. Elle est lamelleuse, dérivant d'un rhomboèdre (*Fig.* 5, *Pl.* 1); violet rougeâtre; raie difficilement le verre, pèse 2,89, fond au chalumeau, se met en gelée dans les acides. Composée de zircone, 11; chaux, 10; soude, 14; acide silicique, 54; le reste, en oxides de fer, de manganèse, en acide hydrochlorique et eau. On la trouve dans le Gneiss, au Groënland.

### Thorite.

76. On trouve ce minéral en petits nids; il est noir, d'un aspect vitreux; il raie le verre; pèse 4,8; chauffé dans un tube, il laisse dégager de l'eau et devient jaune. Il contient thorine, 58; acide silicique 19, eau 10; le reste en oxides de fer, de manganèse, d'urane, etc., etc. On l'a trouvé en nids engagés dans une syénite près de Brevig en Norwége.

### Cymolite.

77. Cette substance se trouve en masse amorphe feuilletée, blanche ou grise, opaque, tendre, mais assez difficile à casser, douce au toucher; pèse 2; happe fortement à la langue, se délaye dans l'eau, rougit à l'air; au chalumeau blanchit sans fondre. Composée de alumine, 25; acide silicique, 63; eau, 12. On la trouve dans l'île de Kimolo, en Grèce; on s'en sert pour enlever les taches de graisse.

### Sévérite, Lenzinite de Saint-Sever.

78. Substance compacte homogène, jaunâtre ou bleuâtre quand elle est translucide, grise ou blanc-jaunâtre quand elle est opaque, cassure conchoïde. Composée de alumine, 22; acide silicique 50, eau 26. On la trouve dans les dépôts arénacés ou sablonneux des environs de Saint-Sever, département des Landes.

### Triklasite, Fahlunite tendre.

79. On la trouve cristalline et compacte; la forme dérive d'un prisme rhomboïdal oblique (*Fig.* 13, *Pl.* 1). Il est souvent modifié par des troncatures sur les arêtes latérales aiguës; brun-rougeâtre ou vert-olive, opaque ou faiblement translucide sur les bords; cassure conchoïde. Il y a trois sens de clivage bien distincts qui lui ont fait donner le nom de *triklasite;* rayée par une pointe d'acier; pèse 2,6. Au chalumeau, sur le charbon, blanchit et fond en un verre bulleux blanc; avec le borax elle donne un verre légèrement coloré par le fer. Com-

posée de, alumine, 27 ; oxide de fer, 5 ; magnésie, 3 ; acide silicique, 47 ; eau, 14. On l'a trouvée dans un talc schistoïde de la mine de cuivre d'Éric-Matta, à Fahlun en Suède.

### Pholérite.

80. Cette substance est ainsi nommée à cause de son aspect. Elle se présente le plus souvent en petites écailles convexes nacrées, quelquefois cependant en petites fibres ; blanc pur et blanc-grisâtre ou verdâtre ; douce au toucher, friable sous les doigts, happe à la langue, fait pâte avec l'eau ; infusible au chalumeau, insoluble dans les acides faibles. Composée d'alumine, 43 ; acide silicique, 42 ; eau, 15. On la rencontre dans les terrains houillers, à Fins, département de l'Allier, remplissant les fissures des rognons de minerais de fer, et les fentes, dans les couches de grès et de schiste argileux. Elle se trouve aussi à Rive-de-Gier, à Mons, etc.

### Halloysite.

81. Ce minéral se trouve en rognons compactes ; il est blanc et bleuâtre ou jaunâtre, d'un éclat nacré, translucide sur les bords ou tout-à-fait opaque ; cassure conchoïde ; rayé par l'ongle, happe à la langue ; chauffé à l'étuve, il perd la moitié de son eau ; soluble en gelée dans les acides. Composé de, alumine, 34 ; acide silicique, 39 ; eau, 27. Se trouve au milieu des minerais de fer, de plomb, de zinc, aux environs de Liége, de Namur. A la suite de cette substance, on range par appendice quelques minéraux, peu importans jusqu'ici, et dont la place est plutôt dans les argiles, comme la *lenzinite argileuse*, la *lithomarge de Rochlitz*, le *savon de montagne* ; leur composition se rapproche beaucoup de celle de l'halloysite.

### Lenzinite opaline.

82. Se trouve en rognons isolés blanc-bleuâtres, éclat résineux opalin, translucide ; cassure conchoïde, fragile ; rayée par une pointe d'acier ; pèse 2. Composée de, alumine, 37,5 ;

acide silicique, 37,5; eau, 23. On l'a trouvée à Kall, dans l'Eiffel.

ALLOPHANE, Riemanit.

83. Elle forme des rognons compactes, un peu terreux; blanche, un peu jaunâtre ou bleuâtre; opaline, la cassure est conchoïde, la transparence faible; pèse 1,88; raie le gypse, est rayée par la fluorine; infusible au chalumeau; chauffée dans un tube de verre, elle donne de l'eau; les acides la mettent en gelée. Composée d'alumine, 40; acide silicique, 24; eau, 33; le reste en chaux, sulfate de chaux carbonatée, de cuivre, hydrate de fer; ce sont ces derniers qui la colorent diversement. On la trouve en rognons ou en nids dans des argiles contenant beaucoup de fer oxidé hydraté et de cuivre carbonaté bleu, à Grœfenthal près de Saalfeld; dans des dépôts de fer oxidé hydraté, dans les syénites, à Schneeberg en Saxe; près de Namur, dans le calcaire; près de Bleyberg, dans les minerais de plomb.

COLLYRITE.

84. On ne trouve cette substance qu'en masses compactes, blanches, ressemblant à la gomme, translucide, éclat résineux; rayée par l'ongle; chauffée dans un tube, elle perd de l'eau et se réduit en poudre blanche; cet effet se produit aussi à l'air sec. Infusible au chalumeau, soluble en gelée dans les acides. Se trouve en filons dans les diorites porphyriques près de Schemnitz, Hongrie, et avec les minerais de plomb d'Esquerra, dans les Pyrénées.

CORINDON. Hyalin, Télésie, Saphir, Rubis, *Diamanspath, Salamstein, Salam Rubin.*

85. On le trouve en cristaux transparens, translucides; la forme dérive d'un rhomboèdre (*Fig.* 5, *Pl.* 1). Les formes dominantes sont un prisme hexagonal régulier (*Fig.* 21, *Pl.* 1), plusieurs dodécaèdres triangulaires isocèles (*Fig.* 24, *Pl.* 1), un rhomboèdre presque toujours tronqué au sommet; les couleurs

sont très-variées, qnelquefois très-vives, la pierre est alors transparente, d'autrefois elle est grisâtre-terne, peu transparente, et donne les variétés harmophanes. Les plus belles sont employées en bijouterie sous des noms qui dérivent de leur couleur; ce sont les gemmes les plus estimées. On nomme le bleu indigo plus ou moins foncé, *saphir oriental;* le rouge rose, *rubis oriental*, qui, au-delà de 4 karats (le karat pèse 4 grains ou 0,212 grammes), est plus cher que le diamant; le jaune, *topaze orientale;* le beau vert, *émeraude orientale;* celui qui est incolore, *saphir blanc*. Les variétés, qui ne sont que translucides, ont ordinairement un éclat chatoyant; on les taille en cabochon, c'est-à-dire à surface arrondie et sans facettes, sous le nom de *girasol oriental,* quand le chatoiement est nuageux, et d'*Asterie,* quand il présente une étoile qui est plus fréquente dans les variétés bleues. La cassure est très-variée; il raie tous les minéraux hors le diamant; pesanteur moyenne, 4. Infusible au chalumeau, insoluble dans les acides, ne contient que de l'alumine mêlée avec de très-petites quantités d'oxide de fer et d'acide silicique. On le trouve dans les terrains granitiques, au Carnat, en Chine, au Malabar, au Thibet; dans le feldspath, en Piémont; dans le schiste micacé, en Lombardie, en Saxe, dans la Dolomie, au Saint-Gothard, dans le fer oxidulé en Laponie; dans des sables aux Indes, à Ceylan, en Perse, en Portugal, en Bohême; dans le ruisseau d'Expailly, près le Puy; il est roulé dans ces derniers gisemens.

CORINDON GRANULAIRE, Émeril, *Schmirgel.*

Il est en masses, gris-noirâtre ou de fumée, ayant quelquefois une teinte bleuâtre, sans éclat; la cassure, unie en grand, est inégale en petit; il est très-tenace, et du reste, il a toutes les autres propriétés du corridon; il contient un peu plus d'oxide de fer et d'acide silicique. Il sert à polir les corps durs; pour cela, on le réduit en poudre impalpable. Il se trouve dans les terrains primitifs : en Saxe, dans une serpentine; à Naxos, archipel grec, avec du fer oxidulé et sulfuré; aux Indes, avec du fer oxidulé, du talc, etc.; on le trouve aussi en Espagne, en Portugal, à Guernesey, au Pérou, etc.

SPINELLE, Rubis spinelle, Rubis balais, Rubicelle.

86. Ce minéral se trouve toujours en cristaux ou en fragmens de cristaux; les formes dominantes sont l'*octaèdre régulier* (*Fig.* 9, *Pl.* 1) et le *dodécaèdre rhomboïdal* (*Fig.* 23, *Pl.* 1); les cristaux sont quelquefois hémitropes et presque toujours très-petits; les couleurs sont le rouge, le carmin, le bleu indigo, le rouge rose, le jaune. On les emploie en bijouterie. Ceux d'un rouge vif sont presque aussi estimés que le corindon rubis; les autres beaucoup moins; transparens ou translucides; l'éclat est très-vif, la cassure conchoïde aplatie; il y a des indices de clivage; raie fortement presque tous les autres minéraux; rayé par le diamant, le corindon, le cimophane; pèse 3,7; réfraction simple, infusible au chalumeau, insoluble dans les acides. Composé de magnésie, 14; alumine, 73; oxide de fer, 4; acide silicique, 6. Se trouve dans les mêmes gisemens que le corindon, à Ceylan, dans l'Inde, dans le New-Jersey, etc.

PLÉONASTE, Spinelle noir, bleu, Ceylanite, Candite.

87. Cette substance se trouve en cristaux et en fragmens de cristaux octaédriques, noirs ou bleuâtres; la cassure est laminaire ou grenue; translucide ou opaque; l'éclat est un peu vitreux; elle est un peu moins dure que le spinelle, pèse 3,7. Infusible au chalumeau, insoluble dans les acides. Composée de alumine, 63; magnésie, 13; oxide de fer, 17; plus un peu de chaux et d'acide silicique. On la trouve dans les dolomies et autres roches, à la Somma, au Vésuve; à Monzoni, dans le Tyrol; à Ceylan, dans des roches micacées et les sables; dans les terrains basaltiques et trachytiques; dans le Languedoc, près de l'abbaye de Laach, etc.

ÉMERAUDE, Béril, Aigue marine, *Smaragd.*

88. On la trouve toujours cristallisée ou cristalline; la forme

primitive est un prisme hexagonal régulier (*Fig.* 21, *Pl.* 1). Il y a souvent un grand nombre de troncatures sur les arêtes des prismes, ce qui les rend presque cylindroïdes; ils sont souvent groupés. Les couleurs sont le vert pur, le vert-jaunâtre, le jaune, le bleu; quelquefois elles sont incolores ou vert-d'eau; rarement chatoyantes. Les variétés transparentes sont employées en bijouterie; la variété d'un beau vert vient du Pérou et est fort chère; c'est l'émeraude des bijoutiers. La variété vert-d'eau est l'algue marine; cette dernière est beaucoup moins estimée; il y a des variétés presque opaques. L'éclat est vitreux, très-vif, surtout dans la cassure; raie difficilement le quartz; pèse 2,7; fusible au chalumeau en verre bulleux, insoluble dans les acides. Composée de, alumine 17, glucine 15, acide silicique 68, plus de l'oxide de fer; celle du Pérou contient un peu d'oxide de chrôme, auquel elle doit sa belle couleur. On la trouve au Pérou dans un schiste argileux, avec mica, quartz, chaux carbonatée, etc.; à la Nouvelle-Grenade, dans un terrain d'alluvion, dans le gneiss; en Égypte, à la montagne Zabara; dans le Salzburg; dans le granite, près de Limoges; dans les départemens de Saône-et-Loire, de la Loire-Inférieure, etc.; en Suède, en Bavière, en Écosse.

### Euclase.

89. On la trouve toujours cristallisée; les cristaux sont isolés. Ils dérivent d'un prisme droit-oblique ordinairement terminé par des pointemens. La cassure est lamelleuse; incolore ou vert-bleuâtre très-clair; très-transparente; raie le quartz, très-fragile; pèse 3; électrique par pression, conserve long-temps l'électricité. Fusible au chalumeau en émail blanc, insoluble dans les acides. Composée de alumine 21, glucine 22, acide silicique 43. On ne l'a encore trouvée que très-rarement au Brésil, dans des schistes et leurs débris à Minas-Geraes.

### Cymophane, Chrysobéril, Chrysopale, Chrysolite orientale et chatoyante.

90. Substance cristallisée en prisme rectangulaire droit (*Fig.* 12,

*Pl.* 1), quelquefois terminé par un pointement. Les cristaux sont souvent roulés; couleur jaune tirant sur le vert: l'éclat est vitreux, souvent chatoyant, il est très-vif dans les variétés limpides; le plus souvent elles sont seulement diaphanes et nuageuses. Cassure conchoïde, éclatante; raie le quartz; pèse 3, 7. Infusible au chalumeau; insoluble dans les acides; composée de, alumine, 69; glucine, 16; acide silicique, 6; acide titanique, 3; le reste en oxide de fer et eau. Les variétés d'un beau jaune sont aussi estimées que la topaze orientale par les bijoutiers; les variétés nuageuses se taillent en cabochon. On la trouve au Brésil, à Ceylan, au Pégu, à Haddam, dans le Connecticut, et à Saragota, dans l'état de New-York.

GRENAT, Grenat syrien, Almandine, Escarboucle.

91. On trouve ce minéral en cristaux et fragmens de cristaux quelquefois arrondis. Les formes sont le *dodécaèdre rhomboïdal* (*Fig.* 23, *Pl.* 1) et le *trapèzoèdre* (Fig. 59, Pl. 3). On le trouve rarement en masse. Les couleurs sont, le rouge, le violet, le noir; il y a des variétés transparentes, d'autres translucides ou opaques. On les emploie en bijouterie. Il y a plus d'éclat dans la cassure qu'à la surface: la cassure est conchoïde, quelquefois granulaire ou esquilleuse; il raie le quartz, pèse de 3,9 à 4,24. Fusible au chalumeau en émail noir, toujours magnétique; insoluble dans les acides. Composition moyenne; alumine, 20, oxide de fer 25, acide silicique 40; le reste n'est qu'accidentel. On trouve presque toujours les cristaux empâtés; quelquefois il est en couches, dans des roches de serpentine, talcqueuses, souvent dans les gîtes métallifères, dans presque toutes les contrées.

GRENAT GROSTULAIRE, Aplome, Colophanite, Essonite, Topazolite, Succinite, Erlan, *Kanelstein*.

92. Le système cristallin de cette substance est le *cube;* la forme dominante est le *trapèzoèdre*. On trouve aussi le *dodécaèdre*. Les couleurs sont le brun, le verdâtre, le jaune orange; l'éclat vitreux, ordinairement translucide; raie le quartz; pèse 3, 5.

Fusible au chalumeau ; insoluble dans les acides. Composition moyenne : alumine, 22, chaux, 30, oxide de fer, 4 ; ce dernier n'y entre pas comme principe essentiel. On la trouve en Saxe, en Angleterre, en Sibérie, dans les mêmes terrains que le grenat.

Cordiérite, Dichroïte, Iolite, Saphir d'eau, Luchsaphir, Pelioms, Siderite, Fahlunite dure, *Steinhelite.*

93. Ce minéral est ou cristallisé ou en petits rognons. La forme cristalline est un *prisme hexaèdre* (Fig. 21, Pl. 1re), souvent modifié par des troncatures sur les arêtes ; couleur bleue ou violette, suivant le sens dans lequel on l'examine ; éclat vitreux ; il y a des variétés aventurinées et irisées ; raye faiblement le quartz ; pèse 2,56. Difficilement fusible au chalumeau, en émail gris verdâtre ; insoluble dans les acides. On emploie en bijouterie les variétés d'une belle couleur sous le nom de *saphir d'eau*, quelquefois aussi celles qui sont aventurinées : composé d'alumine 33, magnésie 11, protoxide de fer 3, acide silicique 50. On le trouve disséminé dans les granites, à Bodennaïs en Bavière, au Groënland ; dans le cuivre pyriteux, en Suède ; dans les basaltes et les trachytes, au Puy en Velay, en Espagne ; on le trouve aussi aux Indes.

Sordawallite.

94. Cette substance, compacte, noire, grise ou verte, opaque, à cassure conchoïde, fond au chalumeau en émail noir ; elle contient : alumine 14, magnésie 11, oxide de fer 18, acide silicique 49, eau 4, de plus un peu d'acide phosphorique ; elle se trouve en petits bancs au milieu d'argiles ferrugineuses à Sordawala, en Finlande, d'où est venu son nom.

Bombite.

95. On l'a trouvée auprès de Bombay : elle est compacte ; noir bleuâtre ; elle raie le quartz, pèse 3,2 ; fond au chalumeau, avec bouillonnement en verre jaunâtre ; elle est composée de, alumine 11, magnésie 4, oxide de fer 25, acide silicique 50, matière charbonneuse 3.

Saphirine.

96. Ce minéral est lamellaire, bleu verdâtre ou vert noirâtre, il raie le quartz; pèse 3,4; ne fond pas au chalumeau; est composé de, alumine 63, magnésie 17, oxide de fer 4, acide silicique 15, plus des traces d'eau et d'oxide de manganèse. On l'a trouvé à Fiskenaes, au Groenland, dans un micaschiste.

Idocrase, Chrysolite, Cyprine, Égerane, Frugardite, Gemme du Vésuve, Hyacinthe volcanique, Loboïte, Sommervillite, Vésuvienne, Wiluite.

97. Substance toujours cristallisée ou granulaire : la forme dérive d'un *prisme droit à base carrée* (fig. 12, pl. 1re); c'est aussi la forme dominante avec la variété *soustractive* (Fig. 60, Pl. 3). Les faces se multiplient à l'infini; elles sont extrêmement striées. Les cristaux sont ou isolés, ou groupés, de manière à donner des masses bacillaires; les couleurs sont, le vert, le brun, le noir, le bleuâtre; l'éclat est vitreux, un peu gras; la transparence varie beaucoup, rarement diaphane, plus souvent opaque; la cassure est conchoïde : celle des masses est lamelleuse, raie le verre, pèse 3,45; fusible au chalumeau en verre jaunâtre; la poussière, mise en digestion dans les acides, s'y dissout ordinairement à la longue. Composée de, alumine 18, chaux 38, oxide de fer 6, magnésie 3, acide silicique 38. On la trouve, parmi les pierres que lance le Vésuve, avec de la dolomie dont elle tapisse l'intérieur; dans des roches talcqueuses près de Turin; dans des veines de roches micacées; dans le Valais, dans des micaschistes en Bavière, en Bohème, en Espagne; dans des serpentines en Sibérie, aux Alpes et aux Pyrénées.

Amphigène, Grenat blanc, Grenatite, Grenat du Vésuve, Leucite, Leucolite.

98. Ce minéral ne se trouve que cristallisé. Les formes sont le *dodécaèdre rhomboïdal* ou le *trapézoèdre*; il y a des indices de clivages parallèles au cube. La couleur est blanche, quelquefois grisâtre ou jaunâtre; la cassure est imparfaitement conchoïde,

l'éclat est gras ; il y a des variétés translucides et opaques, rarement diaphanes ; raie difficilement le verre ; pèse 2, 47 ; infusible au chalumeau ; les acides, mis en digestion sur sa poussière, la dissolvent lentement. Composée de, alumine 23, potasse 21, acide silicique 56. Se trouve dans les terrains volcaniques anciens et modernes ; au Vésuve, dans des roches rejetées intactes et dans les laves ; dans les tufs volcaniques des bords du Rhin ; dans les laves anciennes des environs de Rome, etc.

### CHRISTIANITE, Anorthite.

99. Substance cristallisée dont la forme est un *prisme rhomboïdal oblique ;* blanche ; d'un éclat nacré ; cassure lamelleuse, rayant le verre, pesant 2,76 ; soluble dans les acides par digestion ; fusible en émail blanc ; composée de, alumine 35, chaux 16, magnésie 5, acide silicique 45. On ne l'a encore rencontrée que dans la dolomie, à la Somma, au Vésuve, avec néphéline, pyroxène et mica.

### FELDSPATH, Orthose, Spath étincelant, Spath fusible, Spath adulaire, Petunzé, *Porcellan-Spath.*

100. Ce minéral se trouve cristallin, compacte, terreux. La forme primitive est un *prisme rhomboïdal* (Fig. 13, Pl. 1re). On trouve souvent le *prisme hexagonal* (Fig. 21, Pl. 1re). Il y a ordinairement deux des faces plus petites que les autres, quelquefois quatre ; alors le cristal est aplati. Les cristaux sont souvent terminés par des biseaux, et modifiés sur les angles solides et les arêtes. On trouve souvent le prisme rhomboïdal très-court ou table rhomboïdale. Sur la tranche, on voit une ligne qui la partage en deux et montre des stries en sens inverses, indiquant une hémitropie. Il y a souvent des cristaux hémitropes dont les angles rentrans sont très-prononcés ; ils résultent de l'accolement de deux prismes hexaèdres par les faces larges. Les cristaux sont ou isolés, ou groupés, ou empâtés dans des roches. La cassure est lamelleuse ; il y a trois clivages, passant, deux par les diagonales, l'autre parallèlement aux bases. Quelquefois la cassure

est un peu conchoïde ou esquilleuse; dans les cristaux qui se trouvent dans le granite vert antique, elle n'est pas du tout lamelleuse. L'éclat est quelquefois très-vif à l'intérieur; il y a cependant des faces qui en ont peu ou même point; il est un peu nacré. Les variétés diaphanes, incolores, sont nommées *adulaires;* d'autres blanc grisâtre, blanc laiteux, avec un chatoiement, sont appelées *pierres de lune;* opalines et bleuâtres, rougeâtres, vertes, *pierre des amazones;* quelquefois aventurinées par des paillettes jaune d'or ou rouge de cuivre, très-brillantes; on les appelle *pierre de soleil;* une autre donnant de très-beaux reflets opalins, bleus, verts, rouges, jaunes, est nommée *labradorite*, ou *pierre de Labrador;* on devrait peut-être l'étudier séparément. Les variétés seulement translucides ou opaques sont souvent empâtées, et leurs couleurs sont le rouge, le bleu clair, le bleu noirâtre. Le feldspath raie le verre; pèse 2,6 à 2,4; il est fusible au chalumeau en émail blanc un peu grisâtre, quand il n'est pas terreux; la variété terreuse est nommée *kaolin:* elle est blanc de neige, grisâtre, jaunâtre; toujours insoluble dans les acides. Composition moyenne alumine 18, potasse 14, acide silicique 65, plus des traces de chaux, oxide de fer, etc. Le labradorite contient alumine 25, chaux 10, acide silicique 55, plus un peu de soude d'oxide de fer. Le kaolin, qui n'est que du feldspath décomposé, contient à peine de la potasse. On se sert de ce dernier pour fabriquer la porcelaine sur laquelle nous reviendrons en donnant quelques détails sur la préparation des poteries, briques, etc., à la suite des argiles. Les belles variétés sont quelquefois employées pour faire des boîtes, des vases, et en bijouterie: on le trouve dans les granites, les gneiss, les porphyres, dont il est partie constituante; en filons et petits filons qui traversent ces roches; en amas dans les terrains volcaniques. Les plus beaux cristaux viennent du Saint-Gothard, de Baveno; il y en a dans les granites du département de Saône-et-Loire, en Auvergne, etc.

MURKISONITE.

101. Ce minéral est cristallisé en prismes rectangulaires obliques; blanc rougeâtre : opaque ; pèse 2, 5; composé de alumine 17, potasse 15, acide silicique 68. On l'a trouvé dans un granite à Dawlisch, en Angleterre, et dans une roche conglomérée à Heavitree.

CLEAVELANDITE, Albite, Feldspath blanc, Schorl blanc, Tetartine, Periklin, Sanidine, *Kieselspath*, *Eisspath*.

102. Substance cristalline. La forme dérive d'un prisme rhomboïdal, qui est souvent modifié sur les arêtes et les angles solides ; il y a trois sens de clivage, les cristaux sont quelquefois mâclés ; on la trouve aussi laminaire, saccharoïde, fibreuse, compacte ; couleur ordinairement blanche ; il y a des variétés jaunâtres, verdâtres ; l'éclat est vitreux ; raie le verre, pèse 2,6 ; fusible au chalumeau en émail blanc ; insoluble dans les acides ; composée de alumine 19, soude 10, acide silicique 68, le reste en chaux, oxide de fer, etc. ; se rencontre dans les mêmes gisemens que le feldspath ; à Baveno, en Auvergne, dans le Dauphiné, dans la vallée d'Oisans, en Savoie, dans les pegmatites, en petits amas ; en Finlande, en Suède, aux États-Unis, à Ceylan, etc. ; elle est partie constituante de quelques roches, comme l'euphotide.

PETROSILEX, Feldspath compacte, Phonolite.

103. Substance qui se trouve en masses compactes ; gris verdâtre, verte ; cassure schisteuse, luisante ; facile à casser, très-sonore par la percussion, d'où lui est venu son nom ; pèse 2,5, raie le verre ; fusible au chalumeau en verre grisâtre ; insoluble dans les acides ; composée d'acide silicique, alumine, soude, chaux, en proportions très-variables ; aussi l'espèce est-elle douteuse.

ADINOLE, Feldspath compacte, Petrosilex de Salbery, Petrosilex agatoïde.

104. Substance compacte, homogène, rouge, d'un éclat gras,

translucide sur les bords; cassure esquilleuse ou écailleuse; elle raie le verre; fond difficilement au chalumeau en émail blanc; composée de alumine 12, soude 6, magnésie 1, acide silicique 80, plus un peu d'oxide de fer. On l'a trouvée à Salbery, en Suède.

Les laves, obsidiennes, perlites, ponces, etc., ont des compositions qui les rangent à la suite des feldspaths; mais leur véritable place est dans les roches plutôt que dans les espèces minéralogiques, et nous y renvoyons.

Apophyllite, Albine, Ichtyophtalme, Tesselite, Zéolite d'Hellesta, *Fischaugenstein.*

105. Ce minéral se trouve cristallisé, laminaire et fibreux; la forme est un prisme carré, court, souvent modifié sur les angles de manière à former un prisme octogonal, et même un prisme à seize pans. Ce dernier et le prisme carré sont quelquefois terminés par des pyramides à quatre faces, reposant sur les arêtes du prisme : blanc, nacré; cassure lamelleuse; raie difficilement le verre; pèse 2,4. Au chalumeau, se boursoufle, puis fond en verre bulleux incolore; chauffé dans un tube, il donne de l'eau; les acides le mettent en gelée. On le trouve dans quelques gisemens de fer magnétique, en Suède, en Norwège; avec le calcaire dans les minerais de cuivre ou de plomb, à Czyklova, au Bannat et au Hartz; dans les terrains volcaniques anciens en Bohème, au Tyrol, à l'île de Fœroé, etc. Une substance trouvée en Islande, et nommée *oxahverite,* doit rentrer par son analyse dans l'apophyllite.

Pétalite, Berzelite, Arfvedsonite.

106. Substance lamellaire, ayant des clivages parallèles à un prisme rhomboïdal; blanche; d'un éclat vitreux un peu nacré; rayant difficilement le verre, pesant 2,44; fusible au chalumeau en émail blanc; si on la chauffe sur une feuille de platine avec de la soude, il se forme une tache brune autour; insoluble dans les acides; composée de alumine 17, lithine 5, acide sili-

cique 75. On ne l'a encore trouvée que dans l'île d'Utö avec triphane, tourmaline, etc.; elle y est en gros blocs; et près du lac Ontario, sur la côte nord, Amérique septentrionale.

TRIPHANE, Spodumène, Zéolite de Suède.

107. Minéral cristallin, clivable en prisme rhomboïdal, verdâtre, d'un faible éclat nacré, rayé par une pointe d'acier, pesant 3,19; au chalumeau, se boursoufle, puis donne un verre incolore; sur une feuille de platine avec de la soude, il se forme une tache brune; composé de alumine 29, lithine 6, acide silicique 64, le reste en oxide de fer, etc. On le trouve à l'île d'Utö, en Sudermanie, à Fachtigel, en Tyrol, à Killeney, en Islande, à Peterhead, en Écosse, au Groënland, dans le Massachusets, etc.

AXINITE, Schorl violet, Yanolite, Thumite, *Thumerstein.*

108. On la trouve toujours cristalline, souvent cristallisée; la forme dominante est un prisme très-obliquangle ayant des stries sur les faces, presque toujours modifié par des troncatures sur les arêtes; des modifications les plus communes, résultent les formes auxquelles on a donné les noms de *équivalente* (Fig. 61, Pl. 3) et *sous-double* (Fig. 62, Pl. 3). Couleurs, rouge-violet, brunâtre, verdâtre; les cristaux primitifs les plus nets sont colorés en vert par de la chlorite qui les recouvre au moins de deux côtés; éclat vitreux; les cristaux non chlorités sont quelquefois très-diaphanes : cassure inégale, devient esquilleuse dans les masses, facile à casser; raie le feldspath et non le quartz, pèse 3,21. Électrique par la chaleur; au chalumeau, bouillonne, puis fond en émail grisâtre ou jaunâtre; inattaquable par les acides; composée de alumine 19, chaux 19, oxide de fer 14, oxide de manganèse 4, acide silicique 44, acide borique, traces. On la trouve en petits filons, en veines, en cristaux disséminés dans les terrains de granite et de porphyre, en Dauphiné; à Chamouny, en Saxe, au Cornwal; les plus beaux cristaux viennent du département de l'Isère.

Tourmaline, Schorl électrique, Apyrite, Aphrysite, Davurite, Indicolite, Rubellite, Sibérite.

109. Cette substance se trouve cristallisée ou en masses cristallines; les cristaux ne sont que rarement symétriques; la forme dérive d'un rhomboèdre très-obtus; les formes dominantes sont des prismes à 6, 9, et 12 faces très-inégales en largeur, et offrant souvent dans la coupe transversale une forme qui se rapproche de celle d'un écusson; les prismes sont ordinairement terminés par des pointemens non symétriques entre eux; rarement par une face horizontale. Il y a des prismes dont les faces latérales sont assez multipliées pour paraître cylindroïdes; les cristaux ont quelquefois deux ou trois pouces, le plus souvent quelques lignes; ils sont même capillaires et très-alongés, souvent accolés et formant des masses bacillaires. Les couleurs sont ordinairement vives, la plus fréquente est le noir parfait; les autres sont le vert olive, le vert poireau, le brun, le lilas, le rouge, le violet; très-rarement incolore; opaque ou translucide, rarement transparente; éclat vitreux; cassure conchoïde, quelquefois schisteuse perpendiculairement à l'axe. Les cristaux qui viennent de quelques points des environs d'Autun, entre le Creusot et Conches, présentent souvent ce caractère; ils semblent composés de tables, assez écartées quelquefois les unes des autres, et recouvertes d'une enveloppe prismatique; raie facilement le verre, pèse de 3 à 3,4, plus fortement électrique par la chaleur qu'aucune autre substance, le sommet le plus simple acquiert l'électricité négative; au chalumeau, fond difficilement, avec boursouflement, en émail blanc grisâtre, poreux.

La composition des variétés de tourmaline diffère beaucoup, et c'est ce qui nous a engagé à présenter les analyses de quelques-unes d'entre elles dans le tableau suivant :

| | Bleue d'Uto. | Rouge de Rosena. | Rouge de Sibérie. | Verte du Brésil. | Noire du S-Gothard | Noire du Groenland |
|---|---|---|---|---|---|---|
| Alumine. . . . . . . . . . . | 40,50 | 36,430 | 44,00 | 40,00 | 21,61 | 37,19 |
| Lithine. . . . . . . . . . . | 4,30 | 2,043 | 2,52 | 2,00 | — | — |
| Soude. . . . . . . . . . . . | — | — | — | — | — | 3,63 |
| Potasse. . . . . . . . . . . | — | 2,450 | 1,29 | 1,59 | 1,20 | 0,22 |
| Chaux. . . . . . . . . . . . | — | 1,200 | — | — | 0,98 | — |
| Magnésie. . . . . . . . . . | — | — | — | — | 5,99 | 5,86 |
| Oxide de fer. . . . . . . | 4,05 | — | — | 5,96 | 7,77 | 5,81 |
| Oxide de manganèse. | 1,50 | 6.320 | 5,02 | 2,14 | 1,11 | — |
| Acide silicique. . . . . . | 40,30 | 42,127 | 39,37 | 39,16 | 37,81 | 38,79 |
| Acide borique. . . . . | 1,10 | 5,744 | 4,18 | 4 59 | 4,18 | 3,63 |
| Matières volatiles. . . | 3,60 | 1,313 | 1,58 | 1,58 | — | 1,86 |

On la trouve empâtée dans des roches micacées, talcqueuses, dans des filons de quartz, et dans des feldspaths. Quelquefois en druses et roulées, dans la Castille; les longs prismes servent aux expériences d'électricité ; en Saxe, en Moravie; les variétés rouges, en Sibérie, au Brésil, en France, etc. On emploie les variétés transparentes bleues ou vertes en bijouterie, sous les noms de saphirs ou d'émeraudes du Brésil; on les emploie aussi pour des expériences sur l'optique.

### Amphibole.

110. On peut la séparer en trois variétés ; 1° la grammatite ou trémolite; 2° l'actinote ou schorl vert; 3° l'amphibole cornéenne ou hornblende; toutes de même système cristallin.

### Grammatite, Trémolite.

La forme peut être rapportée à un prisme rhomboïdal oblique reposant sur l'arête obtuse ; les formes dominantes sont un *prisme rhomboïdal*, tronqué sur les arêtes aiguës devenant ainsi un prisme *hexaèdre*, souvent terminé par un biseau incliné à l'axe du prisme (*Fig.* 63, *Pl.* 3), ou par des sommets à trois faces (*Fig.* 64, *Pl.* 3), quelquefois quatre faces à l'un des sommets, et deux seulement à l'autre. Les cristaux sont rarement terminés; Les couleurs de cette variété sont pâles, blanchâtres ou verdâtres ;

éclat vitreux, soyeux; pèse 2,9; cassure lamelleuse, raie le verre; fusible au chalumeau en verre ou émail blanc; les cristaux de cette variété sont les moins modifiés, ils sont souvent en masses fibreuses; phosphorescente sur les charbons. On la trouve principalement dans la dolomie, au Saint-Gothard, dans des calcaires en Suède, en Norwége, etc.

ACTINOTE, Schorl vert, Stralite, *Stralstein.*

111. Elle est ordinairement d'un vert foncé noirâtre; ses cristaux sont plus modifiés que ceux de la grammatite, surtout les noirs; on la trouve fibreuse et rayonnée; les variétés vertes sont soyeuses, l'éclat est aussi un peu vitreux; les variétés noires ne sont pas soyeuses, l'éclat est quelquefois très-faible. On la trouve souvent dans les terrains talcqueux des Alpes. Ces deux variétés sont fréquentes dans les terrains primitifs; la noire ne se trouve que dans les terrains des volcans éteints ou brûlans: on la nomme aussi *hornblende.*

HORNBLENDE, Amphibole cornéenne.

112. Cette variété se trouve en masses difficiles à casser, sonores, à cassure unie ou esquilleuse en grand : elle est quelquefois pseudo-régulière; peu ou point d'éclat, raie le verre, odeur argilleuse par l'haleine, couleur verte plus ou moins noirâtre, souvent magnétique, fusible au chalumeau en émail noir. Cette variété est beaucoup plus abondante que les autres; c'est elle qui constitue en grande partie les terrains amphiboliques : elle est souvent mêlée de feldspath.

*Composition :* toutes contiennent des proportions variables de magnésie, chaux, alumine, oxide de fer, acide silicique, et traces d'acide hydro-fluorique.

HUMBOLDTILITE.

113. On la trouve au Vésuve; cette substance cristallise en prisme carré droit; raie le verre; pèse 3,1; se met en gelée dans les acides; elle contient chaux 32, magnésie 9, oxide de fer 2;

acide silicique 54 ; et se rapproche un peu des amphiboles pour sa composition.

### Pyroxène.

114. On peut, comme pour l'amphibole, le séparer en deux sous-espèces ; 1° diopsite, 2° jeffersonite ; contenant toutes, chaux, magnésie, oxide de fer, oxide de manganèse, acide silicique en proportions variables ; on les trouve cristallisées, laminaires, bacillaires, fibreuses, compactes, décomposées ; les formes régulières leur sont communes.

#### Diopside, Pyroxène blanc, Alalite, Mussite, Sahlite, Baikalite, Fassaïte, Malacolite, Pyrgome, Coccolite.

115. La forme primitive est un prisme rectangulaire oblique ; les formes dominantes, un *prisme rhomboïdal* tronqué sur les arêtes aiguës, un *prisme hexagonal*, un prisme *octogonal* symétrique : les prismes sont souvent terminés par une face oblique, par un biseau oblique, reposant sur les arêtes obtuses, ou sur les faces qui les remplacent (*Fig.* 65, *Pl.* 3) ; dans quelques cristaux, il y a une troncature sur l'arête supérieure du biseau ; d'autres sont terminés par des sommets à quatre faces ; quelquefois le prisme disparaît complètement, il reste un octaèdre aigu : d'autres sont terminés par des faces planes, c'est-à-dire basés ; ils ont aussi deux arêtes des bases tronquées en ordre opposé (*Fig.* 66, *Pl.* 3) ; les cristaux sont quelquefois implantés en forme de druse. Couleur blanche ou verdâtre, éclat vitreux très-vif à l'intérieur, à la surface il n'y en a quelquefois pas du tout ; ordinairement opaque, rarement diaphane ; cassure lamelleuse, quelquefois conchoïde, raie difficilement le verre ; cette substance pèse de 3,25 à 3,37 ; elle est fusible au chalumeau en verre presque incolore ; inattaquable par les acides. Contient chaux 25, magnésie 18, protoxide de fer 1, protoxide de manganèse 2, acide silicique 55 ; les proportions varient souvent.

JEFFERSONITE, Hedenbergite, Pyroxène noir, Augite, Bazaltine, Lherzolite.

116. Substance vert noirâtre, ou noire; rayant difficilement le verre; d'un éclat vitreux; fusible au chalumeau en émail noir ou brun; la couleur du minéral et de l'émail obtenu au chalumeau, dépend de la grande quantité d'oxide de fer qui s'y trouve; il contient, chaux 21, magnésie 3, protoxide de fer 26, acide silicique 49; les proportions varient beaucoup.

On trouve souvent cette variété et la précédente dans les mêmes gisemens, tapissant des cavités, des filons; formant des couches et des veines dans les terrains micacés, aux Pyrénées; dans des calcaires, dans des schistes argileux, en Piémont; dans des dolomies, au Tyrol; dans des minerais de fer magnétique, en Norwége, en Suède, à l'ile d'Elbe; dans les volcans éteints, au milieu des tufs basaltiques, en Auvergne, en Saxe, en Bohème; dans les laves des volcans brulans, au Vésuve, à l'Etna; etc. Elle fait partie essentielle de plusieurs roches.

COUZERANITE.

117. Ce minéral se trouve cristallisé; la forme primitive et dominante est un *prisme rhomboïdal oblique;* les cristaux sont striés dans leur longueur; noir parfait ou bleu indigo; opaque; éclat vif, vitreux ou résineux; cassure lamelleuse dans un sens, conchoïde et inégale dans l'autre; raie le verre, pèse 2,69; fusible au chalumeau en émail blanc; inattaquable par les acides; composé d'alumine 24, chaux 12, potasse 6, soude 4, acide silicique 52, magnésie 1,4. On le trouve aux Pyrénées avec du calcaire noir, dans la vallée de Vicdessos, au passage d'Aulus; les plus beaux cristaux viennent du pont de la Taule, et du port de Lerz.

ÉPIDOTE, Schorl vert, Zoïzite, Pistazite, Scorza, Delphinite, Arendalite, Stralite, Akanticone, Saualpite, Thallite.

118. On a séparé cette substance en deux variétés qui ne diffèrent cependant que par la présence d'une plus ou moins

grande quantité de fer. Dans l'une, qu'on appelle *zoïsite*, on suppose qu'il n'y a pas de fer ; dans l'autre, qu'on nomme *thallite*, on n'admet pas de chaux, comme principe constituant. Mais cette assertion est évidemment erronée, puisque l'analyse prouve que plusieurs échantillons de *zoïsite* contiennent beaucoup de fer, et que beaucoup de thallites renferment une quantité notable de chaux. On la trouve cristallisée, en masse rayonnée, compacte, arénacée, pulvérulente ; la forme est un prisme droit irrégulier ; couleur vert obscur, gris-clair, verte avec des reflets jaunes, brune, gris rosé clair ; éclat vitreux, souvent très-vif à l'extérieur, quelquefois très-translucide, plus souvent sur les bords seulement, ou opaque ; cassure lamelleuse dans un sens, conchoïde ou esquilleuse dans l'autre ; raie aisément le verre, étincelle sous le briquet ; pèse de 3,3 à 3,5 ; au chalumeau, les variétés gris clair fondent seulement sur les bords, les autres fondent en bouillonnant, en scorie brune. Composition moyenne, alumine, 22 ; chaux, 15 ; protoxide de fer, 20 ; acide silicique, 37 ; la chaux et le protoxide de fer se remplacent mutuellement dans les divers échantillons qui donnent des proportions très-variables de chacun d'eux. On la trouve dans les roches talcqueuses, dans le Tyrol, la Carinthie, le Valais, la Savoie, le Dauphiné ; dans les mines de fer, à Arendal en Norwége, dans les mines d'argent, à Konsgberg en Norwége.

### Dipyre, Leucolite de Mauléon, *Schmelzstein.*

119. On trouve cette substance en très-petits prismes à huit faces, quelquefois aciculaires, divisibles en prisme rectangulaire ; blanchâtre ou rougeâtre ; cassure conchoïde, raie le verre ; pèse 2,6 ; légèrement phosphorescente sur les charbons, au chalumeau bouillonne et fond en verre blanc bulleux, la chaleur détruit la couleur rouge ; soluble dans les acides ; composée de, alumine, 24 ; chaux, 10 ; acide silicique, 60 ; eau, 2. Se trouve dans une stéatite argileuse dans la vallée de Mauléon, Hautes-Pyrénées ; dans le département de l'Arriége, à Luc, dans un calcaire ferrugineux et un schiste.

### THULITE.

120. Ce minéral peu connu est en masses, clivables en prismes rhomboïdaux (*Fig.* 13, *Pl.* 1), rose ou rouge; éclat vitreux, raye le verre, rayé par le quartz; contient alumine, 25; chaux, 19; acide silicique, 43; et des traces de magnésie. On l'a trouvé à Suhland dans le Tellemark en Norwège, avec quartz, idocrase; etc.

### SCOLEXEROSE, Solezite anhydre.

121. Ce minéral blanchâtre ou verdâtre, a l'éclat vitreux, un peu gras; il est translucide ou opaque; il raie le verre, fond au chalumeau, est attaqué par les acides; composé d'alumine, 29; chaux, 16; acide silicique, 54; eau, 1. On l'a trouvé à Pargas en Finlande, avec la wernerite, dans un calcaire saccharoïde.

### GLAUKOLITE, Wernerite blanche.

122. Substance lamellaire, compacte, bleue ou violette, d'un éclat vitreux; opaque; raie le verre; pèse 3,2; fusible au chalumeau en verre blanc bulleux; composée d'alumine, 28; chaux, 10; potasse, 1; soude, 1; acide silicique, 50. La wernerite blanche contient alumine, 30; chaux, 11; potasse, 2; oxide de fer et de manganèse, 4; et ne diffère pas sensiblement de la glaukolite: ce qui porte à réunir ces deux substances en une seule; la glaukolite se trouve dans les granites et les calcaires près du lac Baïkal, sur les bords du Sliudianka, en Russie.

### WERNERITE, Paranthine, Skapolite, Arktizite, Rapidolite.

123. Ce minéral se trouve cristallisé et compacte, quelquefois en masses bacillaires; la forme est un *prisme droit* (*Fig.* 14, *Pl.* 1), le plus ordinairement à huit pans, et terminé par des pyramides à quatre faces; quelquefois il devient cylindroïde. Blanc, grisâtre, verdâtre, rougeâtre; éclat vitreux un peu nacré à l'intérieur, presque nul à la surface; translucide sur les bords; raye le verre, étincelle sous le briquet; pèse 2,8; la poussière est phosphores-

cente sur les charbons. Fusible au chalumeau en émail blanc; un peu attaquable par les acides. Composition moyenne, alumine, 33; chaux, 18; acide silicique, 45; eau, 1. Se trouve dans les mines de fer oxidé, à Arendal, en Norwége; à Norto, Ulrica, en Suède; en Saxe; à New-Jersey : le plus souvent accompagné de quartz, de feldspath, de grenat, d'épidote, etc.

Une substance nommée *micarelle*, qui est laminaire, grise, verte, brunâtre ou rougeâtre, nacrée, et regardée comme paranthine, en diffère pour la composition. Elle contient, alumine, 15; chaux, 13; magnésie, 7; soude, 4; oxide de manganèse, 4; oxide de fer, 2; acide silicique, 53.

### Méïonite, Hyacinthe blanche de la Somma.

124. On la trouve cristallisée et compacte; la forme primitive est un prisme droit à base carrée (*Fig.* 12, *Pl.* 1), incolore ou blanchâtre; éclat vitreux assez vif; cassure ondulée : raie le verre; pèse 2,6; fusible au chalumeau, avec bouillonnement considérable, en verre bulleux; soluble en gelée dans les acides; composée d'alumine, 33; chaux, 24; potasse et soude, 2; acide silicique, 41. On l'a trouvée dans la dolomie, à la Somma, au Vésuve; à Sterzing en Tyrol; à Laach près d'Andernach.

### Méïonite d'Arfvedson.

125. Cette substance ressemble beaucoup pour la forme et l'apparence à la vraie méïonite; mais elle contient, alumine, 20; potasse, 21; chaux, 1,5; acide silicique, 59. Elle se trouve aussi au Vésuve.

### Anthophyllite.

126. On la trouve toujours cristalline; la forme primitive est un prisme rhomboïdal droit; brunâtre; d'un éclat un peu métallique; raie le verre; pèse 2,3; très-difficilement fusible, sans addition, en émail noir; avec le borax donne un verre coloré. Composée d'alumine, 13; magnésie, 4; chaux, 3; oxide de fer, 12; oxide de manganèse, 3; acide silicique, 62; eau, 2. A Kierne-

rudwasser près de Kongsberg, en Norwége; en couche dans le Micaschiste; à Ikertok en Groënland, accompagnée d'amphibole aciculaire.

HYPERSTÈNE, Paulite, *Labradorschillerspath*, *Labradorishornblende*.

127. Ce minéral est cristallin, laminaire, aciculaire; la forme dérive d'un prisme droit rhomboïdal. Couleurs : noir à reflets rouges cuivreux, noir à reflets gris, noir à reflets opalins bleus; éclat demi-métallique ; raie le verre; étincelle sous le briquet; pèse 3,38; acquiert l'électricité négative par frottement; au chalumeau, fusible en émail noir ou grisâtre; insoluble dans les acides. Composé de, magnésie, 14; alumine, 2; chaux, 2; oxide de fer, 25; acide silicique, 54. On taille quelquefois en cabochon les variétés qui ont les plus beaux reflets métalliques. Se trouve au Labrador, côte de l'Amérique septentrionale, dans une syénite dont le feldspath est opalin; en Groënland avec feldspath et grenat; en Cornwal, mêlé à du feldspath compact et formant une roche qui ressemble à du grunstein.

ACHMITE.

128. Cette substance se trouve cristallisée en prismes rhomboïdaux (*Fig.*13, *Pl.* 1) souvent modifiés par des troncatures sur les arêtes aiguës du prisme, et sur celles des bases; ces dernières très inclinées forment souvent un pointement aigu, couleur vert sombre; raie le verre; pèse 3,2; fusible au chalumeau en émail noir; insoluble dans les acides. Composée de soude, 11; peroxide de fer, 31; acide silicique, 55. On l'a trouvée près de Kongsberg en Norwége.

STAUROTIDE. Pierre de croix, Croisette, Granatite, Staurolite, Schorl cruciforme.

129. Ne se rencontre que cristallisée : la forme primitive est un prisme droit rhomboïdal; les cristaux périhexaèdres sont souvent croisés à angle droit (*Fig.* 67, *Pl.* 4) ou obliquement (*Fig.* 68, *Pl.* 4), quelquefois cylindroïde et en prisme hexagonal ou péri-

hexaèdre (*Fig.* 21, *Pl.* 1). Couleur : brun noirâtre, gris, brun jaunâtre, rougeâtre ; ordinairement opaque, rarement translucide ; cassure raboteuse, un peu luisante dans les cristaux bruns, terne dans les variétés grises ; pèse 3,4 ; raie le quartz ; au chalumeau, brunit et se fritte en scorie noire. Composée d'alumine, 44 ; chaux, 4 ; oxide de fer, 13 ; acide silicique, 33. Cette substance se trouve dans le micaschiste, le schiste argileux, où les cristaux sont empâtés parallèlement aux feuillets, dans les départemens du Morbihan, du Finistère, du Var ; dans le talc schistoïde, au Saint-Gothard, dans le Tyrol, etc., souvent accompagnée de grenats, d'amphibole aciculaire ; au Saint-Gothard elle est presque toujours avec du disthène.

MARGARITE. *Perlglimmer.*

130. Minéral cristallisé en petits prismes à huit pans groupés, gris de perle ou rougeâtre, d'un éclat nacré, pesant 3 ; composé d'alumine, 41 ; chaux, 9 ; oxide de fer, 5 ; acide silicique, 37 ; plus des traces de soude et d'eau. On l'a trouvé disséminé par nids dans la chlorite à Sterzing dans le Tyrol.

GEHLÉNITE, Stylobate.

131. Cette substance est cristalline, dérivant d'un prisme rectangulaire droit (*Fig.* 12, *Pl.* 1) ; grisâtre ou verdâtre ; pèse 3 ; infusible au chalumeau ; soluble à la longue dans les acides. Composée de alumine, 25 ; chaux, 35 ; oxide de fer, 7 ; acide silicique, 30 ; eau, 3. Des substances compactes regardées comme gehlénites ont une autre composition, et doivent être regardées comme différentes. On l'a trouvée dans un calcaire laminaire de Monzoni, dans la vallée de Fassa au Tyrol.

LAZULITE, Lapis lazuli, Zéolite bleue, Outremer.

132. On trouve rarement cette substance cristallisée ; le plus souvent elle est en masse laminaire ou compacte. La forme primitive est le dodécaèdre rhomboïdal (*Fig.* 23, *Pl.* 1). Couleur bleu d'azur ; cassure grenue, terne ; raie le verre ; pèse 2,8 ; acquiert l'électricité négative par frottement, quand le morceau est isolé ;

perd sa couleur au pôle positif de la pile galvanique ; au chalumeau, perd sa couleur et fond en verre blanc ; les acides détruisent sa couleur et la dissolvent. Composée de alumine, 35 ; soude, 23 ; soufre, 3 ; carbonate de chaux, 3 ; acide silicique, 36. On l'emploie pour ornement, et comme couleur, d'un prix fort élevé, après lui avoir fait subir la préparation suivante.

On casse la pierre en morceaux gros comme des noisettes, on les lave à l'eau tiède, et on les chauffe dans un creuset, en ménageant la chaleur ; on les jette rouges dans de l'eau contenant un peu de vinaigre ; on reeommence six ou huit fois cette opération, pour rendre plus facile la pulvérisation qui s'opère dans un mortier de bronze couvert d'une peau, et l'on passe au tamis de soie ; on porphyrise ensuite en mêlant cette poudre avec $^{1}/_{5}$ de sirop de miel bien écumé dans lequel on ajoute un peu de sang-dragon porphyrisé. Ce sirop augmente le frottement de la molette que l'on fait agir une heure ou deux au plus ; la pâte qui en résulte est mise dans des assiettes pour sécher à l'abri du soleil et de la poussière ; on délaye la matière séchée dans une lessive douce, c'est-à-dire très-faible ; on laisse reposer, on décante et l'on sèche comme avant ; on mêle ensuite cette poudre avec un ciment composé de poix blanche, colophane, térébenthine, cire jaune, et huile de lin bien purifiée par des lavages. On fond le ciment à un feu doux, et l'on y incorpore son poids de lapis porphyrisé, en le faisant tomber dedans au moyen d'un tamis, et remuant constamment ; dès que la pâte est bien homogène, on la coule dans un vase contenant assez d'eau pour la recouvrir ; on laisse macérer pendant quinze jours. On retire alors l'outremer, on le met dans un linge, et on le lave à l'eau tiède en pétrissant ; les premières eaux donnent l'outremer le plus beau ; le plus commun qui vient en dernier se nomme cendre d'outremer ; on peut ajouter un peu de lessive à l'eau de lavage, si la séparation ne se fait pas assez facilement. Ainsi obtenu, l'outremer contient un peu du ciment dans lequel il a été fondu ; pour l'en séparer, on le met en pâte avec des jaunes d'œufs et on le lave, d'abord avec une lessive douce, puis à plusieurs eaux.

On trouve ce minéral en Perse, en Sibérie, en Natolie, en Chine, au Thibet dans des granites, souvent mélangé de calcaire, de pyrites, et accompagné de grenat, de feldspath, de talc, etc.

### Sodalite.

133. Ce minéral est ou cristallisé ou en masse cristalline; la forme est le dodécaèdre rhomboïdal (*Fig.* 23, *Pl.* 1); vert obscur plus ou moins intense; raie le verre, pèse 2,4 ; au chalumeau, fond seulement sur les bords, et prend une couleur gris foncé. Les acides le mettent en gelée épaisse. Composé de alumine, 33; soude, 27 ; acide silicique, 36 ; acide hydrochlorique, 5. On le trouve au Vésuve, en petits cristaux dans la dolomie, et associé à l'amphibole aciculaire noire, au mica, et à l'idocrase brune; dans le Groënland, au mont Nunasornausack, en couches dans un micaschiste; et près du lac de Laach, dans l'eifel.

### Gabronite.

134. Substance compacte, jaunâtre, verdâtre ou bleuâtre, d'un éclat gras, à cassure écailleuse, rayant le verre, pesant 2,7; au chalumeau, elle fond en émail; elle est soluble à la longue dans les acides. Composée de alumine, 24; soude, 17 ; acide silicique, 54; plus un peu de magnésie et d'eau. On la trouve en Norwége, à Keulig près d'Arendal, avec l'amphibole ; et à Friedrichwarn avec fer oligiste dans une syénite.

### Haüyne, Latialite, Saphirine, Lazulite.

135. Cette substance se trouve cristallisée, granuliforme et en masse; la forme est le dodécaèdre rhomboïdal (*Fig.* 23, *Pl.* 1); couleur bleue ou bleu verdâtre; quelquefois translucide; éclat vitreux; cassure inégale un peu luisante; très-fragile, raie cependant le verre; pèse de 2,3 à 3,3 ; acquiert l'électricité négative par frottement; au chalumeau, fusible en verre blanc; soluble en gelée blanche dans les acides; composée de alumine, 19; potasse, 16; chaux, 12; oxide de fer, 1; acide silicique, 36; acide

sulfurique, 12. Dans quelques variétés la potasse est remplacée par de la soude. On trouve cette substance dans le Latium ; à Andernach, dans le Cantal, au Mont-Dor, dans les laves, les basaltes, les trachytes ; à la Somma, au Vésuve, dans les pierres rejetées par le volcan.

### Spinellane, Nosine, Nossiane.

136. Minéral cristallin ; la forme dérive du dodécadère rhomboïdal un peu allongé ; couleur, gris ou brun noirâtre ; raie le verre ; pèse 2,3 ; au chalumeau, fusible en verre blanc, bulleux ; soluble dans les acides ; composé de alumine, 30 ; soude, 19 ; chaux, 1 ; oxide de fer, 2 ; acide silicique, 43 ; acide sulfurique, 1 ; eau, 3. Dans une autre analyse on donne 8 d'acide sulfurique, ce qui rapprocherait cette substance de la haüyne. On l'a trouvé dans une roche feldspathique en blocs, dans les environs du lac de Laach.

### Gmelinite, Sarcolite, Hydrolite.

137. Substance cristalline ou globuliforme : les cristaux sont des prismes hexaèdres réguliers (*Fig.* 21, *Pl.* 1), quelquefois terminés par des pyramides à six faces un peu inclinées ; couleur, blanc bleuâtre ou rougeâtre ; ne raie pas le verre ; pèse 2 ; au chalumeau, fusible, avec boursouflement, en verre blanc ; soluble dans les acides ; composée de alumine, 20 ; chaux, 4 ; soude, 4 ; acide silicique, 50 ; eau, 20. On la trouve dans les roches amygdaloïdes, à Montechio-Maggiore, Castel Gomberto dans le Vicentin, Glanarm dans le comté d'Antrim en Irlande.

### Killinite.

138. Ce minéral est lamelleux, clivable en prisme rhomboïdal (*Fig.* 13, *Pl.* 1) ; vert clair ou brun jaunâtre ; ne raie pas le verre ; pèse 2, 7 ; au chalumeau, fond en émail blanc. Il est composé d'alumine, 25 ; potasse, 5 ; oxide de fer, 3 ; acide silicique, 53 ; eau, 5. On l'a trouvé à Killiney en Irlande, dans un filon de granite, avec triphane.

NÉPHÉLINE, Sommite, Schorl blanc, Pinguite, Éléolite, Lytrode, *Fettstein.*

139. Ce minéral est ordinairement cristallisé; il est aussi laminaire, aciculaire, enfin compacte. La forme est le prisme hexaèdre (*Fig.* 21, *Pl.* 1), quelquefois tronqué sur les arêtes de la base; blanc grisâtre, gris verdâtre, gris rougâtre; raie le verre; cassure conchoïde; éclat vitreux, translucide; pèse 2,7; au chalumeau, fond en verre blanc bulleux, soluble en gelée dans les acides; il est composé de alumine, 34; soude, 21; acide silicique, 44; on a trouvé dans une variété de la potasse mêlée à la soude; la somme des deux est aussi à peu près 21. Cette espèce se rencontre dans les laves du Vésuve, à la Somma, avec idocrase, méionite, etc. A Capo di Bove, près de Rome, avec le mellite; on la trouve aussi dans les roches basaltiques, près de Heidelberg, à Lauwig en Norwége, dans une syenite, cette dernière sous le nom *d'éléolite.*

La *pseudo-néphéline* ou *pseudo-sommite*, la *scapolite* de Kaiserthul ou *Ittnérite*, la *breislakite*; sont probablement des variétés de cette espèce et non des espèces particulières.

INDIANITE.

140. Cette substance se rapproche beaucoup de la néphéline; on la trouve en masses saccharoïdes à grains fins; blanche ou rose; rayant le verre; pesant 2,7; fusible au chalumeau; soluble en gelée dans les acides; composée de alumine, 34; chaux, 16; soude, 5; oxide de fer, 1 dans la variété blanche, et 3 dans la variété rose; acide silicique, 43. On ne l'a encore trouvée qu'au Carnate où elle est en couche ou en amas dans le micaschiste; elle y est accompagnée de spinelle.

ÉCKEBERGITE, Sodaïte, Natrolite d'Hesselkula.

141. Cette substance se trouve en masse, compacte, lamelleuse, ou fibreuse; grise, verdâtre ou brunâtre; éclat gras et nacré; pèse 2,7; fond au chalumeau en verre bulleux; diffi-

cilement soluble dans les acides ; composée de alumine, 29 ; chaux, 14 ; soude, 5 ; eau, 2 ; acide silicique, 46. Cette composition, quoique très-différente pour les proportions de celle de la néphéline, s'en rapproche à cause de la nature des composans qui est la même. On la trouve à Hesselkula en Suède.

### Rubellane.

142. On a trouvé cette substance en pyramides hexaèdres ; brun rougâtre ; rayée par la chaux carbonatée ; pèse 2,6 ; composée d'alumine, 10 ; chaux, 10 ; potasse et soude, 10 ; oxide de fer, 20 ; acide silicique, 45 ; parties volatiles non examinées, 5. On l'a rencontrée à Schima en Bohème, avec du mica et du pyroxène.

### Analcime. Zéolite dure, Cubicite, Sarkolite.

143. Ce minéral est cristallisé, mamelonné ou fibreux ; la forme primitive est le cube, les formes dominantes sont, le *trapézoèdre*, (*Fig.* 59, *Pl.* 5), le *cube* (*Fig.* 4, *Pl.* 1), ayant presque toujours un pointement à trois faces sur les angles solides ; les cristaux sont généralement petits ; incolore, blanc mat, rouge de chair ; c'est cette variété que l'on nomme sarkolite ; éclat vitreux assez vif dans les cristaux diaphanes ; les uns sont diaphanes, les autres translucides ou opaques ; cassure ondulée dans les cristaux diaphanes, lamelleuse ou compacte, à grain fin dans les cristaux opaques ; ne raie pas le verre ; au chalumeau, fond en verre transparent, ce qui le distingue de l'amphigène à laquelle il ressemble ; soluble dans les acides ; composé de alumine, 23 ; soude, 14 ; acide silicique, 55 ; eau, 8. Plus fréquent dans les terrains volcaniques que dans aucun autre ; on le trouve dans les cavités des laves des volcans brûlans, dans les roches amygdaloïdes et les basaltes des volcans éteints ; en Sicile, en Islande, à l'Ile Bourbon, en Bohème, en Écosse, au Groënland, et dans quelques gisemens métallifères en Norwége.

### Chabasie, Cuboïte, Zéolite cubique, Lévyne.

144. Toujours cristallisée, cette substance a pour forme pri-

mitive un *rhomboèdre obtus* (*Fig.* 5, *Pl.* 1); les formes dominantes sont : le *rhomboèdre* tronqué sur les angles, le *dodécaèdre triangulaire scalène;* il y a sur les faces des stries qui se joignent; couleur, gris jaunâtre, blanc grisâtre; translucide; cassure imparfaitement lamelleuse; ne raie pas le verre; pèse 2,7 ; au chalumeau, fond aisément, en se boursouflant, en verre blanc bulleux; soluble dans les acides; composée de alumine, 18; chaux, 10; potasse, 2; acide silicique, 51; eau, 20. Se trouve dans les cavités des roches amygdaloïdes, à Oberstein dans le Palatinat, à Fassa dans le Tyrol, à l'île Fœroë en Islande, à Gustavsberg en Suède, dans des gisemens métalliques, etc.

### Stilbite.

145. Cette substance est toujours cristallisée ou en masses cristallines; laminaires ou globuleuses, fibreuses, flabelliformes; la forme primitive est un *prisme droit rectangulaire* (*Fig.* 12, *Pl.* 1); on trouve le *dodécaèdre* (*Fig.* 20, *Pl.* 1); l'éclat est presque toujours nacré; les couleurs, le blanc grisâtre ou jaunâtre, le blanc mat; cassure transversale, raboteuse; elle est laminaire, parallèlement à l'axe; pèse 2, 2; raie la chaux carbonatée; sur des charbons rouges blanchit et s'exfolie; au chalumeau, se boursoufle considérablement, puis fond en verre blanc bulleux; les acides la dissolvent à chaud, ils ne la mettent que difficilement en gelée à froid; composée de alumine, 16; chaux, 9; potasse ou soude, 3; acide silicique, 58; eau, 16. On la trouve dans les cavités des roches basaltiques et dans des roches granitiques, en Islande, à Fœroë, à Baveno, au Saint-Gothard, dans le Dauphiné, etc., dans les filons métalliques au Hartz, à Andreasberg, à Kongsberg, etc.

Sous les noms d'*épi-stilbite*, d'*ypo-stilbite*, et de *sphéro-stilbite*, on désigne des variétés de la stilbite qui n'en diffèrent que très-peu pour la composition, et lui ressemblent beaucoup extérieurement, et par les propriétés; la sphéro-stilbite surtout est absolument la même substance; l'épistilbite contient un peu plus d'acide silicique, moins d'eau, et fond plus difficilement; l'hypo-stilbite qui contient un peu moins d'eau ne fond que sur les bords. Toutes ces substances se trouvent avec la stilbite de l'île Fœroë.

GISMONDINE, Zéagonite, Abrazit.

146. Substance cristallisée en *prisme rectangulaire droit* (*Fig.* 12, *Pl.* 1), quelquefois terminé par des pyramides à quatre faces (*Fig.* 19, *Pl.* 1); incolore, blanc laiteux; éclat vitreux; raie le verre; fusible au chalumeau, en verre blanc bulleux; soluble dans les acides; composée de alumine, 23; chaux, 7; potasse, 8; acide silicique, 48; eau, 17. Les cristaux sont souvent groupés par quatre. On la trouve dans les roches amygdaloïdes et basaltiques dans la Hesse, à Annerode et Stempel, à Kilpatrick en Ecosse, à Capo di Bove, et dans les anciennes laves du Vésuve.

HEULANDITE, Stilbite octoduodécimale de Haüy.

147. Ce minéral se trouve cristallisé et en masse testacée; la forme est un *prisme rectangulaire oblique*, souvent aplati, contourné et modifié sur les angles solides; blanc; d'un éclat nacré, vif dans la cassure fraîche; plus dur que la stilbite, mais ne rayant pas le verre; fragile; pèse 2, 5; au chalumeau, se boursoufle et fond; soluble dans les acides; composé de alumine, 17; chaux, 17; acide silicique, 60; eau, 13. Cette substance se trouve dans les gisemens de la stilbite sans cependant être réunis ensemble.

La zéolite rouge d'Oëdelfors, la zéolite farineuse de Fahlun, sont deux substances identiques; leur composition, qui les rapproche beaucoup de la heulandite, ne diffère que par une plus grande quantité d'oxide de fer dans la variété rouge dont voici la composition: alumine, 15; chaux, 8; oxide de fer, 4 (la variété farineuse n'en contient que 2); acide silicique, 60; eau, 11.

BREWSTÉRITE.

148. Cette substance est cristallisée en *prisme rectangulaire oblique*, dont les arêtes latérales sont remplacées par de nombreuses facettes; blanche, translucide, éclatante; raie le verre,

pesant 2,4 ; au chalumeau, se boursoufle et fond difficilement ; soluble en gelée dans les acides ; composée de, alumine, 18 ; chaux, 7 ; acide silicique, 58 ; eau, 18. On l'a trouvée à Strontian en Écosse, dans un calcaire.

EDINGTONITE.

149. Substance cristallisant en *prismes rectangulaires ;* grisâtre ; rayant le spath d'Islande ; pesant 2,7 ; au chalumeau, fusible en verre incolore ; soluble en gelée dans les acides ; composée de, alumine, 28 ; chaux, 13 ; acide silicique, 35 ; eau, 13. On l'a trouvée à Kilpatrik en Ecosse.

PECTOLITE.

150. On la trouve en petits mamelons, composés de fibres rayonnées, gris ; d'un éclat nacré ; raie la chaux fluatée ; pèse 2,7 ; elle contient, chaux, 34 ; soude, 8 ; potasse, 2 ; acide siliciqueux, 51 ; eau, 9. Elle vient du Monte Baldo, près de Vérone.

MÉSOTYPE, Oedélite, Zéolite radiée, Zéolite en aiguilles, Natrolite, Crocalite, *Nadelstein*, *Stiernstein*.

151. Cette substance se trouve cristallisée, fibreuse, mamelonnée ; la forme primitive est un *prisme droit rhomboïdal*, souvent terminé par un pointement à quatre faces, très-obtus, reposant sur les faces du prisme (*Fig.* 19, *Pl.* 1) ; ce pointement est quelquefois tronqué ; les cristaux sont souvent aciculaires ; incolore, blanchâtre, rougeâtre, jaunâtre ; cette dernière est la variété nommée natrolite ; éclat vitreux, nacré ; translucide sur les bords, demi-diaphane ; réfraction double ; cassure inégale ou conchoïde ; raie la chaux carbonatée ; pèse 2,3 ; est électrique par la chaleur ; au chalumeau, se boursoufle et fond en verre bulleux ; les acides la dissolvent en gelée ; composée de, alumine, 27 ; soude, 17 ; acide silicique, 49 ; eau, 10. On trouve la mésotype dans les terrains porphyriques en Souabe, au Puy-de-Dôme ; dans les amygdaloïdes, à Fœroë ; dans les basaltes, en Auvergne ; à Fassa, dans le Tyrol, etc.

Scolézite, Mésolite, Zéolite radiée, OEdelite, *Stiernstein*, *Nadelstein*.

152. Ce minéral qui a une grande ressemblance avec la mésotype, se trouve cristallisé, aciculaire, et en petites masses réniformes; les cristaux dérivent d'un prisme droit à base carrée; il est terminé par des pyramides à quatre faces (*Fig.* 19, *Pl.* 1); il y a souvent des facettes sur les arêtes du prisme, quelquefois sur celles des pyramides. Les masses réniformes sont creuses et tapissées de cristaux aciculaires; blanc; raie la chaux carbonatée; pèse 2,3; difficilement fusible au chalumeau, et y donne un verre bulleux; soluble en gelée, dans les acides; composé de, alumine 25; chaux 14; soude traces; acide silicique 47; eau 14. Une variété, de Pargas, ne contient que 10 de chaux, mais 5 de soude; le reste, comme dans les autres. Cette substance se trouve dans les mêmes terrains que la mésotype, à Fœroë, en Islande, en Bohème, en Auvergne, au Tyrol, à l'île Bourbon, en Finlande, etc.

Thomsonite, *Needlstone*, *Nadelstein*.

153. Cette substance est cristallisée; sa forme est un *prisme à base carrée*, quelquefois modifié sur les angles solides ou sur les arêtes du prisme; blanche; raie la chaux carbonatée; pèse 2,4; au chalumeau, fond difficilement après s'être boursouflée; soluble en gelée dans les acides; composée de, alumine, 30; chaux, 14; soude, 5; acide silicique, 38; eau, 13. Ce minéral se trouve dans les roches amygdaloïdes et basaltiques, à Fœroë, à Kilpatrik, accompagnée quelquefois de heulandite.

Préhnite, Zéolite radiée, Chrysolite du Cap, Koupholite, *Halbzéolith*.

154. Ce minéral est cristallisé, mamelonné, fibreux ou compacte; la forme primitive est un *prisme droit rhomboïdal;* on trouve des lames rhomboïdales et hexagonales; souvent il est flabelliforme ou en éventail; couleur, blanc-verdâtre, vert-pomme, vert-poireau; éclat un peu nacré, assez vif à l'intérieur, plus vif dans la cassure, translucide; cassure lamelleuse, souvent un peu courbe, parallèlement à la base; raie le verre; pèse 2,7, élec-

trique par la chaleur; au chalumeau, bouillonne, puis, fond en verre blanc bulleux; soluble en gelée dans les acides; composé de alumine, 25; chaux, 27; acide silicique, 44; eau, 4. On le trouve dans les terrains talcqueux et amphiboliques, près du bourg d'Oisans, département de l'Isère; à Luz-Baigorry, aux Pyrénées; dans les terrains posphyriques près d'Oberstein, à Fassa dans le Tyrol; dans un amphibole lamellaire en Styrie; dans des roches amygdaloïdes, dans le Tyrol, à Fœroë, en Écosse, etc.

HARMOTOME, Andréolite, Andréasbergolite, Ercinite, Hyacinthe blanche cruciforme, Pierre de Croix, *Kreustein*.

155. Cette substance se trouve toujours cristallisée; la forme primitive peut être rapportée à un *octaèdre obtus à base carrée;* la forme dominante est un *prisme rectangulaire droit* terminé par une pyramide reposant sur les arêtes du prisme (*Fig*. 20, *Pl.* 1). Plusieurs de ces prismes se groupent souvent, et donnent la variété *cruciforme* (*Fig*. 69, *Pl.* 4). Sur les faces du pointement il y a des stries parallèles aux plus petits côtés du prisme; blanc mat ou blanc jaunâtre; éclat vitreux un peu nacré; translucide; raie très-difficilement le verre; pèse 2,4; au chalumeau, fond en verre blanc; soluble dans les acides. Composée de alumine, 16; baryte, 18; acide silicique, 49; eau, 15. On la trouve dans des roches amygdaloïdes avec la chabasie, à Andréasberg, au Hartz, dans les filons de plomb sulfuré; à Kongsberg, dans les filons argentifères; en Irlande, dans une roche composée de feldspath, mica et tourmaline; elle y est accompagnée de killinite; à Strontian, en Écosse, dans un calcaire, etc.

A Strontian, on a trouvé une substance que l'on a confondue avec la brewsterite; mais elle contient alumine, 18; strontiane, 8; baryte, 7; chaux, 1; acide silicique, 54; eau, 13, et se rapproche davantage de l'harmotome par la nature de ses composans.

Une autre substance, considérée comme un appendice à l'harmotome, se rapproche davantage de la stilbite à la suite de laquelle nous l'avons placée sous le nom de *gismondine*.

LAUMONITE, Zéolite efflorescente, Zéolite de Bretagne.

156. Toujours cristalline, quand elle n'a pas été altérée; mais on la trouve pulvérulente par suite de son efflorescence. La forme est un *prisme rhomboïdal* terminé par des biseaux; les cristaux, non altérés, sont grisâtres; mais par leur exposition à l'air, ils s'effleurissent et deviennent blancs; les cristaux non effleuris sont un peu éclatans; l'éclat est nacré; cassure lamelleuse, très-facile dans le sens des faces du prisme, tendre, friable; pèse 2,3; fusible au chalumeau, en verre bulleux; les acides la mettent promptement en gelée. Composée de alumine, 23; chaux, 12; acide silicique, 48; eau, 16. On n'a encore trouvé cette substance que dans les filons de la mine du Huelgoët, dép. du Finistère; ces filons traversent un schiste ardoise.

On en a cité cependant venant du Saint-Gothard, du Tyrol, etc.; mais les analyses faites jusqu'ici ont indiqué moins d'eau que dans la laumonite même effleurie, et les formes observées sont aussi différentes; les cristaux ne s'effleurissent pas; il est probable que ce sont des substances nouvelles.

CARPHOLITE, Pierre de paille, *Strohstein.*

157. Ce minéral est fibreux, jaune de paille, d'un éclat assez vif; il ne raie pas le verre; pèse 2,9; chauffé dans un tube de verre, il donne de l'eau; chauffé au chalumeau, il fond difficilement en émail brun; fondu avec le carbonate de soude, il donne un verre verdâtre qui bleuit en refroidissant. Composé de alumine, 27; protoxide de manganèse, 19; acide silicique, 36; eau, 11; plus un peu d'oxide de fer, de chaux et d'acide hydro-fluorique; ces deux derniers y sont à l'état de mélange; cette substance se trouve, avec la chaux fluatée et le quartz, dans un granite à Schlakenwald, en Bohême.

DIALLAGE, *Schillerstein.*

158. Ce minéral se trouve en petites masses disséminées, empâtées; quand les masses sont un peu considérables, elles résul-

tent de l'agglomération de plusieurs petites ; il y a des clivages dans le sens d'un *prisme rhomboïdal oblique* (*Fig.* 13, *Pl.* 1). On a réuni sous ce nom beaucoup de substances qui se ressemblent à l'extérieur, mais diffèrent sensiblement dans leur composition. Les couleurs sont, vert émeraude, vert olive, olive noirâtre, violâtre, brun noirâtre foncé ; l'éclat est souvent métallique, les reflets satinés ou nacrés ; opaque ; cassure inégale, compacte, ou esquilleuse ; raie la chaux carbonatée, quelquefois le verre ; pèse de 3 à 3,2 ; au chalumeau, fusible en émail plus ou moins foncé ; difficilement attaquable par les acides. Voici plusieurs analyses de substances rangées parmi les diallages.

Diallage de la Spezia, magnésie, 25 ; chaux, 13 ; protoxide de fer, 8 ; alumine, 4 ; acide silicique, 47 ; eau, 3. Diallage de Baste, au Hartz ; magnésie, 26 ; protoxide de fer, 13 ; chaux, 3 ; acide silicique, 44 ; eau, 13. Variété métalloïde ; magnésie, 29 ; oxide de fer, 14 ; chaux, 1 ; alumine, 3 ; acide silicique, 41 ; eau, 10. La bronzite, que l'on regarde aussi comme diallage, ne contient pas d'eau ; cette dernière est remplacée par l'acide silicique qui entre dans la composition des substances désignées sous ce nom, pour 56 à 60 pour 100 ; du reste, on y trouve, magnésie, oxide de fer, etc.

Toutes ces substances se rencontrent dans les terrains de Serpentine, où elles sont disséminées en petits nids ; elles font partie de plusieurs roches, comme l'éclogite, qui est formée de diallage et de grenat ; l'euphotide, qui contient feldspath et diallage, etc.. ; elles sont souvent accompagnées de quartz, disthène, épidote et amphibole laminaire, en Carinthie, dans le Sanalpe, en Styrie, près de Turin, au mont Rose, au Hartz, en Cornwal, à Timor, en Autriche, aux monts Ourals, en Amérique, etc.

### JAMESONITE, Mâcle, Andalousite, Feldspath apyre, Spath adamantin, Micaphyllite, *Stanzaïte*.

159. Ce minéral se trouve le plus souvent cristallisé, quelquefois compacte ; il sert alors souvent de support à des cristaux ; la forme est le *prisme rectangulaire droit* (*Fig.* 12, *Pl.* 1), quelquefois un

peu modifié sur les angles solides, un peu déformé et présentant l'apparence d'un prisme rhomboïdal. On donne particulièrement le nom de *mâcle* à une variété composée de parties grises et de parties noires symétriquement disposées, comme on le voit dans les (*Fig.* 70, 71, *Pl.* 4); gris, verdâtre, rougeâtre, rouge; translucide sur les bords; poussière douce au toucher; cassure à grain fin, quelquefois un peu esquilleuse; raie le quartz, mais difficilement; pèse 3; infusible au chalumeau; cependant, dans les mâcles, la partie noire fond assez facilement en verre noir; inattaquable par les acides. Composé, d'alumine, 52; potasse, 8; acide silicique, 32; il s'y trouve quelquefois un peu de chaux, de magnésie, d'oxide de fer, etc.

On le rencontre dans le granite, dans le Forest, et en Espagne; au Tyrol, en Bavière, dans des gneiss, des micaschistes; la mâcle se trouve principalement en Bretagne, en Espagne, en Cumberland, etc. Les prismes, ordinairement empâtés dans les micaschistes, sont dans une direction à peu près perpendiculaire aux feuillets du schiste; la staurotide leur est au contraire sensiblement parallèle.

### Pinite.

160. Cette substance se trouve toujours cristallisée; la forme est un *prisme rectangulaire droit* (*Fig.* 12, *Pl.* 1), souvent modifié par des troncatures sur les arêtes du prisme qui devient à 8, 12 ou 16 pans; ces facettes se multiplient enfin au point que le prisme devient cylindroïde. Les cristaux sont toujours empâtés, jamais saillans; la couleur est grise ou brun noirâtre; à la surface il y a un faible luisant; opaque; cassure inégale ou esquilleuse; dans quelques variétés elle est lamelleuse, parallèlement à la base; elle est toujours sans éclat; facilement rayée par une pointe d'acier, elle raie à peine la chaux carbonatée; quelques variétés ont une forte odeur argileuse; pèse 3; blanchit sur les charbons rouges; au chalumeau, fond sur les bords en émail blanc; avec le borax, fond difficilement en verre peu coloré; difficilement attaquée par l'acide hydro-chlorique qui n'en dissout

qu'une partie. Composée de alumine, 25; potasse, 8; oxide de fer, 6; acide silicique, 56. On la trouve dans des granites, en Saxe; en France, dans les départemens de la Sarthe, de l'Orne, de Saône-et-Loire, etc.; dans le feldspath porphyrique, quelquefois altéré, près de Saltzbourg, et dans le Puy-de-Dôme.

On a confondu avec cette substance un minéral que l'on avait nommé pinite de Saxe, que les analyses ont montré se rapporter au disthène.

### Gieseckite.

161. On rencontre ce minéral en cristaux, qui sont des *prismes rhomboïdaux ou hexagonaux* (*Fig.* 21, *Pl.* 1), grisâtres ou verdâtres; facilement rayé par une pointe d'acier; pèse 2,8. Composé de alumine, 34; potasse, 6; oxide de fer, 3; acide silicique 46. On ne l'a encore trouvé qu'à Akulliarasiarsuk, en Groënland, dans des porphyres.

### Latrobite, Diploït.

162. Cette substance est cristallisée en *prismes rhomboïdaux* (*Fig.* 13, *Pl.* 1), rouge, ou fleur de pêcher; d'un éclat nacré; ne raie pas le verre; pèse 2,8; chauffée au chalumeau, devient d'un blanc de neige et ne fond qu'avec peine sur les bords. Elle est composée de alumine, 37; potasse, 7; chaux, 8; oxide de manganèse 3, acide silicique 45. On la trouve dans l'île d'Amitok sur la côte de Labrador, avec calcaire, feldspath et mica.

### Nacrite.

163. Cette substance est sous forme de grains facilement divisibles en petites écailles très-fines; blanc d'argent, ou gris de perle; friable, douce au toucher, très-légère, facilement fusible; mise dans l'eau, elle s'y dissout un peu et la liqueur verdit le sirop de violettes. Composée de alumine, 26; potasse, 18; chaux, 2; oxide de fer 5, acide silicique 50. Elle se trouve disséminée dans les roches talcqueuses, aux Alpes, en Piémont, en Savoie, et dans le Dauphiné.

### Disthène, Cyanite, Rhetizite, Sappare, Schorl bleu.

164. Cette substance est toujours cristalline; la forme est un *prisme rhomboïdal oblique* (*Fig.* 13, *Pl.* 1); les prismes sont ordinairement comprimés (*Fig.* 72, *Pl.* 4); quelquefois elle est laminaire ou fibreuse; les cristaux sont souvent courbes; blanche, rougeâtre, jaunâtre, mais plus souvent bleue, d'où lui est venu le nom de cyanite, du mot grec *cyanos* bleu. La transparence varie du diaphane au translucide; éclat vitreux, un peu nacré, très-vif sur les faces les plus larges; cassure lamelleuse, offrant un clivage facile parallèlement aux faces larges; celle des masses est fibreuse, à fibres droites, contournées ou rayonnées; raie le verre, pèse 3,5; acquiert de l'électricité par frottement, tantôt positive, tantôt négative; complétement infusible au chalumeau sans addition; les variétés colorées deviennent blanches. Composée de alumine, 56; oxide de fer, 3; acide silicique, 39.

Elle forme quelquefois des couches assez puissantes pour occuper un rang parmi les roches, mais elle n'entre comme principe constituant essentiel dans aucune; plusieurs la renferment comme principe accidentel, par exemple le granite, le micaschiste aux environs de Philadelphie, où elle est accompagnée de grenat et de staurotide; dans le talc schistoïde elle est avec staurotide seulement, au Saint-Gothard, au Tyrol, etc. Les substances qui l'accompagnent le plus ordinairement sont la staurotide, le grenat, le quartz, le graphite.

### Fibrolite.

165. Elle est composée de fibres serrées, blanches ou grises; son éclat est vitreux; elle pèse 3,2; raie le quartz; acquiert l'électricité négative par frottement. Est composée de alumine, 58; oxide de fer, 4; acide silicique, 38. On l'a trouvée en Chine et dans le Carnate où elle accompagne le corindon.

### Sillimanite.

166. Minéral cristallin, se trouvant sous forme de *prismes*

*rhomboïdaux obliques* (*Fig.* 13, *Pl.* 1), souvent tronqués sur les arêtes aiguës, quelquefois cylindroïdes et groupés; il y a un clivage facile parallèlement à la grande diagonale; gris foncé ou brun; éclat vif; raie le quartz; pèse 3,4; infusible au chalumeau. Composé de alumine, 54; oxide de fer, 2; acide silicique, 43. On l'a trouvé dans un filon de quartz, encaissé dans un gneiss, à Saybrook dans le Connecticut.

### Bucholzite.

167. Cette substance, qui ressemble à la mâcle ou andalousite, est à peu près de la même composition que la sillimanite; elle contient alumine, 50; potasse, 2; oxide de fer, 2; acide silicique, 46. On l'a trouvée dans le Tyrol, accompagnant l'andalousite.

### Léelite.

168. Minéral en masse compacte; rouge, translucide sur les bords; d'un éclat résineux; cassure conchoïde, esquilleuse ou écailleuse; il raie le verre; pèse 2,7. Composé de alumine, 22; oxide de manganèse, 3; lithine, 2; acide silicique, 75. Trouvé à Gryphytta en Westmanie.

### Mica, *Glimmer*.

169. Minéral toujours cristallin; la forme est assez mal déterminée; elle semble dériver tantôt d'un prisme rhomboïdal; et alors il y a deux axes optiques, tantôt d'un rhomboèdre; mais on ne trouve réellement que le *prisme hexagonal;* il est presque toujours en petites masses foliacées d'un clivage extrêmement facile, quelquefois en gerbes; il est gris, brun noirâtre, brun rougeâtre, blanc d'argent, c'est ce que l'on nomme argent de chat ou du diable; blanc verdâtre, jaune d'or, c'est l'or de chat, etc.; éclat demi-métallique très-vif à la surface du clivage; la cassure donne des paillettes qui s'attachent aux doigts et servent à mêler, comme poudre d'or ou d'argent, avec le sable employé pour sécher l'écriture. Les lames minces sont quelquefois assez transparentes; en Russie, où l'on en trouve qui se met en grandes lames transparentes, on s'en

sert pour vitrer des lanternes, des maisons, et surtout pour les vaisseaux de guerre, parce que les explosions d'artillerie ne les brisent pas comme le verre; flexible, élastique; pèse de 2,6 à 2,9; tendre, facile à rayer; acquiert l'électricité positive par le frottement; au chalumeau, fusible en émail gris ou verdâtre; les variétés noires donnent un émail noir agissant sur le barreau aimanté; la composition aussi variable que la cristallisation. Les analyses ont donné, alumine, de 45 à 51; potasse, de 8 à 15; oxide de fer, de 1 à 20; de plus, un peu de magnésie, d'eau, d'acide hydro-fluorique; quelques variétés contiennent de la lithine au lieu de potasse; il est probable qu'il y a différentes espèces mêlées. Cette substance entre comme principe essentiel dans la composition de plusieurs roches primitives, telles que le micaschiste, le granite, le gneiss et le gresein de Werner. Il se trouve dans toutes les espèces de terrains et presque en tous pays.

### Lépidolite.

substance se trouve en petites masses lamellaires, violettes ou lilas, ayant une grande ressemblance avec le mica; mais au lieu de potasse on y trouve de la lithine; comme la couleur est constante, peut-être en fera-t-on par la suite une sous-espèce, dans laquelle rentreront les micas contenant de la lithine.

### Asbeste, Amianthe.

171. On ne trouve cette substance qu'en masses fibreuses, formant quelquefois des tissus, des feutres, etc., d'où lui sont venus les noms de papier, de liége, etc., fossiles; blanche ou verdâtre, quelquefois si flexible et en fibres si fines, qu'elle ressemble à du coton ou mieux à de la soie par son éclat; la dureté quelquefois au contraire est assez grande pour qu'elle raie le verre; en général douce au toucher, ne se casse point, se laisse déchirer; au chalumeau, les variétés flexibles fondent en verre blanchâtre ou verdâtre, les variétés dures en verre noir; non attaquable par les acides, à froid; cette propriété, jointe à celle d'être flexible, la fait

employer comme éponge, pour retenir l'acide sulfurique qui enflamme les allumettes auxquelles on a mis une pâte de chlorate de potasse et de soufre, qui forme à leur extrémité une petite boule quelquefois colorée en rouge par du minium. C'est ainsi que sont faits les briquets de *Fumade*, que l'on nomme aussi *oxigénés*, parce qu'on nommait jadis le chlorate de potasse, muriate oxigéné de potasse. Composée de magnésie, 25; chaux, 9; alumine, 3; acide silicique, 59; plus de l'oxide fer. Cette composition doit la faire considérer comme une variété de l'amphibole. On la trouve dans des cavités, ou en veines, dans les roches magnésiennes, talcqueuses, de serpentine; aux Alpes, à Chamouni, en Espagne, en Dauphiné, en Corse, etc. On s'en est servi pour filer et en faire de la toile incombustible, dans laquelle on pouvait brûler les corps pour en conserver les cendres; on a même fabriqué de la dentelle avec cette substance; on en fait aussi des mèches incombustibles pour les veilleuses.

PÉRIDOT, Chrysolite des volcans, Hyalo sidérite, Olivin, Sidéro clepte, Limbilite, Chusite.

172. Ce minéral se trouve cristallisé; la forme dérive d'un *prisme rectangulaire à base oblongue*, très-aplati, présentant deux clivages difficiles et un facile; granulaire c'est l'olivin, en décomposition c'est la limbite ou chusite. Il est jaune, jaune verdâtre, vert jaunâtre, jaune rougeâtre, rouge, quelquefois irisé; la surface est seulement luisante; la cassure, qui est lamelleuse dans un sens, est conchoïde dans deux autres et d'un éclat vif; les cristaux sont ordinairement transparens, les autres variétés diaphanes; raie le verre; pèse 3,4; réfraction double; infusible au chalumeau; inattaquable par les acides. Composé de magnésie, de 40 à 49; oxide de fer, de 9 à 15; acide silicique, 40. Une variété contient magnésie, 32; oxide de fer, 30; acide silicique, 32. Cette substance se trouve dans les terrains basaltiques, les laves des volcans brûlans, et les aréolites, en Auvergne, dans le département de Saône-et-Loire, dans les balsates de Drevin, sur les bords du Rhin, en Bohême, en Écosse, à Ténériffe, à l'île Bour-

bon, au Vésuve, etc. Quelques variétés, d'un beau vert jaunâtre, sont employées en bijouterie.

TALC.

173. On a souvent réuni sous ce nom beaucoup de substances très-différentes. Le talc se trouve cristallisé; la forme dérive d'un *prisme droit rhomboïdal*, quelquefois il est pseudo-morphique; les formes qu'il prend dans ce cas, sont celles, de la chaux carbonatée, du quartz hyalin prismé, et du feldspath; il est le plus souvent en masses lamellaires ou compactes. Blanc d'argent, verdâtre, vert poireau, bleu, etc.; opaque, rarement diaphane; éclat nacré à la surface des lames; flexible, non élastique, ce qui le distingue du mica auquel il ressemble souvent, et avec lequel on le confondait autrefois; facile à rayer; il tache en blanchâtre; gras au toucher; acquiert l'électricité négative par le frottement; infusible au chalumeau, si ce n'est un peu sur les bords; insoluble dans les acides.

TALC STÉATITE, Craie de Briançon, *Soapstone*, *Speckstein*.

174. Cette variété est compacte; c'est elle qui est pseudo-morphique; elle est blanche, jaunâtre, verdâtre, quelquefois translucide sur les bords; tenace; la cassure est terreuse, l'éclat gras; très-onctueuse, tendre, tachant facilement; c'est elle qui sert aux tailleurs pour tracer sur les étoffes la coupe des vêtemens; mise en poudre on l'emploie pour adoucir le frottement des machines en bois, et pour faciliter l'entrée des bottes. Composée de magnésie, 26; oxide de fer, 1; acide silicique, 61; eau, 6.

TALC OLLAIRE, Serpentine, Ophite, Néphrite, Pierre de Côme.

175. Compacte; gris verdâtre plus ou moins foncé; cassure grenue, pailletée, quelquefois schisteuse; les paillettes sont translucides; assez tendre, se laisse couper au couteau, pèse 2,6; on en fait des vases pour la cuisine. On le trouve au Mont-Rose; dans les vals de Leza et de Chiavenna; en Saxe, en Corse, au Groënland, en Chine; on en fait des plaques, des socles, etc., quand il contient du diallage.

Sous le nom de *pikrolite* on désigne une substance compacte, verte, à cassure esquilleuse qui se rapporte tout-à-fait au talc ollaire pour la composition. Le nom de pierre *ollaire* vient du mot grec *olla* qui veut dire pot, marmite.

### Pyrallolite.

176. Ce minéral est tantôt en masses lamellaires, tantôt sous forme de prismes rhomboïdaux; il contient magnésie, 23; chaux, 6; alumine, 3; acide silicique, 57; eau, 4. On l'a trouvé à Storgard près Pargas, en Finlande.

### Pyrophyllite, Talc fibreux, Talc radié.

177. Cette espèce n'a de ressemblance avec le talc que par ses caractères extérieurs; la texture est radiée, la couleur blanchâtre, l'éclat nacré; au chalumeau, se boursoufle, mais ne fond pas. Sa composition est tout-à-fait différente de celle des talcs, et doit l'en séparer; elle contient, alumine, 30; magnésie, 4; oxide de fer, 2; acide silicique, 60; eau, 6. On l'a trouvée dans l'Oural, et dans le terrain ardoisier, à Ottrez dans le Luxembourg.

### Weissite.

178. Ce minéral se trouve cristallisé et en rognons; la forme est un *prisme rhomboïdal oblique* (*Fig.* 13, *Pl.* 1); grisâtre, translucide; éclat nacré; raie le verre; pèse 2,8; composé de alumine, 22; magnésie, 9; potasse, 4; acide silicique, 54; eau, 3. On le trouve en noyaux disséminés dans un schiste chlorité, à Erik-Matts en Suède.

### Marmolite.

179. Cette substance se trouve en petites masses, divisibles en prismes à quatre pans; grisâtre ou verdâtre; d'un éclat nacré ou métallique; assez tendre, douce au toucher; pèse 2,5; infusible au chalumeau, elle y devient dure; insoluble dans les acides; elle contient magnésie, 46; chaux, 2; acide silicique, 36; eau, 15; plus, des traces d'oxides de fer, de chrôme; elle a jus-

qu'ici été confondue avec des serpentines ; à Hobocken elle est en veines.

CHLORITE, Terre de Véronne, Talc Zographique.

180. Elle se trouve ou en petites masses écailleuses, c'est la chlorite proprement dite : ou terreuses, c'est le talc zographique ou terre de Véronne ; la première est toujours composée de petites paillettes, vert-foncé, brunâtres ou noirâtres ; tachant les doigts, friable, quelquefois schisteuse, quelquefois aussi fusible au chalumeau, et attaquable par les acides : une variété a donné par l'analyse, alumine, 20 ; magnésie, 14 ; potasse, 3 ; protoxide de fer, 24 ; acide silicique, 27 ; eau, 2. La variété terreuse est aussi très-variable dans sa composition, et pour mieux dire on réunit sous le même nom des substances de nature très-différente ; voici la composition de celle qui est mêlée au calcaire grossier de Paris : magnésie, 17 ; chaux, 3 ; alumine, 2 ; protoxide de fer, 25 ; acide silicique, 40 ; eau, 13.

La clorithe se trouve dans les terrains de serpentine, dans les terrains calcaires ; on en trouve de disséminée dans le calcaire grossier aux environs de Paris, etc.

AGALMATOLITE, Pagodite, Talc glaphique, Lardite, Pierre de lard, Koréite, Stéatite, *Bildstein*.

181. Ce minéral se trouve en masses compactes, grisâtres, verdâtres, rougeâtres, d'un éclat gras, onctueuses, se laissant tailler avec l'acier, pesant 2,6 ; il est infusible au chalumeau, mais il y prend de la dureté. La variété rouge contient, alumine, 31 ; potasse, 5 ; chaux, 2 ; oxide de fer, 1 ; acide silicique, 56 ; eau, 5. Il nous vient de la Chine, sous forme de figures grotesques ; on a trouvé, à Nagyag, un filon d'une substance qui paraît être tout-à-fait semblable.

Les talcs se trouvent par petites veines, nids, ou petits amas, dans les terrains de serpentine, de micaschiste, de calcaire, et dans les granites ; en Suisse, en Savoie, au Piémont, dans le Tyrol, au Saint-Gothard. Les talcs stéatites les plus beaux viennent des environs de Briançon; les variétés pseudo-morphiques viennent de Bareuth.

Jade, Néphrite, Jade néphritique, Céraunite, Pierre de hache, *Beilstein.*

182. Cette substance est en masse, blanchâtre ou verdâtre; translucide sur les bords; d'un éclat gras; cassure conchoïde ou écailleuse; très-tenace; raie le verre; pèse 2,9; fusible au chalumeau; composée de magnésie, 31; alumine, 10; oxide de fer, 6; acide silicique, 51; eau, 3; plus des traces d'oxide de chrôme. Elle nous vient de la Chine et des différentes îles de l'Océanie, où l'on s'en sert pour fabriquer des haches et d'autres instrumens; mais on ne connaît pas encore les terrains d'où elle provient.

---

## SECTION III.

### COMBUSTIBLES.

#### Soufre.

183. On trouve cette substance en masse compacte, pulvérulente, globuliforme, concrétionnée, en stalactites et cristallisée. La forme primitive est un *octaèdre à base rhomboïdale*; on trouve cet octaèdre, souvent allongé (*Fig.* 73, *Pl.* 4); tronqué sur les arêtes latérales, sur celles de la base; les sommets sont aussi tronqués (*Fig.* 10, *Pl.* 1), ou terminés par un pointement octaédrique moins aigu (*Fig.* 74, *Pl.* 4); ils éprouvent encore d'autres altérations, mais qui sont moins fréquentes. La couleur est souvent jaune citron, verdâtre ou miellée; moins souvent rougeâtre, brunâtre, grisâtre ou blanchâtre; éclat assez vif, transparent, translucide, ou opaque; cassure conchoïde, fragile; pèse 2, quand il est cristallisé; réfraction double; très-facilement fusible et inflammable; brûle avec une flamme bleue; on y développe de l'électricité négative par le frottement. Le soufre est employé à la fabrication de l'acide sulfureux pour le blanchîment de la soie et de la laine; à celles de l'acide sulfurique, de la poudre, des allumet-

tes ; et en médecine, pour le traitement des maladies de la peau, soit en le convertissant en acide sulfureux ou en acide hydrosulfurique, soit en nature sous forme d'onguent ou de pastilles. Le soufre que l'on trouve dans le commerce est rarement tel qu'on le trouve dans la nature, celui dont la pureté est assez grande pour être employé directement étant assez rare : on le retire, par distillation, des terres avec lesquelles il est mélangé : pour cette opération, on les met dans des pots de terre rangés des deux côtés d'un fourneau long, que l'on nomme galère; des tuyaux font communiquer ces pots avec d'autres placés en dehors; on chauffe le fourneau; le soufre fond, puis se met en vapeurs, qui passent dans les pots extérieurs, où elles refroidissent et se solidifient. Ces mêmes pots s'échauffent à la longue; le soufre s'y fond alors et coule, par un trou pratiqué à la partie inférieure, dans des baquets pleins d'eau. Cette distillation grossière donne un soufre impur, contenant environ 12 pour 100 de matières terreuses; on le vend sous le nom de soufre brut ou soufre vif. On le soumet à une nouvelle distillation, plus soigneusement dirigée, pour le mettre en fleurs ou en canons; on trouvera tous les détails relatifs à ces procédés dans le traité des arts chimiques, etc.

Le soufre est très-rare dans les terrains primitifs; on l'y trouve dans des filons, dans le micaschiste; à Quito, avec des couches de quartz, dans un porphyre; dans un filon de cuivre pyriteux, dans la Forêt-Noire, etc., dans les terrains nouveaux, dans les lignites, en Thuringe; dans la pierre à plâtre, à Meaux; dans la marne argileuse, à Montmartre, etc.

Il est très-fréquent dans les terrains de gypse ancien, à Bex en Suisse; en Sicile, à Val-di-Noto, à Val-di-Mazara, à Girgenti, à Cadix, à Tivoli.

On le trouve aussi dans les terrains volcaniques éteints et brûlans, au Mont-Dor, en France; à Budos-Hegy, en Transilvanie; au Vésuve, à l'Étna, à l'Hecla, à Java, à l'île Bourbon, etc.

Il se dépose souvent de certaines eaux sulfureuses, c'est celui qui est blanc, dans des ruisseaux et de petits lacs. Les eaux d'Aix-la-Chapelle en déposent considérablement.

### Carbone, Diamant.

184. On le trouve toujours cristallisé ; les cristaux sont plus ou moins parfaits : la forme primitive est *l'octaèdre régulier* (*Fig.* 9, *Pl.* 1) ; on trouve le *tétraèdre* (*Fig.* 1, *Pl.* 1), le *cube* (*Fig.* 4, *Pl.* 1), le *cubo-dodécaèdre* (*Fig.* 8, *Pl.* 1), et le *sphéroïdal* (*Fig.* 75, *Pl.* 4) ; l'octaèdre a quelquefois chacune de ses faces remplacée par un pointement formé par trois triangles ; les variétés sphéroïdales, ayant des arêtes curvilignes, sont les plus communes ; les cristaux sont quelquefois maclés. Il est incolore, ou rose, jaunâtre, verdâtre, enfumé, noirâtre, etc. ; les couleurs sont ordinairement pâles. Les cristaux non striés sont très-éclatans ; la réfraction est simple ; transparent, translucide ou opaque ; les cristaux ont des clivages faciles parallèlement aux faces de l'octaèdre. C'est le corps le plus dur que l'on connaisse ; il raie le corindon ; pèse 3,55. On y développe, par le frottement, l'électricité positive. Au chalumeau, à la flamme oxidante, la surface se dépolit ; placé au foyer d'une forte lentille, au soleil, il brûle sans résidu ; c'est du carbone pur.

Le diamant, par sa dureté qui lui fait conserver le poli, par son éclat, et par sa réfraction si vive, a depuis long-temps été employé comme la pierre précieuse la plus chère dans la bijouterie ; le prix en varie suivant le poids qui s'estime en carat, qui pèse quatre grains, et suivant qu'il est plus ou moins limpide, avec ou sans défaut ; mais le prix augmente considérablement avec le poids ; quand ils sont bruts, on paie quarante-huit francs les diamans d'un carat ; cent quatre-vingt-douze francs ceux de deux ; quatre cent trente-deux francs ceux de trois, etc. Quand ils sont taillés, ils se vendent beaucoup plus cher ; le prix varie aussi suivant la taille ; à ceux qui sont peu épais, et qui sont plats d'un côté et de l'autre, on fait une pointe composée de vingt-quatre facettes ; on les nomme roses ; ils sont beaucoup moins estimés que ceux qui, assez épais, sont taillés avec une facette en-dessus et que l'on nomme brillans. Les diamans les plus beaux sont : celui du Raja de Matun, à Bornéo, qui pèse plus de trois cents carats; celui de l'empereur Mogol, qui en pèse deux cent soixante-dix-neuf; celui de l'empereur de Russie, qui pèse cent quatre-vingt-treize carats, mais qui est d'une vilaine forme; celui de l'empereur d'Autriche, qui est d'une teinte jaunâtre et d'une mauvaise forme; enfin celui que l'on nomme le *régent*, parce qu'il fut acheté par le duc d'Orléans, régent de France, et qui passa de la couronne de Louis XVI à la pomme de l'épée de Napoléon. Il pèse cent trente-six carats; il est d'une forme et d'une limpidité parfaites; il a coûté deux millions et demi; on l'estime le double.

L'extrême dureté de ce corps fait qu'on l'emploie pour graver et percer les pierres fines; sa poussière sert à le polir; les vitriers se servent pour couper le verre, de petits diamans à arêtes curvilignes; ceux qui sont taillés aigus le raient sans le couper. D'après les recherches de Wollaston, il est probable que toutes les substances qui raient le verre pourraient le couper si on les taillait à arêtes curvilignes, c'est-à-dire courbes.

Les diamans n'ont été trouvés jusqu'ici que dans l'Inde, à Bornéo, aux monts Ourals et au Brésil; ils sont toujours disséminés dans des dépôts meubles de quartz Lydien, roulés, quelquefois conglomérés par une argile ferrugineuse; ces congloméras sont nommés cascalho. C'est le Brésil qui en fournit maintenant le commerce; ils y sont retirés, par des lavages, du sable grossier qui les contient.

GRAPHITE, Plombagine, Mine de plomb, Carbure de fer, Fer carburé.

185. Cette substance se trouve en masses lamellaires, schistoïdes, compactes et terreuses; on l'a indiquée cristallisée en lames hexagonales; gris d'acier, gris noirâtre, presque noire; d'un éclat très-vif dans la râclure; opaque; douce et grasse au toucher; facile à couper; tachant le papier en gris plus ou moins foncé; il pèse de 2,1, à 2,3; la flamme extérieure du chalumeau ne la brûle que difficilement; mélangée avec le nitrate de potasse, elle fuse quand on chauffe; composée de carbone mêlé d'un peu d'oxide de fer ou d'argile. La propriété de tacher le papier la

fait employer comme crayon, sous le nom de *mine de plomb*. Celle d'Angleterre, que l'on trouve à Borowdale dans le Cumberland, produit les meilleurs; on les rend plus noirs en les trempant dans l'huile; ces derniers se reconnaissent facilement, le bois est comme verni; ils ont l'inconvénient de ne pouvoir pas être bien effacés; on s'en sert aussi pour préserver la tôle et la fonte de la rouille, pour adoucir les frottemens des machines, et faire des creusets infusibles en y mêlant de l'argile.

Cette substance appartient à des terrains très-anciens; on la trouve dans le gneiss, le micaschiste, le granite, les schistes argileux, etc., en Angleterre, en Bavière, à Passau, où se font les creusets, aux Pyrénées, à Pluffier près de Morlaix, aux États-Unis, etc.; elle forme des rognons, ou des amas volumineux.

ANTHRACITE, Houille éclatante. — *Geanthrace*, *Glantzkotale*, *Kohlenblende*.

186. Ce nom vient d'*anthraz*, mot grec qui signifie *charbon*; il est à remarquer que ce nom était aussi celui d'une pierre précieuse que l'on nomme *escarboucle* dans les dictionnaires, et qui a été célèbre dans l'orient par la propriété qu'on lui supposait de répandre une vive lumière dans l'obscurité. Cette pierre n'était-elle pas le diamant lui-même, dont on aurait exagéré la propriété scintillante; et les Grecs, soit par eux-mêmes, soit par tradition égyptienne, auraient-ils connu, comme le nom d'*anthraz* le ferait supposer, la propriété combustible du diamant, que Newton annonça positivement d'après un phénomène physique nommé pouvoir réfringént, et que les analyses chimiques ont entièrement confirmée de nos jours, en prouvant que le *diamant* n'est que du carbone pur ?

On trouve ce combustible en masses caverneuses, compactes, schistoïdes, granulaires, fibreuses, terreuses, enfin quelquefois paraissant former en grand des cristaux; mais ces formes d'apparence régulière sont dues à un retrait de la matière et se présentent dans plusieurs espèces de roches; souvent il est en rognons; noir ou grisâtre foncé, avec un luisant nul, ou métallique, qui se rapproche de celui du graphite; quelquefois terne, opaque; assez friable; la poussière a l'odeur de charbon, elle tache les doigts; la cassure est grenue à gros grain; il pèse 1,8, et brûle sans flamme et difficilement. Il est composé presque exclusivement de carbone, ne donne pas d'huile quand on le chauffe dans un tube de verre, mais un peu d'eau et d'hydrochlorate d'ammoniaque; la proportion de cendre varie de deux et demi à vingt-cinq pour cent; ces cendres sont ordinairement composées d'alumine, d'oxide de fer et d'acide silicique.

On se sert de l'anthracite comme combustible dans les fonderies et les fours à chaux à feu continu; dans de petits foyers, elle brûlerait difficilement. Elle a l'inconvénient de se briser par l'action de la chaleur, au point de se mettre presque en poudre; quelques variétés, mêlées à deux ou trois parties d'argile, pourraient servir à la fabrication de creusets en place de graphite.

On trouve cette substance principalement dans les terrains intermédiaires, dans des roches schisteuses et de grauwacke, dans les Vosges, dans le département de la Mayenne, à Allemont; associée à la formation des filons métallifères, à Kongsberg en Norwége, à Schemnitz en Hongrie; dans des terrains calcaires, en Dauphiné, dans le Valais, etc.; elle accompagne aussi la houille. Dans quelques-unes on a trouvé des empreintes organiques, principalement de fougères : elle forme souvent des couches puissantes.

### Houille, Charbon de terre, Charbon de pierre, Houille grasse, *Steinkohle.*

187. Elle est compacte, granulaire, lamelleuse, schisteuse, réniforme, fuligineuse, c'est-à-dire comme du noir de fumée, ou terreuse : enfin, comme l'anthracite, elle offre une apparence polyédrique due à la même cause; elle semble former des rhomboèdres; quelquefois elle affecte la forme de la chaux métastatique, mais peu nette.

La variété compacte est noire, sa cassure est conchoïde, aplatie; d'un faible éclat, gras; assez dure, ne tache pas les doigts, c'est le *cannel coal* des Anglais; pèse 1, 3; elle brûle avec une flamme brillante; le jayet y ressemble, mais, en brûlant, il répand une odeur aromatique.

La variété granulaire ou grossière est d'un noir grisâtre; elle a peu d'éclat, sa cassure est inégale, quelquefois un peu schisteuse; elle brûle mal.

La houille lamelleuse est d'un noir foncé; la cassure, lamelleuse dans un sens, est inégale dans l'autre; elle brûle assez bien.

La variété schisteuse, est noir parfait, quelquefois irisée, souvent plus solide que l'anthracite; tachante; elle brûle très-bien, est très-collante.

Fuligineuse, elle se présente sous forme d'une poudre noir grisâtre; sans éclat, ressemblant à de la suie, tachant fortement, brûle très-bien, et répand une odeur bitumineuse; elle laisse des cendres.

Sous les noms de *daloïde*, *houille végétale*, on désigne une substance d'un noir parfait, veloutée, d'un léger éclat soyeux, très-tachante, ressemblant enfin à du charbon de bois, et se trouvant au milieu de la houille schisteuse; la difficulté avec laquelle elle brûle devrait plutôt la faire mettre à la suite de l'anthracite.

### Caractères généraux des Houilles.

Les houilles sont en général noires, d'une teinte plus ou moins foncée, quelquefois irisées, opaques, friables; la pesanteur varie de 1,2 à 1,6. Presque toujours éclatantes; toutes brûlent, plus ou moins facilement, avec une flamme jaune et une fumée souvent très-abondante; elles répandent une odeur fade, bitumimineuse : en brûlant, elles se fondent et se boursouflent; les morceaux se collent ensemble; elles sont plus ou moins collantes; celles qui le sont le plus se nomment houilles grasses, celles qui le sont le moins se nomment houilles sèches ou maigres : quand elles sont brûlées, elles laissent ordinairement une scorie, c'est-à-dire, une matière sèche, demi-vitrifiée, poreuse, rarement des cendres comme l'anthracite. Quand on les chauffe fortement à vases clos, comme des cornues, elles donnent à la distillation des gaz combustibles, de l'eau souvent ammoniacale, et des huiles bitumineuses contenant divers principes que l'on peut isoler : il reste du charbon plus ou moins boursouflé, que l'on nomme coke; les houilles grasses donnent un coke très-boursouflé, les maigres, un qui ne l'est pas. Elles contiennent des matières volatiles, qui varient pour cent, dans les proportions de vingt à soixante, du charbon de soixante dix-sept à vingt-cinq, enfin des cendres depuis un jusqu'à dix-sept.

La houille est le combustible minéral dont les usages sont les plus nombreux pour le chauffage des chaudières à vapeur, des fonderies au fourneau à réverbère, des chaudières à évaporation dans les sucreries, les salines, les savonneries; pour celui des appartemens, des cuisines, malgré l'odeur bitumineuse qu'elles répandent en brûlant, que l'on trouve désagréable, et qui est plutôt saine que nuisible ; elle sert à la fabrication du noir de fumée, des gaz hydrogènes carbonés pour l'éclairage, à celle des bûches et des briquettes qui sont composées de poussier de houille pétri avec de l'argile; enfin on la change en *coke* ou *coak*, en recueillant les gaz ou en les perdant quand on fait l'opération en meules comme pour la carbonisation du bois; sous cet état, elle offre un charbon qui brûle sans flamme, à moins d'un grand courant d'air, et sans fumée ni odeur très-sensible, ce qui le fait préférer quelquefois pour brûler dans les appartemens; mais son usage principal est pour le traitement du minerai de fer dans ce que l'on nomme hauts fourneaux, et la fonte des métaux dans les forges des fourneaux à manche, à vent, etc.; c'est-à-dire dans les fourneaux où le combustible est mélangé avec le minerai, ou bien lorsqu'il entoure les vases comme les creusets, et doit pouvoir descendre de lui-même à mesure qu'il brûle, et pour cela ne pas s'agglutiner.

On trouve la houille en couches entre des lits de grès, composés de débris de roches plus anciennes, quelquefois en fragmens roulés assez volumineux pour que l'on puisse reconnaître qu'ils ont appartenu au gneiss, au micaschite, au granite, au schiste argileux, au calcaire, etc.; mais plus souvent, réduit en grains tellement fins, que l'on ne peut plus les reconnaître; elle se trouve aussi entre des schistes secondaires dans lesquels on voit souvent des empreintes de fougères, de graminées, de poissons. Les grès dont nous venons de parler sont souvent nommés grès-houillers. On trouve aussi des couches de houille très-épaisses entre des bancs de calcaire compacte très-coquillier, enfin sous des masses de basalte ou dans des filons qui séparent ces roches, par exemple au mont Meissner en Hesse. Le nombre, la direction, la pente des couches varient dans les différens lieux et quelquefois dans les mêmes : près de Mons, de Valenciennes, elles forment des zig-zags; dans d'autres mines, ce sont des sinuosités, etc.

LIGNITE, Bois bitumineux, Houille sèche, Houille compacte, Jayet, Cendres noires, *Pechkohle*, *Stangenkohle*, *Braunkohle*, *Moorkohle*.

188. Le lignite est compacte, schistoïde, bacillaire; les baguettes ont l'aspect prismatique produit par retrait; granulaire; terreux; enfin xyloïde, ayant la forme de branches et de tiges; il est noir ou brun; ce dernier est presque complétement ligneux, bitumineux; il brûle quelquefois difficilement, il répand une odeur très-variable; ceux qui sont noirs ont le tissu ligneux plus ou moins distinct, la cassure est conchoïde, l'éclat résineux; non tachans, ils brûlent assez bien et sans coller; la flamme est quelquefois verdâtre : quelques-uns répandent une odeur acide en brûlant; pèsent environ 1,3. Les variétés terreuses sont tantôt pures, tantôt mélangées; les premières sont noires sans consistance, très-tachantes, quelquefois en masses, souvent elles recouvrent des lignites bruns. Quand elles sont mélangées, elles sont alors feuilletées; quelquefois molles, quand elles sortent de la terre; mais elles durcissent promptement au contact de l'air. Les lignites contiennent pour cent : charbon de trente à soixante-sept; cendres, de un à onze; matières volatiles, de trente à cinquante-sept. On emploie le lignite comme combustible; il ne répand pas ordinairement une fumée épaisse comme la houille, la flamme en est plus claire; il est à cause de cela préférable à la houille pour brûler dans les appartemens, d'au-

tant mieux qu'il laisse une braise analogue à celle du bois, qui brûle très-facilement, tandis que le coak de la houille brûle difficilement, c'est son caractère distinctif; mais pour les usines, où l'on a besoin d'une très-haute température, on doit lui préférer la houille. Les variétés terreuses sont employées, quand elles sont noirâtres, sous le nom de terre-d'ombre de Cologne, pour la peinture; d'autres, comme amendement des terres, sous les noms de cendres rouges ou noires, suivant qu'elles ont été calcinées ou non. Dans le premier cas, le grillage a en outre fourni des sels que l'on retire par lessivage, et qui servent à fabriquer de l'alun. Les variétés compactes, brillantes, sont employées à faire des bijoux de deuil dans le département de l'Aude; on les nomme jayet ou jais.

Le lignite est très-répandu dans la nature, dans les terrains superficiels; il est souvent accompagné d'argile.

### Tourbes.

189. Il y en a plusieurs variétés; elles sont compactes ou grossières; les premières, assez homogènes, sont brunes; leur cassure est ou terreuse ou conchoïde; alors elle est un peu luisante; les autres sont ou ligneuses ou herbacées, suivant qu'elles résultent de l'altération de fragmens de bois ou de tiges herbacées; cette dernière variété est la plus ordinaire, la décomposition des végétaux n'y est jamais complète; elle est spongieuse, brun roussâtre plus ou moins foncé, tendre, friable, la pesanteur en varie beaucoup; toutes brûlent facilement avec ou sans flamme, et répandent une fumée d'une odeur désagréable, analogue à celle des herbes sèches. La tourbe se rapproche beaucoup du terreau; elle est composée de matière ligneuse, 49; geïne, 12; matière résineuse, 4; substance ressemblant à la cire, 1; matière terreuse, 9; eau, 13. Soumise à la distillation, elle donne des gaz inflammables, une eau acide, des huiles; il reste un charbon moins volumineux que la tourbe, et qui en a conservé la forme. Pour les besoins des arts, cette espèce de coak, nommé dans le commerce tourbe carbonisée, charbon double, se prépare ou en

meules ou par distillation; le charbon produit est toujours plus considérable que celui résultant de la carbonisation du bois. Elle contient pour cent, carbone, de 14 à 39; matières volatiles, de 53 à 71; et cendres, de 3 à 19. On s'en sert comme combustible, à l'état naturel, pour les foyers ordinaires, pour la cuisson de la chaux, en place de bois, etc.; quand elle est carbonisée, on l'emploie dans les fourneaux, pour la cuisine, et dans quelques usines.

Les tourbes sont des résidus de substances végétales le plus souvent herbacées, qui sont à la surface du sol, sous les prairies, dans les marais et les étangs. On en trouve beaucoup en France, en Hollande, en Écosse, etc.

### PÉTROLE, Bitume liquide, Naphte.

190. Liquide blanc, jaunâtre ou noirâtre, pesant de 0,76, à 0,85; ayant une odeur fort désagréable, pénétrante; soluble dans l'alcool; dissolvant les résines; très-volatil. On peut facilement le distiller. On obtient une huile jaunâtre, très-fluide, mouillant facilement les doigts, qui dissout et gonfle considérablement le caoutchouc et qu'on appelle *naphte*. Exposée à l'air, cette huile brunit, s'épaissit et redevient comme avant, d'où l'on voit que le pétrole n'est que le résultat de l'altération du naphte quand il absorbe l'oxigène, comme les huiles fixes ou volatiles végétales. Après la distillation, il reste une matière visqueuse qui durcit à l'air. On se sert du pétrole en Perse, à Parme, pour l'éclairage; on en fait des vernis. Le naphte sert à conserver le potassium, le sodium, le manganèse, etc., dans les laboratoires; à dissoudre le caoutchouc pour la fabrication des étoffes imperméables. On trouve le pétrole dans la plupart des endroits où le gaz hydrogène carboné ou grisou se dégage; la composition est la même quant aux élémens. Les lieux où l'on en trouve le plus sont : Backou, sur les bords de la mer Caspienne; le duché de Parme, près du village d'Amiano; les Apennins, du côté de Modène; Gabian, dans le Languedoc; celui qui vient de ce dernier gisement est employé en médecine comme vermifuge.

Malthe, Poix minérale, Bitume glutineux, Pétrole tenace, Pissalphalte, Goudron minéral.

191. Cette substance, d'une consistance très-molle dans les temps chauds, un peu plus ferme par le froid, noire, brunâtre, s'attachant aux doigts, d'une odeur forte, ayant quelque analogie avec celle du goudron, fond dans l'eau bouillante, se dissout dans l'alcool, l'essence de térébenthine, le pétrole, en laissant ordinairement un résidu bitumineux. Cette substance n'est probablement que du pétrole, épaissi par l'absorption de l'oxigène de l'air; elle brûle avec une fumée épaisse et une odeur âcre et vive. On s'en sert, en place de goudron, et pour faire des terrasses et des couvertures de maisons, en la mélangeant de sable; on fait même de cette manière des conduits d'eau, etc. Elle accompagne souvent le pétrole; elle s'échappe par les fissures des rochers et y forme des enduits mamelonnés; elle pénètre quelquefois la substance de ces roches qui sont ordinairement des grès, des schistes argileux, des basaltes, et qu'on nomme alors bitumineux; elle forme quelquefois des stalactites. On en trouve en France, à Orthès, à Caupenus, à Gabian, à Pont-du-Château, en Suisse, en Bavière, en Grèce, au Japon, etc.

Élatérite, Bitume élastique, Caoutchouc minéral, Dapèche.

192. Substance brune ou noir brunâtre, flexible, élastique, surtout après avoir été plongée dans l'eau bouillante; peu odorante; fusible par une chaleur faible, et reste visqueuse; elle brûle avec une fumée épaisse et une odeur de suif et de bitume; elle pèse 0, 9; chauffée à vase clos, elle donne, par distillation, une huile jaunâtre qui a de l'analogie avec le naphte; on la trouve à Montrelais, Loire-Inférieure, dans des veines de quartz et de calcaire; dans les mines de plomb d'Odin, près de Castleton, dans le Derbyshire, au milieu du calcaire; elle y est accompagnée d'une substance friable, à cassure conchoïde, d'un éclat résineux, brune ou verdâtre, et qui n'est probablement que la même substance privée de la matière volatile; car, si l'on traite l'élatérite par

l'alcool, on dissout une matière visqueuse, et il ne reste qu'une substance brune, non élastique ni compressible.

### Scheirérite.

193. Cette substance se présente sous forme cristalline, elle fond, vers 30 degrés, en répandant une odeur aromatique et empyreumatique; par le refroidissement, elle se prend en masse cristalline aciculaire; elle est soluble dans l'alcool; elle brûle avec flamme et fumée et avec une légère odeur, sans résidu; il est probable qu'elle n'est composée que de carbone et d'hydrogène. On l'a trouvée dans une couche de lignite aux environs de Saint-Gall.

### Hatchetine, Adypocire minéral.

194. Cette substance, blanchâtre, jaunâtre, d'un éclat gras, un peu nacré, est tantôt opaque, tantôt translucide; soumise à l'action de la chaleur, elle fond facilement; et si c'est à vase clos, elle distille une matière jaunâtre ou verdâtre, de la consistance du beurre, et d'une odeur bitumineuse; il reste une masse charbonneuse : elle brûle avec flamme et avec une fumée d'une odeur désagréable; elle a été trouvée dans un minerai de fer argileux à Merthyr, Tidwil, pays de Galles.

### Rétinasphalte, Rétinite.

195. Substance solide, brun clair, d'un éclat résineux, quelquefois terne; elle pèse 1,1; tendre; fusible à une faible chaleur, brûle avec flamme et avec fumée, d'une odeur d'abord agréable, puis bitumineuse; soluble en partie dans l'alcool, qui laisse une matière sèche; elle se trouve en rognons et en couches minces dans les terrains de lignite, dans des houilles, en Angleterre, et en France, dans le département du Gard à Saint-Paulet; près des salines, en Thuringe, en Autriche, dans le Bannat, etc. Elle est composée de 50 d'une résine soluble dans l'alcool, 41 d'une matière bitumineuse non soluble dans l'alcool, 3 de matières terreuses.

ASPHALTE, Bitume solide, Bitume de Judée, Poix minérale scoriacée, Baume de momie, Karabé de Sodome.

196. Noir brunâtre, solide, très-éclatante; cette substance pèse de 1 à 1,6; elle est fragile, la cassure est conchoïde, elle s'écrase sous les doigts; un fragment mince, placé entre l'œil et la flamme d'une bougie, paraît d'un brun-rougeâtre; infusible à la température de l'eau bouillante, fusible à une chaleur plus forte; insoluble dans l'alcool; elle brûle avec une odeur forte et âcre. On s'en servait jadis en Égypte pour embaumer les corps, d'où lui est venu l'un de ses noms; on en fait une couleur connue sous le nom de momie; des vernis noirs; on s'en sert aussi pour colorer la cire à cacheter noire. Elle recouvre le lac Asphaltique ou Mer-Morte; le vent la pousse sur les bords; on trouve au Hartz, dans le Derbyshire, en Norwége etc., des substances solides qui y ressemblent beaucoup.

DUSODYLE, Houille papyracée, Terre bitumineuse feuilletée, *Stercus Diaboli*, *Merda di Diavolo*.

197. La matière ainsi nommée se présente en feuillets minces, flexibles, tendres, gris verdâtre; elle pèse 1,15, et brûle facilement, avec une odeur infecte qui lui a fait donner le nom de *merda di diavolo*. On l'a trouvée en couches minces, entre des couches calcaires qui semblent appartenir aux terrains tertiaires; on y trouve quelquefois des empreintes de poissons et de plantes; on a cité une matière semblable à Châteauneuf, près Viviers, département du Rhône. Cette substance n'a pas été encore analysée.

COPAL FOSSILE, Résine de Highgate.

198. On peut ranger sous ce nom toutes les substances résineuses, jaunes ou brunâtres, fusibles en matières limpides sans odeur, et ne donnant pas d'acide succinique à la distillation; ainsi l'on peut y joindre la succinite de l'île d'Aix, etc. On les trouve dans des argiles tertiaires, des marnes, des sables; dans le lignite, comme à Highgate, près de Londres; à Walchow, en Moravie, et à Saint-Paulet, près le Pont-St-Esprit, département du Gard.

SUCCIN, Ambre jaune, Karabé, *Bernstein*.

199. Il est compacte, granuliforme ou feuilleté, jaune foncé, jaune pâle, jaune rougeâtre, blanchâtre, grisâtre, verdâtre ; la cassure est conchoïde ; il est ordinairement transparent, quelquefois opaque ; réfraction simple ; pèse 1,08 ; il acquiert l'électricité négative par frottement ; fusible, à une faible température, avec une odeur aromatique ; brûle, en se boursouflant, avec une flamme jaune ; soumis à la distillation, il donne de l'acide succinique. Il y a des variétés qui renferment des insectes dont les parties les plus délicates sont conservées admirablement, et des portions de végétaux, comme des pétales ; ces derniers échantillons sont assez chers. Le succin sert à faire des colliers, des chapelets, des tuyaux de pipes, des manches de couteaux, des boîtes, etc ; dans les laboratoires, il sert à la préparation de l'acide succinique ; il entre dans la composition des vernis gras, on l'emploie enfin en médecine. Le succin se trouve dans les dépôts de lignite, au milieu des sables, à l'île d'Aix ; en rognons, à Auteuil ; à Villers en Prayer, près Soissons, dans tous les lignites du département de l'Aisne, près de Gisors, à Saint-Paulet, en Angleterre, en Sicile, en Espagne ; mais le plus beau vient de Prusse, sur les côtes de la Baltique, entre Dantzick et Memel, tantôt il y est jeté par les eaux, tantôt on le retire des terrains qui bordent la côte.

MELLITE, Succin cristallisé, Mellate d'alumine, *Honingstein*.

200. Il est granuliforme et cristallisé ; on trouve l'*octaèdre* (*Fig.* 9. *Pl.* 1) qui est la forme primitive et la plus ordinaire ; il est quelquefois tronqué sur tous les angles solides (*Fig.* 76, *Pl.* 4) et se nomme *épointé* ; on trouve aussi le *dodécaèdre rhomboïdal* (*Fig.* 23, *Pl.* 1), : jaune rougeâtre, jaune de miel, orange brun ; transparent ; translucide ; réfraction double ; éclat gras, assez vif ; fragile ; se laisse couper au couteau ; pèse 1,6 ; chauffé dans un tube, il donne de l'eau, blanchit ; et si l'on continue à chauffer, noircit ; si on le met sur un charbon rouge, après avoir perdu son eau, il brûle, et il ne reste qu'une pou-

dre blanche qui bleuit lorsqu'on la calcine après l'avoir humectée de nitrate de cobalt; composé d'alumine, 15; acide mellique, 42; eau 44.

Cette substance a été trouvée à Artern en Thuringe, dans des couches de bois bitumineux; on en a cité en Suisse avec bitume glutineux.

---

## SECTION IV.

### SUBSTANCES MÉTALLIQUES.

#### PLATINE.

201. On le trouve seulement en grains ordinairement très-petits, rarement gros comme un pois; on en a cependant trouvé quelques-uns gros comme des œufs de pigeon et même de dinde; ces grains, lorsqu'ils ont un diamètre sensible, se nomment *pépites*; en Sibérie, on en a trouvé une masse de plus d'un pied de circonférence; il est gris-d'acier, moins dur que le fer. Le platine natif en grains, pèse 17,33; quand le métal est purifié et forgé, il pèse jusqu'à 21 : c'est le corps le plus pesant que l'on connaisse. Très-malléable quand il est pur; infusible et inoxidable au chalumeau; fusible, si le courant qui traverse la flamme est d'oxigène et non d'air atmosphérique; pour cela, on adapte le chalumeau à une vessie pleine d'oxigène que l'on fait sortir en la comprimant sous le bras; soluble seulement dans l'eau régale. Cette inaltérabilité, par l'action du feu et des acides, le fait employer dans les arts chimiques sous forme de chaudières, d'alambics, de capsules, de creusets et d'incinérateurs, dans les laboratoires de chimie. La manière dont on retire le métal pur de son minerai, qui est toujours un mélange de rhodium, d'iridium osmié, de palladium, d'or, etc., se trouvera dans le traité de chimie dont elle dépend essentiellement, cette extraction étant une véritable analyse du mélange. Il est ordinairement disséminé dans des sables; il y est accompagné des substances déjà nommées, et de plus, de fer titané, de fer oligiste, de zircon, de

corindon, de spinel, même de diamant, avec des fragmens de roches pyroxéniques et amphiboliques; on l'a observé en grains, en place, dans un filon aurifère, traversant des diorites, à Santa-Rosa en Colombie; on le trouve dans les provinces de Choco et Barbacoas en Colombie; dans les capitaineries de Matta Grosso et Minaes-Geraes au Brésil; dans la rivière d'Iaky à Haïti; enfin on l'a trouvé en 1824, dans l'Oural, sur la pente occidentale.

### Palladium.

202. Il se trouve dans la mine de platine, sous forme de petites paillettes d'apparence fibreuse ; gris de plomb ; éclat métallique; malléable; pesant de 11 à 12; infusible au chalumeau; soluble dans l'acide nitrique, en rouge. On l'a trouvé parmi la mine de platine au Brésil, en Colombie, dans l'Oural.

### Iridium osmié, Iridosmine, Alliage d'Osmium et d'Iridium.

203. On le trouve sous forme de grains, offrant des indices de cristallisation en tables hexagones, ou en poudre fine, noire; les grains sont blancs, plus durs que le platine, et pèsent 19,3; infusible au chalumeau; insoluble même dans l'eau régale; mais attaqué par le nitrate de potasse à la chaleur rouge, en répandant une odeur qui rappelle celle du chlore; la matière traitée par l'eau, puis par l'acide nitrique, laisse déposer des flocons verdâtres. Il accompagne aussi la mine de platine; le nom d'iridium vient de ce qu'il forme des sels de plusieurs des couleurs de l'iris.

### Rhodium.

204. Il se trouve de même en grains, parmi ceux de mine de platine, dont on ne peut le distinguer; il n'y est qu'en très-petite quantité. Le minerai d'Antioquia, près de Barbacoas, est celui qui en contient le plus. Son nom vient de la couleur rouge de ses sels.

### Or natif.

205. On trouve ce métal, cristallisé, granuliforme, lamelleux,

ramuleux, en paillettes; les cristaux sont toujours petits, la forme primitive paraît être le cube; les formes les plus fréquentes sont : le *cube* (*Fig.* 4, *Pl* 1); l'*octaèdre* (*Fig.* 9, *Pl.* 1), le *trapézoèdre* (*Fig.* 59, *Pl.* 5); le *dodécaèdre rhomboïdal* (*Fig.* 23, *Pl.* 1); le *cubo-octaèdre* (*Fig.* 7, *Pl.* 1); les grains, plus ou moins gros, se nomment aussi *pépites ;* on en a trouvé d'assez volumineux pour peser plusieurs kilogrammes; ces cas sont extrêmement rares; la couleur est d'un jaune plus ou moins foncé, quelquefois très-pâle ; la pesanteur varie de 12,7, à 14,7; celle de l'or pur est de 19,3; fusible au chalumeau; extrêmement malléable, soluble dans l'eau régale; il se forme constamment un dépôt, qui est du chlorure d'argent; l'or natif en contenant toujours plus ou moins, les proportions varient beaucoup : on y trouve depuis 92 d'or et 8 d'argent, jusqu'à 28 d'or et 72 d'argent. C'est, non-seulement de cet or argentifère ou argent aurifère, que l'on retire l'or qui est versé dans le commerce, mais encore de minerais d'argent, de cuivre, de fer, etc., dans lesquels il est disséminé en très-petite quantité et d'une manière invisible.

*Extraction de l'or.* — Ces minerais sont soumis à l'action de meules ou de bocards divers, jusqu'à ce que la mine soit assez divisée pour que toutes les portions d'or soient mises à nu, et ne puissent échapper à l'action du mercure que l'on emploie pour le dissoudre, après avoir soumis la poudre obtenue à des lavages qui entraînent la plus grande partie des matières étrangères. Le mercure ne dissout que l'or et l'argent. Les lavages se feraient plus facilement si le minerai était préalablement grillé.

L'amalgame qui en résulte est distillé, pour recueillir le mercure; on fond ensuite le résidu. L'alliage d'or et d'argent, qui reste après toutes ces opérations, est ensuite traité par l'acide sulfurique, qui ne dissout que l'argent; mais il faut pour cela qu'il y ait quatre parties d'argent contre une d'or ; l'opération par laquelle on établit ces proportions se nomme *inquartation,* et la dissolution de l'argent se nomme *départ.*

*Gisement de l'or.* — C'est le métal le plus fréquent, ou au moins un des plus fréquens après le fer; mais c'est un des moins abondans. On le trouve dans des filons qui traversent les roches primitives, dans lesquelles il a pour gangue un quartz qui est souvent gras, comme à la Gardette, en Dauphiné. On en a trouvé à l'entrée de Nantes, sur la route de Rennes; il y est accompagné d'étain oxidé et de chaux phosphatée; on en rencontre en Piémont, en Sibérie, au Pérou, au Mexique, en Colombie, au Brésil. Il est quelquefois accompagné de cuivre oxidulé, de cuivre oxide-hydraté, de cuivre carbonaté vert ou bleu, de baryte sulfatée, de chaux carbonatée, de fer spathique. On le trouve aussi dans des grauwackes en filons, à Matto-Grosso, au Brésil; à Vorospatack, en Transylvanie. Il accompagne encore d'autres substances métalliques, que l'on nomme alors aurifères, comme pyrites de cuivre ou de fer, minerais d'argent, de tellure, d'antimoine sulfuré, etc. Il est aussi disséminé dans des sables; ce sont les gîtes les plus riches; au Brésil, au Choco, en Sibérie avec le minerai de platine, quelquefois du diamant; et dans les sables de beaucoup de rivières; ainsi, en France, dans le Rhône, l'Arriége, la Cèse, etc.

### Alliage d'or et de rhodium.

206. On l'a trouvé parmi les minerais d'or que l'on traite à Mexico; il est jaune, soluble en entier dans l'eau régale; il contient des proportions variables de ces métaux: la composition moyenne est, or 66, rhodium 34.

### Argent natif, *Gedieben Silber.*

207. On le trouve en filamens déliés, ramuleux, réticulé, en dendrites, lamellaire, granulaire, enfin cristallisé; la forme peut être rapportée au cube: on trouve le *cube* (*Fig.* 4, *Pl.* 1); l'*octaèdre* (*Fig.* 9, *Pl.* 1), l'*octaèdre cunéïforme* (*Fig.* 11, *Pl.* 1); le *cubo-octaèdre* (*Fig.* 7, *Pl.* 1); il est blanc; l'éclat ordinairement très-vif; la surface est souvent brune ou terne; très-ductile; très-tenace; il n'est presque jamais complétement pur: il contient de l'or, du cuivre, de l'antimoine, de l'arsenic. On le trouve avec tous les autres minerais d'argent, à Kongs-

berg, en Norwége; à Schneeberg, en Saxe; en Bohème, en Souabe, dans les filons qui traversent le granite, le gneiss, le micaschiste, la syénite; et au Pérou; ordinairement disséminé dans un fer oxide brun, et ramifié dans le quartz; on le trouve aussi au Mexique, à Sainte-Marie-aux-Mines, dans les Vosges; on y a trouvé des masses de 25 à 30 kilogrammes, qui étaient seulement enveloppées d'une terre grasse. Il est en général en filons, dans les terrains primitifs et même secondaires, au Mexique, et en France, en couches dans le calcaire Alpin. On en trouve, adhérent aux racines des graminées, au Chili, dans les plaines basses, on le rencontre aussi entouré de sel-gemme.

### Argent antimonié, Discrase, *Spiesglanz silber.*

208. On le trouve en masse, concrétionné, mamelonné, granulaire et cristallisé; la forme dérive d'un *prisme rectangulaire droit* (*Fig.* 12, *Pl.* 1); souvent tronqué sur les arètes latérales, quelquefois en *prisme hexagonal régulier* (*Fig.* 21, *Pl.* 1): blanc d'étain; éclat métallique; cassure lamelleuse, peu éclatante; facile à casser; pèse 9, 44; facilement fusible au chalumeau, en donnant une fumée blanche sans odeur, la flamme est un peu verte; à la longue, on obtient un petit globule blanc, éclatant, malléable, d'argent pur. Traité par l'acide nitrique, il se recouvre d'une croûte blanche. Composé d'argent, de 76 à 84, et antimoine de 16 à 24. On le trouve dans les filons de minerais d'argent arsénical, à Allemont, en Dauphiné; à Wolfack, pays de Bade; à Andréasberg au Hartz; à Casalla, près Guadalcanal, en Espagne.

### Argent arsénical, *Arsenik silber.*

209. Cette substance, blanche, d'un éclat métallique; fragile, pesant 8,11, mais peu connue, contient: argent, 13; antimoine, 4; fer, 44; arsenic 35. On l'a trouvée au Hartz.

Argent sulfuré, Argyrose, Argent vitreux, *Glanzerz, Silberglanz, Weichgewachs.*

210. On le trouve en masse, mamelonné, disséminé, ramuleux, dendritique et cristallisé; les formes sont le *cube* (*Fig.* 4, *Pl.*1); l'*octaèdre* (*Fig.* 9, *Pl.* 1); le *cubo octaèdre* (*Fig.* 7, *Pl.* 1); le *tzapézoèdre* (*Fig.* 59, *Pl.* 3). L'octaèdre a souvent un pointement à quatre faces sur tous les angles solides (*Fig.* 77, *Pl.* 4): gris de plomb ou d'acier dans la cassure; la surface est un peu noirâtre et terne; se laisse couper au couteau; un peu ductile; pèse 6,9; prend l'électricité négative par le frottement quand on l'isole; au chalumeau, fond, se boursoufle avec dégagement d'acide sulfureux, très-reconnaissable à son odeur de soufre qui brûle par un bon coup de feu à la flamme extérieure; on obtient à la fin un globule d'argent. Il est composé d'argent, 86,5; soufre, 13,5. C'est le minerai d'argent le plus répandu et le plus important; c'est de lui que l'on retire la plus grande partie de l'argent dont, à la fin des différentes espèces de minerais de ce métal, nous indiquerons sommairement, comme pour l'or, les modes d'extraction, renvoyant, pour plus de détails pour ces métaux et tous les autres, aux traités que cela regarde spécialement. Les gisemens ont été indiqués à l'argent natif; nous dirons seulement que les plus beaux échantillons de collection viennent de Saxe, de Bohème, de Norwége, du Mexique.

Argent antimonié sulfuré noir, Argent sulfuré aigre, Psaturose, *Sprodglanzerz, Schwarzgultigers.*

211. On le trouve en masse et cristallisé. Les cristaux sont des prismes hexagones très-courts, tabulaires même; gris noirâtre; poussière noire; aigre, c'est-à-dire très-fragile; pèse 6; au chalumeau, difficile à fondre, et y donne quelquefois une odeur d'ail qui indique la présence de l'arsenic; il a toujours des fumées blanches et l'odeur d'acide sulfureux. On obtient par un feu prolongé, à la flamme extérieure, un bouton métallique peu ductile. L'acide nitrique l'attaque facilement; il se dépose une poudre

blanche d'acide antimonieux. Il contient : argent, 60; antimoine, 15; soufre, 16; et des traces de cuivre. Cette substance, peu fréquente, se trouve avec l'argent rouge, à Freyberg, à Andreasberg, à Schemnitz, et on l'exploite avec les autres combinaisons d'argent.

ARGENT ANTIMONIÉ SULFURÉ, Argyrythrose, Argent rouge, *Rothgultigerz*, *Rubinblende*.

212. Ce minéral est en masse, en plaques, mamelonné, stalactiforme, dendritique, cristallisé. La forme primitive est un *rhomboèdre* (*Fig.* 5, *Pl.* 1.). On trouve le *prisme hexagonal* souvent terminé par un pointement à trois faces (*Fig.* 22, *Pl.* 1), et *basé* (*Fig.* 21. *Pl.* 1), ou se rapprochant de la *Fig.* 25, *Pl.* 1, souvent modifié sur les arêtes ou comme les *Fig.* 78 ou 79, *Pl.* 4; rouge et translucide; cassure conchoïde et éclatante; à la surface, l'éclat souvent assez vif; pèse 5,9; la poussière est rouge-cramoisi; fragile; prend l'électricité négative par frottement, quand le morceau est isolé; au chalumeau, décrépite; donne des vapeurs blanches ayant à peine l'odeur d'ail, mais une odeur sensible d'acide sulfureux; par un feu prolongé, à la flamme extérieure, on obtient un bouton d'argent; l'acide nitrique l'attaque; il se forme un dépôt blanc d'acide antimonieux; il contient : argent, 59; antimoine, 23; soufre, 17. Cette espèce, moins fréquente que l'argent sulfuré, est encore exploitée pour l'extraction du métal; on ne la trouve qu'en petite quantité; elle accompagne l'argent sulfuré et le plomb sulfuré argentifère à Freyberg, à Andreasberg, à Joachimsthal, à Schemnitz, à Kapnick, à Kongsberg, à Sainte-Marie-aux-Mines, etc.

MYARGIRITE, Argent antimonié sulfuré.

213. On le trouve cristallisé en *prisme rhomboïdal oblique* (*Fig.* 13, *Pl.* 1), noir; éclat un peu métallique; fragile; poussière rouge foncé; fusible, au chalumeau, en répandant des vapeurs blanches, très-abondantes, sans odeur sensible d'ail, mais avec l'odeur d'acide sulfureux; on obtient par un feu oxidant prolongé,

un petit bouton d'argent; l'acide nitrique l'attaque et y fait un abondant précipité blanc; contient : argent, 36; antimoine, 39; soufre 22. On ne l'a encore trouvé bien caractérisé qu'à Bonsdorf, en Saxe.

### Argent arsénié sulfuré, Proustite.

214. On le trouve cristallisé en *prisme hexagonal* (*fig.* 21, *pl.* 1); rouge; quelquefois translucide; éclat vitreux; fragile; poussière rouge-clair; pèse 5, 5; au chalumeau, donne des vapeurs avec l'odeur d'ail très-prononcée, et celle d'acide sulfureux : par un feu soutenu, on obtient un bouton d'argent; traité par l'acide nitrique, il se dissout sans formation sensible de dépôt blanc. Composé d'argent, 65; arsenic, 15; soufre, 16; traces d'antimoine; cette composition est la même que celle de l'argent antimoine sulfuré noir, l'antimoine étant remplacé par son poids d'arsenic : ces deux substances sont isomorphes. On les trouve dans les mêmes gisemens; on les a confondues ensemble pendant long-temps.

### Polybasite.

215. Ce minéral se trouve en petits prismes hexaèdres, ayant des stries parallèles aux arêtes des bases, et souvent modifiés; gris; pèse 6, 2; chauffé au chalumeau, il donne des fumées blanches ayant l'odeur d'ail, il reste un bouton d'argent; soluble dans l'acide nitrique, il se forme un dépôt pulvérulent d'acide antimonieux; la liqueur bleuit par l'ammoniaque en excès; composé d'argent, 64; cuivre, 10; antimoine, 5; soufre, 17; arsenic, 4. On l'a regardé long-temps comme bournonite; il vient de Guanaxuato. A Neu Margenstern, sous le nom de sprodglanzerz, on a trouvé une autre variété qui s'en rapproche beaucoup; elle ne contient pas d'antimoine.

### Argent selenié.

216. On l'a trouvé parmi les minérais de Tasco, au Mexique, en petites tables hexagonales; gris de plomb, très-ductiles.

### Argent telluré.

217. On le trouve en petits nids et grains inégaux, offrant un clivage assez net; gris de plomb ou d'acier; vif éclat métallique; il y en a deux variétés : la plus riche en argent pèse 8,4; soluble, même à froid, dans l'acide nitrique; au chalumeau, sur un charbon, fond en globule noir offrant des dendrites d'argent métallique; avec la soude, on obtient un globule d'argent. Une variété de Sawodinski contient : argent, 82; tellure, 37; une autre de Siranowski : argent, 83; tellure, 17. La première se trouve accompagnée de blende, de fer sulfuré jaune, etc.; la seconde de pyrite cubique, de blende noire, etc., et de tellure de plomb.

### Argent muriaté, Chlorure d'argent, Argent corné, Kerargirose, *Hornsilber, Silber Hornerz.*

218. On le trouve en petites masses compactes formant de petites couches pelliculaires ou croûtes, et cristallisé; les cristaux sont très-petits : ce sont des *cubes* quelquefois modifiés ou des *octaèdres*; gris-de-perle, un peu verdâtre ou jaunâtre, quelquefois brunâtre; un peu translucide; mou comme la cire; cassure conchoïde; pèse 4,8; fusible dans la flamme sans avoir besoin du chalumeau; soluble dans l'ammoniaque liquide. Composé d'argent, 75; chlore, 25. Cette substance se trouve très-fréquemment, mais n'est pas toujours apparente, dans presque toutes les mines d'argent, en Europe, en Sibérie, en Amérique.

### Argent iodurÉ.

219. Il forme aussi de petites croûtes, blanchâtres à la surface, jaunâtres dans l'intérieur. Il contient 18 pour 100 d'iodure d'argent; le reste consiste en argent massif, plomb sulfuré et chaux carbonatée : il accompagne d'autres minérais d'argent venant du Mexique.

### Argent carbonaté.

Ce minéral n'a été trouvé qu'en petites masses amorphes; gris cendré; ayant à la surface un faible éclat, qui devient plus vif par la râclure; peu ductile; facile à couper au couteau; prenant l'électricité négative, quand on le frotte, après l'avoir isolé; facilement réduit au chalumeau; soluble dans l'acide nitrique avec effervescence : composé d'oxide d'argent 72,5; d'oxide d'antimoine tenant un peu du cuivre, 15, 5, et acide carbonique, 12. On l'a trouvé dans la mine de Venceslas, à Altwolfar, dans le pays de Bade, sur baryte sulfatée, avec argent natif, argent sulfuré, etc.

*Extraction de l'argent.* — On retire l'argent de tous les minérais que nous avons décrits, et de plus des minérais de cuivre ou de plomb qui en contiennent de petites quantités; dans tous les cas, on le combine au mercure ou au plomb. Pour le premier traitement, le minérai est grillé avec du sel marin; on le réduit en poudre par des moulins; on le met dans la moitié environ de son poids d'eau, et avec un quinzième de plaques de fer; on agite, pour former une espèce de boue liquide; le fer décompose le chlorure d'argent qui s'était formé par le grillage; on ajoute alors un demi-quintal de mercure, pour cinq quintaux de minérai, et l'on agite de nouveau : le mercure dissout l'argent réduit, on remplit d'eau les tonneaux dans lesquels on avait fait le mélange; on les fait tourner de nouveau pour que l'amalgame (c'est ainsi que se nomme tout alliage d'un métal avec le mercure) puisse se réunir; on arrête, puis on fait couler l'amalgame : l'argent y est avec du cuivre, un peu de plomb, etc.; le mercure étant volatil, on le distille, après avoir pressé l'amalgame dans des sacs, pour faire sortir le mercure en excès, et ne distiller que l'amalgame solide qui reste. On retire aussi l'argent par la fusion; quand les minérais sont riches en pyrites, on les fond, puis on les grille; s'ils ne contiennent pas assez de pyrites, on en ajoute, et on réunit par la fusion toutes les parties métalliques. Cette opération se nomme *concentration*. On fond, avec du plomb sulfuré, ou des minérais qui en contiennent beaucoup, les matières précédemment fondues : on obtient ainsi un plomb argentifère; on peut aussi extraire l'argent du cuivre argentifère; en le fondant avec assez de plomb pour qu'il y en ait

500 fois autant que d'argent, et 3 à 4 fois autant que de cuivre. On le coule en pains, que l'on chauffe assez pour fondre seulement le plomb qui entraîne l'argent : on a encore ainsi un plomb argentifère. Pour séparer le plomb on coupelle cet alliage : cette opération consiste à le chauffer dans des coupelles, qui sont des espèces de creusets très-larges sans profondeur, et intérieurement comme une cuvette ovale; on chauffe, l'alliage fond; le vent d'un soufflet dirigé à sa surface brûle le plomb, dont l'oxide s'écoule par une échancrure ménagée à l'une des extrémités, et sert dans le commerce sous le nom de litharge : l'argent reste sensiblement pur.

## MERCURE.

### Mercure natif.

220. On le trouve en petits globules disséminés dans les cavités de minérais de mercure; il est liquide, blanc, éclatant, il pèse 13,59; chauffé dans un tube de verre, il se volatilise, et ses vapeurs vont se condenser à la partie supérieure, soluble dans l'acide nitrique. Il sert à faire des amalgames d'or et d'argent pour la dorure et l'argenture, et à séparer ces deux métaux des substances qui les accompagnent dans leurs minérais : dans les laboratoires, on en remplit des cuves, en pierre ou en marbre, pour recueillir les gaz solubles dans l'eau, quand ils n'attaquent pas le mercure. On l'emploie encore à faire des baromètres, des thermomètres, et pour l'étamage des glaces, etc.

### Mercure argental, Amalgame; *Naturlisches amalgam.*

221. Cette substance se trouve en petites croûtes superficielles, tapissant des cavités, ou en petits cristaux *dodécaèdres* (*Fig.* 23, *Pl.* 1), *trapèzoèdres* (*Fig.* 59, *Pl.* 3), et rarement *octaèdres* (*Fig.* 9, *Pl.* 1); blanc d'argent, un peu mat; on voit quelquefois des gouttelettes de mercure à la surface; fragile, facilement rayée par une pointe d'acier, quelquefois même par l'ongle, pèse 14,12; chauffée dans un tube de verre, le mercure se volatilise,

l'argent reste; soluble dans l'acide nitrique; composée de : mercure, 64; argent, 36. On le trouve dans la plupart des gisemens de mercure sulfuré, principalement à Moschel-Landsberg dans le Palatinat, et à Rosena.

MERCURE SULFURÉ, Cinabre, Vermillon, *Zinnober*, *Bergzinnober.*

222. Ce minéral, que l'on peut considérer comme le seul dont on retire le mercure, se trouve laminaire, mamelonné, granulaire, schistoïde, compacte, terreux et cristallisé : les cristaux, qui sont difficiles à déterminer dérivent d'un *rhomboèdre* (*Fig.* 5, *Pl.* 1). On trouve quelquefois le *prisme hexagonal* (*Fig.* 21, *Pl.* 1); rouge foncé, quelquefois brun, métalloïde; la variété terreuse est d'un rouge écarlate; la poussière est d'un beau rouge; une variété presque noire, qui est bitumineuse, a cependant une poussière brun rougeâtre; les cristaux sont souvent translucides, assez éclatans; facile à rayer au couteau; pèse 8. Chauffé dans un tube, il se volatilise, les vapeurs se condensent à la partie supérieure, et y forment une couche d'un rouge cramoisi; si avant de chauffer on a mêlé le mercure sulfuré avec de la chaux en poudre, on obtient par la chaleur du mercure métallique. Composé de : mercure, 84,5; soufre, 14,75; plus quelques matières terreuses. Le cinabre ou vermillon que l'on emploie dans la peinture est obtenu artificiellement, celui que l'on trouve dans la nature n'est pas assez pur, il sert à obtenir le mercure, comme on le verra plus loin.

C'est de toutes les mines de mercure la plus abondante, les autres, qui s'y trouvent accidentellement mêlées, n'existent qu'en très-petite quantité. C'est un des métaux les moins fréquens; mais dans chacun des rares gisemens où on le trouve, il est ordinairement en grandes masses. On le rencontre en général dans les terrains secondaires anciens, dans les terrains houillers, près du calcaire alpin ou de transition; à Idria en Carnioles, dans le Palatinat, à Almaden en Espagne, à Gualcavelica au Pérou, sur un porphyre avec des couches de houille. Au Mexique, dans le Micaschiste, à Slana en Hongrie, en Chine, au Japon, etc.

MERCURE MURIATÉ, Chlorure de mercure, Calomel, Mercure corné; *Quecksilberhornerz.*

223. On ne le trouve qu'en petites couches très-minces, ou en petits cristaux qui paraissent être des prismes à bases carrées, tronqués sur les arêtes des bases ou terminés par des pyramides à quatre faces; gris de cendre, passant quelquefois au vert ou au jaune, les cristaux sont translucides, facile à rayer avec un couteau, fragile, pèse 6,5; chauffé dans un tube il se volatilise; composé de mercure, 85, et de chlore, 15; il est mêlé d'un peu de sulfate de mercure; il est assez rare; on l'a trouvé avec le mercure sulfuré, à Idria, à Almaden, dans le Palatinat, etc.

MERCURE IODURÉ.

224. On n'a pas de description détaillée de ce minéral; il est d'un rouge très-foncé, accompagné d'un iodure terreux que l'on croit magnésien. On l'a trouvé au Méxique.

*Extraction du mercure.* — On retire ce métal du mercure sulfuré, en le mêlant avec de la chaux, dont on emploie environ les deux cinquièmes du minérai; on introduit le mélange dans des cornues dont on range une vingtaine au moins des deux côtés d'un fourneau de galère; chaque cornue communique à un récipient rempli d'eau, où les vapeurs de mercure se condensent, ou mieux grillent ce minérai comme on [illegible] pratique à Almaden et à Idria. Dans ce dernier lieu, le minérai se trouve placé au-dessus d'un foyer, de telle manière, que les plus gros morceaux en sont le plus près; les vapeurs du foyer, celle de mercure et l'acide sulfureux résultant du grillage, se rendent dans une suite de chambres de condensation qui se trouvent des deux côtés du foyer, et dans lesquelles, la vapeur de mercure se refroidissant, elles se réunissent en gouttelettes, qui tombent et coulent dans une rigole qui les amène dans une cuve en porphyre.

## PLOMB.

### Plomb natif.

225. On l'a trouvé en grains malléables, disséminés dans des produits volcaniques ; à Madère, au Vésuve, au Kamtschatka, on l'a cité aussi mêlé à du plomb sulfuré, à Alston en Angleterre, et à Oberschesternglucke, près Bleistad en Bohême.

### Plomb sulfuré, Galène, *Bleyglanz*.

226. Ce minéral, qui a toujours l'aspect métalloïde, se trouve en masse, compacte, concrétionné, lamellaire, laminaire, granulaire, spéculaire, c'est-à-dire miroitant, cristallisé et épigène; les formes dominantes sont, le *cube* (*Fig.* 4, *Pl.* 1) qui est la forme primitive à laquelle toutes les autres reviennent par des clivages très-faciles. L'*octaèdre* régulier (*Fig.* 9, *Pl.* 1), le *cubo-octaèdre* (*Fig.* 7, *Pl.* 1), toutes ces formes souvent modifiées par des troncatures sur les angles solides ou sur les arêtes ; la variété épigène a la formé du plomb phosphaté en *prisme hexagonal* (*Fig.* 21, *Pl.* 1), gris de plomb quelquefois irisé; l'éclat, souvent faible à la surface, est toujours vif à l'intérieur, non malléable, se divisant par le choc en une foule de petits cubes; quelques variétés ont cependant la cassure fibreuse ; celle qui est compacte l'a un peu conchoïde, pèse 7,6; souvent réductible à la flamme d'une bougie, au chalumeau, sur le charbon, fond facilement avec odeur d'acide sulfureux, il reste du plomb presque pur. Soluble à chaud dans l'acide nitrique faible, avec dépôt de soufre; si l'acide est concentré, il se forme du sulfate de plomb qui se dépose en poudre blanche. Composé de : plomb, 85; soufre, 13 ; plus un peu de fer.

### Plomb sulfuré, Argentifère, Argent blanc.

227. Presque toujours le plomb sulfuré contient de l'argent sulfuré; la couleur est d'un gris de plomb très-clair, il se laisse un peu rayer au couteau, la poussière est noirâtre, plus ta-

chante que celle du plomb sulfuré ordinaire; la proportion de sulfure d'argent varie beaucoup, elle est quelquefois assez considérable, pour que le minérai soit traité principalement pour l'argent.

### Plomb sulfuré antimonifère.

228. Sa teinte est ordinairement noirâtre, souvent irisée, la texture fibreuse, le grain petit; il contient de 7 à 28 pour cent d'antimoine, qui y est aussi combiné à du soufre.

On a trouvé une autre variété qui contenait 27 pour cent de bismuth et de plus un peu d'argent, très-facilement fusible; on ne l'a citée que dans la Forêt-Noire.

*Gisement du plomb sulfuré.* — Le plomb sulfuré est une des substances métalliques les plus abondantes et les plus fréquentes; on le rencontre en grande quantité, en France, en Allemagne, en Espagne, en Angleterre, etc. Il est associé au zinc sulfuré et oxidé, au fer sulfuré, au cuivre pyriteux, au cuivre gris; ses gangues sont souvent le quartz, la baryte sulfatée, la chaux fluatée, la chaux carbonatée, etc. Les usages de cette substance sont nombreux, c'est elle qui presque exclusivement sert à l'extraction du plomb; sous le nom d'alquifoux; on l'emploie à faire les vernis des poteries communes qui sont jaunes quand on l'emploie seul, mais sont bruns, si l'on y mêle de l'oxide de manganèse; mis en poudre et semé sur du papier collé, le plomb sulfuré sert à recouvrir des coffres à ouvrage, de petits nécessaires, etc.

### Plomb selenié, Claustalie, *Selenblei*, *Kobaltbleierz*.

229. On l'a trouvé en petites masses grenues avec des indices de lamelles dans le sens du cube, gris de plomb clair, éclat métallique dans la cassure, peu dur, pèse 6,8, chauffé dans un tube, il donne des vapeurs qui se condensent en enduit rouge; chauffé au chalumeau, il répand une odeur de raifort pourri qui le fait distinguer facilement du plomb sulfuré auquel il ressemble beaucoup. On l'a trouvé dans les mines de Lorenz près de Clausthal, de Brummerjahn près de Zorge, et de Tilkerode au Hartz, avec

quartz, cuivre carbonaté vert, etc; contient : plomb, 72; sélénium, 28.

PLOMB ET MERCURE SELENIÉ.

230. Ce minéral est cristallin, lamelleux, il présente des clivages parallèles à un rhomboèdre qui se rapproche beaucoup du cube; gris de plomb ou de fer, quelquefois irisé; pèse 7,3; chauffé dans un tube, il donne des vapeurs qui se condensent et qui sont du séléniure de mercure. On l'a trouvé composé de plomb 48,4; mercure, 23,7; sélénium, 27,9; ou de séléniure de plomb 68, et séléniure de mercure 32; il paraît cependant que ces proportions varient. On l'a trouvé au Hartz.

PLOMB ARSÉNIÉ.

231. Il est en masse, gris bleuâtre, à cassure grenue, il pèse 8,4. Il contient: plomb, 63; arsenic, 23; fer, 2; soufre, 1; cobalt, 1; pyrite arsénicale, 4. On ne l'a encore rencontré que dans la mine de Clausthal au Hartz.

PLOMB OXIDÉ ROUGE, Minium natif, *Mennig*.

232. On ne l'a trouvé que pulvérulent et formant des couches minces; il est rouge foncé, pèse 4,6; cassure terreuse, facilement réductible au chalumeau, sur un charbon; soluble dans l'acide nitrique avec formation de péroxide de plomb qui se dépose en poudre brune; il encroûte ordinairement du plomb sulfuré, dans le pays de Bade, en Westphalie, dans l'île d'Anglesey, à Grassington Moor dans le Yorkshire.

PLOMB CHROMATÉ, Plomb rouge, Crocoïte, *Khrombley*.

233. On trouve ce minéral ordinairement cristallisé, mais cependant quelquefois terreux, la forme dérive d'un prisme rhomboïdal oblique diversement modifié, cylindroïde, mais le plus souvent terminé par des biseaux (*Fig*. 80, *Pl*. 4), rouge orangé, les cristaux sont translucides, leur éclat vitreux, cassure inégale avec des indices de clivage, facile à rayer au couteau, pèse 6,6;

au chalumeau, sur un charbon, décrépite, se fendille, puis fond; si l'on ajoute du carbonate de soude, on obtient un bouton de plomb; si c'est du borax que l'on ajoute, on obtient du plomb métallique disséminé dans un verre vert. Il est composé d'oxide de plomb 68,5, acide chromique 31,5. On le trouve à Bérésoff en Sibérie, tapissant des filons de plomb sulfuré et les fentes de la roche; on l'a indiqué aussi au Brésil et au Méxique. Ce dernier contient : oxide de plomb, 81, acide chromique, 15.

VAUQUELINITE, Plomb et cuivre chromatés.

234. On trouve cette substance en petits prismes rhomboïdaux aciculaires, d'un vert plus ou moins foncé, ce qui pourrait le faire confondre avec le plomb phosphaté, mais il en diffère par la couleur de sa poussière qui est d'un vert-jaunâtre, on la trouve aussi formant de petites couches superficielles à la surface de diverses substances et même en petites masses terreuses; fragile, rayée par une pointe d'acier, pèse 7, environ. Au chalumeau, sur le charbon, fond en une espèce de scorie parsemée de petits grains de plomb. On la trouve avec le plomb chromaté, à Bérésoff et au Brésil; elle contient : oxide de plomb, 61; oxide de cuivre, 11; acide chromique, 28.

PLOMB VANADATÉ.

235. Il ressemble un peu au plomb chromaté avec lequel on l'a confondu jusqu'à ces derniers temps. Le vanadium qui est très-rare, n'étant découvert que depuis quatre ou cinq ans : ce minéral n'est pas encore bien connu, on l'a indiqué à Zimapan, au Mexique, et à Wanlockhead en Écosse, en petites masses mamelonnées blanchâtres.

PLOMB ARSÉNIATÉ, *Bleiblüthe.*

236. On ne le trouve qu'en petites masses filamenteuses, aciculaires, rayonnées, et quelquefois compactes; jaune-pâle, tirant souvent un peu sur le vert, facile à pulvériser, pèse 5,1, au chalumeau, sur un charbon, réductible avec vapeurs arséni-

cales; on n'a analysé qu'une variété du Brisgau prise aux Montagnes noires, et qui est concrétionnée, mamelonnée; elle est composée de : oxide de plomb, 35; oxide de fer, 14; acide arsénique, 25; eau, 10; silice et alumine, 10; argent, 1. On le trouve aussi à Saint-Prix sous Beuvray, près d'Autun, département de Saône-et-Loire, avec plomb sulfuré, ayant pour gangue du quartz et de la chaux fluatée; on l'a aussi indiqué à la Horpie en Oisans, en Andalousie, en Cornwall, à Huel-Unity, en Sibérie à Nertschinski.

PLOMB CHLORO-ARSÉNIATÉ, Mimétèse, *Gelbes Bleierz.*

237. On trouve ce minéral en croûtes mamelonnées; il est fibreux et cristallisé; sa forme est le *prisme hexagonal;* souvent tronqué sur les arêtes des bases, ce qui donne la variété annulaire (*Fig.* 42, *Pl.* 3). On trouve aussi un *dodécaèdre triangulaire* tronqué (*Fig.* 81, *Pl.* 4); ressemblant beaucoup au plomb phosphaté; jaune verdâtre, vert jaunâtre; fragile; raie la chaux carbonatée, pèse de 5,6 à 6,4, ce qui indique que l'on confond, sous le même nom, des substances très-différentes pour la composition. Chauffé dans un tube il ne donne pas d'eau; chauffé au chalumeau, sur un charbon, il fond difficilement et donne des vapeurs arsénicales en se réduisant. Un échantillon de Joahn Georgenstadt, analysé, contenait oxide de plomb, 68; acide arsénique, 21; acide phosphorique, 1; plus chlorure de plomb, 10. On rencontre cette substance dans les minérais de plomb et de cuivre : en Saxe, Joahn Georgenstadt, dans le Cornwall, à Huel-Unity, à Huel-Gorland; en France, à Champallement près de Nevers.

PLOMB CARBONATÉ, Céruse native, Plomb blanc, *Bleiglass.*

238. Ce minéral est quelquefois cristallisé, souvent cristallin, aciculaire, fibreux, mamelonné, en stalactites et compacte. Les formes les plus ordinaires peuvent se rapporter à des *prismes rectangulaires* (*Fig.* 12, *Pl.* 1) ou *hexagones* (*Fig.* 21, *Pl.* 1), modifiés par des troncatures et des pointemens comme les fi-

gures (41, *Pl.* 3), (42, *Pl.* 3), (50, *Pl.* 3) (24, *Pl.* 1). Des cristaux aciculaires très-allongés sont quelquefois groupés comme dans la figure (82, *Pl.* 4); blanc pur, incolore, grisâtre, jaunâtre, brunâtre; éclat adamantin; quelquefois gras ou vitreux. Les variétés compactes n'ont ordinairement que très-peu d'éclat. Les cristaux incolores sont souvent transparens; les autres variétés sont translucides ou opaques; réfraction double; la cassure est ondulée, éclatante; très-fragile, raie difficilement la chaux carbonatée; pèse 6,7; au chalumeau, sur un charbon, pétille, puis se réduit facilement; se dissout avec effervescence dans l'acide nitrique. Les variétés cristallisées qui sont sensiblement pures, contiennent; oxide de plomb, 82; acide carbonique, 16; eau, 2. Les autres contiennent de l'oxide de fer, de l'alumine, etc., à l'état de mélange. C'est la combinaison de plomb la plus abondante dans la nature après le sulfure. On la rencontre dans presque tous les gisemens de plomb sulfuré avec lequel on la mêle pour l'extraction du métal; elle accompagne aussi les autres minérais de plomb et des minérais de cuivre carbonaté vert et bleu; ce dernier s'y trouve même quelquefois combiné en petite quantité et le colore; à Nertschinsk en Sybérie, elle est accompagnée de quartz. Les plus beaux cristaux viennent de Gasimour en Daourie, de la Souabe, du Derbyshire, du Cumberland, de Leadhills en Écosse, de Poullaouen en Bretagne, de Lacroix dans les Vosges, etc.

PLOMB CHLORO-PHOSPHATÉ, Plomb phosphaté, Pyromorphite, Plomb vert, Polychrome, *Braunbleierz*, *Grunbleierz*, *Traubenerz*.

239. On le trouve cristallisé, et en masses aciculaires, mamelonnées; les mamelons vus à la loupe paraissent hérissés de pointes; on le trouve aussi en stalactite et terreux. La forme dominante est le *prisme hexaèdre* (*Fig.* 21, *Pl.* 1); modifié par des pointemens (*Fig.* 41, *Pl.* 3), par des troncatures sur les arêtes des bases (*Fig.* 42, *Pl.* 3); souvent ausssi les arêtes des prismes sont tronquées de manière à donner un prisme à douze faces (*Fig.* 83, *Pl.* 4); vert, vert-jaunâtre, brun-verdâtre, rougeâtre,

violacé; translucide ou opaque; éclat vitreux assez vif sur les cristaux, faible sur les masses mamelonnées; cassure conchoïde, un peu esquilleuse; raie à peine la chaux carbonatée; poussière grise, pèse 6,9. Au chalumeau, fusible en un globule qui par le refroidissement se couvre de facettes; si l'on ajoute du borax, et que l'on plonge un petit fil de fer dans le globule en fusion, il se forme du phosphure de fer, le plomb est réduit en un bouton malléable; soluble dans l'acide nitrique sans effervescence. Ce minéral n'est pas un phosphate de plomb pur; il est composé d'oxide de plomb, 74; acide phosphorique, 16; chlorure de plomb, 10. Quelques variétés contiennent en outre de l'arséniate de plomb. Il est assez fréquent dans les filons de plomb sulfuré, à Huelgoët, dans le département du Finistère; il a pour gangue un feldspath compacte ou laminaire. On en trouve aussi à Poullaouen, près de Huelgoët; à Lacroix, dans les Vosges; à Pont-Gibaud, département du Puy-de-Dôme; en Angleterre, en Écosse, en Saxe, etc., etc.; sa gangue la plus ordinaire est le quartz, quelquefois la baryte sulfatée; il est associé au fer oxidé ou sulfuré, au cuivre carbonaté vert ou pyriteux, etc.

PLOMB MOLYBDATÉ, Plomb jaune, Melinose, *Molybdenblei*, *Bleigelb*.

240. Ce minéral est toujours cristallisé ou lamelleux; les formes dominantes sont un *octaèdre* très-aplati et même tronqué sur ses angles sommets, de manière à en devenir tabulaires (*Fig.* 84, *Pl.* 4); et quelquefois avec des troncatures sur les arêtes (*Fig.* 85, *Pl.* 4); enfin des prismes carrés très-courts presque en cubes, modifiés aussi sur les arêtes; jaune de miel; opaque ou à peine translucide; cassant, peu dur; il est rayé par la chaux fluatée; pèse 6,6. Au chalumeau, sur le charbon, fond en une scorie noirâtre avec du plomb métallique disséminé en petits globules; soluble à chaud dans l'acide nitrique, sans effervescence; insoluble à froid. Composé d'oxide de plomb, 64; acide molybdique, 34. On ne le trouve que dans un petit nombre de localités, à Bleiberg en Carinthie, à Annaberg et Freudenstein en Saxe, à Korosbayna en Transilvanie, à Leadhills en Écosse, à

Northampton aux États-Unis, à Zimapan au Mexique, etc.

On a trouvé à Pamplona au Mexique un minéral concrétionné, jaune-verdâtre, pesant 6, qui contient : oxide de plomb, 47,4; acide molybdique, 10; carbonate de plomb, 18; chlorure de plomb, 7; phosphate de plomb, 5; chromate de plomb, 4; le reste en gangue. Dans ce molybdate il y a proportionnellement trois fois moins d'oxide de plomb que dans le premier.

Plomb tungstaté, Scheelitine, *Scheelbleispath*, *Scheelsauresblei*, *Wolfram auresblei.*

241. Il se rencontre en petits cristaux octaèdres aigus, à base carrée (*Fig.* 73, *Pl.* 4); jaune verdâtre; rayé par la chaux fluatée; pèse 8; fusible au chalumeau, sur le charbon, il donne un globule de plomb par l'addition de carbonate de soude; il est composé d'oxide de plomb, 48; acide tungstique, 52. On ne l'a encore trouvé qu'à Zinwald en Bohême.

Plomb Gomme, Plomb hydro-alumineux, *Bleigummi.*

242. Ce minéral ne se trouve qu'en petites masses mamelonnées; il est jaune ou jaune rougeâtre; un peu translucide, ayant beaucoup de ressemblance avec la gomme; éclat assez vif à la surface et dans la cassure, qui est conchoïde et esquilleuse, quelquefois un peu fibreuse; raie la chaux fluatée; au chalumeau, décrépite, se boursoufle comme un choufleur; blanchit et devient friable. Cette poussière devient bleue par le nitrate de cobalt. Composé d'oxide de plomb, 40; alumine, 37; eau, 19; de plus des traces de chaux, d'oxide de fer et de manganèse, et d'acides silicique et sulfurique. On ne l'a encore trouvé que dans la mine de plomb de Huelgoët, département du Finistère; et depuis peu à Nuissier dans le Beaujolais.

Plomb sulfaté, Anglesite, *Vitriol bleierz.*

243. Il se trouve en petites masses mamelonnées, compacte, terreux, et cristallisé en *octaèdre rectangulaire* (*Fig.* 9, *Pl.* 1); souvent allongé et modifié par des troncatures sur les angles so-

lides et sur les arêtes ; incolore, blanchâtre, jaunâtre, transparent ; éclat vitreux très-vif ; rayé par la baryte sulfatée, fragile ; cassure conchoïde ; pèse 6,3 ; au chalumeau, décrépite, bouillonne et fond en un globule laiteux ; sur un charbon, avec addition de carbonate de soude, on obtient facilement un bouton métallique. Composé d'oxide de plomb, 72 ; acide sulfurique, 26 ; plus un peu d'eau, d'oxide de fer, de manganèse, etc. Se trouve principalement dans les mines de plomb sulfuré, à l'île d'Anglesey, à Leadhills, Wanlochead, à Wolfach, à Linares en Espagne, à Nertschinsk en Sibérie, etc.

### Plomb sulfaté cuprifère.

244. Cette substance très-rare a été trouvée à Leadhills en Écosse ; elle est cristallisée en petits *prismes rectangulaires obliques* ; raie le plomb sulfaté ; est rayée par le plomb carbonaté ; pèse 5,3 ; elle est composée de sulfate de plomb, 74 ; oxide de cuivre, 18 ; eau, 5.

### Plomb sulfaté carbonaté, Leadhillite.

245. On le trouve sous forme de petits cristaux rhomboèdriques aigus ; jaunâtre, verdâtre ou brunâtre ; rayé par la chaux carbonatée ; pèse 6,4 ; au chalumeau, sur le charbon, se réduit, surtout quand on ajoute un peu de carbonate de soude ; soluble en partie dans l'acide nitrique avec effervescence ; il reste un dépôt pulvérulent de sulfate de plomb. Il contient : carbonate de plomb, 72,5 ; sulfate de plomb, 27,5. On l'a trouvé à Leadhills en Écosse, avec plomb phosphaté circulaire, jaunâtre.

### Plomb sulfaté carbonaté, Lanarkite.

246. Ce minéral se trouve en petits *prismes rhomboïdaux droits*, présentant deux clivages faciles ; blanchâtre, grisâtre, bleuâtre, verdâtre ; d'un éclat très-vif ; rayé par la chaux carbonatée ; pèse 6,8 ; au chalumeau, sur un charbon, se réduit facilement, surtout par l'addition du carbonate de soude ; en partie soluble dans l'acide nitrique avec effervescence et dépôt de sul-

fate de plomb. Composé de carbonate de plomb, 47 ; sulfate de plomb, 53. On l'a trouvé aussi à Leadhills en Écosse.

PLOMB SULFATÉ CARBONATÉ CUPRIFÈRE. Calédonite.

247. On le trouve en petits *prismes rhomboïdaux ou hexaèdres* ordinairement *tabulaires;* vert bleuâtre, raie le plomb carbonaté, pèse 6,4 ; au chalumeau, sur un charbon, se réduit facilement par l'addition du carbonate de soude ; soluble en partie dans l'acide nitrique avec effervescence et dépôt de sulfate de plomb. Composé de carbonate de plomb, 32,8 ; carbonate de cuivre, 11,4 ; sulfate de plomb, 55,8. Se trouve aussi à Leadhills en Écosse .A Linarès en Espagne, on a trouvé un minéral bleu, composé de carbonate de plomb et de cuivre, 5; sulfate de plomb, 95.

PLOMB MURIATÉ, Plomb muriaté carbonaté, Kerasine, Plomb corné, *Hornblei*, *Bleihornerz*.

248. Il est cristallisé en *prismes carrés* (*Fig.* 12, *Pl.* 1) diversement modifiés, blanc ou blanc jaunâtre, translucide, éclat assez vif, cassure lamelleuse, présente un clivage facile ; au chalumeau, très-fusible, donne un verre d'abord jaune puis rougeâtre, réductible par l'addition de carbonate de soude, en partie soluble avec effervescence; si l'on ajoute ensuite beaucoup d'eau et que l'on fasse bouillir, tout se dissout, sauf la petite portion de gangue. Composé de plomb, 26; chlore, 9; oxide de plomb, 57; carbonate de plomb, 6; un peu d'acide silicique et d'eau. On ne l'a encore trouvé que dans les mines de plomb de Mendip-Hill dans le Sommersetshire, à Cromford dans le Derbyshire, à Badenweiler, dans le pays de Bade, à Southampton dans le Massachusset.

*Extraction du plomb.* — Le plomb se retire presque exclusivement du sulfure; l'opération se fait le plus souvent dans un fourneau à réverbère, dont on trouvera la description dans le Traité des arts chimiques; le minérai ne s'y trouve pas en contact avec le combustible, il est placé à côté; la flamme seule passe dessus, l'échauffe, le brûle en partie. Au bout d'un certain temps, après avoir remué souvent, il s'est formé un mélange de sulfate et de sulfure de plomb, qui, par la chaleur, réagissent l'un sur l'autre, et donnent du plomb métallique; le minérai, avant d'être placé dans le fourneau, a été bocardé, c'est-à-dire, pilé, puis lavé pour entraîner le plus possible de gangue; on nomme le minérai dans cet état *schlich*. On le place au-dessus du fourneau où il sèche et s'échauffe, et quand une opération est terminée, on ouvre une trappe par laquelle on le fait tomber dans le fourneau qui peut ainsi marcher long-temps. Il se forme toujours des scories, que l'on enlève à chaque fois, et qui contiennent encore du plomb. On trouvera dans le traité des arts chimiques ce procédé avec tous les détails, et les autres modes d'extraction, qui sont moins avantageux ordinairement que celui-ci.

## NICKEL.

NICKEL SULFURÉ, Nicke natif, Harkise, Pyrite capillaire, *Haarkies*.

249. Cette substance se présente sous forme d'aiguilles très-fines; vert-jaunâtre, d'un éclat métallique, disposée quelquefois en houppes; au chalumeau, sur un charbon, elle donne une scorie métalloïde attirable à l'aimant; soluble dans l'acide nitrique. On l'a trouvée à Johann Georgenstadt en Saxe, à Joachimtchal en Bohême, sur un quartz hyalin gris, avec quartz agathe grossier; à Saint-Austle, en Cornwal, etc.; elle est souvent accompagnée de plomb sulfuré, de zinc sulfuré.

NICKEL ARSÉNIÉ, Nickel arsénical, Nickeline, *Kupfernickel*.

250. On le trouve en masse; jaune rougeâtre, métalloïde; se ternissant à l'air; très-cassant, mais dur, fait feu au briquet, et donne l'odeur d'ail; cassure conchoïde; pèse de 6,6 à 7,6; chauffé au chalumeau, sur un charbon, il donne l'odeur d'ail et un bouton métallique blanc avec le borax; soluble dans l'acide nitrique; la liqueur est verte. Composé de nickel, 40; antimoine, 8; arsenic, 49; soufre, 2; de plus, il y a des traces de cobalt, de fer,

de manganèse; quelques variétés ne contiennent pas d'antimoine. Il accompagne ordinairement l'argent, le plomb, le cobalt, l'arsenic; à Allemont, département de l'Isère; dans les vallées de Luchon et de Juset, aux Pyrénées; à Wittichen, en Souabe; à Schneeberg, en Saxe, etc.; on ne s'en sert que dans les laboratoires pour obtenir le nickel et ses combinaisons.

NICKEL BIN ARSÉNIÉ.

251. Il se présente en masse; il est gris-jaunâtre, sans teinte rougeâtre; blanc d'étain; cassure inégale, cassant; soluble dans l'acide nitrique, au chalumeau, sur le charbon, il donne une fumée très-abondante ayant l'odeur d'ail; si l'on ajoute du borax, on obtient un petit bouton métallique. Composé de nickel, 28; arsenic, 71; traces de soufre; il est souvent mêlé avec du bismuth sulfuré. On le trouve à Schneeberg, en Saxe; une autre variété de Sladning est mêlée de double arséniure de cuivre et fer et de sulfure de fer.

NICKEL SULFO-ARSÉNIÉ, Nickel gris, Disomose, *Nickelglanz*, *Weisses Nickelerz.*

252. Ce minéral est en fragmens compactes ou lamelleux; gris d'acier, métalloïde, fragile, mais dur; pèse 6; chauffé au chalumeau, il donne une forte odeur d'ail; chauffé dans un tube de verre, il laisse volatiliser de l'arsenic sulfuré qui se condense à la partie supérieure; soluble dans l'acide nitrique; la dissolution est verte. Composé de nickel, 27; arsenic, 53; soufre, 14; fer, 5. On ne ne l'a encore trouvé que parmi les minérais de cobalt, à Loos, en Helsingland, Suède.

NICKEL ARSÉNIÉ ANTIMONIFÈRE, Antimonickel, Antimoine sulfuré nickelifère, *Nickelspiesglanz.*

253. On le trouve ordinairement en petites masses laminaires ou compactes; rarement cristallisé; les formes dérivent du cube; gris d'acier, métalloïde, fragile, assez dur; pèse 6,45; chauffé au chalumeau, il fond en répandant des vapeurs qui, le plus souvent, n'ont pas l'odeur d'ail; soluble en partie dans l'acide nitrique;

il se forme un dépôt blanc d'acide antimonieux. Composé d'antimoine, 56; nickel, 27; soufre, 16; quelquefois il s'y trouve de l'arsenic. On l'a trouvé dans des filons cobaltifères, en Westphalie.

On a trouvé aux Pyrénées une substance en petites masses, de couleur rosée, qui, chauffée au chalumeau avec du tartrate acide de potasse, donne un globule métallique et une odeur d'acide sulfureux, et qui contient nickel, 14,3; antimoine, 14; soufre, 17,5; le surplus en cobalt, zinc, quartz, etc., qui y étaient mêlés. Elle se trouve dans un quartz calcarifère, avec plomb sulfuré, zinc sulfuré, etc.

Nickel arséniaté, Nickel oxidé, Nickelocre, *Nickelblüthe*, *Nickelbeschlag*.

254. Il forme des masses caverneuses ou pulvérulentes; vert-pomme, clair ou foncé; à la surface du nickel arsénical; quelquefois en groupes d'aiguilles; très-tendre, tachant; au chalumeau, sur un charbon, avec borax, on obtient un bouton métallique aigre, et des fumées ayant l'odeur d'ail. Composé de protoxide de nickel, 36; oxide de cobalt, 2; acide arsénique, 37; eau, 25.

Nickel arsénité, Nickel oxidé noir, Néoplaste, *Schwartz Nickel*, *Nickelmulm*.

255. Cette substance se trouve en masses terreuses, grises, noires ou brunes; chauffée dans un tube, elle donne de l'eau; chauffée au chalumeau, sur un charbon avec borax, elle donne l'odeur d'ail et un globule métallique cassant: soluble dans l'acide nitrique. La formule représentant la composition indiquée, comme de Berselius, $\dddot{\underline{Ni}}\ \dddot{\underline{As}} + 18\ \dot{\underline{H}}$, c'est-à-dire un atôme de peroxide de Nickel $\dddot{\underline{Ni}}$; un atôme d'acide arsénieux $\dddot{\underline{As}}$, et dix-huit atômes d'eau $\dot{\underline{H}}$, donne, par le calcul peroxide de Nickel 37,392; acide arsénieux 44,608; eau 18. On l'a trouvée dans les cavités d'un schiste bitumineux qui renferme du nickel arsénical et arséniaté, dans la mine de Friedrich Wilhelm, près de Riegelsdorff, dans la Hesse.

NICKEL ET ALUMINE SILICATÉS. Pimélite.

256. On le trouve en rognons compactes, quelquefois un peu terreux; vert-pomme plus ou moins foncé; facile à couper au couteau; doux au toucher; chauffé dans un tube, il laisse dégager de l'eau; soluble avec le temps dans l'acide nitrique. Composé de protoxide de nickel, 16; oxide de fer, 5; alumine, 5; chaux, 4; magnésie, 1; acide silicique, 35; eau, 38. On l'a trouvé à Kosimerz et à Baumgarten, en Silésie, avec la chrysoprase.

## CUIVRE.

### CUIVRE NATIF.

257. Il se trouve mamelonné, lamelliforme, granuliforme, ramuleux, filamenteux, réticulaire, dendritique, en masse et cristallisé; les formes sont l'*octaèdre* (*Fig.* 9, *Pl.* 1), le *cubo-octaèdre* (*Fig.* 7, *Pl.* 1), le *cubo-dodécaèdre* (*Fig.* 8, *Pl.* 1); rarement le cube; quelquefois les facettes sont très-multipliées; rouge, quelquefois noirci à la surface; chauffé au chalumeau sur un charbon avec du borax, il donne un bouton rouge jaunâtre, malléable; soluble dans l'acide nitrique; la dissolution est bleue. On le trouve dans les minérais de cuivre sulfuré, pyriteux, oxidulé, carbonaté; les plus beaux échantillons viennent des mines de Tourinski, dans l'Oural. On en a quelquefois trouvé des masses considérables, isolées dans les plaines de sable et dans les rivières, au Brésil, au Canada; dans les roches amygdaloïdes près d'Oberstein, aux îles Fœroë, etc.; et il se forme aussi journellement par la décomposition des divers minérais de cuivre.

### CUIVRE SULFURÉ, Cuivre vitreux, Chalkosine, *Kupferglass*, *Lecherz*.

258. Ce minéral est, ou en masse compacte, ou mamelonné; cristallisé ou pseudo-morphique; la forme primitive est le *prisme hexaèdre régulier* (*Fig.* 21, *Pl.* 1); souvent modifié par des facettes sur les arêtes des bases (*Fig.* 42, *Pl.* 3); le *dodécaèdre triangulaire isocèle* (*Fig.* 24, *Pl.* 1); le même ayant ses sommets

tronqués (*Fig.* 81, *Pl.* 4); gris d'acier, plus ou moins bleu, éclat faible; cassure en général conchoïde, quelquefois lamelleuse; cassant, peu dur, se laissant rayer par une pointe d'acier; pèse 5,7; poussière noirâtre; au chalumeau, facilement fusible avec bouillonnement et odeur d'acide sulfureux; si l'on ajoute du carbonate de soude et que l'on opère sur un charbon, on obtient un bouton de cuivre quelquefois coloré en gris par du fer; il est alors magnétique; si l'on a fondu avec du borax, le verre qui en résulte se colore en vert, et l'on obtient quelques parcelles de cuivre en lamelles aux points de contact avec le charbon; soluble dans l'acide nitrique en bleu. Composé de cuivre, 77; soufre, 22; fer, 1. La proportion de ce dernier augmente quelquefois. Le cuivre sulfuré ne se trouve qu'accidentellement dans les gisemens de cuivre pyriteux, principalement dans le Cornwall, la Hesse, le Bannat, les monts Ourals, etc.

On a trouvé au Vésuve une substance noire recouvrant différens minéraux dans le cratère du volcan; elle est composée de cuivre, 66 et soufre, 32, et contient environ alors le double du soufre de la variété précédente.

Cuivre sulfuré argentifère, Stromeyerine, *Silberkupferglanz.*

259. On n'a trouvé ce minéral qu'en petites masses; gris d'acier, éclat métallique vif, cassure conchoïde; très-fragile; fusible au chalumeau sans boursouflement, on obtient un bouton métallique; soluble en bleu clair dans l'acide nitrique. Il est composé d'argent, 53; cuivre, 31; soufre, 16. On l'a trouvé dans les mines de Schlangenberg en Sibérie.

Cuivre pyriteux panaché, Phillipsite, *Bunkupferez*, *Murbes Kupferglass.*

260. Ce minéral est en rognons compactes, laminaire et cristallisé; sa forme primitive est le *cube* (*Fig.* 4, *Pl.* 1); il est souvent tronqué sur les angles ou sur les arêtes, et présente les formes *cubo-octaèdre* (*Fig.* 7, *Pl.* 1), et *cubo-octaèdre* (*Fig.* 8, *Pl.* 1). On trouve aussi l'*octaèdre* (*Fig.* 9, *Pl.* 1); rougeâtre, brun rou-

geâtre, bleuâtre ou violacé; ces couleurs se trouvent ensemble à la surface; un peu plus dur que le cuivre sulfuré; cassure conchoïde; fragile; pèse 5; chauffé au chalumeau sur un charbon avec de la soude, on obtient un bouton métallique attirable à l'aimant; soluble en bleu dans l'acide nitrique; la liqueur traitée par l'ammoniaque, en excès, devient d'un bleu foncé; il se forme un dépôt rougeâtre d'oxide de fer. Composé de cuivre, 61; fer, 14; soufre, 24. On le trouve accidentellement avec le cuivre pyriteux; il est assez fréquent mais peu abondant; on le trouve dans le Cornwall, la Hesse, la Saxe, etc. L'on donnera l'explication du mot *pyrite* au Fer piriteux.

Cuivre pyriteux, Chalkopyrite, Mine de cuivre jaune, Pyrite cuivreuse, *Kupferkies*, *Nierenkies*, *Gelferz*.

261. On le trouve en masses compactes, disséminé, mamelonné, stalactiforme et cristallisé; la forme primitive est le *tétraèdre* (*Fig.* 1, *Pl.* 1). On trouve le *cubo-tétraèdre* (*Fig.* 2, *Pl.* 1); l'*épointé* (*Fig.* 3, *Pl.* 1); les faces du tétraèdre sont quelquefois remplacées par un pointement à trois faces (*Fig.* 86, *Pl.* 4); ce pointement est souvent lui-même tronqué (*Fig.* 87, *Pl.* 4); on trouve aussi l'*octaèdre à base carrée* (*Fig.* 9, *Pl.* 1); il est aussi souvent modifié; jaune de laiton; éclat métallique; rayé par une pointe d'acier; cassant, pèse 4,2. Au chalumeau, sur le charbon, fusible en un globule attirable en ajoutant du borax. En chauffant long-temps à la flamme oxidante, on finit par obtenir un bouton de cuivre sans fer; soluble dans l'acide nitrique, la liqueur traitée par l'ammoniaque en excès devient d'un bleu foncé, et il se forme un abondant dépôt rougeâtre d'oxide de fer. Composé d'environ cuivre, 32; fer, 30; soufre, 36; plus quelques matières étrangères accidentelles. C'est le minérai de cuivre le plus abondant et celui qui est le plus souvent l'objet d'opérations métallurgiques pour obtenir le cuivre; il constitue des masses considérables dans le gneiss; il est en couches dans le micaschiste, le talc schistoïde, le schiste et le calcaire stratiforme le plus ancien. Il forme aussi des filons dans des roches primitives,

avec d'autres minérais de cuivre; accompagné de quartz, de chaux carbonatée, de chaux fluatée, de baryte sulfatée, de chaux carbonatée ferrifère, de fer spathique, etc.; à Fahlun, en Suède, dans une diorite très-riche en amphibole; à Rœras, en Norwége; en Cornwall, à l'île d'Anglesey, en Silésie, en Hongrie; en France, à Saint-Bel, et à Chessy près de Lyon; à Baigorri, dans les Pyrénées; en Piémont, et surtout en Sibérie, etc.

CUIVRE GRIS, Panabase, *Fahlerz grangultigerz.*

262. On le trouve en masse ou en couches superficielles et cristallisé; la forme primitive est le *tétraèdre* (*Fig.* 1, *Pl.* 1); le *cubo-tétraèdre* (*Fig.* 2, *Pl.* 1), l'*épointé* (*Fig.* 3 *Pl.* 1); le tétraèdre modifié comme dans les (*Fig.* 86 et 87, *Pl.* 4), et même avec des modifications beaucoup plus compliquées; gris d'acier; éclat métallique, ordinairement très-vif, quelquefois faible; cassure raboteuse; poussière noire; non malléable; facile à briser; un fragment isolé acquiert une forte électricité négative par le frottement; pèse 4,8; au chalumeau, sur un charbon, décrépite, se boursoufle, donne des vapeurs ayant souvent l'odeur d'ail; si l'on ajoute du carbonate de soude, on obtient un bouton de cuivre. La composition de cette substance varie beaucoup; elle contient cuivre de 34 à 40; antimoine de 12 à 28; soufre de 25 à 27; arsenic, de 0 à 10; tous les échantillons analysés, ont de plus donné du fer, du zinc et de l'argent. Le cuivre gris est très-répandu et forme même quelquefois seul des dépôts assez considérables, principalement dans l'Oural; on le trouve aussi, et le plus souvent, accompagnant les autres minérais de cuivre, et ceux de plomb, d'étain, d'argent; on l'exploite pour le cuivre et l'argent qu'il contient. On le trouve à Baigorry dans les Pyrénées, à Sainte-Marie-Aux-Mines, département des Vosges; à Schemnitz en Hongrie; à Kapnick en Transilvanie; à Freyberg, à Anneberg, au Hartz, au Mexique, au Pérou etc.; celui de Baigorry a pour gangue une chaux carbonatée ferrifère.

Tennantite, Cuivre sulfuré arsénical, Cuivre gris, *Fahlerz.*

263. On confondait jadis ce minéral avec le cuivre gris; il cristallise en *dodécaèdre rhomboïdal* (*Fig* 23, *Pl.* 1); souvent modifié par des troncatures sur les angles solides triples; gris de plomb; éclat métallique; fragile; pèse 4, 4. Chauffé au chalumeau, il donne des vapeurs et une forte odeur d'ail; si l'on ajoute du carbonate de soude on obtient un bouton de cuivre; composé de cuivre, 45; fer, 9; soufre, 29; arsenic, 12; on ne le trouve bien caractérisé que dans les mines de Cornwall.

Cuivre sélénié, Berzeline, *Selenkupfer.*

264. Ce minéral se trouve en petites veines ou en croûtes peu épaisses, compactes; blanc d'argent; quelquefois noirâtre extérieurement; éclat métallique; fusible au chalumeau en globule gris, et en donnant une odeur de raifort pourri; soluble dans l'acide nitrique. Composé de cuivre, 61; sélénium, 39; on ne l'a encore trouvé que dans la mine de cuivre de Skrickerum, en Smoland, sur une chaux carbonatée laminaire.

Cuivre sélénié argental, Euchairite.

265. On ne rencontre ce minéral qu'en petites masses cristallines ou compactes; gris de plomb; éclat métallique; ductile, facile à couper au couteau; au chalumeau, fond et donne un bouton métallique non malléable, soluble dans l'acide nitrique. Contient argent, 39; cuivre, 23; sélénium, 26; plus des matières terreuses et de l'acide carbonique. On le trouve avec le cuivre sélénié et dans des roches magnésiennes de la mine de Skrickerum.

Cuivre oxidulé, Cuivre oxidé rouge, Ziguéline, Cuivre vitreux, *Zigelerz, Rothkupfererz.*

266. On le trouve en masse; capillaire, laminaire, cristallisé et terreux. Les formes les plus fréquentes sont l'*octaèdre* (*Fig.* 9, *Pl.* 1); le *dodécaèdre rhomboïdal* (*Fig.* 23, *Pl.* 1); souvent modifiés l'un et l'autre; rarement le *cube*; mais plus souvent le

*cubo-octaèdre* (*Fig.* 7, *Pl.* 1), et le *cubo-dodécaèdre* (*Fig.* 8, *Pl.* 1); rouge, quelquefois gris de plomb, avec des reflets rougeâtres; la poussière est rouge; éclat tantôt vif, tantôt nul; rayé par une pointe d'acier; facile à pulvériser; pèse 5,7; au chalumeau, à la flamme intérieure, se réduit et fond facilement. Quelques variétés donnent une légère odeur d'ail au feu d'oxidation qui, au lieu de le réduire, le rend noir; soluble dans l'acide nitrique. Composé de cuivre, 88,7; oxigène, 11,3. Il fait partie des minérais que l'on exploite pour obtenir le cuivre. Il recouvre souvent le cuivre natif; on en trouve ainsi des masses considérables au Mexique; il est souvent accompagné de fer oxidulé; il forme des couches, des filons, des amas dans la plupart des gisemens de cuivre pyriteux et sulfuré; il accompagne souvent aussi le cuivre carbonaté bleu, en Sibérie, en Allemagne, en France, en Angleterre, etc.

CUIVRE OXIDÉ NOIR, Melaconise, *Kupferschwarz*.

267. Ce minéral forme de petits amas et des enduits terreux, noirs, grenus; très-tendre; fusible en scorie noire au chalumeau, et donnant un globule de cuivre au feu de réduction; soluble dans l'acide nitrique. Composé de cuivre, 79,8; oxigène, 20,2. On le trouve dans presque toutes les mines de cuivre, mais en très-petite quantité.

CUIVRE CARBONATÉ BLEU, Azurite, Azur de cuivre, Bleu de montagne, Pierre d'Arménie, *Kupferlazur*.

268. On le trouve compacte, globulaire, fibreux, cristallisé et terreux; la forme dominante est le *prisme rhomboïdal* souvent modifié par des troncatures sur les angles solides et les arêtes; bleu, quelquefois très-beau dans les cristaux; les variétés terreuses sont d'une teinte plus pâle; les cristaux sont souvent translucides; facilement rayé par une pointe d'acier; pèse 3,6; chauffé au chalumeau, il noircit, puis donne un bouton de cuivre au feu de réduction; soluble avec effervescence dans l'acide nitrique. Composé de deutoxide de cuivre, 69; acide carbonique, 25,5; eau

5,5. On l'emploie à l'extraction du cuivre et à la préparation du sulfate de cuivre. On le trouve dans les gisemens de cuivre pyriteux, ordinairement en petite quantité; cependant quelquefois il est très-abondant, comme à Chessy, d'où viennent les plus beaux échantillons; dans le Bannat et dans les mines de l'Oural.

CUIVRE CARBONATÉ VERT, Malachite, Vert de montagne, Cendre verte.

269. Ce minéral se présente le plus souvent en petites masses mamelonnées, testacées; stalagmiforme ou stalactiforme; souvent aussi aciculaire; rarement en cristaux distincts; quelquefois pseudo-morphique, enfin terreux; la forme est le *prisme rhomboïdal droit*; vert-pré dans les variétés cristallisées; nuancé par zônes dans les variétés mamelonnées; éclat soyeux; les variétés terreuses sont ternes; rayé par la chaux fluatée; pèse 3,5; chauffé au chalumeau, il noircit et donne un bouton de cuivre au feu de réduction; soluble dans l'acide nitrique avec effervescence. Composé de deutoxide de cuivre, 72; acdie carbonique, 20; eau, 8. On fait des ornemens avec les morceaux les plus beaux; quand ils sont un peu considérables, on en plaque des tables, des cheminées, etc.; les petits échantillons sont employés en bijouterie. Quand il est très-abondant, on le traite pour obtenir du cuivre. Il se trouve principalement dans les gisemens des autres minérais de cuivre; ordinairement en très-petite quantité; les plus beaux échantillons viennent de Sibérie, de l'Oural, du Bannat, etc.

On a nommé *malachite silicifère* une substance verte composée de deutoxide de cuivre, 50; acide carbonique, 7; acide silicique, 26; eau, 17; c'est un mélange de carbonate et de silicate de cuivre hydratés.

CUIVRE CARBONATÉ FERRIFÈRE, Mysorine, Cuivre carbonaté anhydre.

270. Ce minéral, très-rare, se trouve en petites masses compactes; brun noirâtre, rougeâtre, verdâtre; coloré à la surface par de la malachite ou de l'oxide de fer; cassure conchoïde; se laissant couper au couteau; pèse 2,6; chauffé dans un tube de verre, il ne dégage pas d'eau; soluble dans l'acide nitrique. Composé

de deutoxide de cuivre, 61 ; peroxide de fer, 20 ; acide carbonique, 17 ; acide silicique, 2. On l'a trouvé en nids dans des roches primitives, sur la frontière orientale du Mysore, dans l'Indostan.

CUIVRE DIOPTASE, Achirite, *Kupfersmaragd.*

271. On a trouvé cette substance en petits cristaux qui sont des *prismes hexaèdres* terminés par un pointement à trois faces (*Fig.* 22, *Pl.* 1); vert-émeraude; éclat vitreux; translucide; cassure conchoïde; poussière vert clair; raie difficilement le verre; au chalumeau, noircit et ne fond pas; avec le borax, on finit par obtenir un bouton de cuivre; insoluble dans les acides, et n'y perd pas sa couleur. Composée de deutoxide de cuivre, 45; acide silicique, 43; eau, 11. On la trouve à Allyn Toubé, dans les steppes des kirgis, sur calcaire bréchiforme dans un granite.

CUIVRE CHRYSOCOLE, Cuivre hydro-siliceux, *Kieselmalachit.*

272. Ce minéral est concrétionné, compacte; vert bleuâtre, vert foncé; éclat résineux; fragile; raie quelquefois difficilement le verre; souvent rayé par une pointe d'acier; les parties les moins dures happent à la langue; au chalumeau, noircit mais ne fond pas seul; avec le borax, il le colore en vert, et l'on obtient un bouton de cuivre; l'acide nitrique, à froid, lui fait perdre sa couleur; il y devient translucide. Composé de deutoxide de cuivre, 45; acide silicique, 35; eau, 20; souvent mêlé de cuivre carbonaté bleu et vert. Il forme de petits amas dans des gisemens de cuivre à Turschinsk et Ninotagile, sur argile lithomarge marbrée; en Sibérie, à Saalfeld en Thuringe, à Lauterberg, au Hartz, à Schwarzemberg, en Saxe; à Joachimsthal, en Bohême.

On a trouvé près d'Oberschelden, dans le Dillenburg, un minéral compacte, bleu verdâtre ; composé de deutoxide de cuivre 40; acide silicique, 40; acide carbonique, 9; eau, 12. Ce serait un mélange ou une combinaison de silicate et de carbonate de cuivre.

CUIVRE SILICATÉ HYDRATÉ, Sommervillite.

273. On trouve ce minéral en masses compactes, et sous forme d'enduits d'un beau vert, et transparens; les masses sont d'un bleu plus ou moins verdâtre; quelquefois légères et tendres; d'autrefois plus pesantes et dures, opaques ou translucides; les variétés légères peuvent quelquefois flotter sur l'eau qu'elles absorbent peu à peu; elles s'y enfoncent alors, et deviennent transparentes, ces masses étant criblées de cavités dans lesquelles l'eau pénètre insensiblement. Les enduits sont les plus purs; leur cassure est vitreuse; ils adhèrent au cuivre natif. Composé de cuivre, 35; acide silicique, 35; eau, 29 et traces de fer. On l'a trouvé à Sommerville, sur les bords du Kariton, dans le New-Jersey.

CUIVRE SULFATÉ, Cyanose, Couperose bleue, *Kupfervitriol.*

274. Il forme de petites croûtes concrétionnées ou des cristaux, qui sont des *prismes rhomboïdaux* ayant souvent des troncatures sur les arêtes; bleu; soluble dans l'eau, la dissolution est bleue et devient beaucoup plus foncée par l'addition d'un petit excès d'ammoniaque; pèse 2; chauffé dans un tube, il perd son eau et devient blanc. Composé de deutoxide de cuivre, 32; acide sulfurique, 32; eau, 36; il est presque toujours mêlé d'un peu de sulfate de fer. On le trouve en dissolution dans des eaux qui traversent des mines de cuivre pyriteux et sulfuré, d'où on retire le cuivre au moyen de vieille féraille; il se forme alors du sulfate de fer, et le cuivre se sépare à l'état métallique. Ces eaux, en s'évaporant dans les mines, donnent lieu à la formation des cristaux ou des concrétions qui sont quelquefois stalactiformes.

CUIVRE SOUS-SULFATÉ, Brochantite.

275. Ce minéral est terreux ou cristallisé; la forme est un *prisme rhomboïdal droit*; verdâtre; pèse 3,8; insoluble dans l'eau; soluble dans les acides, la liqueur est bleue; chauffé dans un tube, il donne de l'eau. Composé de deutoxide de cuivre, 67; acide sulfurique, 17; eau, 12; plus un peu d'oxide d'étain et de

plomb, qui n'y sont qu'accidentels. Les cristaux viennent d'Ékatherinenburg, en Sibérie; la variété terreuse se dépose des eaux qui coulent dans la plupart des mines de cuivre; on en trouve surtout à Saint-Bel, près Lyon; à Smolniz en Hongrie, etc.

CUIVRE PHOSPHATÉ, Apherèse, *Oktaedrisches phosphorsaures Kupfer.*

276. On le trouve en petits nids compactes, fibreux et cristallisé en *octaèdre* (*Fig.* 9, *Pl.* 1); vert foncé; raie la chaux carbonatée, pèse 3,8; chauffé dans un tube, il donne de l'eau; au chalumeau, sur un charbon, avec du carbonate de soude, on obtient un bouton de cuivre; soluble dans l'acide nitrique. Composé de deutoxide de cuivre, 64; acide phosphorique, 29; eau, 7. Une variété mamelonnée, vert bleuâtre, ne contient que 3,5 pour cent d'eau; une autre, mamelonnée aussi, n'en contient pas du tout; les proportions d'oxide de cuivre et d'acide sont les mêmes que dans la variété dont on a donné l'analyse. On trouve ces substances à Libethen, en Hongrie, et à Reinbreitbach.

CUIVRE SOUS-PHOSPHATÉ, Ypoleime.

277. La forme de ce minéral est un *prisme rectangulaire oblique* (*Fig.* 13, *Pl.* 1); souvent modifié par des troncatures sur les arêtes et sur les angles solides; on le trouve aussi fibreux et terreux; vert; raie la chaux fluatée, pèse 4,2; chauffé dans un tube, il donne de l'eau; soluble dans l'acide nitrique. Composé de deutoxide de cuivre, 63; acide phosphorique, 22; eau, 15. On trouve cette variété à Virneberg près Reinbreitbach, dans la Prusse rhénane, avec quartz dans une grauwacke. Une autre variété, venant de Libethen et de Reinbreitbach, vert bleuâtre, contient les mêmes quantités d'oxide de cuivre et d'acide phosphorique, à peu près, mais seulement 8 d'eau, et de plus 5 de cuivre carbonaté vert.

CUIVRE ARSÉNIATÉ ANHYDRE, en octaèdre aigu ou en prisme droit, Olivenite, *Olivenerz.*

278. On trouve le *prisme à six faces*; l'*octaèdre aigu*; les prismes sont souvent aciculaires; quelquefois on le trouve ma-

melonné; vert sombre; très-brillant; cassure vitreuse; pèse 4,3; raie la chaux fluatée; il y a deux clivages parallèles à l'axe. Composé de deutoxide de cuivre, 60; acide arsénique, 40. On le trouve en Cornwall; près de Coblentz; à Vaury près de Limoges; à Chessy, près de Lyon, etc. On obtient au chalumeau un bouton métallique et l'odeur d'ail.

Une variété fibreuse nommée *wood copper*, jaune-paille, est composée de deutoxide de cuivre, 28; acide arsénique, 72.

### CUIVRES ARSÉNIATÉS HYDRATÉS.

1° ERINITE, Cuivre arséniaté rhomboédrique, Cuivre micacé, *Kupferglimmer*, *Blattriges olivenerz*.

279. On le trouve cristallisé et laminaire; les cristaux sont tabulaires et présentent des lames hexagonales dont les angles montrent qu'ils dérivent d'un prisme rhomboïdal tronqué sur deux arêtes opposées; vert pur; rarement bleuâtre; raie la chaux carbonatée; pèse 4; chauffé dans un tube, il laisse dégager un peu d'eau; au chalumeau, fond et donne avec le carbonate de soude un globule métallique et l'odeur d'ail. Composé de deutoxide de cuivre, 59; acide arsénique, 34; eau, 5. On le trouve avec les minérais de plomb et de cuivre en Cornwall, en Irlande, en Hongrie, etc.

Une variété de la même forme contient deutoxide de cuivre, 58; acide arsénique, 21; eau, 21.

Une variété fibreuse aciculaire de Carharack, ne contient qu'environ 4 d'eau, et deutoxide de cuivre, 51; acide arsénique, 45.

2° APHANÈZE, Cuivre arséniaté prismatique triangulaire, *Trihedal oliven-ore*.

280 On le trouve en très-petits cristaux rhomboïdaux obliques; vert bleuâtre; raie la chaux carbonatée; pèse 4,3; au chalumeau on obtient une odeur d'ail et un bouton cristallin cassant; chauffé dans un tube, il laisse dégager de l'eau. Composé de deutoxide de cuivre, 54; acide arsénique, 30; eau, 16. On le trouve dans les mines de cuivre de Cornwall.

3° Liroconite, Cuivre arséniaté octaèdre obtus, *Liuzenerz Linzenkupfer.*

281. Cette variété se trouve mamelonnée et cristallisée; les cristaux sont des *octaèdres très-obtus*, quelquefois modifiés par des troncatures simples ou doubles sur les arêtes, sur les angles solides, au point de devenir lenticulaires. Bleu clair; raie la chaux carbonatée; pèse 2,9; chauffée dans un tube, elle dégage beaucoup d'eau; au chalumeau, donne l'odeur d'ail; on obtient un bouton cassant. Composée de deutoxide de cuivre, 49; acide arsénique, 14; eau, 35. On l'a trouvée dans les mines de cuivre du Cornwall.

Cuivre arséniaté ferrifère, calcarifère, aluminifère.

282. La première de ces variétés est bleu-de-ciel clair, et cristallisée en prismes rhomboïdaux obliques; elle pèse 3;4; l'éclat est un peu nacré. Elle contient tantôt, oxide de cuivre, 23; oxide de fer, 28; acide arsénique, 33; eau, 12. Tantôt, oxide de cuivre, 19; oxide de fer, 36; acide arsénique, 31; eau, 10.

La seconde est en petites masses feuilletées, rayonnées, quelquefois transparente; elle contient, oxide de cuivre, 43; acide arsénique, 25; eau, 18; carbonate de chaux, 14; on la nomme *kupfer schaum;* elle vient du Falkenstein dans le Tyrol.

La troisième est en petits cristaux bleus; sa poussière est verte; par une chaleur modérée, elle perd la moitié de son eau, et devient d'un bleu foncé, puis vert-bouteille. Composée d'oxide de cuivre, 35; oxide de fer, 3,4; acide arsénique, 21; acide phosphorique, 3,6; alumine, 8; eau, 22: le reste est de la gangue; on la trouve dans le Cornwall.

Cuivre arsénité, Condurite.

283. Cette substance se trouve en petites masses compactes; brun noirâtre, quelquefois bleuâtre; tendre; rayée par l'ongle; cassure conchoïde; chauffée dans un tube, elle laisse dégager de l'eau, puis de l'acide arsénieux qui se condense; chauffée sur un charbon, au chalumeau, donne l'odeur d'ail et un bouton métallique. Composée de deutoxide de cuivre, 61; acide arsé-

nieux, 30; eau, 9 et des traces de soufre. On l'a trouvée dans la mine de Condurow en Cornwall.

CUIVRE MURIATÉ, Atakamite, Oxichlorure de cuivre, *Salzkupfererz Smaragdochalzit.*

284. On le trouve granulaire, fibreux, cristallisé et terreux; les cristaux qui sont très-petits sont des *prismes* et des *octaèdres;* il est vert; pèse 4,4; chauffé dans un tube, il donne de l'eau; au chalumeau, avec du carbonate de soude, on obtient un bouton de cuivre; colore la flamme en vert. Composé de cuivre, 12; chlore, 13; deutoxide de cuivre, 58; eau, 12. On le trouve en grande quantité au Pérou; on l'y emploie après l'avoir pulvérisé pour sécher l'écriture; on le trouve aussi au Chili, dans le Massachusets, aux Antilles et au Vésuve.

EXTRACTION DU CUIVRE.

Le minérai de cuivre le plus commun, et le plus employé pour obtenir le métal, est la pyrite, qui est composée, comme on l'a vu, de cuivre, de fer, et de soufre. On la grille; par cette opération, une partie du soufre brûle et se dégage en acide sulfureux; s'il y a de l'arsenic, il s'échappe aussi en acide arsénieux; le cuivre et surtout le fer s'oxident en partie. On fond alors cette matière avec un sable siliceux ou une argile, mêlant le tout avec le combustible dans un fourneau à manche, dont on verra la description dans le *Traité des arts chimiques*, et dans lequel la combustion est activée par des soufflets. Le charbon réduit l'oxide de cuivre; l'acide sicilique du sable ou de l'argile s'empare de l'oxide de fer. On obtient ainsi une scorie et une masse fondue que l'on nomme *matte* en métallurgie, et qui contient tout le cuivre et un peu moins de soufre et de fer que le minérai; on grille encore cette masse; on la fond de même et on la grille ainsi sept, huit et même dix fois; alors la matte est un peu malléable, prend le nom de *cuivre noir*, et contient environ 60 pour 100 de cuivre. En Angleterre on le *rôtit*. Cette opération consiste à le chauffer sans le fondre, à un courant d'air qui brûle encore du soufre et du fer; on refond et rôtit ainsi trois ou quatre fois; le cuivre noir contient alors de 85 à 90 pour 100 de cuivre, que l'on affine en le fondant dans un fourneau à réverbère. Les dernières traces de soufre brûlent; le fer, le plomb, l'antimoine disparaissent, les deux premiers en scories, le dernier en vapeur: on oxide même un peu de cuivre pour être plus certain de sa pureté. On achève le raffinage en brassant le métal fondu avec des perches de bois. Pour que le cuivre soit bon, il faut qu'il ait une couleur rouge, un grain fin, soyeux, et qu'il soit très-malléable.

## FER.

### Fer natif, Fer météorique, *Gediegen Eisen*, *Tellureisen*.

285. On a trouvé du fer métallique dans un petit nombre d'endroits; on prétend en avoir trouvé en *octaèdre* ou en *cube*; ce dernier au Sénégal: on a aussi rencontré du fer natif en filons dans une roche quartzeuse, à Chanaan dans le Connecticut. Il est cristallin et semble *tétraédrique;* il pèse 6,7; il est un peu mélangé de graphite et accompagné d'acier natif. A Bedfort en Pensylvanie, on a trouvé aussi du fer malléable qui semble former de petits *prismes rhomboïdaux;* il pèse 7, 34, et contient un centième et demi d'arsenic et des traces de graphite. On le trouve ordinairement en blocs presqu'à la surface du sol: ils sont quelquefois caverneux; on en rencontre d'assez considérables pour peser de quinze à vingt mille kilogrammes. On en a trouvé principalement près de Jenisseik en Sibérie, qui est caverneux, et dont les cavités sont remplies de péridot olivin: on le connaît sous le nom de fer de Pallas, qui le découvrit; on en a trouvé aussi des masses considérables à Olumpa près de Sant-Iago dans le Tucuman; près de Durango, dans la Nouvelle-Biscaye; à Zacatecas, à Toluca au Mexique, sur les bords de la rivière rouge à la Louisiane, etc. On en connaît de moins volumineuses à Elbogen en Bohême, près de Magdebourg, en Hongrie, etc. Tous ces fers contiennent une certaine quantité de nickel; quelques-uns en outre, du chrôme, du cobalt, du soufre, de la magnésie et de l'acide silicique.

On a trouvé à la Bouiche près de Néris, département de l'Allier, un bloc de fer aciéré dans les produits de la combustion d'une mine de houille; il s'en trouve aussi dans les produits volcaniques en Auvergne, à l'île Bourbon, à Madagascar. Ces masses ont bien probablement une origine étrangère à la terre, comme les aérolithes ou pierres tombées du ciel, qui sont de deux espèces et se présentent sous formes de masses plus ou moins grosses, un peu arrondies, ayant la surface souvent brunâtre et comme fondue ou vernie. La cassure de ces aérolithes est d'un gris quelquefois très-clair; elles sont souvent veinées de fer accompagné de nickel ou de chrôme, de manganèse, à l'état métallique ou oxidés, et quelquefois sous les deux états. L'origine de ces aérolithes ou météorites est encore fort incertaine; on a fait à leur sujet plusieurs hypothèses qui sont du ressort de la météorologie. (*Voyez la Physique.*)

Fer oxidulé, Aimant, *Magneteisen*, *Eisenmulm*.

286. Ce minéral, très-abondant dans certains terrains, se trouve compacte, granulaire, laminaire, cristallisé et terreux; les formes dominantes sont l'*octaèdre régulier* (*Fig.* 9, *Pl.* 1); l'*octaèdre cunéïforme* (*Fig.* 11, *Pl.* 1); le *dodécaèdre rhomboïdal* (*Fig.* 23, *Pl.* 1), gris sombre, noir; éclat métallique, cassure conchoïde; poussière noire; pèse 4,9; très-difficilement fusible au chalumeau; composé de fer, 72; oxigène, 28. Il contient quelquefois des traces de magnésie et de 1 à 2 pour cent d'acide silicique; très-magnétique, ayant souvent la polarité; c'est lui qui dans ce cas constitue les aimans naturels. On le trouve dans les terrains primitifs, intercalé dans les gneiss, les micaschistes, les roches de talc chlorite schisteux et amphiboliques; il forme quelquefois de grands dépôts, souvent des couches épaisses. Les plus considérables sont ceux de la Suède qui fournissent le meilleur fer : on en trouve aussi en Norwége, dans l'Oural, en Hongrie, en Piémont; il est aussi en amas disséminés dans les serpentines et les roches amphiboliques, en Savoie; dans le Tyrol, les Vosges, etc.; quelquefois

dans les terrains basaltiques, etc. C'est ce minéral qui est connu sous le nom de pierre d'aimant, parce qu'il produit tous les phénomènes magnétiques, du mot *magnes* qui lui était donné par les anciens. (On trouvera dans la *Physique* les développemens relatifs à cette substance et à ces phénomè nes.

FRANKLINITE.

287. On trouve cette substance en masse et en cristaux qui sont des *octaèdres réguliers;* noire; éclat métallique ou vitreux; pèse 5; quelquefois attirable à l'aimant; au chalumeau, fond très-difficilement : traitée par l'acide hydro-chlorique, il se dégage du chlore : composée de péroxide de fer, 66; deutoxide de manganèse, 16; oxide de zinc, 17. On l'a trouvée à la mine de Franklin dans le New-Jersey.

FER OLIGISTE, Mine de Fer spéculaire. Ocre rouge, Fer micacé, Hématite rouge, *Eisenglanz*, *Eisenglimmer*.

288. Il est tantôt métalloïde, tantôt non métalloïde; d'après cela, on peut le séparer en deux sections.

1° métalloïde : il est compacte, granulaire, schistoïde; il forme alors quelquefois des plaques assez grandes, miroitantes, de là le nom de spéculaire; il est aussi lenticulaire et cristallisé. Les cristaux sont extrêmement compliqués, ils dérivent du *rhomboèdre;* les formes dominantes sont l'*imitatif* (*Fig.* 88, *Pl.* 4); le *soustractif* (*Fig.* 89, *Pl.* 4); le *trapésien* (*Fig.* 81, *Pl.* 4). Le *basé* qui est un octaèdre non régulier et le *birhomboïdal* qui n'est autre chose que le basé, ayant deux de ses faces opposées surmontées d'un pointement obtus à trois faces; gris d'acier, quelquefois noirâtre; les surfaces des cristaux sont souvent richement irisées; cassure inégale ou grenue et presque terne; dans les cristaux volcaniques elle est conchoïde, éclatante; raie très-difficilement le verre; poussière noire rougeâtre; pèse 5,2; quelquefois magnétique; au chalumeau, fond au feu de réduction seulement, et très-difficilement; le globule obtenu est magnétique. Composé de fer, 69; oxigène, 31. On le trouve en amas et en filons quelquefois très-considérables; on les exploite alors comme un excellent minerai de fer, à l'île d'Elbe, d'où viennent les plus beaux échantillons, à Framont, dans les Vosges; en Laponie, en Suède, etc.

2° Non métalloïde : on le trouve alors en masse, compacte, globulaire, fibreux, mamelonné, en stalactites, bacillaire, pseudo-morphique et argileux. Les pseudo-morphoses sont modelées sur la chaux-carbonatée, moins souvent sur le quartz. Les surfaces réniformes sont un peu brunes; pas d'éclat métallique, il n'y a qu'un luisant; poussière rouge, quelquefois très-tranchant, on l'emploie alors comme crayon rouge sous le nom de sanguine, ou comme couleur sous le nom d'ocre rouge; les variétés fibreuses ou stalactiformes, qui ont une grande finesse de grain, sont employées pour faire des brunissoirs. La cassure est fibreuse ou conchoïde aplatie. Il se comporte au chalumeau comme la variété métalloïde, à moins qu'il ne soit très-argileux; alors il peut fondre. On le trouve plus fréquemment que la variété métalloïde, mais en moins grandes masses. On en rencontre dans les terrains de schiste ardoise, antraxifère, etc. Les variétés les plus brunes et les plus dures en même temps sont un très-bon minerai de fer.

### Fer oxidulé titané, Craitonite, Chrichtonite.

289. Ce minéral est ou lamellaire ou cristallisé; sa forme est le *rhomboèdre* (*Fig.* 5, *Pl.* 1); quelquefois tronqué sur les deux angles solides aigus ou sommets; rarement en lames, qui semblent être hexagonales, ce qui serait une conséquence des troncatures très-profondes des sommets, de manière à donner la coupe du rhomboèdre perpendiculairement à son axe, comme c'est indiqué dans la (*Fig.* 6, *Pl.* 1); noir avec un reflet violacé qui seul peut le faire distinguer du fer oligiste; cassure conchoïde, éclatante; raie difficilement le verre; pèse 4; attirable à l'aimant; soluble dans l'acide hydro-chlorique, infusible au chalumeau. On ne l'a encore trouvé cristallisé qu'à Saint-Christophe dans la vallée d'Oisans, département de l'Isère.

Fer titané, Nigrine, Iserine, Grégorite, Gallizinite, Ménacanite.

290. Sous ces noms on réunit plusieurs minéraux qui varient beaucoup de composition, quant aux proportions; en général noirs, éclatans dans la cassure, rayant difficilement le verre, attirables à l'aimant; la pesanteur varie entre 3,5 et 3,9; ils contiennent oxide de fer, de 14 à 82; acide titanique, de 84 à 12; et quelques traces d'autres substances qui ne sont qu'accidentelles; infusibles au chalumeau, solubles dans l'acide hydro-chlorique. On les trouve disséminés dans des granites, en Franconie, à Spessart, à Bodamnais en Bavière, en Norwége, aux monts Ourals, dans des roches talcqueuses en Piémont, à Saint-Marcel, Gastein en Salsbury, à Klattau en Bohême; dans des calcaires aux îles Schetland et dans le New-Jersey; dans les terrains basaltiques et trachytiques, en Auvergne, en Bretagne, à Saint-Quay, en Cornwall, etc.; mais plus souvent dans des sables, à Madagascar, à Bourbon, à Botany-Bay, sur la côte de Gênes, etc.

Fer arsenical, Mispickel, Pyrite arsenicale, *Arsenikkies*, *Giftkies*, *Rauschgelbkies*, *Weisserz*.

291. On trouve ce minéral, en masse compacte; aciculaire, bacillaire et cristallisé; la forme primitive est un *prisme rhomboïdal droit* (*Fig.* 12, *Pl.* 1); la forme dominante est ce prisme terminé par un biseau, reposant sur les arêtes du prisme (*Fig.* 18, *Pl.* 1); quelquefois lenticulaire; blanc d'étain; éclat métallique; cassure inégale; celle du cobalt, qui lui ressemble d'ailleurs un peu, est lamelleuse; fait feu au briquet, ce qui l'en distingue encore; il y a en même temps odeur d'ail; pèse 6, 2; soluble dans l'acide nitrique; fortement chauffé dans un tube de verre fermé d'un côté, il laisse dégager du sulfure d'arsenic; chauffé au chalumeau, il fond, répand une fumée blanche ayant une forte odeur d'ail; il reste un bouton attirable à l'aimant; contient fer, 35; arsenic, 43; soufre, 21. Une analyse de Lampadius donne fer, 58; arsenic, 42; il y a une variété argentifère qui contient de 1 à 10 pour cent d'argent sulfuré, mélangé.

Il se trouve quelquefois en masses assez considérables, dans le micaschiste, le granite, le talc lamellaire; il accompagne quelquefois d'autres métaux dans les filons; ainsi l'étain oxidé en Bohême, en Saxe, en Cornwall; le cuivre oxidulé en Angleterre; le plomb sulfuré, le cuivre pyriteux, le fer sulfuré, près de Freyberg; la variété aciculaire vient de Temeswar, elle est sur une chaux carbonatée nacrée; en France, avec scheelin ferrugineux, sur quartz à Saint-Léonard, département de la Haute-Vienne, etc.

Fer sulfuré, Pyrite martiale, Marcassite, *Eisenkies*, *Schwefelkies*.

292. Ce minéral est tantôt en masse compacte, tantôt fibreux, tantôt cristallisé; la forme primitive est le *cube* (*Fig.* 4, *Pl.* 1); il est quelquefois strié sur toutes les faces, dans trois directions qui sont perpendiculaires les unes aux autres. Cette forme se nomme *triglyphe* (*Fig.* 90, *Pl.* 4). On trouve fréquemment le *dodécaèdre pentagonal* (*Fig.* 91, *Pl.* 4); l'*icosaèdre* (*Fig.* 26, *Pl.* 1); l'*octaèdre* (*Fig.* 9, *Pl.* 1); le même tronqué sur les arêtes (*Fig.* 92, *Pl.* 4); le cube tronqué sur toute les arêtes (*Fig.* 8, *Pl.* 1); quelquefois pseudo-morphique; elle remplace des coquilles qui sont des ammonites; ordinairement jaune d'or ou de bronze; éclat métallique; la cassure des masses est plus ou moins conchoïde; fait feu au briquet, d'où lui est venu le nom de pyrite, de *pyros* feu; ce qui le distingue du cuivre pyriteux, qui ne jouit pas de cette propriété, et qui n'a dû son nom de pyrite qu'à la ressemblance extérieure et à l'analogie de composition; poussière vert noirâtre; au chalumeau, la flamme se colore en bleu, on sent l'odeur d'acide sulfureux; chauffé fortement, dans un tube bouché, il laisse dégager un peu de soufre, et quelquefois à la fin, un peu de réalgar ou sulfure rouge d'arsenic qui s'y trouve mêlé en petite quantité. Composé de fer, 54; soufre, 46; quelques variétés sont aurifères et traitées pour l'or; d'autres contiennent de l'argent. Dans les arts, ce minéral est traité par distillation pour retirer une partie de son soufre; le sulfure qui reste sert à la fabrication du sulfate de fer; si l'on ne veut pas recueillir le soufre, on grille. On a trouvé au Pérou des plaques

polies de cette substance qui ont pu servir de miroirs, et que l'on nomme miroir des Incas.

Le fer sulfuré appartient à tous les terrains; c'est une des substances métalliques les plus fréquentes; il forme des amas et des filons, dans les gneiss, dans les micaschistes, dans les diorites; souvent il est disséminé en grains et dendrites dans les marbres de Carrare, et la Dolomie du Saint-Gothard; en octaèdre régulier dans le talc qui contient le fer oxidulé, à Fahlun en Suède; dans l'argile schisteuse qui recouvre les houilles; dans les houilles, dans les ardoises et les schistes en général, on trouve des cristaux cubiques. Les variétés aurifères sont exploitées à Macugnaga, en Piémont, aux environs de Freyberg en Saxe, à Berésof en Sibérie.

FER SULFURÉ BLANC, Pyrite blanche, Sperkise, Pyrite rayonnée, *Speerkies*, *Kammkies*, *Wasserkies*, *Stralkies*.

293. On le trouve en masse compacte, mamelonné, en boules radiées fibreuses, en stalactictes, crêté, cristallisé; la forme primitive est le prisme *rhomboïdal droit* (*Fig.* 12, *Pl.* 1); on trouve l'*octaèdre surbaissé* tronqué sur les angles (*Fig.* 76, *Pl.* 4), ou sur les arêtes (*Fig.* 92, *Pl.* 4); les cristaux en se groupant donnent une forme qui ressemble un peu à une crête de coq; il forme quelquefois des dendrites que l'on a nommées lancéolées, de là le nom de speerkies; blanc jaunâtre, tirant souvent sur le bronze; quelques cristaux sont presque gris d'acier; éclat métallique; la cassure des masses est irrégulière; poussière noire verdâtre; fait feu au briquet; pèse 4,8; placé dans la flamme d'une bougie, il donne une légère fumée, l'odeur d'acide sulfureux, et devient attirable à l'aimant; composé de fer, 46; soufre, 54. Ce minéral, exposé à l'air, et surtout à l'air humide, se décompose rapidement; il résulte de cette décomposition du sulfate de fer; quand il se trouve dans des argiles, on en profite pour fabriquer de l'alun, l'alumine de l'argile s'emparant de l'acide sulfurique du sulfate de fer, dont l'oxide se sépare en s'oxidant davantage. Il se trouve, moins souvent que la pyrite martiale, dans les terrains anciens; on le trouve cependant en assez grande

quantité dans le granite des environs de Nantes; il abonde principalement dans les terrains de formation récente; les masses globuleuses se trouvent dans les carrières de craie ou de marne, avec silex pyromaque ; on le trouve aussi engagé dans l'argile. Souvent il est disséminé dans les dépôts charbonneux, et les matières terreuses qui s'y trouvent mêlées; dans les lignites, les houilles, etc.; c'est à sa présence dans ces dernières que l'on attribue leur inflammation spontanée. Il est quelquefois associé à la formation des filons, en Cornwall et Derbyshire, sur la chaux fluatée et la chaux carbonatée qui accompagnent le plomb et le zinc sulfurés. Il est rarement associé à d'autres minerais de fer.

FER SULFURÉ MAGNÉTIQUE, Leberkise, Pyrite magnétique, Pyrite hépathique, *Magnetkies*, *Leeberkies*.

294. Substance qui est en masse laminaire, lamellaire ou cristallisée. La forme primitive est le *prisme hexaèdre* (*Fig.* 21, *Pl.* 1); quelquefois toutes les arêtes du prisme sont tronquées, et il en résulte un prisme à douze faces; d'autres fois il est terminé par des pyramides à six faces (*Fig.* 41, *Pl.* 3), ou seulement les arêtes des bases sont tronquées (*Fig.* 42, *Pl.* 3); jaune brun ou rougeâtre; éclat métallique; cassure inégale, quelquefois lamelleuse; fait feu au briquet; cassante; pèse 4,6; magnétique : composée de fer, 60; soufre, 40. Une variété de Baréges contient fer, 56; soufre, 44. On la trouve exclusivement dans des terrains anciens, dans le diorite des environs de Nantes, de Treseburg au Hartz; avec la pyrite martiale dans le granite de Sainte-Honorine près de Falaise; dans le micaschiste avec la pyrite martiale et la tourmaline à Bodemnaïs en Bavière; dans le calcaire talcqueux d'Auerbach, Hesse-Darmstadt; en Angleterre et dans les filons métallifères en Norwége, en Suède, etc., aux environs de New-Yorck, avec chaux phosphatée.

FER OXIDÉ HYDRATÉ, Fer oxidé brun, Hématite brune, Fer limoneux, Limonite, OEtite, *Bohnerz*, *Braun Eisenstein*, *Braun Glaskopf*, *Eisenocker*, *Morasterz*, *Sumpferz*, *Weisenerz*.

295. On réunit sous ces noms tous les oxides de fer ayant une poussière jaune. Ils se présentent en masses terreuses; c'est

l'ocre jaune; schisteuses, compactes, oolitiques, c'est la mine de fer en grains; aciculaires, fibreuses, réniformes, stalactiformes, pseudo-morphiques; remplaçant de la pyrite, de la chaux carbonatée, des coquilles ammonites, belemnites, encrinites, etc., et des madrépores; enfin cristallisés en *cube* (*Fig.* 4, *Pl.* 1); en *octaèdre* (*Fig.* 9, *Pl.* 1); en général petits et brillans; les variétés réniformes renferment quelquefois un noyau mobile de la même nature; on les nommait pierres d'aigle; brun jaunâtre, jaune brunâtre, noir, quelquefois irisé, souvent peu d'éclat, ordinairement un luisant; poussière jaune, ce qui le fait distinguer facilement de quelques manganèses oxidées qui lui ressemblent, mais dont la poussière tache en noir; la cassure varie beaucoup; quelquefois les masses compactes se divisent en faisceaux bacillaires qui ressemblent à des prismes accolés. La cassure fibreuse est la plus commune; elle est quelquefois résineuse; pèse 3,5. Chauffées dans un tube, les diverses variétés dégagent de l'eau; du chalumeau à la flamme intérieure, elles brunissent et deviennent attirables; colorent le borax en jaune sale. C'est l'espèce de minérai de fer que l'on trouve le plus souvent et le plus abondamment en France; il alimente la plus grande partie des forges qui y sont établies. Il forme des filons dans les terrains secondaires modernes, et des couches dans le calcaire oolitique, le grès-houiller, les terrains anthraxifères, dans des terrains d'alluvion et tertiaires: il est probable qu'il s'en forme journellement. On en trouve quelquefois dans des terrains plus anciens, mais il provient de la décomposition d'autres minérais. On emploie en peinture les variétés terreuses sous le nom d'ocre jaune; en le calcinant on obtient un ocre rouge que l'on nomme rouge de Prusse.

### Goethite.

296. Ce minéral qui se trouve en petites lames, est translucide, rouge jaunâtre, rouge vif par réfraction au soleil, il donne une poussière jaune orangée. On y a trouvé : deutoxide de fer, 82; eau, 11. Il vient de Hollerterzug dans le pays de Sayn.

FER CARBONATÉ, Fer spathique, Mine d'acier, Fer carbonaté lithoïde, Sidérose, Sphérosidérite, *Spath eisenstein*, *Stahlstein*, *Flinz*, *Braun Kalk*.

297. Ce minéral se trouve compacte, granulaire, mamelonné, réniforme, cristallisé et pseudo-morphique. La forme primitive est le *rhomboèdre* (*Fig.* 5, *Pl.* 1); on trouve aussi le *rhomboèdre équiaxe* (*Fig.* 40, *Pl.* 3); rarement le *rhomboèdre inverse* (*Fig.* 39, *Pl.* 3); le *prisme hexagonal* (*Fig.* 21, *Pl.* 1); la variété équiaxe passe à la forme lenticulaire. Blanc, blanc jaunâtre, jaune plus ou moins brun; quelquefois translucide sur les bords, le plus souvent opaque; éclat quelquefois assez vif à la surface des lames; la cassure est lamelleuse dans les cristaux; un peu conchoïde dans la variété réniforme que l'on nomme ordinairement fer carbonaté lithoïde, enfin terreuse ou inégale; raie la chaux carbonatée; poussière grisâtre ou brun jaunâtre; la pesanteur varie de 3 à 3,8; au chalumeau pétille, noircit, ne donne pas de chaux et devient attirable à l'aimant. Soluble à chaud dans l'acide hydrochlorique avec une vive effervescence; à froid, elle est faible. Les variétés cristallisées contiennent : protoxide de fer, 60; acide carbonique, 39; mais généralement elles contiennent un peu d'oxide de manganèse, de chaux, de magnésie. Les variétés compactes sont mêlées avec des quantités très-variables et quelquefois considérables de matières étrangères. Une des plus pures, de Chaillaud, département de la Mayenne, contient carbonate de fer, 81; carbonate de chaux, 7; carbonate de magnésie, 1; acide silicique et argile, 9; oxide de fer, 2. Une variété réniforme du département de l'Allier, carbonate de fer, 53; carbonate de manganèse, 2; carbonate de chaux, 11; carbonate de magnésie, 4; acide silicique et argile, 26; eau, 2. La plus impure que l'on connaisse, venant de Rive de Giers, ne contient que carbonate de fer, 22; carbonate de chaux, 13; carbonate de magnésie, 2; acide silicique et argile, 53; acide phosphorique, 9, et traces de carbonate de manganèse : entre ces trois compositions de mélanges, il

y en a beaucoup d'intermédiaires. Le fer carbonaté est un des minérais de fer les plus employés à la préparation du fer. Les variétés cristallines ou spathiques sont traitées souvent dans de petits fourneaux que l'on nomme forges catalanes, où l'on obtient directement du fer malléable ou même de l'acier; c'est pourquoi on l'a nommé mine d'acier. Les variétés réniformes ou lithoïdes sont traitées en très-grande quantité en Angleterre, où elles se trouvent en bancs alternans avec la houille. En France on en a trouvé une couche en masse qui est traitée dans les forges de l'Aveyron. Les pseudo-morphoses sont ordinairement des fougères, des licopodes, etc. On le trouve dans les terrains houillers; les variétés cristallisées dans des filons métallifères, à Baigorry, Pyrénées; à Brosso, Piémont; à Sainte-Agnès, à Lostwithiel, à Land's End, Angleterre; les variétés lamellaires les accompagnent quelquefois; souvent elles forment, ainsi que les variétés compactes, des couches, des amas, des filons, principalement dans le terrain houiller, souvent mêlées avec du fer limoneux. Les variétés mamelonnées se trouvent ordinairement dans les dépôts basaltiques et les roches amygdaloïdes.

### Fer silicaté hydraté, Traulite.

298. Cette substance forme un enduit brunâtre, résinoïde, à cassure conchoïde, friable, sur la pyrite et le zinc sulfuré; elle contient protoxide de fer, 34; acide silicique, 31 ; eau, 19. On l'a trouvée à Bodemnaïs en Bavière.

On a nommé *pinguite* un minéral qui est en masse granulaire verdâtre, dont on ne connaît pas d'analyse exacte, et qui contient de l'oxide de fer, de l'acide silicique et de l'eau. On l'a trouvé à Grass en Hongrie.

### Liévrite, Yénite, Ilvaïte, Fer calcaréo-siliceux.

299. Ce minéral est compacte, aciculaire, bacillaire et cristallisé; la forme la plus ordinaire est un *prisme rhomboïdal droit*, terminé par un biseau reposant sur les arêtes (*Fig.* 18, *Pl.* 1), ou par un pointement à quatre faces reposant sur les faces (*Fig.* 19,

*Pl.* 1) ; noir, quelquefois verdâtre ; éclat un peu gras ; assez vif, principalement sur les sommets ; cassure inégale ; raie le verre ; rayé par le quartz ; pèse de 3,8 à 4 ; devient magnétique dans la flamme d'une bougie ; fond, au chalumeau, en un globule noir magnétique ; soluble en gelée dans les acides. Contient protoxide de fer, 53 ; protoxide de manganèse, 2 ; chaux, 14 ; acide silicique, 29 ; eau, 1, et alumine, traces. On le trouve à l'île d'Elbe dans deux gisemens : dans l'un, à Rio-la-Marina, il fait partie d'une masse épaisse qui est superposée à un calcaire talcqueux primitif ressemblant au cipolin ; il y est accompagné de pyroxène ; dans l'autre, au cap Calamite, il est associé à ce pyroxène avec fer oligiste, grenat, quartz hyalin. On prétend en avoir trouvé à l'île de Skeen en Norwége ; à Serdapol, dans le gouvernement d'Olonez ; à Kangorduluk au Groënland.

### Cronstédite, Chloromélane.

300. On trouve ce minéral en petites masses fibreuses ou en petits cristaux qui sont des *prismes hexaèdres* (*Fig.* 21, *Pl.* 1) ; noir ; poussière verte ; pèse 3,3 ; soluble en gelée dans les acides ; contient protoxide de fer, 59 ; protoxide de manganèse, 3 ; magnésie, 5 ; acide silicique, 22 ; eau, 11. On le trouve accompagné de chaux carbonatée, de manganèse oxidée, de fer carbonaté, de pyrite, près de Pzybram en Bohème, et à Wheal-Mandlin en Cornwall.

### Berthiérine.

301. Minéral bleuâtre, grisâtre, gris verdâtre ; rayé par une pointe d'acier ; magnétique ; soluble en gelée dans les acides ; contenant protoxide de fer, 75 ; alumine, 8 ; acide silicique, 12 ; eau, 5. On le trouve mêlé à divers minérais de fer de la Lorraine, de la Champagne et de la Bourgogne, dans lesquels il est disséminé en petits grains et auxquels il donne les propriétés magnétiques.

### Hisingerite.

302. Ce minéral se trouve en petites masses lamelleuses ; noir ;

tendre; poussière verdâtre; pèse 3,4; fusible au chalumeau en émail noir. Composé de protoxide de fer, 48; alumine, 6; acide silicique, 28; eau, 12. Il est disséminé dans un calcaire lamellaire, dans la mine de Gillinge, paroisse de Svarta en Sudermanie.

### NONTRONITE.

303. Cette substance est en plaques ou en rognons; jaune-paille ou jaune verdâtre; sans éclat; cassure presque terreuse; mate, onctueuse au toucher, très-tendre, se laisse rayer par l'ongle; chauffée dans un tube, elle laisse dégager de l'eau et devient rouge; soluble en gelée dans l'acide hydrochlorique. Composée de protoxide de fer, 29; alumine, 4; magnésie, 2; acide silicique, 44; eau, 19. On la trouve, dans un minérai de manganèse, à Chantries près Saint-Pardoux-la-Rivière, arrondissement de Nontron, Dordogne; elle est toujours enveloppée d'une pellicule de peroxide de manganèse.

### KROKIDOLITE.

304. On trouve ce minéral en fibres fines, flexibles; bleu; éclat soyeux; translucide; tenace; doux au toucher; raie le calcaire; pèse 3, 2; au chalumeau, fond facilement en émail noir; attirable à l'aimant; difficilement soluble dans les acides, même à chaud. Composé d'oxide de fer, 34; soude, 7; magnésie, 2; acide silicique, 51; eau, 6. On le trouve sur les bords de la rivière d'Orange, près du cap de Bonne-Espérance, et en Norwége.

### ACHMITE.

305. Ce minéral se trouve cristallisé; la forme est un *prisme rhomboïdal* souvent modifié par des troncatures sur les arêtes obtuses du prisme ou sur les arêtes de la base, enfin quelquefois terminé par des pyramides à quatre faces; vert sombre; raie le verre; pèse 3,2; insoluble dans les acides; fusible en émail noir. Composé de peroxide de fer, 31; soude, 10; chaux, 1; protoxide de manganèse 1; acide silicique, 55. On l'a trouvé engagé dans le quartz, à Kongsberg, en Norwége.

FER BORATÉ.

306. On trouve dans les Lagoni de la Toscane où l'on recueille l'acide borique, une substance terreuse, jaune, qui est composée d'oxide de fer et d'acide borique.

FER PHOSPHATÉ BLANC.

307. Ce minéral se trouve en petites masses terreuses, bleu à l'extérieur, blanchâtre à l'intérieur; mais devenant promptement bleu à l'air. Il contient protoxide de fer, 45; acide phosphorique, 26; eau, 28, plus un peu d'alumine. On le trouve dans le New-Jersey aux États-Unis, et à Eckartsberg près de Weissenfels en Thuringe.

FER PHOSPHATÉ VERT, Dufrénite, sous-phosphate de fer du Limousin, *Gruneisenstein de Sayn.*

308. Ce minéral se trouve en grains compactes vert-poireau, ou radiés et vert-olive; le premier pèse 3,5; il accompagne les minérais de fer et de manganèse à Sayn sur le Rhin; le second, faiblement translucide, fond dans la flamme d'une bougie et pèse 3,2; il accompagne les manganèses phosphatés ferrifères des environs de Limoges, Haute-Vienne. Ils contiennent : celui de Sayn, oxide de fer, 63; acide phosphorique, 28; eau, 9; et celui du Limousin, oxide de fer, 51; oxide de manganèse, 9; acide phosphorique, 25; eau, 15.

FER PHOSPHATÉ TERREUX BLEU, Fer azuré terreux, Terre bleue, Bleu de Prusse natif, *Blaueisenarde, Erdiger Eisenblau.*

309. On le trouve en masses terreuses; bleu, quelquefois un peu verdâtre; la composition n'est pas constante; une variété qui se trouve dans un dépôt argileux contenant des débris de végétaux à Hillentrup, principauté de la Lippe, contient protoxide de fer, 44; acide phosphorique, 30; eau, 25; avec des traces d'alumine et d'acide silicique provenant de l'argile qui s'y trouvait mêlée en petite quantité. Une autre variété qui est en rognons dans un dépôt semblable à Alleyras, près du Puy en Velay, Haute-Loire; contient protoxide de fer, 43; protoxide de

manganèse, 3; acide phosphorique, 23; eau, 32, et des traces d'argile. On en trouve aussi dans des gisemens semblables à Sulz en Wurtemberg, et à Spandau en Prusse; dans des fers limoneux à Tenfelsweisen, près de Puz en Lusace, et aussi dans des dépôts de tourbe, etc.; il devient noir dans l'huile.

FER PHOSPATÉ BLEU CRISTALLISÉ, Fer azuré, Vivianite, Schorl bleu, *Spathiger Eisenblau.*

310. Ce minéral cristallise en *prisme rectangulaire oblique* (*Fig.* 13, *Pl.* 1); souvent modifié par des biseaux et des troncatures quelquefois assez multipliées sur les arêtes du prisme pour le rendre un peu cylindroïde; bleu clair; éclat un peu vitreux; transparent ou translucide; rayé par la chaux carbonatée; poussière bleu pâle; pèse 2,9; mis dans la flamme d'une bougie il devient magnétique. Une variété de Cornwall contient protoxide de fer, 41; acide phosphorique, 31; eau, 28; une autre variété qui est en petits cristaux, bleu foncé, contient protoxide de fer, 41; acide phosphorique, 26; eau, 31; elle se trouve à Silberberg, près de Bodemnaïs, en Bavière; celle du Cornwall se trouve à la mine de Huelkend à Sainte-Élisabeth.

FER PHOSPHATÉ MANGANÉSIFÈRE ANHYDRE.

311. On le trouve en petites masses amorphes; brun rougeâtre; translucide sur les bords; cassure lamelleuse, luisant; raie le verre; pèse 3,7; au chalumeau, sur un charbon, fond aisément en un globule noir magnétique. Contient protoxide de fer, 32; protoxide de manganèse, 33; acide phosphorique, 33; plus du phosphate de chaux. Il se trouve dans la Haute-Vienne.

FER CHROMÉ, Sidéro-Chrome, *Eisenchrome.*

312. On le trouve en rognons compactes, laminaire, grenu; dans des sables, et cristallisé; la forme est l'*octaèdre* (*Fig.* 9, *Pl.* 1); les cristaux sont très-petits; noir; éclat métallique à la surface des cristaux; raie le verre; pèse 4,5; au chalumeau devient attirable et ne fond pas; sa poussière, chauffée avec du nitrate de potasse, donne une masse jaunâtre qui colore fortement l'eau en se dissolvant et précipite l'acétate de plomb en jaune. La compo-

sition est très-variable. Il contient peroxide de fer de 26 à 37; oxide de chrome de 36 à 56; alumine de 6 à 21; la plupart des variétés contiennent de plus un peu de silice de 1 à 10. Cette substance qui, pendant quelque temps servit de lest aux navires venant de Baltimore, est employée pour la préparation du chromate de plomb artificiel ou jaune de chrôme, et pour celle de l'oxide ou vert de chrôme, qui est employé pour peindre sur porcelaine, etc. Le premier qui ait été reconnu a été trouvé à Bastide-la-Carades, dans le departement du Var; il se trouve en rognons qui forment des amas quelquefois considérables dans des roches serpentineuses, auprès de Nantes; à Krieglack en Styrie; à Silberberg, en Silésie; sur les bords du Viasga, dans les monts Ourals; dans les îles Fellar et Unst, dans les Hébrides; à Harford et Harhill près de Baltimore; à Newhaven dans le Connecticut; à l'île aux Vaches près de Haïti; il s'y trouve à l'état arénacé; on l'avait confondu avec le fer titané.

FER ARSÉNIATÉ DU LIMOUSIN, Scorodite.

313. Ce minéral se trouve en très-petits cristaux dérivant du prisme rectangulaire; ce sont des *octaèdres* (*Fig.* 9, *Pl.* 1) qui sont quelquefois très-modifiés; bleu-verdâtre ou vert-bleuâtre; éclat vitreux; translucide; raie la chaux carbonatée; pèse 3,2; chauffé légèrement dans un tube, laisse dégager de l'eau et devient blanchâtre; chauffé au rouge dans le même tube, de l'acide arsenieux se sublime; le résidu est noirâtre; chauffé au chalumeau, sur un charbon, il donne fumée blanche et l'odeur d'ail; il reste une scorie noire et quelquefois un bouton métallique cassant et magnétique. Composé de protoxide de fer, 48; acide arsénique, 32; eau, 18; une variété cuprifère du Cornwall contient oxide de fer, 28; oxide de cuivre, 23; acide arsénique, 34; eau, 12; il accompagne les minérais d'étain et de cobalt, à Saint-Léonard et Vaury dans le département de la Haute-Vienne; à Schneeberg et Schwarzenberg en Saxe; à Læling en Carinthie; à Saint-Austle en Cornwall.

FER ARSÉNIATÉ DU BRÉSIL, Néoctèse.

314. On trouve cette substance cristallisée; les cristaux sont

mal déterminées mais dérivent du *cube*, vert clair; chauffée dans un tube, laisse dégager de l'eau et devient jaunâtre; soluble dans les acides concentrés. Composée de protoxide de fer, 35; acide arsénique, 51; eau, 16. Elle accompagne un fer limoneux compacte, à San-Antonio-Perreira près de Villa-Rica, au Brésil.

On a trouvé à Loyasa, près de Marmato dans le Popayan, dans un fer limoneux, un arséniate de protoxide de fer contenant : protoxide de fer, 34; acide arsénique, 50; eau, 17; il est en fragmens celluleux, vert pâle, et donne une poussière blanche.

Fer arséniaté du Cornwall, Pharmaco-sidérite, *Wurfelerz*, *Arseniksaures Eisen*, *Hexaerdrischer lirocon malachit.*

315. Ce minéral est cristallisé, sa forme est le *cube;* il est vert foncé, quelquefois très-translucide, cassure inégale, clivable parallèlement aux faces du cube; raie la chaux carbonatée, pèse 3; chauffé légèrement dans un tube, il donne de l'eau, et brunit ou rougit; soluble dans les acides concentrés. Il contient : peroxide de fer, 39; oxide de cuivre, 1; acide arsénique, 38; acide phosphorique, 3; eau, 19. On le trouve dans les mines d'étain en Cornwall, à Saint-Léonard près Limoges, à Schwarzemberg en Saxe.

Fer sous-sulfaté, Pittizite, Fer sulfaté ocreux, Stilpno-sidérite, Fer oxidé résinite, *Eisenpecherz*, *Eisensinter.*

316. Ce minéral se trouve en petites masses mamelonnées, en stalactites et pulvérulent; brun, éclat résineux, cassure conchoïde, poussière jaune; insoluble dans l'eau, soluble dans les acides; chauffé dans un tube, il donne de l'eau; il reste une poudre rouge; contient protoxide de fer, 62; acide sulfurique, 16; eau, 22. On le trouve dans l'intérieur des mines; il résulte de la décomposition des pyrites; on en trouve aussi dans les solfatares.

Un échantillon rougeâtre et venant de Kustbechurung près de Freyberg, analysé par Klaproth, a donné : peroxide de fer, 67;

acide sulfurique, 8; eau, 25; ce sous-sulfate ne contient que moitié de l'acide du précédent.

Un autre, des mines de Freyberg, rouge-hyacinthe, translucide, éclat résineux, a la même la composition; enfin une variété de Freyberg, donne peroxide de fer, 51; acide sulfurique, 14; eau, 33; plus un peu d'acides phosphorique et arsénique; ici l'oxide de fer et l'acide sont dans les mêmes proportions que dans la première variété, mais l'eau est doublée.

Fer sulfaté vert, Mélanterie, Couperose verte, Vitriol vert, *Eisen Vitriol*, *Gruner Vitriol*, *Goekelgut*.

317. On le trouve fibreux et concrétionné; verdâtre, soluble dans l'eau; on peut l'y faire cristalliser; saveur astringente rappelant celle de l'encre; pèse 1,8. Les cristaux contiennent protoxide de fer, 26; acide sulfurique, 29; eau, 45; chauffé dans un tube, il donne de l'eau et un résidu blanc. On s'en sert dans les arts; mais c'est seulement de celui qui est préparé artificiellement par l'efflorescence ou le grillage des pyrites; il est employé principalement pour la teinture en noir, la fabrication de l'encre, celle de l'acide sulfurique fumant, et du rouge d'Angleterre; il résulte aussi dans la nature de la décomposition des pyrites.

Fer sulfaté rouge, Néoplase, Sulfate de Protoxide et de Deutoxide de Fer, *Rother Eisen Vitriol*.

318. Cette substance se trouve concrétionnée, stalactiforme et même cristallisée; la forme est le *prisme rhomboïdal oblique* (*Fig.* 13; *Pl.* 1); rouge, pèse 2; soluble dans l'eau, saveur astringente; chauffée dans un tube, elle donne de l'eau; il reste une masse rouge. Composée de peroxide de fer, 24; protoxide de fer, 11; acide sulfurique, 32; eau, 32; il n'est jamais pur; il est presque toujours mêlé d'autres sulfates. Il se trouve comme les autres dans les travaux des mines, où il provient de la décomposition des pyrites, surtout à Fahlun en Suède, et à Freyberg en Saxe.

FER SULFATÉ ARSÉNIATÉ, Sidérétine, *Kobaltpech.*

319. Minéral compact; brun, translucide; éclat résineux ou presque terreux, jaune d'or; friable; rayé par la chaux carbonatée; chauffé dans un tube de verre, il donne de l'eau qui rougit un peu le papier coloré en bleu par le tournesol, et laisse un résidu rouge; soluble dans l'acide hydrochlorique. Composé de peroxide de fer, 33; acide sulfurique, 10; acide arsénique, 26; eau, 29; une autre variété contient protoxide de fer, 35; acide sulfurique, 14; acide arsénique, 20; eau, 30. Cette substance, que l'on trouve à Schneeberg, en Saxe, s'y forme, de même que les autres sulfates, par la décomposition des pyrites arsénicales.

FER MURIATÉ, Pyrodmalite, Chlorure de Fer.

320. Ce minéral se trouve concrétionné et cristallisé; les cristaux sont des *prismes hexaèdres* (*Fig.* 21, *Pl.* 1); brun, gris-verdâtre ou jaune-verdâtre; raie facilement le verre; pèse 3,1; chauffé dans un tube, il donne de l'eau, puis il se forme un sublimé jaune de chlorure de fer; soluble dans l'eau; au chalumeau, sur un charbon, il donne une odeur de chlore ou d'acide hydrochlorique et fond en globule noir; si l'on ajoute du carbonate de soude et que l'on continue à chauffer, ce sel se colore en vert par la manganèse qui se trouve dans la substance; elle contient: chlorure de fer, 14; protoxide de fer, 22; protoxide de manganèse, 21; acide silicique, 36; eau et perte, 6; il y a des traces de chaux. C'est une combinaison de chlorure de fer avec un silicate double de fer et de manganèse. La variété laminaire se trouve avec de gros cristaux d'amphibole; la variété mamelonnée, au Vésuve, sur chaux carbonatée; dans la mine d'aimant de Bjelke, près de Nordmark dans le Vermeland.

FER OXALATÉ, Humboldite, Oxalite, Mellate de Fer, *Eisen Resin.*

321. On trouve cette substance en masse terreuse ou cristalline; paraissant clivable en *prisme droit à base carrée* (*Fig.* 12, *Pl.* 1); jaune; facilement rayée par l'ongle; raie la chaux sulfa-

tée; fragile; pèse 1,3; placée sur un charbon rouge, devient noire, donne l'odeur de matière végétale qui brûle, et devient magnétique; insoluble dans l'eau. Composée de protoxide de fer, 54; acide oxalique, 46. Cette substance n'a été trouvée jusqu'ici que dans des lignites, à Kolovserux près de Billin, en Bohême; à Postchappel près de Dresde, et à Grossalmerode en Hesse; on fraude dans les ventes, en le mêlant avec de l'ocre jaune en place de l'oxalate qui est rare.

*Extraction du fer.* — Les minérais de fer employés à l'extraction du métal sont, comme on l'a vu, les divers oxides, les carbonates et quelques silicates, mais rarement : comme ils contiennent souvent du fer sulfuré dont le soufre rendrait le fer cassant, on grille le minérai, puis on le réduit de manière à obtenir du fer directement, en mêlant ensemble combustible et minérai dans un fourneau dont la forme varie suivant les pays, mais de petites dimensions. La combustion est activée par un soufflet, et l'on obtient à volonté du fer excellent ou de l'acier. Ce procédé très-rapide n'est bon que pour un petit nombre de minérais qui sont des fers oxidulés, oligistes ou carbonatés cristallins. Cette méthode, dans laquelle on se sert des fourneaux que l'on nomme forges catalanes, et stuckofen ou fourneaux à masse, et dont on aura la description dans le *Traité des arts chimiques*, cette méthode ne pouvant fournir que des produits peu abondans, et n'étant pas applicable à la plus grande partie des minérais, on en suit plus généralement une autre. Pour celle-ci, on emploie des fourneaux de dimensions très-grandes et très-variables, suivant la nature du combustible, la force des machines soufflantes et la quantité de matière que l'on doit traiter par jour, car ces fourneaux, une fois allumés, ne doivent s'arrêter qu'en cas d'accidens; ils ont une élévation qui varie entre 8 et 55, et même 60 pieds, ce qui les fait nommer hauts-fourneaux; on en trouvera aussi la description détaillée dans le *Traité des arts chimiques*. Quand ils ont été séchés graduellement et chauffés convenablement, on y met le charbon et le minérai, auxquels on joint toujours un fondant qui le plus souvent est de la chaux carbonatée que l'on nomme alors *castine*. Le fondant, de quelque nature qu'il soit, est destiné à se combiner aux matières étrangères qui accompagnent le fer; il en résulte un produit qui ressemble à un verre ou plutôt à un émail diversement coloré que l'on nomme *laitier;* il recouvre la fonte résultant de la réduction des minérais de fer et de la combinaison de ce métal à une certaine quantité de carbone, et que sa pesanteur ainsi que sa liquéfaction font couler à la partie inférieure du fourneau que l'on nomme creuset : au-dessus du creuset sont les tuyères par lesquelles un courant d'air, proportionné à la capacité du fourneau, y est introduit; on coule le laitier, puis la fonte, quand le creuset en est suffisamment plein; c'est elle que l'on nomme *gueuse*. On emploie pour combustibles du charbon de bois dans les plus petits, du coak dans les plus grands. Depuis quelque temps, on s'est aussi servi du bois et de la houille, en ayant la précaution d'employer de l'air chauffé. Pour affiuer la fonte, qui est une combinaison de fer et de carbone, et la changer en fer, on fait plusieurs opérations, dont le but est d'abord de brûler le carbone, puis de réunir par le martelage les grains de fer qui en résultent et qui ne peuvent fondre, mais se soudent très-bien à une haute température. Ces masses de fer sont ensuite converties en barres rondes, carrées ou plates, par le martelage ou l'étirage sous des cylindres. De plus grands détails sont du ressort des ouvrages de métallurgie et de chimie; on les trouvera dans le *Traité des arts chimiques*.

## ÉTAIN.

ÉTAIN SULFURÉ, Stannine, Étain pyriteux, Or musif natif, *Zinnkies*.

322. Ce minéral se trouve en petites masses; gris jaunâtre, jaune de bronze clair; éclat métallique faible; cassure inégale, rarement conchoïde; poussière noire; facile à entamer et à pulvériser; pèse 4,5; au chalumeau, fusible avec odeur d'acide sulfureux; on obtient ensuite au feu de réduction une scorie noire; au feu d'oxidation une poussière blanche. Traité par l'acide nitrique, il se forme un dépôt blanc; la liqueur est bleuâtre; cette

substance est un triple sulfure de cuivre, d'étain et de fer, en proportions variables; d'après Klaproth, elle contient : cuivre, de 30 à 36; étain, de 26,5 à 34; fer, de 3 à 12; soufre, de 25 à 30,5: quelques variétés ne présentent pas de fer; elles contiennent, cuivre, 26; étain, 48; soufre, 26. On ne l'a encore trouvé qu'en Angleterre, dans la mine de cuivre pyriteux de Huel-Rock, près de Saint-Agnès en Cornwall, et en petites veines dans le granite du mont Saint-Michel en Cornwall.

Étain oxidé, Cassitérite, Pierre d'Étain, Mine d'Étain, *Zinnerz, Zinnstein.*

323. On le trouve toujours concrétionné ou cristallisé; les cristaux sont souvent confus; la forme primitive est un *octaèdre symétrique;* la forme dominante est un *prisme rectangulaire droit*, souvent basé (*Fig.* 12, *Pl.* 1), ou terminé par un pointement à quatre faces reposant sur les faces du prisme (*Fig.* 19, *Pl.* 1), ou sur les arêtes (*Fig.* 20, *Pl.* 1); ces deux pointemens sont quelquefois combinés et sont tangens l'un à l'autre. Il y a aussi des troncatures sur les arêtes des prismes, assez multipliées quelquefois pour les rendre presque cylindroïdes; les cristaux sont souvent croisés et offrent un angle rentrant; c'est une hémitropie ou maclure (*Fig.* 93, *Pl.* 4). La variété qui est concrétionnée paraît provenir de stalactites; on y voit des couches concentriques de diverses couleurs; brun, rouge, blanchâtre, qui lui donnent un peu l'apparence de bois; on lui avait, d'après cela, donné le nom d'étain de bois; les cristaux sont noirs, brunnoirâtres, jaunâtres, grisâtres; enfin les plus purs sont blanc jaunâtre, quelquefois un peu translucides; cassure inégale, raboteuse; raie le verre; fait feu au briquet, ce qui, ainsi que la pesanteur, le distingue du zinc sulfuré; poussière grisâtre, ce qui le fait distinguer du scheelin ferrugineux dont la poussière est rouge, et qui est moins dur; pèse 6,9; au chalumeau, sur un charbon, très-difficilement fusible et réductible sans addition, mais avec du carbonate de soude, il est promptement réduit. Il contient oxide d'étain de 99 à 91; oxide de fer de 9 à 0,5; plus

un peu d'acide silicique et quelquefois des oxides de manganèse et de tantale; c'est le moins répandu de tous les métaux utiles. Dans les terrains primitifs, il est disséminé dans des couches et forme de grands et petits filons; dans des granites, des greisen, des porphyres et dans les alluvions de ces terrains. Très-rare en France, où l'on n'en a trouvé que très-peu à Vaury, à Saint-Léonard près de Limoges; dans les sables au bord de la mer au-dessous de Nantes, enfin à l'entrée de cette ville avec or natif et chaux phosphatée cristallisée; les principaux gisemens d'Europe sont en Cornwall, en Saxe, en Bohême; il y en a de considérables aux Indes, à Malaca, à Banca, d'où l'on retire l'étain le plus pur; au Pégu, en Chine, au Mexique et au Brésil. Les substances qui l'accompagnent le plus souvent sont le quartz, le mica, le talc, la topaze, la chaux fluatée, le cuivre pyriteux, arséniaté, et natif; le fer sulfuré et oxidé, le scheelin ferrugineux et calcaire, et le molybdène sulfuré. C'est de ce minéral que l'on retire l'étain qui est versé dans le commerce.

*Extraction de l'étain.* — L'étain oxidé étant souvent mêlé de sulfures et d'arséniures de cuivre et de fer; on le bocarde, et quand il est assez fin, on le soumet à un lavage qui le purifie assez bien, à cause de la grande densité de ce corps; on le sèche alors, puis on le grille de manière à condenser les vapeurs arsénicales dans une chambre où ces vapeurs se refroidissent et se déposent: le fourneau est à réverbère; on lave de nouveau dans des cuves après le grillage, de manière à pouvoir recueillir le sulfate de cuivre qui s'est formé, puis on lave encore sur des tables, pour entraîner l'oxide de fer. Il faut, que par les grillages et lavages, il contienne au moins moitié de son poids d'étain. On le réduit au fourneau à manche; on emploie pour combustible du charbon de bois. Dans quelques usines, en Angleterre, on se sert d'un fourneau à réverbère pour la réduction; on mêle alors le minérai avec de la houille en poudre et quelquefois un peu de chaux; on humecte le tout. L'étain obtenu par ces différens procédés n'est pas pur; il faut le raffiner; pour cela on chauffe les lingots, provenant de la première fusion, graduellement et très-modérément; l'étain le plus pur fond d'abord, et coule dans une chaudière en fonte que l'on chauffe pour empêcher l'étain de s'y solidifier. Quand elle est pleine, on le brasse avec une cuiller, ce qui fait venir à la surface des matières étrangères qui s'y trouvent mélangées et que l'on enlève. Pour les détails de ces opérations et les descriptions, nous renvoyons au *Traité des arts chimiques*.

## ZINC.

### Zinc sulfuré, Blende, *Granatblende*, *Zinkblende*.

324. Ce minéral se trouve en masse grenue, concrétionné, laminaire ou bien cristallisé; les formes dominantes sont le *tétraèdre simple* (*Fig.* 1, *Pl.* 1), tronqué sur les angles solides (*Fig.* 3, *Pl.* 1), ou sur les angles solides et les arêtes (*Fig.* 94, *Pl.* 4,), l'*octaèdre* simple (*Fig.* 9, *Pl.* 1), ou tronqué sur les arêtes (*Fig.* 92, *Pl.* 4), enfin le *dodécaèdre rhomboïdal* (*Fig.* 23, *Pl.* 1), jaune, jaune verdâtre, brunâtre, rougeâtre, noirâtre; translucide ou opaque; quelquefois transparent; éclat vitreux ou résineux, quelquefois métalloïde; cassure lamelleuse; cassant facilement; rayé par une pointe d'acier; pèse 4,2. Les variétés transparentes sont phosphorescentes par le frottement; infusible au chalumeau; la composition varie un peu; la moyenne est à peu près, zinc, 61; fer, 5; soufre, 32; il est employé à la fabrication du zinc et du laiton. Ce minéral très-fréquent est souvent associé au plomb sulfuré, au cuivre gris et pyriteux, à l'antimoine sulfuré, au fer carbonaté, avec chaux carbonatée, chaux fluatée, quartz hyalin, et jaspe.

### Zinc sulfuré mercuriel.

325. Ce minéral est amorphe, gris; poussière noire tachante; pèse 5,6; composé de zinc, 24; mercure, 19; soufre, 49; sélénium, 2; traces de chlore; le reste en gangue; c'est un mélange de sulfure de zinc de proto-sulfure et de séléniure de mercure. On l'a trouvé à Calebraz, district del Doctor au Mexique. Une autre variété, venant du même canton, qui est rouge cinabre, pèse 5,7; a une composition analogue, mais le mercure y est à

l'état de deuto-sulfure. Ces deux variétés chauffées au chalumeau brûlent avec une odeur de choux pourris due au séléninm.

ZINC SÉLÉNIÉ.

326. Minéral gris, ayant l'éclat métallique; pesant 5,6; une variété rouge cinabre, pèse 5,7; chauffé au chalumeau, il brûle avec l'odeur de choux pourris due aussi au sélénium; le premier contient zinc, 24; mercure, 17; sélénium, 49; soufre, 2; le reste en gangue. C'est un mélange de séléniures de zinc et de mercure. On trouve ces deux variétés à Calebras au Mexique.

ZINC CARBONATÉ, Calamine, Smithsonite, Zinc oxide, *Galmei; Zinkspath.*

327. On trouve ce minéral en masses compactes, fibreuses, lamellaires, concrétionnées, et en stalactites, enfin cristallisées et pseudomorphiques peut-être. Les formes sont de petits *rhomboèdres aigus* (*Fig.* 39, *Pl.* 3), et des *dodécaèdres triangulaires scalènes* (*Fig.* 25, *Pl.* 1), blanc ou blanc jannâtre; une variété est colorée en bleu par son mélange avec du cuivre carbonaté; éclat faible; raie l'arragonite; rayé par la chaux phosphatée; pèse de 3, 5, à 4, 3; soluble avec effervescence dans les acides; précipité en blanc par l'ammoniaque, ce qui le distingue de la chaux carbonatée, ainsi que la dureté et la manière dont il se comporte au chalumeau, qui, sur un charbon, le réduit à la flamme intérieure, en donnant une flamme vive et une fumée blanche; il reste sur le charbon un cercle jaunâtre. Composé d'oxide de zinc, 65; acide carbonique, 35. On l'a confondu avec le zinc silicaté sous le même nom de calamine, tous deux sont exploités pour l'extraction du métal, ils se trouvent dans des gisemens d'autres métaux, surtout de plomb sulfuré, dans des terrains anciens, cependant les couches puissantes se trouvent dans les terrains secondaires.

ZINC CARBONATÉ HYDRATÉ, Zinconise, Calamine terreuse, Fleur de Zinc, Cadmie native, *Zinkbluthe.*

328. On l'a trouvé en petites masses terreuses, blanches,

pesant 3,6 ; composé d'oxide de zinc, 67; acide carbonique, 13; eau, 20. Chauffé dans un tube bouché, il donne de l'eau ; on l'a trouvé en petits nids dans la mine de plomb de Bleyberg en Carinthie.

ZINC SILICATÉ, Willemite.

329. Ce minéral se trouve cristallisé ; la forme primitive est un *rhomboèdre obtus* ; les cristaux que l'on rencontre sont de petits *prismes hexaèdres* ( *Fig.* 21, *Pl.* 1 ); blanc, jaunâtre, brun-rouge, gris de cendre ; quelquefois fortement translucide ; éclat un peu gras ; raie le verre ; difficile à pulvériser; sa poussière se dissout en gelée dans l'acide hydro-chlorique ; au chalumeau, sur un charbon avec le borax, il donne un globule transparent ; il contient, si la formule indiquée est juste, oxide de zinc, 72; acide silicique, 28. On le trouve dans le minérai de zinc de l'Altberg, près d'Aix-la-Chapelle.

ZINC SILICATÉ HYDRATÉ, Calamine, Zinc oxide, Pierre calaminaire, Hopéite, *Galmei*, *Zinkglass*.

330. Ce minéral est compacte, concrétionné, lamellaire, aciculaire, et cristallisé ; les cristaux sont le plus ordinairement tabulaires avec des biseaux sur les quatre côtés (*Fig.* 43, *Pl.* 3) ; blanc, quelquefois coloré en jaunâtre ou en brun, par de l'oxide de fer, ou en vert par du carbonate de cuivre ; raie la chaux fluatée ; pèse 3,4 ; facile à pulvériser ; soluble en gelée sans effervescense ; infusible au chalumeau, y décrépite et se boursouffle un peu ; chauffé dans un tube il donne de l'eau ; contient oxide de zinc de 64 à 68, acide silicique de 25 à 26 ; eau de 4 à 10. Ce minéral est la calamine proprement dite, il se trouve dans les gisemens de plomb, de cuivre et dans le terrain anthraxifère, quelque fois en couches ; près d'Aix-la-Chapelle ; à Tarnowitz en Silésie ; à Mendisphill dans le Sommersetshire ; à Rutland dans le Derbyshire ; à Montalet, près d'Uzès ; à Combecave près Figeac, département du Lot ; etc., il sert à l'extraction du zinc.

ZINC SILICATÉ ALUMINEUX, Gahnite, Spinelle zincifère, Automalite.

331. Ce minéral se trouve en petits cristaux; ce sont des *octaèdres* (*Fig.* 9, *Pl.* 1); quelquefois hémitropes; vert ou gris; éclat vitreux; rayé seulement par le diamant et le corindon; pèse de 4, 2, à 4, 7; infusible au chalumeau sans addition; avec le carbonate de soude, sur un charbon, il se forme autour un cercle blanc-jaunâtre, d'oxide de zinc. Contient oxide de zinc, 24; alumine, 60; oxide de fer, 9; acide silicique, 5. On le rencontre dans des schistes talqueux à Ericmatt près Fahlun; à Brodbo, à Ostra-Silverberg en Suède; à Franklin, dans le New-Jersey.

ZINC SULFATÉ, Gallizinite, Vitriol blanc, Vitriol de Goslar, Couperose blanche, *Zink Vitriol*, *Gallisenstein*, *Bergbutter*.

332. Ce minéral est concrétionné, ou bien en petites houppes cristallines formées de prismes aciculaires très-fins, rhomboïdaux; blanc ou jaunâtre, quelquefois coloré en bleu par du sulfate de cuivre; pèse 2; efflorescent; soluble dans l'eau; saveur astringente; chauffé dans un tube, il donne de l'eau; il reste une masse blanche friable; composé d'oxide de zinc, 29; oxides de fer et de manganèse, 1; acide sulfurique, 30; eau, 40. On le trouve dans les travaux des mines; surtout dans les galeries abandonnées, à Rammelsberg, près Goslar, en Westphalie; à Schemnitz en Hongrie; à Fahlum en Suède; à Holy-Well dans le Flintshire; etc.

ZINC MANGANITÉ, Zinc oxidé rouge, Brucite.

333. Cette substance est le plus souvent en masses lamellaires et quelquefois cristallisée; la forme est un *prisme rhomboïdal droit;* rouge brunâtre; raie la chaux carbonatée; pèse 5,4; contient oxide de zinc 88; deutoxide de manganèse, 12; ce dernier joue probablement ici le rôle d'acide. On trouve ce minéral dans quelques gisemens de fer aux États-Unis, principalement à Franklin dans le New-Jersey.

*Extraction du zinc.* — L'extraction de ce métal est basée sur sa volatilité; on le retire des calamines et de la blende; on les grille, puis on les mélange avec du charbon en poudre; le mélange est introduit dans des cylindres de fonte placés horizontalement dans des fourneaux; la mine se réduit, et le métal, par l'élévation de température, passe à l'état de vapeurs; on adapte alors aux tuyaux des récipiens en fer, dans lesquels le métal se solidifie; on le fond ensuite, et on le coule en plaques, dans des moules en granite. Nous renvoyons, de même que pour les autres métaux, au *Traité des Arts chimiques*, pour les détails.

## URANE.

Urane oxidulé, Protoxide d'Urane, Péchurane, Urane noir, *Pechblende, Uranerz, Schwartz Uranerz, Uranocker.*

334. Il est sous forme de masses compactes; noirâtre; éclat gras; cassure conchoïde; opaque; râclure noire; raie difficilement le verre; pèse 5,6; infusible au chalumeau, ce qui le fait distinguer du fer silicéo-calcaire et du schéclin ferrugineux; soluble dans l'acide nitrique avec dégagement de vapeurs nitreuses; la liqueur est jaune; il est toujours mélangé de quelques substances étrangères; il contient : protoxide d'urane, 60; protoxide de fer, 3; argile, 9; sulfure de plomb, 6; carbonate de chaux, 2; carbonate de magnésie, 3; cuivre pyriteux et sulfuré, 6; pyrite arsénicale, 9; zinc sulfuré, 1; eau et bitume, 4; la composition est très-variable. On le trouve dans les filons de plomb, les gisemens argentifères et aurifères en Saxe, en Bohême; et dans les gisemens d'étain en Cornwall. On l'emploie dans les laboratoires, et pour obtenir le deutoxide qui sert comme couleur sur la porcelaine.

Urane oxidé hydraté, Deutoxide d'Urane, Urane terreux, Uraconise, *Uranblüthe.*

335. Il forme de petits enduits pulvérulens; jaune foncé; disséminés par places, à la surface de l'urane oxidulé, dans les

gisemens duquel on le trouve; chauffé dans un tube il donne de l'eau; il se dissout dans l'acide nitrique sans dégagement de vapeurs nitreuses; il contient, oxide d'urane, 72; chaux, 6; acide silicique, 4; acide phosporique, 2; eau, 14, et des traces d'oxide de manganèse et d'acides arsénique et fluorique. Le deutoxide anhydre pur, contient : urane, 94,76; oxigène, 5,24 : le protoxide pur, urane, 96,4; oxigène, 3,6.

### Urate carbonaté.

336. C'est un minéral qui a été trouvé en petites masses cristallines; jaune-citron tirant un peu sur le jaune de soufre, opaque, tendre, peu éclatant, soluble avec effervescence dans les acides; à Joachimschal en Bohême, dans une veine d'argent.

### Urane phosphaté jaune, Uranite, Uranate de Chaux, Phosphate d'Urane et de Chaux.

337. Ce minéral se trouve lamellaire, cristallisé et terreux; jaune; la forme la plus ordinaire est une lame carrée souvent modifiée par des biseaux, sur les arêtes des bases; ces lames se groupent quelquefois en éventail; rayé par la chaux carbonatée; pèse 3,1; soluble dans l'acide nitrique sans effervescence, la dissolution est jaune, l'acide oxalique en précipite de la chaux; chauffé dans un tube il donne de l'eau; fusible au chalumeau. Composé d'oxide d'urane, 59; chaux, 6; acide phosphorique, 15; eau, 15; et de plus des traces de baryte, magnésie, oxide de manganèse, acide silicique, fluor, etc. Il se trouve en petites veines ou nids horizontaux dans la pegmatite; à Saint-Simphorien de Marmagne, près d'Autun; à Saint-Yriex, près de Limoges; dans le granite à Chessy, près de Lyon; à Rabenstein, en Bavière; à Baltimore, dans le Maryland.

### Urane phosphaté vert, Chalkolite, Phosphate d'Urane et de Cuivre. Torbérite, *Uranglimmer, Grunes Uranerz.*

338. Ce minéral cristallise comme le précédent; on le trouve aussi en *octaèdre;* vert; rayé par la chaux carbonatée; pèse

3,3; soluble dans l'acide nitrique sans effervescence, la liqueur est jaune verdâtre, devient bleue par l'addition d'ammoniaque en excès, et donne un précipité brun par l'acide hydro-sulfurique; chauffé dans un tube il donne de l'eau; au chalumeau avec le carbonate de soude, on obtient un petit bouton de cuivre. Contient oxide d'urane, 60; oxide de cuivre, 8; acide phosphorique, 16; eau, 15. On le trouve dans les filons de minérais d'étain et de cuivre, en Cornwall, en Bohême; dans les filons d'argent et de cobalt en Saxe, en Souabe; dans le Palatinat, sur chaux fluatée fétide; à Bodemnaïs, en Bavière, avec émeraude et tantaline. Ce minéral et le précédent ne devraient pas être séparés.

Urane sulfaté, Proto-Sulfate d'Urane, Johanite.

339. Cette substance non encore analysée d'une manière exacte, se présente sous forme de houppes, composées de petites aiguilles vertes; soluble dans l'eau; pèse 3,2; chauffée dans un tube elle donne de l'eau; c'est un mélange de sulfate de deutoxide d'urane et de sulfate de deutoxide de cuivre. On l'a trouvée à Joachimsthal dans le Micaschiste.

## BISMUTH.

Bismuth natif, *Gediegen Wismuth*, *Aschblei.*

340. On le trouve en masses lamellaires, ramuleux, et cristallisé; les formes sont des *octaèdres* enchassés les uns dans les autres, des rhomboèdres; blanc un peu rougeâtre; la surface est quelquefois irisée; fragile; cassure lamelleuse; il y a des clivages donnant un octaèdre; pèse 9,7; très-facilement fusible au chalumeau; il brûle et donne un oxide jaune; soluble dans l'acide nitrique avec dégagement de vapeurs nitreuses; la dissolution est précipitée en blanc par l'eau; il se trouve dans les filons, dans le voisinage des minérais de cobalt ou d'argent, rarement de plomb, à Bieber, dans le Hanau, avec cobalt; à Wittichen en Souabe, avec cobalt et argent natif; à Joachimsthal en Bohême;

en Saxe, à Schneeberg ; il est en rameaux engagés dans un quartz jaspe rougeâtre ; il y est accompagné d'arsenic : on en a indiqué aussi à Poullaouen, dans le Finistère, avec plomb sulfuré ; on en rencontre aussi dans la vallée d'Ossan aux Pyrénées ; il sert à obtenir le bismuth qui est employé en très-petite quantité pour faire des alliages fusibles, du blanc de fard, etc.

Bismuth oxidé, Fleur de Bismuth, *Wismuth Ocker*, *Wismuthblüthe.*

341. Il forme de petites masses pulvérulentes ; jaune verdâtre, et gris jaunâtre ; très-tendre ; pèse 4,4, très-facilement réductible ; soluble dans l'acide nitrique ; la dissolution est précipitée en blanc par l'eau ; il n'est jamais pur, il contient : oxide de bismuth, 86 ; oxide de fer, 5 ; acide carbonique, 4 ; eau, 3. Il accompagne le bismuth natif et le cobalt, à Schneeberg en Saxe, à Joachimsthal en Bohême, Sainte-Agnès en Cornwal, en Sibérie, etc.

Bismuth carbonaté.

342. On a trouvé à Sainte-Agnès en Cornwal, une substance blanchâtre, terreuse, pesant 4,3, qui est composée d'oxide de bismuth, 29 ; acide carbonique, 51 ; oxide de fer, 2 ; alumine 8 ; acide silicique, 7 ; eau, 4.

Bismuth silico-fluo-phosphaté, *Wismuth Blende.*

343. Ce minéral, fort rare, est sous forme de croûte cristalline ; brunâtre ; au chalumeau, il fond en globule rouge rubis qui, par le refroidissement, devient rouge brun : c'est un mélange de beaucoup de silicate de bismuth avec du phosphate, et du fluorure de bismuth. On l'a trouvé à Schneeberg en Saxe.

Bismuth sulfuré, Bismuthine, *Wismuth Glanz.*

344. Ce minéral est, ou lamellaire ou aciculaire ; les aiguilles sont de petits *prismes rhomboïdaux* ; blanc-grisâtre, quelquefois un peu jaunâtre, rarement irisé ; éclat métallique ; cassure un peu conchoïde ; facile à rayer avec le couteau ; pèse 6,5 ; fond même dans la flamme d'une bougie, ce qui le distingue du plomb sul-

furé; soluble dans l'acide nitrique; la dissolution est précipitée par l'eau. Composé de bismuth, 80; soufre, 18. Il accompagne le bismuth natif en Bohême, il y est quelquefois seul, sur le quartz agate grossier; dans le Hanau, à Bieber, il se trouve avec du fer carbonaté lamellaire, etc.

### Bismuth sulfuré cuprifère, *Wismuth Kupfererz.*

345. Cette substance forme de petites masses fibreuses et des aiguilles cristallines; gris d'acier; quelquefois un peu jaunâtre; éclat métallique; fragile. Composée de bismuth, 47; cuivre, 35; soufre, 13. On l'a trouvé dans le Furstemberg.

### Bismuth sulfuré plombo-cuprifère, *Nadelerz.*

346. Cette espèce est ordinairement en aiguilles striées; gris d'acier; rougit à l'air; éclat métallique; facile à rayer; pèse 6,1. Contient : bismuth, 43; plomb, 24; cuivre, 12; soufre, 12; nickel, 2; tellure, 1; or, 1. On l'a trouvée dans les mines de Pyschminskoi et de Klutschefskoi en Sibérie, sur quartz, avec cuivre carbonaté vert, plomb sulfuré et or natif.

### Bismuth sulfuré plombo-argentifère, *Wismuth Bleirz, Wismuth Silber.*

347. Ce minéral, comme les espèces précédentes, est ordinairement aciculaire; gris de plomb; éclat métallique. Contient : bismuth, 27; plomb, 33; argent, 15; fer, 4; cuivre, 1; soufre, 16. On le trouve à Schappach, dans le pays de Baden; les aiguilles pénètrent du quartz ou de la chaux fluatée.

### Bismuth arsénié, *Arsenic Wismuth.*

348. Ce minéral, brun ou jaunâtre, éclatant, fusible au chalumeau, avec fumée blanche et forte odeur d'ail, est composé de bismuth et d'arsenic en proportions qui n'ont pas encore été reconnues exactement. On l'a trouvé dans les mines de Neuglück et Adamheber, à Schneeberg.

*Extraction du bismuth.* — Le seul minérai de bismuth qui serve à l'extraction du métal, est le bismuth natif. Le procédé est fondé sur la facilité avec laquelle il entre en fusion pour le séparer des autres corps avec lesquels il se trouve mêlé. On casse le minérai en morceaux gros comme une noisette, et on l'introduit dans un tube de fonte chauffé au rouge et placé en plan incliné; à mesure que le bismuth fond, il se rend à la partie inférieure du tuyau, d'où, par une petite ouverture, il s'écoule dans une bassine de fonte chauffée; on réunit cinq de ces tuyaux dans un fourneau, dont on trouvera la description, ainsi que celle des autres procédés d'extraction, dans le *Traité des arts chimiques*.

## COBALT.

Cobalt arsénical, Smaltine, *Speis Kobalt*, *Glanz Kobalt*, *Arsenik-kobalt.*

349. On trouve ce minéral en masse, concrétionné, tricoté, aciculaire et cristallisé; la forme primitive est le *cube* (*Fig.* 4, *Pl.* 1); les autres formes sont l'*octaèdre* (*Fig.* 9, *Pl.* 1); le *cubo-octaèdre* (*Fig.* 7, *Pl.* 1); gris d'acier dans la cassure fraîche, noircissant à l'air; éclat métallique; cassure inégale, raboteuse; aigre; pèse 6,4; soluble dans l'acide nitrique avec dégagement de vapeurs nitreuses; la dissolution est rouge-rose; dans la flamme d'une bougie il donne des vapeurs blanches, ayant l'odeur d'ail; fondu avec le borax, sur un charbon, il le colore fortement en bleu à la flamme extérieure. Contient cobalt, 28; fer, 6; arsenic, 66. C'est le minérai du cobalt le plus abondant et celui qui est le plus employé pour la fabrication de plusieurs couleurs bleues, comme le smalt, d'où on lui a donné l'un de ses noms. On le trouve en couches assez puissantes pour le considérer comme roche; il forme des filons qui traversent le gneiss, le granite, le micaschiste, le calcaire alpin, etc. A Wittichen en Souabe, dans le granite qui renferme la chaux arséniatée; à Sainte-Marie-aux Mines, dans les Vosges; à Allemont, dans le Dauphiné, dans un calcaire granulamellaire; dans les vallées de Luchon, de Ju-

sel, de Gistan aux Pyrénées; à Skutterud en Norwége, avec bismuth natif et chaux carbonatée ferro-manganésifère ; à Bieber dans le Hanau, avec nickel arsénical et baryte sulfatée; à Schneeberg en Saxe, avec nickel arsénical sur quartz-agate grossier; dans la Hesse, la Thuringe; réduit en poudre, et mêlé avec de l'eau dans des assiettes, il sert à empoisonner les mouches, mais ce moyen est dangereux; de là le nom de *tue-mouche* qu'on lui a donné dans le commerce, etc.

Cobalt sulfo-arsénical, Cobaltine, Cobalt gris, Cobalt éclatant, *Weisserspeis Kobalt.*

350. Ce minéral est tantôt en masse, tantôt cristallisé; la forme primitive est le *cube* (*Fig.* 4, *Pl.* 1); les formes dominantes sont le *cubo-dodécaèdre* (*Fig.* 8, *Pl.* 1); le *dodécaèdre pentagonal* (*Fig.* 91, *Pl.* 4), l'*icosaèdre* (*Fig.* 26, *Pl.* 1); l'*octaèdre* (*Fig.* 9, *Pl.* 1); gris d'acier; éclat métallique très-vif; cassure lamelleuse, ce qui le distingue du cobalt arsénical; fait quelquefois feu au briquet; pèse 6,3; soluble dans l'acide nitrique comme le cobalt arsénical; au chalumeau, odeur d'ail et d'acide sulfureux; colore le borax en bleu foncé. Contient cobalt, 33; fer, 3; soufre, 20; arsenic, 43. Les plus beaux échantillons cristallisés viennent de Tunnaberg en Suède; les cristaux sont souvent isolés; on en trouve aussi à Loos et à Hakambo en Suède; à Skutterud, en Norwége, il est dans un filon qui traverse le gneiss; il est souvent accompagné de fer et de cuivre pyriteux; on en trouve aussi à Querbach en Silésie, et dans le Connecticut. Cette variété est employée de préférence pour la préparation du bleu de cobalt, connu aussi sous le nom de bleu Thénard.

Cobalt sulfuré, Koboldine.

351. Cette substance est rarement cristallisée; en *cube* (*Fig.* 4, *Pl.* 1); en *octaèdre* (*Fig.* 9, *Pl.* 1); et en *cubo-octaèdre* (*Fig.* 7, *Pl.* 1); on la trouve plus ordinairement en masses disséminées; gris d'acier; éclat métallique; cassure inégale, un peu conchoïde; soluble dans l'acide nitrique comme les précédens; au chalu-

meau, donne seulement l'odeur d'acide sulfureux, ce qui la distingue des deux autres; colore de même le borax. On l'a trouvée à Riddarhytta en Suède, et à Musen dans le pays de Siegen.

### Cobalt et Plomb séléniés.

352. Ce minéral est en petites masses grenues à grain fin, et présente trois sens de clivage : gris clair; faible éclat métallique; Il y en a plusieurs variétés : l'une contient : cobalt, 7,5; plomb, 52,4; sélénium, 40; ou biséléniure de cobalt, 27,5 et séléniure de plomb, 72,4; une autre contient : cobalt, 3,2; plomb, 63,9; sélénium, 32; ou biséléniure de cobalt, 11,2 et séléniure de plomb, 87,9. On le trouve au Hartz, accompagné de cobalt arsénical, de pyrite de fer, de fer carbonaté, etc.

### Cobalt oxidé noir, *Erdkobalt*, *Russkobalt*, *Kobaltmulm*.

353. Il forme habituellement de petites croûtes superficielles, terreuses ou mamelonnées; noir bleuâtre; sans éclat à la surface; râclure un peu éclatante; soluble dans l'acide nitrique sans dégagement de vapeurs nitreuses; au chalumeau, ne donne pas de vapeurs ayant l'odeur d'ail; colore fortement le borax. Sa composition, quand il est pur, est cobalt, 71; oxigène, 29. On le trouve dans les gisemens des espèces précédentes, il résulte probablement de leur décomposition.

### Cobalt sulfaté, Rhodalose, *Kobalt Vitriol*, *Red Vitriol*.

354. Ce minéral se trouve à la surface de minérais de cobalt, sous forme d'enduit rougeâtre; un peu brillant, nacré; soluble dans l'eau; d'une saveur amère et styptique; cristallisable par l'évaporation de l'eau en *prismes rhomboïdaux obliques* (*Fig.* 13, *Pl.* 1); chauffé dans un tube, il donne de l'eau; la couleur du résidu sec est rose clair. Deux analyses de différens échantillons ont donné oxide de cobalt, 29, et 39; acide sulfurique, 30, et 20; eau, 41, et 42; ce qui montre qu'il y en a plusieurs variétés. Il se trouve aussi en dissolution dans les eaux des mêmes mines.

Cobalt arséniaté, Érythrine, *Arseniksauser Kobalt.*

355. On trouve ce minéral en petites masses laminaires, mamelonnées, aciculaires, terreuses; enfin cristallisé; la forme est le *prisme rectangulaire oblique* (*Fig.* 13, *Pl.* 1) ; quelquefois tronqué sur les arêtes et les angles solides ; il est souvent aciculaire; rouge-violet, rose; pèse 3 ; chauffé dans un tube, il donne de l'eau; soluble dans l'acide nitrique ; au chalumeau, vapeurs blanches ayant l'odeur d'ail ; colore le borax en bleu. Contient oxide de cobalt, 20; oxide de nickel, 9; oxide de fer, 6; acide arsénique, 40; eau, 25. Il se rencontre principalement avec le cobalt arsénical.

Cobalt arsénité, Cobalt merde d'oie, *Kobaltblüthe.*

356. Cette espèce, qu'il est difficile de distinguer de la précédente, lorsqu'elle est à l'état terreux, tous les caractères extérieurs étant les mêmes, en diffère par la manière dont elle se comporte quand on la chauffe dans un tube ; elle donne de l'eau d'abord, puis un sublimé blanc qui est de l'acide arsénieux ; insoluble dans l'eau, soluble dans l'acide nitrique ; au chalumeau, donne des vapeurs blanches ayant l'odeur d'ail; colore le borax en bleu; se trouve avec le cobalt arsénical.

## ARSENIC.

Arsenic natif, *Gediegen Arsenik*, *Fleigenstein*, *Giftkobalt*, *Scherben Kobold.*

357. Il est en masses testacées ou granulaires, quelquefois bacillaire ou aciculaire; gris noirâtre à la surface, gris d'acier dans la cassure fraîche; éclat métallique; très-cassant; pèse 5,76; chauffé dans un tube de verre, il se volatilise; les vapeurs, en se condensant, donnent quelquefois des cristaux qui semblent être des *tétraèdres* (*Fig.* 1, *Pl.* 1); ils sont gris-d'acier et très-éclatans. Si le tube est ouvert des deux bouts, il se forme de l'acide arsénieux qui se sublime aussi et donne une croûte blanche; au chalumeau, il se volatilise entièrement en fumée blanche d'acide

arsénieux ayant l'odeur d'ail, qui est son caractère. On trouve souvent, au milieu des masses réniformes de ce minéral un noyau d'argent sulfuré antimonié. Il se rencontre dans les filons argentifères et cobaltifères, à Andreasberg, en Saxe; à Wittichen en Souabe; Oravicza dans le Bannat; à Nagy-Ag et Kapnick en Transilvanie; à Kongsberg en Norwége; à Schangenberg en Sibérie; à Allemont en Dauphiné; à Sainte-Marie-aux-Mines, dans les Vosges, où se trouve la variété bacillaire ainsi qu'en Bohême. Il est employé à faire l'acide arsénieux; il en entre un peu dans la composition du plomb de chasse.

Acide arsénieux, Arsenic oxidé, Arsenic blanc, *Arsenikblüthe*, *Arsenikkalk*.

358. Ce minéral est granulaire, aciculaire, pulvérulent ou cristallisé; les formes sont des *octaèdres* plus ou moins modifiés; blanc, friable; pèse 3,7; soluble dans l'eau; chauffé dans un tube, il se volatilise en entier; les vapeurs se condensent; si on le mêle avec du charbon, on obtient un sublimé d'arsenic avec son éclat métallique; au chalumeau, il se dissipe entièrement en vapeurs blanches ayant l'odeur d'ail. On le trouve dans la plupart des gisemens d'arsenic natif, à Bieber, à Andréasberg, à Kapnick, à Sainte-Marie-aux-Mines, etc.; on en trouve aussi dans quelques solfatares et cratères, à Vulcano, à la Guadeloupe. On le prépare dans les arts pour la fabrication de l'arsénite de cuivre, etc., en grillant les différentes combinaisons arsénicales, surtout le cobalt arsénical.

Arsenic sulfuré rouge, Réalgar, Rubine d'Arsenic, Soufre rouge des Volcans, *Rauschroth*, *Rothes Rauschgelb*.

359. Il se trouve en petites masses compactes; bacillaire et cristallisé; la forme est le *prisme rhomboïdal oblique* (*Fig.* 13, *Pl.* 1); souvent modifié par des troncatures sur les angles solides ou sur les arêtes; rouge; éclat vitreux; quelquefois très-translucide; la cassure des masses est inégale, rarement esquilleuse ou même lamelleuse; tendre; pèse 3,6; acquiert l'électricité négative par frottement; chauffé dans un tube, il fond, puis se vola-

tilise ; les vapeurs, en se condensant, cristallisent ; au chalumeau, il brûle et donne une fumée blanche ayant l'odeur d'ail. Contient : arsenic, 70 ; soufre, 30. On le trouve dans quelques filons d'argent, de plomb et de cobalt ; à Kapnik à Nagy-Ag, à Felsobania en Transilvanie ; à Joachimsthal en Bohême ; à Schneeberg, à Andréasberg, dans la Dolomie, au Saint-Gothard ; dans les solfatares à Pouzzole, à la Guadeloupe, etc. ; dans les volcans brûlans au Vésuve, à l'Etna, au Japon ; on l'emploie en peinture sous le nom d'orpin rouge.

Arsenic sulfuré jaune, Orpiment, *Rauschgelb*, *Auripigment.*

360. Ce minéral se trouve en masse, compacte, oolitique, granulaire, lamelleux, cristallisé et terreux ; les cristaux, qui sont très-rares, sont des *prismes rhomboïdaux obliques* (*Fig.* 13, *Pl.* 1), ordinairement modifiés ; les masses lamelleuses se séparent quelquefois très-facilement en grandes feuilles ; jaune d'or ; poussière jaune ; éclat vitreux, un peu nacré ; très-tendre ; pèse 3,5 ; chauffé dans un tube, il se volatilise et se dépose en cristaux ; au chalumeau, brûle et donne des vapeurs blanches ayant l'odeur d'ail. Contient : arsenic, 62 ; soufre, 38. On le trouve dans les mêmes gisemens que le réalgar ; il est employé en peinture sous le nom d'orpin jaune.

## ANTIMOINE.

Antimoine natif, Stibium, *Gediegen Spiesglanz.*

361. On trouve ce minéral en petites masses laminaires et lamellaires ; il y a des clivages parallèles aux faces de l'octaèdre ; blanc ; éclat métallique ; fragile ; facile à mettre en poudre ; pèse 6,7 ; traité par l'acide nitrique, il y a dégagement de vapeurs nitreuses, il se forme un dépôt blanc ; chauffé au chalumeau, il brûle et donne des fumées blanches qui n'ont pas l'odeur d'ail. Ce minéral est rare ; il se trouve dans des filons accompagnant les substances arsénicales, à Chalanches, en Dauphiné ; à Andréasberg, au Hartz ; à Przibram, en Bohême ; à Salas, en Suède ; au Mexique, etc.

ANTIMOINE ARSÉNICAL, Antimoine arsénifère.

362. Ce minéral est en masses lamellaires ou ondulées; gris d'acier; éclat métallique; fragile; il pèse 6,1; chauffé au chalumeau, il répand des fumées et une odeur d'ail; soluble dans l'eau régale, qui est un mélange d'acide nitrique et d'acide hydrochlorique; la dissolution, traitée par l'eau, est précipitée en blanc. Composé d'antimoine et d'arsenic en proportions variables. On ne l'a encore trouvé qu'à Allemont, en Dauphiné; à Poullaouen, département du Finistère; à Andréasberg, au Hartz.

ANTIMOINE SULFURÉ, Stibine, *Antimonglanz*, *Grauspiesglanzerz*, *Fedezerz*.

363. Il se trouve sous presque toutes les formes : compacte, lamellaire, bacillaire, aciculaire, filiforme et cristallisé; les formes dominantes sont des *prismes rhomboïdaux* rarement terminés par des pyramides à quatre faces, reposant sur les faces du prisme et modifiés de diverses manières. Les prismes sont quelquefois cylindroïdes; gris de plomb ou gris d'acier, quelques variétés ont leur surface irisée; éclat métallique, quelquefois très-vif; fragile; tache le papier en noir; la tache, vue à la loupe, paraît métallique; odeur sulfureuse par frottement; pèse 4,5; l'acide nitrique le décompose; il se forme des vapeurs nitreuses et un dépôt blanc; l'acide hydrochlorique le dissout en dégageant de l'acide hydrosulfurique, qui a l'odeur d'œufs pourris, la liqueur est précipitée en blanc par l'eau; facilement fusible à la flamme d'une bougie; au chalumeau, entièrement brûlé par la flamme extérieure, avec fumée blanche et odeur d'acide sulfureux. Composé de antimoine, 74; soufre, 26. C'est le minérai dont on retire l'antimoine métallique pour la fabrication de l'alliage des caractères d'imprimerie et de quelques préparations pharmaceutiques; purifié par la fusion, il est aussi employé à la fabrication de crayons communs de mine de plomb. Il forme des filons et des amas dans le gneiss, le granite, le micaschiste, etc.; il est peu abondant, mais assez fréquent; en Hongrie et en

Transilvanie avec de l'or; dans l'Ardèche, la Lozère, le Puy-de-Dôme, le Cantal, la Haute-Loire, le Gard, etc., etc.; l'Europe, l'Amérique, etc., etc., souvent accompagné de fer sulfuré, de fer carbonaté, de chaux carbonatée brunissante, de baryte sulfatée, de quartz, de feldspath, etc.

ANTIMOINE SULFURÉ NICKELIFÈRE, Antimonickel, *Nickel Antimonglanz*, *Nickel Spiesglanz*.

364. Ce minéral est ordinairement en petites masses compactes ou lamellaires; rarement cristallisé; la forme dérive du *cube;* gris d'acier ou blanc d'étain; éclat métallique; pèse 6,5; traité par l'acide nitrique, il se dégage des vapeurs nitreuses, il se forme un dépôt blanc, et la liqueur est verdâtre; chauffé au chalumeau, il répand des vapeurs blanches et l'odeur d'acide sulfureux. Il contient : antimoine, 56; nickel, 27; soufre, 16. On le rencontre dans des filons de cobalt, dans le pays de Siegen en Westphalie.

ANTIMOINE SULFURÉ PLOMBIFÈRE, Zinkenite.

365. Il n'a jusqu'ici été reconnu qu'en cristaux qui semblent être des *prismes hexaèdres* (*Fig.* 21, *Pl.* 1); gris d'acier, éclat métallique; pèse 5,3. L'acide nitrique le dissout en partie avec dégagement de vapeurs nitreuses et formation d'un dépôt blanc; la dissolution est précipitée, en blanc par l'acide sulfurique, en noir par l'acide hydrosulfurique; facilement fusible au chalumeau, avec vapeurs blanches, odeur d'acide sulfureux, et dépôt jaune d'oxide de plomb sur le charbon. Contient : antimoine, 44; plomb, 32; soufre, 23. Il a été trouvé par M. Zinken, à Volfsberg près Stolberg au Hartz.

ANTIMOINE SULFURÉ PLOMBIFÈRE, Jamesonite.

366. Cette variété cristallise en *prisme rhomboïdal droit* (*Fig.* 12, *Pl.* 1); gris d'acier, éclat métallique; pèse 5,6. Se comporte avec les acides et au chalumeau comme la variété qui précède; elle contient : antimoine, 34; plomb, 41; soufre, 22;

fer, 2. On l'a trouvée en petites masses disséminées dans les mines du Cornwall.

Une autre variété connue sous le nom d'antimoine sulfuré capillaire, à cause de la forme sous laquelle elle se présente, et qui est bleuâtre et d'un éclat métallique, contient : antimoine, 31 ; plomb, 47; soufre, 20; fer, 1.

ANTIMOINE SULFURÉ ARSÉNICAL PLOMBIFÈRE, *Bleischimmer.*

367. Minéral en masse cristalline; gris de plomb, éclat métallique, cassure grenue; pèse 6. Contient: antimoine, 35; plomb, 43; soufre, 17; arsenic, 4. On l'a trouvé à Nertschinsk, en Sibérie, accompagné de cuivre pyriteux.

ANTIMOINE SULFURÉ PLOMBO-CUPRIFÈRE, Bournonite, Eudellione, *Spiesglanzbleierz*, *Radelerz.*

368. Ce minéral avec lequel on a souvent confondu les espèces précédentes, se trouve à l'état compacte, bacillaire et cristallisé; les formes sont le *prisme rectangulaire droit* (*Fig.* 12, *Pl.* 1); très-souvent modifié par des troncatures sur les arêtes; l'*octaèdre rectangulaire* (*Fig.* 9, *Pl* 1); les cristaux sont quelquefois mêlés; gris de plomb; éclat métallique un peu gras, très-vif; cassure conchoïde; pèse 5,7; traité par l'acide nitrique, il se forme un dépôt blanc; la liqueur est précipitée en blanc par l'acide sulfurique, et devient d'un bleu intense par un excès d'ammoniaque; au chalumeau, donne des vapeurs blanches sans odeur d'ail, et un globule de cuivre entouré d'un cercle jaunâtre d'oxide de plomb. Composé de antimoine, 26; plomb, 41; cuivre, 13; soufre, 20. On le trouve dans le Cornwall, au Hartz, dans les filons de cuivre et de plomb; au Saint-Gothard, en Sibérie, en Amérique, etc.

ANTIMOINE SULFURÉ FERRIFÈRE, Haïdingerite, Berthiérite.

369. Minéral cristallisé en prisme rhomboïdal ou en masse lamellaire; gris de fer, quelquefois irisé; éclat métallique; pèse 4,3; traité par l'acide nitrique, il se forme un dépôt blanc; la li-

queur est rougeâtre et précipitée en noir par la noix de galles; au chalumeau, donne des fumées blanches; il reste un globule noir attirable à l'aimant. Composé de antimoine, 52; fer, 16; soufre, 30. Il est souvent accompagné de quartz hyalin, de chaux carbonatée ferrifère, de fer pyriteux. On l'a trouvé dans le gneiss, près de Chazelles en Auvergne.

ANTIMOINE OXIDÉ, Exitèle, Antimoine blanc, Chaux d'Antimoine, *Antimonblüthe, Spiesglanz Weisse, Weisspiesglanzerz.*

370. On trouve ce minéral cristallisé, aciculaire, il forme souvent des houppes; blanc; éclat nacré; très-tendre; pèse 5,6; soluble dans l'acide hydrochlorique; la dissolution est troublée par l'eau; fusible dans la flamme d'une bougie; chauffé au chalumeau, il se dissipe en fumées blanches sans odeur d'ail; il n'est jamais pur dans la nature. Une variété d'Allemont contient: oxide d'antimoine, 86; oxide de fer, 3; acide silicique, 8. On en trouve à Allemont avec antimoine natif; à Przibram en Bohême, et à Braunsdorf en Saxe, avec plomb sulfuré.

ACIDE ANTIMONIEUX HYDRATÉ, Stibiconise, *Antimonocker, Spiesglanzocker.*

371. Il forme des enduits terreux; blanc jaunâtre ou gris jaunâtre; très-tendre; sans éclat; pèse 5,8. Se comporte, avec l'acide hydrochlorique, comme l'antimoine oxidé; chauffé dans un tube, il donne de l'eau et ne se volatilise pas; chauffé au chalumeau, à la flamme intérieure, il donne des fumées blanches inodores; à la flamme extérieure, il ne s'en forme pas. Composé d'acide antimonieux, c'est-à-dire antimoine et oxigène, plus une certaine quantité d'eau qui n'a pas été pesée. Il recouvre souvent l'antimoine sulfuré qui s'est décomposé à la surface.

ANTIMOINE SULFURÉ OXIDE, Kermès minéral, Soufre doré, Antimoine rouge, *Antimonblende, Roth Spiesglanzerz.*

372. Ce minéral forme des enduits solides ou pulvérulens à la surface de l'antimoine sulfuré; quelquefois mamelonné et même en houppes formées d'aiguilles qui sont des prismes rhom-

boïdaux très-fins; rouge-sombre; poussière de même couleur, peu éclatant, très-tendre; friable; pèse 4,6; l'acide nitrique le transforme en poudre blanche; au chalumeau, donne des fumées blanches et l'odeur d'acide sulfureux. Contient : sulfure d'antimoine, 70; oxide d'antimoine, 30. Il se trouve dans les gisemens de minérais arsénicaux; à Allemont en Dauphiné, à Hornhausen dans le pays de Nassau, à Braunsdorf en Saxe, à Pernek en Hongrie, à Felso-Banya en Transilvanie, en Toscane, etc.

*Extraction de l'antimoine.* — On traite le minérai par la chaleur, dans des pots ou dans des fourneaux à réverbère; le sulfure d'antimoine, qui est très-fusible, coule seul; la gangue, c'est-à-dire la roche qui l'accompagne, n'éprouve pas de fusion : ce sulfure ainsi séparé prend le nom d'*antimoine cru*. Pour en retirer l'antimoine métallique sensiblement pur, on le grille à un feu très-doux, dans le commencement de l'opération, pour ne pas fondre le sulfure et le transformer en acide sulfureux, qui se dégage, et en oxide d'antimoine qui reste. Quand le grillage est terminé, on mêle l'oxide qui en résulte avec environ un sixième de son poids de charbon pilé, fortement humecté d'une dissolution de carbonate de soude : le charbon réduit l'oxide, la soude réduit le sulfure qui avait échappé au grillage, et l'on obtient l'antimoine métallique au fond des creusets; il est recouvert d'une scorie. Pour le purifier, on le fond de nouveau, en le mêlant avec une partie des scories et un peu d'antimoine cru; l'on a vu plus haut quels étaient les usages de l'antimoine métallique et de l'antimoine cru. Nous renvoyons pour les détails au *Traité des arts chimiques*.

## MANGANÈSE.

MANGANÈSE SULFURÉ, Alabandine, *Manganblende*, *Braunsteinblende*.

373. On trouve ce minéral sous forme d'enduits ou d'*octaèdres*, peu distincts et non clivables; noirâtre; la râclure fraîche est gris d'acier et se ternit à l'air en brunissant; éclat métallique; facile à rayer au couteau; pèse 3,9; soluble dans l'acide nitrique

avec dégagement de vapeurs nitreuses; infusible au chalumeau sans addition; avec le borax, on obtient un verre violet, après avoir chauffé le sulfure seul; la poussière, mise sur une lame de fer et chauffée, devient incandescente; après le refroidissement, elle est d'un brun violet. Une variété du Mexique, analysée par André Manuel-del-Rio, a donné: manganèse, 55; soufre, 39; acide silicique, 6. On le trouve à Nagy-Ag en Transilvanie, en Cornwall et au Mexique.

MANGANÈSE PEROXIDÉ, Pyrolusite, Manganèse oxidé métalloïde, *Graumanganerz*, *Graubraunsteinerz*, *Glanz Manganerz*.

374. Ce minéral est compacte, mamelonné, terreux ou cristallisé; les cristaux sont des *prismes à huit pans* (*Fig.* 14, *Pl.* 1), souvent très-minces et terminés par des biseaux: ils dérivent du *prisme rhomboïdal*; souvent ils sont groupés en faisceaux bacillaires; gris de fer; éclat un peu métallique; la variété terreuse est noire, sans éclat, et tache fortement en noir; la poussière des cristaux est de même noire et tachante, ce qui est au reste un des caractères des manganèses oxidés, qui les fait reconnaître des fers oxidés dont les poussières sont rouges ou jaunes comme on l'a déjà vu; raie la chaux carbonatée; pèse 4 9; traité par l'acide hydrochlorique, il dégage beaucoup de chlore; au chalumeau, sans addition, sur le charbon, il devient rougeâtre; si alors on ajoute du borax, on obtient un verre violet. Composé de manganèse, 64; oxigène, 36, s'il était pur; celui de Cretnick près Saarbruck, contient: peroxide de manganèse, 94; peroxide de fer, 1; argile, 4; eau, 1. Cette espèce est très-employée dans les arts pour obtenir le chlore, pour les blanchisseries, au moyen de l'acide hydrochlorique; et dans les laboratoires au même usage, et de plus à l'extraction de l'oxigène; dans les verreries, on l'emploie pour blanchir le verre, etc. C'est la variété la plus abondante; elle forme quelquefois de grandes masses à Cretnick; à Calveron, département de l'Aude; à Timor, etc.

MANGANÈSE PEROXIDÉ HYDRATÉ.

375. Il se trouve en masses amorphes, noires, n'ayant qu'un luisant métalloïde un peu gras qui se rapproche de celui du graphite; poussière brune; chauffé dans un tube, il donne de l'eau; soluble dans l'acide oxalique, très-rapidement dans l'acide sulfureux, l'acide hydrochlorique dégage du chlore; au chalumeau, il se comporte comme le précédent. Une variété de Groroi, département de la Mayenne, contient : peroxide de manganèse, 67; deutoxide de manganèse, 8; eau, 16; oxide de fer, 6; argile, 3. Il est ordinairement disséminé en rognons, dans les minérais de fer, dans des sables et argiles; à Vicdessos, en masses compactes ou concrétionnées, tachantes, dans les minérais de fer avec chaux carbonatée; à Cantern dans les Grisons, avec fer hydraté et quartz; il pourrait servir, quoique moins avantageusement que le précédent, à la fabrication du chlore.

MANGANÈSE DEUTOXIDE, Braunite, Manganèse oxidé friable, *Brachytypes Manganerz*, *Schwarz Manganerz*, *Blattriger Schwarz Braunstein.*

376. On trouve ce minéral compacte, fibreux, terreux et cristallisé : les cristaux sont des *octaèdres* (*Fig.* 9. *Pl.*1) souvent modifiés et groupés; brun noirâtre; éclat plus vitreux que métallique. Il y a des clivages parallèles aux faces de l'octaèdre; poussière brune; raie le feldspath; pèse 4,8. Traité par l'acide hydrochlorique, il dégage moins de chlore que les précédens; au chalumeau il se comporte de même; composé de deutoxide de manganèse, 97; baryte, 2; eau, 1. L'oxide pur est formé de manganèse, 70; oxigène, 30. Cette espèce et les suivantes ne peuvent pas servir avantageusement à la préparation du chlore. On la trouve à Ehrenstoch, Elgersburg, et Friedrichsrode dans la Thuringe, à Leinbach dans le Mensfeld; et à St.-Marcel dans le Piémont.

MANGANÈSE DEUTOXIDÉ HYDRATÉ, Manganite, Acerdèse, Manganèse oxidé prismatique, Manganèse oxidé argentin, Manganèse oxidé terreux et friable, *Manganschaum*, *Black Wad*, *Braunsteinschaum*, *Erdiges Wad*, *Schaumiges Wad.*

677. Minéral qui se trouve en masses fibreuses, laminaires, mamelonnées, terreuses, et cristallisé. La forme est un *prisme à quatre ou huit faces*, quelquefois cylindroïde ; les prismes sont souvent terminés par des pyramides à quatre faces : noir ; éclat un peu métallique ; poussière brune ; raye la chaux fluatée ; pèse 4,3 ; composé de deutoxide 90 ; eau 10. Il ne peut pas mieux que le précédent servir à la préparation du chlore ni de l'oxigène. On le trouve dans un grand nombre de lieux, c'est une des espèces les plus fréquentes. Il est souvent mélangé de peroxide de manganèse et d'oxide de manganèse barytifère : il accompagne souvent le fer hydraté qui s'y trouve plus ou moins mélangé. On en rencontre, dans l'Ardèche, les Cévennes, l'Allier, l'Arriége, les Hautes-Pyrénées, le Dauphiné, la Saxe, la Hongrie, etc.

MANGANÈSE OXIDÉ ROUGE, Hausmanite, Manganèse oxidé pyramidal, Manganèse gris lamelleux, *Schwarzer*, *Braunstein*, *Scharz Manganerz.*

378. Il est en masses amorphes, lamellaires ou terreuses, et cristallisé. La forme ordinaire est un *octaèdre* ou un *prisme carré* ; noir brunâtre ; éclat un peu métallique ; on y trouve trois clivages dont un beaucoup plus net ; poussière brun-rougeâtre ; raie la chaux phosphatée ; pèse 4,7. Au chalumeau seul ne change pas, colore le borax en violet. Composé d'oxide rouge de manganèse, 98, traces d'oxigène, eau, baryte et acide silicique. L'oxide, quand il est pur, contient : manganèse, 73 ; oxigène, 27. On ne l'a trouvé jusqu'ici que dans un terrain porphyrique à Ilefeld au Hartz.

MANGANÈSE PEROXIDÉ BARYTIFÈRE, Psilomélane, Manganèse oxidé terne, *Faseriges Wad.*

379. Ce minéral est toujours en masses concrétionnées,

fibreuses, ou terreuses; les variétés concrétionnées ont l'éclat un peu métallique et sont noir bleuâtre; les autres noir terne; poussière noire; raie la chaux fluatée, est rayé par la chaux phosphatée; pèse 4. Insoluble à froid dans l'acide nitrique, l'acide hydrochlorique dégage du chlore; chauffé dans un tube il donne de l'eau; chauffé au rouge, il devient soluble dans l'acide nitrique, et l'eau peut y dissoudre un peu de baryte; chauffé au chalumeau, il devient brun rouge, puis si l'on ajoute du borax, le colore en violet, composé d'oxide de manganèse, 77; baryte, 16; eau, 4. Il se trouve toujours avec le peroxide de manganèse, à la Romanèche, près de Mâcon; à Thiviers dans le Périgord : on en indique aussi près de Vesoul, dans le pays de Bayreuth, en Saxe, etc.

MANGANÈSE CARBONATÉ, Diallogite, Chaux carbonatée manganésifère, Rhodochrosite.

380. On le trouve en masses compactes, laminaires et cristallisé : les formes sont le *rhomboèdre* (*Fig.* 5. *Pl.* 1) le *dodécaèdre triangulaire scalène* (*Fig.* 25. *Pl.* 1), blanc, jaunâtre, brunâtre, le plus souvent rose; éclat un peu nacré; offre des clivages parallèles au rhomboèdre; rayé par l'arragonite; pèse 3,6; soluble dans l'acide nitrique, même à froid, avec effervescence, et il s'y forme un précipité par l'acide oxalique; au chalumeau devient brun noirâtre. Ce carbonate n'est jamais pur; il est toujours combiné avec un peu de carbonate de chaux, souvent avec du carbonate de fer, quelquefois avec du carbonate de magnésie. Une variété très-pure de Nagyag en Transilvanie, contient carbonate de manganèse, 90; carbonate de chaux, 10. Ce minéral est peu répandu. il se trouve dans des filons, à Schebenholz près d'Elbingerode au Hartz; à Freyberg en Saxe; à Kapnick en Hongrie; à Nagyag en Transilvanie, etc.

MANGANÈSE SILICATÉ, Marceline, Manganèse du Piémont, Silicate trimanganésien, *Schwarzer Braunstein*, *Pyramidales Manganerz*.

381. Ce minéral est en masses et cristallisé; la forme est l'*octaèdre à base carrée* (*Fig.*9, *Pl.* 1) noir grisâtre; éclat vitreux et

métallique ; raie difficilement le verre ; pèse 3,8 ; l'acide hydrochlorique dégage du chlore ; l'acide silicique reste en gelée ; fusible au chalumeau en globule noirâtre. La composition varie : oxide de manganèse, de 67 à 76 ; oxide de fer, de 1 à 4 ; acide silicique, de 15 à 26. Il est probable que les divers échantillons analysés sont ou des mélanges ou des substances différentes. Il se trouve en masses assez considérables dans le micaschiste, dans la vallée de Saint-Marcel, en Piémont.

MANGANÈSE SILICATÉ, Rhodonite, Manganèse rose, Hydropite, *Horn-mangan*, *Kiesel Mangan.*

282. On trouve ce minéral en masses compactes, lamellaires, granulaires, et cristallisé. La forme, qui est peu distincte, semble appartenir au *prisme rhomboïdal oblique* (*Fig.* 13, *Pl.* 1) rose ou rose violacé ; étincèle sous le briquet ; pèse de 3,6 à 3,9. Facilement attaqué par les acides ; au chalumeau, à la flamme intérieure, il donne un verre rose ; à la flamme extérieure, un globule noir métalloïde ; composé d'oxide de manganèse, 49 ; chaux, 3 ; acide silicique, 48. Il accompagne le fer oxidé magnétique à Langbanshytta en Suède ; le plomb argentifère à Kapnick, à Nagyag, et en Cornwall ; le fer et le manganèse oxidé au Hartz, et à la Romanèche.

PHOTIZITE, ALLAZITE.

383. Sous ces noms, on désigne des manganèses silicatés dont les analyses ont des résultats si variables, que l'on doit penser que sous les mêmes dénominations on réunit des substances entièrement différentes, et que de nouvelles observations et analyses les classeront un jour plus convenablement qu'elles ne le sont aujourd'hui.

MANGANÈSE SILICATÉ HYDRATÉ, Opsimose, Manganèse de Klaperud, *Schwarzbraun Steinerz*, *Schawrzer Mangankiesel.*

384. Cette substance qui se trouve en masse amorphe est noire ; éclat métallique ; poussière brunâtre ; chauffée dans un tube, elle donne de l'eau et une odeur empyreumatique ; entièrement soluble dans l'acide nitrique ; l'acide hydrochlorique ne dégage pas de

chlore; au chalumeau, odeur empyreumatique, devient gris-clair, puis à la flamme intérieure donne un verre vert, qui devient noir à la flamme extérieure. Composé de : protoxide de manganèse, 60; acide silicique, 25 ; eau, 13, et 2 de perte, représentant probablement une matière organique charbonneuse, ou une matière bitumineuse auxquelles est due la couleur du minéral, et l'odeur empyreumatique qui se développe par l'action de la chaleur. On l'a trouvé à Klaperud en Dalécarlie.

### Manganèse silicaté ferrifère, Knébélite.

385. Ce minéral est en masse compacte; grisâtre, verdâtre ou brunâtre, opaque, tenace; pèse 3,7; infusible au chalumeau. Composé de protoxide de manganèse, 35; protoxide de fer, 32; acide silicique 33. On ne connaît pas son gisement.

### Manganèse silicaté calcarifère, Bustamite.

386. On le trouve en grains arrondis, plus ou moins volumineux, rayonnés; gris pâle, verdâtre ou rosé; opaque; raie le feldspath; pèse 3,2; composé de : protoxide de manganèse, 36; chaux, 15; acide silicique, 49; de plus des traces de fer. Il provient de Réal de Minas de Fetela, dans l'intendance de Puebla au Mexique.

### Helvine.

387. On ne connaît ce minéral qu'en très-petits cristaux *tetraédriques;* jaune clair ou safrané; il raie le verre; pèse 3,1; les acides en dégagent de l'acide hydrosulfurique; au chalumeau, bouillonne et fond en émail jaunâtre. Composé de : protoxide de manganèse 30; protoxide de fer 8; glucine 8, acide silicique 35; sulfure de manganèse 14, plus 2 d'alumine, et le reste perdu par la calcination. On le trouve à Bergmansgrün près de Schwarzenberg en Saxe, dans une chlorite qui traverse le gneiss; il y est accompagné de zinc sulfuré lamellaire brun et de chaux fluatée blanche et violette.

### Manganèse phosphaté ferrifère, Triplite, *Phosphor Mangan.*

388. Ce minéral est en masse, ayant des clivages parallèles

aux faces d'un *prisme rectangulaire* (*Fig.* 12, *Pl.* 1) brun noirâtre ; raie la chaux fluatée ; fragile, facile à pulvériser ; pèse 3,9 ; soluble dans l'acide nitrique ; au chalumeau, fond facilement en globule noir magnétique ; composé de : protoxide de manganèse, 33 ; protoxide de fer, 32 ; acide phosphorique, 33 ; plus un peu de phosphate de chaux. On le trouve dans le même granite et dans le même filon de quartz ; que les émeraudes des environs de Limoges ; on l'indique aussi en Pensylvanie.

MANGANÈSE PHOSPHATÉ HYDRATÉ FERRIFÈRE, Hureaulite.

389. On le trouve en petits cristaux qui sont des *prismes rhomboïdaux* (*Fig.* 13, *Pl.* 1) jaune rougeâtre ; éclat vitreux ; rayé par la chaux fluatée ; pèse 2,3 ; chauffé dans un tube, il donne de l'eau ; soluble dans l'acide nitrique ; fusible au chalumeau en globule noir magnétique. Composé de : protoxide de manganèse, 33 ; protoxide de fer, 11 ; acide phosphorique, 38 ; eau, 18. On le trouve aux environs de Limoges, dans la pegmatite, avec fer phosphaté fibreux vert-olive.

MANGANÈSE PHOSPHATÉ HYDRATÉ FERRIFÈRE, Hétérosite.

390. Ce minéral est en masse lamelleuse, offrant des clivages parallèles aux faces du *prisme rhomboïdal* (*Fig.* 12, *Pl.* 1). Gris bleuâtre et devenant violet par l'altération à l'air ; éclat gras ; les parties non altérées raient le verre, et pèsent 3,5 ; les parties altérées sont rayées par une pointe d'acier et pèsent 3,4 ; chauffé dans un tube, il donne de l'eau ; l'acide nitrique le dissout ; au chalumeau, il fond en globule noirâtre magnétique ; contient : protoxide de manganèse, 18 ; protoxide de fer, 35 ; acide phosphorique, 42 ; eau, 4. On le trouve dans les mêmes gisemens que les deux précédens.

## MOLYBDÈNE.

MOLYBDÈNE SULFURÉ, Molybdénite, *Wasserblei*, *Molybdænglanz*, *Molybdænkies*.

391. Il se présente ordinairement en petites masses laminaires et

pailletées; les lamelles sont quelquefois contournées, il est rarement en cristaux qui sont de petits *prismes hexaèdres* (*Fig.* 21, *Pl.* 1) très-courts; gris de plomb, éclat métallique et gras; onctueux au toucher, facile à couper au couteau, tachant en gris-noirâtre; pèse 4,5; par le frottement acquiert de l'électricité; au chalumeau, il donne des fumées blanches, il a l'odeur d'acide sulfureux, et il reste sur le charbon un cercle pulvérulent blanchâtre, d'acide molybdique, ce qui le fait distinguer du graphite auquel il ressemble. contient : molybdène, 60; soufre, 40. Ce minéral, très-rare, se trouve dans des terrains anciens, dans les granites, les micaschistes, etc., où il est disséminé; il se trouve aussi dans quelques gisemens métallifères, surtout d'étain, en Saxe, en Cornwal, à Piriac près de Nantes; et de fer magnétique en Norwège.

ACIDE MOLYBDIQUE, Molybdène oxidé, *Molybdænocker*, *Wasserbleiocker*.

392. Cette espèce se trouve à la surface de la précédente sous forme d'enduit blanc ou jaunâtre, qui résulte de sa décomposition spontanée; il est composé de molybdène, 67; oxigène, 33. Chauffé au chalumeau, sans addition, il fond et donne une fumée blanche; si l'on ajoute du phosphate de soude et d'ammoniaque, on obtient un verre vert.

## TITANE.

ACIDE TITANIQUE, Titane rutile, Titane oxidé, Titanite, Schorl rouge, Schorl tricoté, Crispite, Sagenite, *Titanschorl*, *Nadelstein*.

393. Ce minéral est rarement amorphe, très-souvent cristallisé; la forme est un *prisme octogonal* (*Fig.* 14, *Pl.* 1) ou carré (*Fig.* 12, *Pl.* 1); souvent les prismes sont cylindroïdes, quelquefois ils sont réunis par des plans inclinés à l'axe (*Fig*, 95, *Pl.* 4); on les nomme géniculés, c'est-à-dire, en forme de genou; les prismes sont quelquefois aciculaires et très-allongés, isolés, ou groupés de manière à se croiser régulièrement comme des filets, d'où lui vient le nom de réticulé; les aiguilles sont quelquefois renfermées dans des masses de quartz hyalin.

d'autres fois, il est pulvérulent, rouge brunâtre, brun noirâtre, jaune; quelquefois transparent, le plus ordinairement opaque; cassure lamelleuse dans un sens, raboteuse ou conchoïde dans l'autre, éclatante; raie fortement le verre, et sensiblement le feldspath; poussière rouge ou blonde; pèse 4,2. La poussière chauffée avec de l'acide sulfurique concentré, devient d'un rouge très-vif; l'acide dissout un peu de titane et beaucoup de fer. Au chalumeau, infusible sans addition; avec le borax, à la flamme intérieure, on obtient un verre violet ou rouge; à la flamme extérieure, un verre jaunâtre; on obtient le même résultat avec le phosphate de soude et d'ammoniaque. Composé de titane, 66; oxigène, 34. Il contient toujours de 1 $^{1}/_{2}$ à 2 pour 100 d'oxide de fer; de l'oxide de manganèse, de l'oxide de chrome et même de l'oxide d'étain. On le trouve dans des terrains de granites, de gneiss, de micaschistes, de calcaire, souvent empâté dans le quartz; dans les terrains d'alluvion, les cristaux ont les angles émoussés ayant été roulés; il est employé comme couleur pour la porcelaine.

ACIDE TITANIQUE LAMINAIRE, Brookite.

394. La composition de cette substance est à ce que l'on croit la même que celle de la variété précédente, mais jusqu'ici on n'en a pas fait d'analyse exacte. Elle cristallise en lames rhomboïdales ou hexagonales; c'est seulement à cause de cette cristallisation que l'on en fait une variété distincte; rougeâtre ou brunâtre; éclat assez vif; raie difficilement le verre; mêmes caractères chimiques que le précédent. On le trouve avec du feldspath albite, du titane anatase, de la chrichtonite, sur du quartz aux Alpes, à Saint-Christophe-en-Oisans, à la Tête-Noire au Mont-Blanc, au Saint-Gothard; etc.

TITANE OXIDÉ, Titane anatase, Oisanite, Octaèdrite, Schorl bleu, Schorl octaèdre.

395. Ce minéral se trouve cristallisé; la forme est un *octaèdre aigu* (*Fig.* 73, *Pl.* 4), quelquefois terminé par des pointemens aux deux sommets (*Fig.* 74, *Pl,* 4), ou basés (*Fig.* 10, *Pl.* 1);

il présente souvent d'autres modifications plus compliquées; bleu, gris d'acier, brun noirâtre, jaunâtre; éclat très-vif; souvent transparent ou au moins translucide; offre des indices de lames parallèles aux faces de l'octaèdre; poussière blanche; raie le verre; pèse 3, 8; même caractère chimique que les précédens. L'analyse n'y montre que du titane presqu'entièrement à l'état de protoxide. On le trouve avec feldspath albite, chlorite, etc., à Vilette, au Pont-du-Diable dans l'Oisans; à Moutiers, dans la Tarentaise; au Saint-Gothard; à Selvaz dans les Grisons; à Barèges dans les Pyrénées; dans la Vieille-Castille; à Hadeland en Norwége.

POLYMIGNITE, Titanate de Zircone, d'Yttria, de fer, etc.

396. On le trouve en petits cristaux qui sont des prismes rectangulaires plus ou moins modifiés sur les arêtes; ils ont au plus 4 lignes de longueur; noir; opaque; éclat très-vif, un peu métallique; cassure conchoïde; raie le verre et même le feldspath; pèse 4,8; attaquable par l'acide sulfurique concentré; infusible au chalumeau sans addition; avec le borax, on obtient un verre jaunâtre, devenant rouge quand on ajoute un peu d'étain : contient : acide titanique, 46; zircone, 14; yttria, 12; chaux, 4; oxide de fer, 12; oxide de cuivre, 5; oxide de manganèse, 3; de plus des traces de magnésie, de potasse, d'oxide d'étain, etc. Ce minéral, qui est très-rare, n'a été trouvé qu'à Friedrichswarn en Norwége, avec l'yttrotantale, dans une syénite zirconienne.

AECHYNITE, Titanate de Zircone, de Cérium, etc.

397. Ce minéral est extrêmement rare; on l'a trouvé dans les environs de Miask, dans les monts Ourals. Une analyse approximative a donné pour sa composition : acide titanique, 56; zircone, 20; oxide de cérium, 15; chaux, 4; oxide de fer, 3; et des traces d'oxide de zinc.

ILMÉNITE.

398. Cette substance est peut-être de l'aechynite; on l'a trouvée en petites masses compactes, en petits cristaux qui sont des

*prismes rhomboïdaux obliques;* noire; opaque; cassure conchoïde; pèse 4,8; un peu magnétique; soluble dans l'eau régale; infusible au chalumeau; on n'en connaît pas d'analyse: cette substance avait été regardée dans le principe comme polymignite. On l'a trouvée dans un granite au pied de l'Ilmen près de Miask, dans l'Oural.

PYROCHLORE, Titanate de Chaux, de Cérium, de Urane, etc.

399. Ce minéral, que l'on pourrait nommer aussi polymignite, comme les variétés précédentes, puisqu'il contient un grand nombre de substances, se trouve en cristaux qui semblent être des *octaèdres réguliers* (*Fig.* 9, *Pl.* 1); brun rougeâtre ou noirâtre; éclat vitreux et résineux; cassure conchoïde; raie la chaux fluatée; pèse 4,2; devient jaune verdâtre par la calcination, ce qui lui a fait donner le nom de *pyrochlore*. Composé de: acide titanique 63; chaux, 13; oxide de cérium, 7; oxide d'urane, 5; oxide de manganèse, 3; oxide de fer, 2; eau, 4; et des traces d'oxide d'étain. On le trouve dans la syénite zirconienne de Friedrichswarn en Norwége, et à Miask dans l'Oural.

TITANE SILICÉO CALCAIRE, Sphène, Ménac, Spinthère, Titanite, Pictite, Séméline, Spinelline, Ligurite, rayonnante en gouttière.

400. On trouve ce minéral en petites masses laminaires, et cristallisé; les formes sont difficiles à observer; ce sont des *prismes obliques* ou des *octaèdres*, tous deux souvent très-modifiés, souvent aussi en cristaux comprimés comme des lames, et croisés de manière à former une sorte de gouttière, ou terminés par un biseau, de manière à ressembler à un coin, d'où lui a été donné le nom de sphène; blanc jaunâtre, verdâtre, brunâtre, violâtre; quelquefois translucide; éclat vitreux, vif; cassure esquilleuse dans un sens, conchoïde dans l'autre; raie le verre; fragile, mais difficile à mettre en poudre; pèse 3,5; la poussière mise en digestion dans les acides forts, s'y dissout un peu; au chalumeau, sans addition, il fond sur les bords en scorie brune; avec le borax, il donne un verre jaune brunâtre; composé de:

acide titanique, 48 ; acide silicique, 33 ; chaux, 19. Cette espèce, peu abondante, est assez fréquente ; les gros cristaux sont rares ; les plus beaux viennent du Saint-Gothard, et d'Arendal en Norwége. On le trouve dans le granite, le micaschiste, le gneiss, les roches amphiboliques, etc., en France, à Chalanches, et Maromme, en Dauphiné ; à Nantes, à Uzerche, à Sainte-Marie-aux-Mines, à Puy-Chopine, à Saint-Flour, au lac Aidal en Auvergne ; on le trouve aussi en Suède, en Saxe, en Angleterre, aux États-Unis, etc.

## TUNGSTÈNE.

Acide tungstique, Acide schéeliqueque.

401. Il se trouve en petits nids ou sous forme d'enduit pulvérulent à la surface du wolfram et de la schéelite, et dans leur voisinage ; jaune ; cassure conchoïde, friable ; pèse 6 ; soluble dans la potasse ou la soude ; infusible au chalumeau sans addition ; avec le phosphate de soude et d'ammoniaque, il fond en verre bleu : contient, tungstène, 80 ; oxigène, 20. On le trouve à Hustington, dans le Connecticut, et à Zinwald en Bohème.

Tungstate de Chaux, Schéelite, Schéelin calcaire, Wolfram blanc, Pierre pesante, *Schwerstein*, *Scheelerz*, *Scheelbaryt*, *Kalkscheel Wolfram Saurerkalk*.

402. Ce minéral se trouve en masses et cristallisé ; la forme est un *octaèdre* (*Fig.* 9, *Pl.* 1), plus ou moins modifié ; blanc, blanc grisâtre ou jaunâtre, rarement brun ; éclat gras et vif ; translucide sur les bords ; cassure lamelleuse ; fragile, facile à rayer au couteau, raie la chaux fluatée ; pèse 6 ; la poussière mise dans les acides forts, jaunit, surtout à chaud ; au chalumeau, infusible sans addition ; avec le borax, il donne un verre à peine coloré ; avec le phosphate de soude et d'ammoniaque, un verre, incolore à la flamme extérieure, et bleu à la flamme intérieure. Contient, acide tungstique, 80 ; chaux, 20 ; on pourrait quelquefois le confondre avec l'étain oxidé ; mais celui-ci ne jaunit

pas dans l'acide nitrique, avec le plomb carbonaté, que l'on reconnaît aussi par l'action de l'acide nitrique étendu qui le dissout avec effervescence, et qui noircit par l'acide hydrosulfurique, avec la baryte sulfatée ; mais elle est moins pesante, se divise en rhomboèdres et ne jaunit pas dans l'acide. On le trouve dans les terrains de gneiss, de pegmatite, accompagnant souvent les minerais d'étain, de fer, de bismuth, à Puy-les-Vignes, dans la Haute-Vienne ; dans l'Oisans ; à Schonfeld et Zimwald en Bohême, à Altenberg, à Gayer, à Ehrenfriedersdorf en Saxe; à Hipsberg; et à Ridarhytta en Suède ; dans le Cornwall, à Lindnaës ; à Corybuy en Écosse ; dans le Connecticut, etc.

TUNGSTATE DE FER et MANGANÈSE, Wolfram, Schéelin ferrugine, *Eisen Scheel*, *Wolfart*, *Spusna Lupi.*

403. On trouve cette substance en masse, laminaire et cristallisée, la forme est le *prisme quadrangulaire* (*Fig.* 13, *Pl.* 1). noire ou noir brunâtre; éclat très-vif; cassure inégale dans un sens, inégale et raboteuse dans l'autre; poussière brun rouge ou violet sombre; raie la chaux fluatée; pèse 7, 3 ; l'eau régale seule l'attaque ; au chalumeau, sans addition, il fond en globule cristallin gris de fer ; avec la soude il donne un globule métallique ; avec le borax un verre jaune ; avec le phosphate de soude et d'ammoniaque, à la flamme intérieure, un verre rouge sombre. Contient acide tungstique 76 ; protoxide de fer 17 ; protoxide de manganèse 6. Il se trouve comme la variété précédente dans les gneiss, dans les pegmatites, dans les filons métallifères, principalement dans ceux d'étain, quelquefois dans des amas ou des filons de manganèse, à Puy-les-Vignes, à Chanteloube, dans la Haute-Vienne; en Angleterre, en Saxe, en Bohème, en Sibérie; il accompagne quelquefois l'aigue-marine. Il n'est employé que dans les laboratoires pour obtenir l'acide tungstique.

## CÉRIUM.

CÉRIUM SILICATÉ HYDRATÉ, Orthite, Cérium Yttrifère.

404. Ce minéral se trouve à l'état cristallin sous forme de

prismes bacillaires; brun-noirâtre; attaquable par les acides forts; chauffé dans un tube il donne de l'eau; au chalumeau il fond sans addition en se boursouflant, il reste un verre noir bulleux; avec le borax, il donne un verre rouge orangé à la flamme extérieure, le globule devient jaunâtre en refroidissant; et un verre incolore, à la flamme intérieure. Composé de oxide de cérium, 20; protoxide de fer, 12; alumine, 15; yttria, 3; oxide de manganèse, 4; acide silicique, 32; eau, 5; on l'a trouvé près de Fahlun en Suède, dans des pegmatites; il y est accompagné des autres espèces qui contiennent du cérium et de l'yttria.

### Cérium silicaté hydraté carbonifère, Pyrorthite.

405. On nomme ainsi une substance qui comme l'orthite se trouve sous forme de prismes bacillaires; elle est noire ou brunâtre; facilement rayée par une pointe d'acier; pèse 2,2; chauffée dans un tube elle donne de l'eau; est attaquée à chaud par les acides; chauffée au chalumeau, elle brûle. Ce minéral contient oxide de cérium, 14; protoxide de fer, 6; alumine, 4; yttria, 5; chaux, 2; oxide de manganèse 1; acide silicique 10; eau 27; carbone 31; il se trouve avec l'orthite.

### Cérium silicaté, Allanite.

406. Cette espèce est en petits prismes carrés, souvent modifiés par des troncatures sur les angles solides; noire; éclat vitreux; cassure conchoïde; poussière gris verdâtre; raie le verre; pèse 3,5; attaquable par les acides; au chalumeau, sans addition, fond en scorie noire : contient, oxide de cérium, 34; protoxide de fer, 25; chaux, 9; alumine, 4; acide silicique, 35. On ne l'a trouvée encore que dans un granite à Gieseké au Groënland.

### Cérium silicaté rouge, Cérite, Cérérite, Cérine, Ochroïte, Ferricalcite, *Cerinstein*.

407. Il forme de petites masses grises, roses, violacées ou brunes; éclat métallique faible, un peu gras; cassure granuleuse un peu esquilleuse; raie difficilement le verre; facile à broyer; pèse

5; chauffé dans un tube il donne de l'eau; les acides forts l'attaquent à chaud; au chalumeau, infusible sans addition; avec le borax il donne un verre jaune clair: contient: oxide de cérium, 69; oxide de fer, 2; chaux, 1; acide silicique, 18; eau et acide carbonique, 10; dans une variété on n'a trouvé ni eau ni acide carbonique. On le trouve à Ridarhytta, dans le Westmeland, en Suède; il est accompagné d'amphibole aciculaire verdâtre, de cuivre pyriteux, de bismuth et de molybdène sulfuré.

La gadolinite que nous avons mise à la suite du zircon, pour nous conformer à l'ordre de la collection, serait aussi bien placée ici à la suite de l'orthite ou mieux du pyrorthite, puisque c'est un silicate d'yttria et de cérium, dans lequel cependant l'yttria domine comme on l'a vu.

### Cérium carbonaté.

408. Ce minéral se trouve sous forme de petites masses blanches, cristallines, décomposées par la chaleur; il est composé seulement d'oxide de cérium et d'acide carbonique en proportions qui n'ont pas encore été déterminées exactement; il se trouve à Bastnaës, près de Rydarhytta, à la surface du Cérite.

### Cérium fluaté, Fluorure de Cérium, Flucérine.

409. Cette substance qui est très-rare a la texture cristalline, elle est jaune rougeâtre; translucide; raie la chaux carbonatée; pèse 4,7; attaquée par les acides; si l'on opère dans un tube, les vapeurs qui se dégagent, corrodent la partie où elles se condensent; infusible au chalumeau; elle est composée de: cérium, 66; yttrium, 1; fluor, 33. On la trouve disséminée en petits nids dans une pegmatite, à Brodbo et Fimbo en Suède; elle accompagne d'autres minéraux contenant du cérium, de l'yttria.

### Cérium sous-fluaté, Fluorure de Cérium basique, Basicérine.

410. Ce minéral est en petites masses d'une texture cristalline; jaune; raie la chaux fluatée; chauffé dans un tube il donne de l'eau; par la chaleur rouge il devient noir, puis en

refroidissant, rouge, et enfin orangé; composé de : cérium, 67; fluor, 28; eau, 5; on le trouve avec l'espèce précédente à Fimbo, en Suède.

Une substance semblable de Bastnaës en Suède, est composée de cérium, 60; fluor, 27; eau, 13.

CERIUM FLUATÉ YTTRIFÈRE, Fluorure de Cérium et d'Yttrium, Yttro-Cérite, Cérium oxidé yttrifère.

411. Sous cette dénomination on rassemble plusieurs minéraux composés de cérium, d'yttrium, de calcéum et de fluor dans des proportions très-variables et qui sont probablement des mélanges; une variété de Fimbo, à texture lamelleuse, peu éclatante, grise, violacée ou rougeâtre, raie la chaux fluatée, pèse de 3,4 à 4,1; chauffée dans un tube elle donne une petite quantité de vapeurs corrodant le verre; infusible au chalumeau, sans addition; elle fond avec le borax et avec la chaux sulfatée. Composée de : cérium, 13; yttrium, 6; calcium, 36; fluor, 45; une autre variété contient cérium, 18; yttrium, 29; calcium, 3; oxide de fer, 3; fluor, 27; acide silicique, 19. On les trouve dans la pegmatite, à Fimbo et à Brodbo en Suède.

## TANTALE, OU COLUMBIUM.

TANTALITE DE FER ET DE MANGANÈSE, Tantalite, Tantale oxidé ferromanganèsifère.

412. Ce minéral, extrêmement rare comme tous ceux de Tantale, se trouve en grains disséminés; noirâtre, luisant; cassure conchoïde; il a l'éclat un peu métallique; poussière brun rougeâtre; raie difficilement le verre; pèse 7,9; au chalumeau, sans addition, ne fond pas, il perd seulement son éclat; avec le borax, il donne un globule vert bouteille qui devient opaque et grisâtre en refroidissant. Contient : protoxide de Tantale, 83; protoxide de manganèse, 10; protoxide de fer, 4, et des traces d'oxide d'étain, de chaux et d'acide silicique. On l'a trouvé disséminé dans un granite, à Kimito en Finlande.

TANTALATE DE FER ET DE MANGANÈSE, Columbite, Baiérine.

413. Il y a des différences dans la composition des minéraux de ce nom qui viennent de diverses contrées : noir brunâtre. Une variété qui se trouve à Bodemnaïs est quelquefois cristallisée en *prismes rectangulaires droits* (*Fig.* 12, *Pl.* 1); souvent ils sont modifiés par des troncatures sur les arêtes et sur les angles solides; éclat faiblement métallique; raie faiblement le verre; pèse de 6,2 à 6; au chalumeau, se comporte comme le tantalite, si ce n'est une variété qui vient de Brodbo et qui, à la flamme intérieure, avec le phosphate de soude et d'ammoniaque, donne un verre coloré en rouge dont l'intensité augmente par le refroidissement, ce qui est dû à l'acide tungstique qui s'y trouve. Cette variété est composée d'acide tantalique, 68; oxide de fer, 10; oxide de manganèse, 7; oxide d'étain, 8; chaux, 1; acide tungstique, 6; celle de Bodemnaïs contient acide tantalique, 75; oxide de fer, 17; oxide de manganèse, 5; chaux, 1. On le trouve à Kimito en Finlande, à Brodbo en Suède, à Bodemnaïs en Bavière : à Brodbo, il est accompagné de quartz, de topaze et de feldspath albite. On en a trouvé aussi à Chesterfield, dans le Massachusset, avec feldspath, émeraude et mica.

On a trouvé à Kimito une substance brun rougeâtre, pesant 7,9, et qui est un mélange des deux variétés précédentes. Elle contient protoxide de tantale, 62; acide tantalique, 21; protoxide de fer, 13; protoxide de manganèse, 2, et des traces d'oxide d'étain, de chaux et d'acide silicique. On lui a donné le nom de Tantalite brun cannelle.

TANTALATE D'YTTRIA, Fergusonite.

414. Ce minéral se trouve en petites masses cristallines offrant des clivages parallèles aux faces d'une pyramide à triangles isocèles; brun noirâtre; éclat un peu métallique et résineux en même temps; cassure conchoïde; raie difficilement le verre; pèse 5,8; insoluble dans les acides; au chalumeau, sans addition, jaunit et ne fond pas; avec le borax, donne un verre jaunâtre qui devient

rouge par le refroidissement quand on l'a laissé quelque temps dans la flamme de la bougie. Composé d'acide tantalique, 48; d'yttria, 42; d'oxide de cuivre, 5; de zircone, 3; d'oxide d'étain, 1, et traces d'oxide de fer et d'urane. Ce minéral, qui avait été confondu avec les yttro-tantales, dont la composition est très-différente, a été trouvé à Kikertaursak, près du cap Farewel, en Groënland.

### Tantalate d'Yttria, Yttro-Tantale.

415. On réunit sous ce nom des minéraux de composition un peu différente; on en distingue trois variétés : l'une noire, une seconde brun jaunâtre, enfin, une troisième jaune brunâtre; éclat faiblement métallique; la variété brun jaunâtre est translucide sur les bords, les autres sont opaques; cassure lamelleuse dans un sens, grenue dans l'autre; rayés par une pointe d'acier; pèsent de 5,4 à 5,9; insolubles dans les acides; par la chaleur rouge toutes les variétés blanchissent; au chalumeau, décrépitent et fondent en scorie noirâtre; avec le borax, on obtient un verre presque incolore. La variété noire contient acide tantalique, 57; yttria, 20; chaux, 6; oxide de fer, 3; oxide d'urane, 1; acide tungstique, 8; eau, 5, et traces d'oxide d'étain; la variété brune contient 6 d'oxide d'urane, et 1 seulement d'acide tungstique; la variété jaune, 3 d'oxide d'urane, et 1 d'acide tungstique. Toutes ces variétés se trouvent dans des pegmatites avec feldspath laminaire, rougeâtre, en Suède.

On ne se sert d'aucun de ces minéraux de Tantale, si ce n'est dans les laboratoires.

## CHROME.

### Chrome oxidé, *Chromocker*.

416. Ce minéral se trouve en petits nids terreux et disséminé comme principe colorant d'un quartz vert poireau, un peu grisâtre; au chalumeau, sans addition, il blanchit; avec le borax, donne un verre d'une belle teinte vert-émeraude. Il contient chrome, 70; oxigène 30. Il se trouve rarement pur, dans des roches

quartzeuses, aux Ecouchets sur la route de Couches au Creuzot, Saône-et-Loire; dans des roches feldspathiques, à Elfadlen en Dalécarlie. Il colore quelques pierres et roches, comme l'émeraude du Pérou, la diallage, les serpentines, etc.

CHROME SILICATÉ HYDRATÉ, Wolkonskoïte.

417. On trouve ce minéral en petites veines et en nids compactes; vert d'herbe; cassure conchoïde; doux au toucher; tendre, poli par le frottement des doigts; chauffé dans un tube, il donne une grande quantité d'eau et devient d'un vert plus foncé; si l'on chauffe au rouge il devient brun; soluble en gelée dans l'acide hydrochlorique bouillant; au chalumeau, avec le borax, on obtient un verre vert; composé d'oxide de chrôme, 34; peroxide de fer, 7; de magnésie, 7; d'acide silicique, 27; d'eau, 23. On l'a trouvé dans un grès à Okhusks, dans le gouvernement de Pern, en Sibérie.

## TELLURE.

TELLURE NATIF, Tellurure de Fer, Sylvanite, *Gediegen Tellur, Gediegen Sylvan.*

418. On le trouve en petits grains et en *prismes hexagones* (*Fig.* 21, *Pl.* 1); blanc d'étain ou gris d'acier; éclat métallique; tendre, fragile, tache le papier en gris noirâtre; pèse de 5,7 à 6,6; soluble dans les acides; fusible au chalumeau, en répandant une fumée blanche sans odeur sensible, et colore la flamme en vert. Il est composé de tellure, 93; fer, 7; or, traces. Chauffé, dans un tube, au rouge, il laisse volatiliser du tellure qui se condense à la partie supérieure. On le trouve en petites veines dans des schistes et des diorites à Fazbay près Zalathna en Transylvanie; il y est accompagné d'or, de zinc et de plomb sulfuré, etc. On l'a indiqué aussi à Huttington, dans le Connecticut, aux États-Unis.

TELLURURE DE BISMUTH SULFO-SÉLÉNIFÈRE, Bornine, Argent molybdique, *Wasserblei Silber, Weissbleierz, Tellur Wismuth.*

419. Ce minéral se trouve en petites lames irrégulières ou

hexagonales; gris de plomb ou blanc d'étain ; éclat métallique, cassure inégale, striée ; pèse 7,8 ; chauffé dans un tube, il laisse sublimer du tellure; au chalumeau, sur le charbon, il brûle en répandant une fumée blanche ayant une légère odeur de raifort, qui annonce la présence d'un peu de sélénium, il reste un globule métallique cassant, recouvert d'une croûte orangée, il colore la flamme en bleu. Composé de tellure, 35; soufre, 5; Bismuth, 60, et des traces de sélénium ; quelques variétés contiennent de l'argent. Cette espèce, qui est une des plus rares que l'on connaisse, est souvent accompagnée d'or; on l'a trouvée d'abord à Borzony, en Transylvanie, à Schoubkan, près Schemnitz, en Hongrie; à Tellemarken; en Norwége, à Bastanaës, en Suède; dans ce dernier gisement il est accompagné de cérite.

### Tellurure de Plomb.

420. Il se trouve en masse amorphe, ayant des clivages parallèles aux faces du cube; blanc d'étain; éclat métallique très-vif; même dureté que la chaux carbonatée; facile à pulvériser; pèse 8,2. Au chalumeau, sur un charbon, colore la flamme en bleu; fond et donne enfin un bouton d'argent entouré d'une croûte blanchâtre et jaunâtre; facilement soluble dans l'acide nitrique; composé de tellure, 38; plomb, 60; argent, 1. On l'a trouvé dans la mine de Sawodinski, dans l'Ataï, en Sibérie.

### Tellure graphique, Tellure auro-argentifère, Sylvane, or graphique, *Tellur Gold*, *Schrifterz*, *Schriftgold*, *Schrift Tellur.*

421 Il est en petits cristaux circulaires, groupés, sous forme de dendrites; rarement les cristaux sont bien déterminés; il présente alors les formes de prisme rectangulaire et hexagonal; gris d'acier; éclat métallique; cassure grenue, à grain fin ; fragile, tendre; pèse 7,5. Au chalumeau, sur le charbon, il colore la flamme en vert, répand une fumée blanche; il reste un bouton métallique, jaunâtre, malléable; contient : tellure, 60; or, 30; argent, 10. On le trouve à Offen-Banya, en Transylvanie; dans

un filon de roche porphyrique avec quartz, chaux carbonatée, cuivre gris, plomb sulfuré, etc.; on le trouve aussi à Nagy-Ag, en Transylvanie.

Tellure auro-plombo-argentifère, Mullérine, Tellure feuilleté, Argent telluré, Tellure gris, Or gris jaunâtre, *Tellur Silber*, *weiss Tellur*, *weiss Sylvanerz*, *Gelberz*, *wesses Golderz*, *Cottonerz*.

422. Ce minéral se trouve le plus souvent en petites masses fibreuses, rarement en petits cristaux qui sont lamellaires; blanc jaunâtre; éclat métallique; tendre, non tachant, flexible; pèse en grande partie de 9,2 à 10,7; soluble dans l'acide nitrique; fusible au chalumeau, en colorant la flamme et répandant des fumées blanches; il reste un bouton métallique blanchâtre; contient : tellure 45; plomb, 20; or, 27; argent, 9, et des traces de soufre. On le trouve à Nagy-Ag, en Transylvanie, avec zinc sulfuré, manganèse carbonaté, plomb sulfuré, arsenic natif.

Tellure auro-plombifère, Elasmose, Tellurblei, *Blattererz*, *Nagyagerz*, *Graugolderz*, *Blattriges Golders*.

423. Cette substance a la structure lamelleuse; elle est gris de plomb, noirâtre; très-éclatante; tendre, un peu tachante; pèse 8,9. Au chalumeau, donne des fumées blanches ayant un peu l'odeur d'acide sulfureux, il reste un bouton métallique malléable; composée de : tellure, 32; plomb, 54; or, 9; argent, 1; cuivre, 1; soufre, 3. On le trouve à Nagy-Ag, en Transylvanie, avec manganèse carbonaté, or, etc.

On trouve une autre combinaison de tellure et d'or, mélangée avec des sulfures de plomb, d'antimoine et de cuivre, et qui ressemble beaucoup, par les caractères, à la dernière variété, qu'elle accompagne. Elle contient : tellure, 13; or, 7; Plomb, 63; antimoine, 5; cuivre, 1; soufre, 12.

Toutes ces combinaisons de tellure ne servent que comme échantillons dans les collections de minéralogie, et pour obtenir le tellure dans les laboratoires.

# GÉOGNOSIE.

Nous avons vu au commencement de ce livre comment nous diviserions l'étude de l'histoire naturelle inorganique, et les motifs qui ont fait adopter cet ordre. Cette dernière partie, la Géognosie, est, ainsi que nous l'avons dit plus haut, la connaissance des roches, de leurs caractères, des terrains qu'elles forment seules ou réunies, de leurs âges, caractérisés par les fossiles de diverses espèces que l'on y rencontre : elle est donc un des moyens essentiels de parvenir à faire l'histoire du globe.

## DESCRIPTION DES DIVERSES ESPÈCES DE ROCHES.

On désigne sous le nom de roches toutes les masses minérales qui, dures, tendres ou divisées comme les sables, se trouvent en masses suffisantes pour être considérées comme contribuant à la formation des différens terrains qui composent l'écorce solide du globe. D'après la grande quantité d'espèces minéralogiques que nous avons passées en revue, on pourrait croire que le nombre de celles qui forment les roches est considérable, mais il se réduit cependant à vingt-cinq ou trente, en ne considérant que les composans essentiels à chacune d'elles, c'est-à-dire, constituant leur espèce; on y trouve bien d'autres minéraux, mais ils ne sont qu'accidentels, c'est-à-dire, que leur absence ou leur présence ne change rien au caractère spécifique général de la roche.

Les roches sont tantôt *simples*, c'est-à-dire, formées d'une seule espèce minérale, tantôt *composées*, ou résultant du mélange de diverses espèces, deux, trois, quatre ou plus ensemble; quelquefois même celles-ci sont formées d'une seule espèce, mais sous deux états différens, comme par exemple de cristaux empâtés dans la même espèce minérale, mais compacte, comme dans les porphyres : on les nomme surcomposées lorsque dans une masse composée, on trouve disséminés des fragmens qui semblent y avoir été empâtés après coup. On distingue ensuite les roches composées en *adélogènes*, c'est-à-dire, dont les parties constituantes sont si intimement mélangées que l'on ne peut les distinguer à l'œil nu, et en *phanérogènes*, dont les composans se peuvent distinguer plus ou moins facilement : il y a nécessairement des intermédiaires entre les deux classes; l'on est souvent embarrassé pour reconnaître celles qui appartiennent plutôt à l'une qu'à l'autre. Il est rare que le volume des diverses parties constituantes d'une roche phanérogène soit de grande dimension ; ces parties se nomment aussi *individus* : on y trouve cependant des cristaux qui ont deux pieds et quelquefois plus, mais en général les individus ont depuis quelques lignes jusqu'à un ou deux pouces. Ils sont plus ou moins solidement réunis ensemble; dans quelques-uns la cimentation est si tenace que l'on a pu en faire des instrumens tranchans très-solides, comme la pierre de hache ; d'autres sont tout-à-fait meubles, comme les sables.

## CARACTÈRES DISTINCTIFS DES ROCHES.

On distingue les roches les unes des autres par les différens moyens que nous avons indiqués pour reconnaître les minéraux, comme la dureté, la ténacité, l'éclat, la cassure, etc., etc. Il en est cependant quelques-uns qui ont besoin d'être employés avec quelques précautions, inutiles pour les espèces minérales, qui, simples, ont leur manière de se comporter sous certains agens, comme le chalumeau, les acides, etc. Les roches étant le plus souvent composées, doivent être essayées avec précaution, parce que les individus qui entrent dans leur composition se comportent souvent très-différemment, les uns étant solubles à froid, les autres à chaud dans les acides; et, par l'action du chalumeau, les uns fondant très-facilement, les autres difficilement.

Pour essayer l'action des acides, il faudra se servir d'acide étendu d'eau, observer s'il y a changement de couleur à la surface; si à froid il y a dissolution, puis, séparant la liqueur, lorsque l'action à froid a cessé, remplacer cet acide, après avoir lavé l'échantillon, par du nouvel acide étendu d'autant d'eau, et chauffer graduellement jusqu'à l'ébullition; séparer cette nouvelle liqueur, laver encore ce qui reste de la roche, si tout ne s'est pas dissous, pour le traiter à chaud par l'acide concentré, c'est-à-dire, non étendu d'eau. Les acides employés sont l'acide nitrique et l'acide hydrochlorique; quelquefois l'acide sulfurique.

Quand on veut essayer l'action du chalumeau, on tâche d'obtenir par la cassure un fragment ou une esquille bien fine, en allongeant l'index sous le bord aigu de la roche, et en frappant à l'extrémité de ce bord un coup sec avec un très-petit marteau. Cette esquille prise au moyen de la pince est ensuite exposée à la flamme du chalumeau dont on ménage le feu; par cette précaution, si la roche est composée d'individus peu fusibles et d'autres qui le soient facilement, ces derniers seulement venant à fondre, donneront des globules qui, par leur couleur, leur aspect, permettront de reconnaître leur espèce; puis on pourra par un coup de feu plus fort essayer de fondre le tout. Lorsque la matière à essayer est pulvérulente, on peut la poser sur une lame de distène en l'humectant, et l'on chauffe avec les mêmes précautions : quelquefois on doit employer des fondans comme pour les essais minéralogiques.

Souvent la loupe n'est pas suffisante pour distinguer si une roche est composée ou non; il faut alors avoir recours au microscope. Après avoir trituré la roche assez finement pour séparer les individus, on en met quelques grains sur le porte-objet (Voir la *Physique pour la description du microscope*), et l'on ne prend pour réflecteur qu'une feuille de papier, parce que la lumière vive du miroir traverserait les grains transparens et incolores, et empêcherait d'en distinguer les formes et par conséquent la nature des différens individus qui peuvent entrer dans la composition de la roche. Il arrive quelquefois que des roches semblent adelogènes quand on remarque leur cassure; mais si l'on examine la même substance polie, cette préparation fait ressortir les caractères d'une roche phanérogène.

## STRUCTURES DIVERSES D'AGRÉGATION.

Nous avons dit plus haut que dans les roches composées il y avait des composans essentiels et d'autres qui ne sont qu'accidentels ou accessoires : il faut toujours désigner quel est le composant essentiel qui est dominant.

Nous avons déjà vu dans la Minéralogie la définition de quelques structures que nous nous bornerons à citer, ainsi celles que l'on nomme saccharoïde, grenue, etc.; d'autres, appartenant plus spécialement aux roches, ont besoin d'être décrites.

On nomme *granitoïde* une roche formée de fragmens cristallins ou de minéraux cristallisés, groupés irrégulièrement et contemporains; *porphyroïde*, celle qui offre une masse principale compacte, saccharoïde ou même granitoïde, et dans laquelle sont disséminés de gros cristaux contemporains; *glanduleuse* ou *amygdaloïde*, une roche formée d'une pâte ordinairement compacte, rarement granitoïde, et contenant des noyaux plus ou moins aplatis qui tantôt sont contemporains, tantôt postérieurs. Les premiers tendent à cristalliser extérieurement; leur composition se rapproche de celle de la pâte, excepté quand ils sont formés de couches concentriques : les noyaux postérieurs forment des couches concentriques, au milieu desquelles on trouve souvent un vide; il y a parfois une cristallisation intérieurement; *entrelacée*, cette structure résulte du mélange des couches de plusieurs substances minérales qui se sont croisées; *arénacée*, les roches ainsi nommées sont composées de fragmens anguleux ou arrondis plus ou moins volumineux, cimentés par une pâte qui n'est quelquefois qu'un sable fin : quand les fragmens sont gros, ils forment des brèches ou des puddings, suivant qu'ils sont anguleux ou arrondis; quelquefois ils sont fins comme dans les grès, dans lesquels il arrive qu'ils ne sont visibles qu'à la loupe; la pâte est quelquefois invisible. On nomme *meubles* les roches dont les parties ne sont pas liées ensemble, comme les sables, les cendres volcaniques, les dépôts limoneux, quelques argiles.

Les diverses roches sont avec ou sans *délit;* c'est ainsi que l'on nomme la propriété de certaines pierres de se séparer plus ou moins facilement en feuillets d'épaisseur variable. Ainsi les ardoises ont un délit très-marqué; d'autres, comme les granites, n'en ont pas du tout. Quelques roches qui, examinées en petit, n'offrent pas de traces de délit, en ont au contraire lorsque l'on considère leurs masses. On nomme *fil* le sens du délit. Il est important, dans les constructions, de disposer les pierres de manière que leur fil ou délit soit parallèle à la ligne horizontale, parce que c'est leur sens de plus grande résistance. Toutes sont plus ou moins poreuses, quelques-unes le sont considérablement, et sont alors très-hygrométriques; c'est à cette porosité qu'est due la propriété de happer à la langue et de donner une odeur argileuse.

Certaines roches, par l'intermède de l'air, de l'eau, sont décomposées en tout ou en partie, et de solides qu'elles étaient deviennent meubles; elles perdent alors souvent quelqu'un de leurs principes; ce résultat est probablement produit par une faible action électrique. D'autres, par l'action de la chaleur, deviennent solides, de meubles ou de peu solides qu'elles se présentent dans les parties qui n'ont pas reçu l'impression d'une haute température.

Les cristaux que l'on trouve dans les roches sont rarement d'une régularité parfaite, et leurs angles sont ordinairement émoussés. On rencontre souvent des masses considérables qui semblent cristallisées; elles offrent des prismes, des pyramides, mais elles n'ont que l'apparence de la régularité; la mesure des angles le démontre; ils sont dus au retrait que la substance solidifiée prend en se refroidissant, comme il arrive pour l'amidon que l'on retire du froment, et qui, prenant du retrait par sa dessiccation lente, se fendille et forme des espèces de prismes qui le font nommer amidon en baguettes, tel qu'on le voit chez les parfumeurs, droguistes, etc. La houille présente de ces formes que nous avons dit, en parlant de la Cristallographie, être dues à ce que l'on nomme *cristallisation par retrait.*

## COMPOSITION ET DÉNOMINATION GÉNÉRALES DES ROCHES.

Les minéraux qui composent les roches dont est formée l'écorce solide du globe y entrent dans des proportions très-différentes ; le feldspath y contribue pour près de la moitié ; le quartz pour un tiers ; le reste est formé par la chaux carbonatée, le mica, le talc, le pyroxène, l'amphibole, etc. ; enfin les fossiles qui en font environ la vingtième partie. Nous avons ainsi des roches feldspathiques, quartzeuses, calcaires, amphiboliques, etc.; mais ces noms ne veulent pas dire que ces roches ne contiennent que du feldspath, du quartz, de la chaux carbonatée, etc. ; mais bien que ces substances qui y sont essentielles, y sont en même temps dominantes ou donnent au moins à la roche ses caractères principaux. Chaque espèce de roche peut se présenter avec une foule de modifications dépendantes du volume des individus qui la composent et de la contexture, et qui forment autant de variétés; les proportions des composans peuvent aussi contribuer à la formation d'autres variétés, qui, s'éloignant du premier type, passent à des espèces composées des mêmes minéraux, mais dans lesquelles le principe dominant est différent; quelquefois même un des composans disparaît presque complétement ; d'autres variétés enfin sont produites par la présence de quelque substance accessoire, mais qui s'y trouve assez abondamment et régulièrement disséminée.

## ORIGINES DIVERSES DES ROCHES.

Les unes sont dues à l'action du feu, les autres sont le résultat des dégradations et des dépôts formés par les eaux ; de là les deux origines des roches, séparées en *pyrogènes* ou produites par le feu, ou les nomme aussi *plutoniennes* ; et en *neptuniennes ;* quelques-unes, pyrogènes d'origine, ont, par l'action des eaux, produit des espèces mixtes. Les roches plutoniennes résultent : 1° du refroidissement primitif du globe, et la continuation du refroidissement doit nécessairement en accroître successivement la proportion; 2° d'épanchemens qui, passant à travers les fissures produites dans la croûte solide par le retrait, suite de la diminution de température, ont coulé jusqu'à la surface, mais sans éruptions; 3° enfin celles qui sont produites par les éruptions volcaniques actuelles, sous forme de laves, de cendres, etc. Ce sont les épanchemens à travers la masse qui ont rendu solides certaines roches meubles ou friables; comme la craie dans le voisinage de semblables accidens, devient solide et saccharoïde comme le plus beau marbre cristallin; mais l'altération ne les pénètre pas très-profondément, à cause de la faiblesse du pouvoir conducteur des pierres pour la chaleur, et du refroidissement de la coulée par son contact avec des substances d'une température beaucoup plus basse. Plus la coulée avait de puissance, plus son refroidissement a dû être lent, et plus profondément aussi les roches à travers lesquelles elle a passé, ont pu être altérées; on les nomme généralement *thermantides*. Les roches neptuniennes résultent ou d'une précipitation lente, ou d'un transport brusque et violent. Les unes ont été formées par les eaux douces ou fluviatiles; les autres, par la mer.

## CLASSIFICATION DES ROCHES.

La classification des roches peut varier presque arbitrairement, en raison des nombreux mélanges d'où elles résultent, et suivant leurs différentes contextures; la plupart des méthodes sont basées sur la contexture, d'autres sur la composition : cette dernière est plus rationnelle. Il faut se souvenir que, comme nous l'avons dit plus haut, sous une même dénomination de famille, on comprend, non-seulement l'espèce pure, mais encore les roches dans lesquelles cette substance peut être mélangée avec d'autres, lorsqu'elle est principe essentiel et dominant, sans tenir compte de la contexture, et qu'elles soient phanérogènes ou adélogènes, agrégées ou conglomérées. Les *agrégats* résultent d'un enchevêtrement de minéraux cristallisés réunis plus ou moins solidement, mais sans ciment. Les *conglomérats* sont formés de parties enlevées à des roches préexistantes et réunies par un ciment, comme les brèches, les puddings. Lorsque nous traiterons des terrains, nous montrerons l'ordre dans lequel ces roches sont superposées le plus ordinairement.

## ROCHES FELDSPATHIQUES.

Parmi les roches de cette famille, les unes sont phanérogènes et les autres adélogènes, agrégées, conglomérées ou meubles.

FELDSPATH COMPACTE, Leptynite, Eurite, Phonolite, Pétrosilex, Granulite; *Weisstein* des Allemands; *white stone* des Anglais.

426. Cette roche est presque entièrement formée de feldspath compacte, et d'un grain tellement fin et égal, qu'elle semble un grès; quelquefois elle contient du mica, du grenat en petits grains, rarement de l'amphibole ou du talc. Cette roche est ordinairement blanche, quelquefois cependant colorée en vert par un peu d'amphibole ou même de pyroxène; rougeâtre, noirâtre; tenace; au chalumeau, elle fond en émail blanc quelquefois marqué de points brunâtres; elle appartient aux terrains plutoniens primitifs inférieurs; elle n'y semble pas très-abondante; on y trouve quelquefois des cristaux de diverses substances, qui lui donnent l'apparence porphyroïde. Elle est en masse non stratifiée en grand, mais en petit, elle est par fois schistoïde : elle forme rarement des conglomérats bréchoïdes ou puddingiformes. Cette roche se décompose spontanément : le feldspath se change complétement en kaolin, substance dont il sera question un peu plus loin.

Il y a diverses variétés de pétro-silex, comme le hornstein, la pierre de hache, etc., pour lesquels nous renvoyons à ce que nous en avons dit dans la Minéralogie.

Cette roche se trouve à différentes hauteurs dans l'écorce du globe, tantôt au milieu des terrains primitifs, tantôt près des terrains de transition. On rencontre, mais rarement, dans ces derniers, des débris organiques.

### Porphyres.

427. Ces roches, dont on trouve beaucoup de variétés, sont composées d'une pâte de pétro-silex, au milieu de laquelle sont disséminés des cristaux de feldspath et souvent quelques autres substances. On nomme porphyre syénitique celui qui contient de l'amphibole au milieu de la pâte ; dans ce cas il est presque toujours rouge : les cristaux de feldspath sont blancs ou gris. Souvent on trouve dans ces porphyres des grains de quartz ; il pourrait presque y être considéré comme principe essentiel. Les cavités que cette roche présente sont souvent remplies par du quartz agate ou de la chaux carbonatée. Une variété, dont les cavités sont de petites dimensions et assez nombreuses, qui sont remplies de diverses substances de couleur un peu plus claire que la pâte qui est rougeâtre ou verdâtre, a reçu le nom de variolite. On nomme pyroméride ou porphyre orbiculaire, une roche au milieu de laquelle on trouve, outre des cristaux de feldspath et de quartz, des masses orbiculaires dont la texture est radiée ; cette roche et le porphyre argiloïde, semblent appartenir à des terrains moins anciens que les autres porphyres ; cette variété argiloïde ne doit son nom qu'à l'aspect de la cassure qui n'est pas lisse comme celle des autres roches de cette espèce : elle est plus souvent cellulaire que les autres et paraît même quelquefois cariée ; cette disposition l'a fait employer comme pierre meulière en Hongrie. On y trouve du quartz, du mica, de la chaux carbonatée, mais en petite quantité ; tous fondent en émail plus ou moins foncé.

### Porphyre leucostinique, Phonolite, Leucostine.

428. Sous ce nom on peut réunir deux substances qui sont regardées par quelques géologues comme un peu différentes ; mais ici, comme par la suite, lorsque les différences seront petites, on les réunira pour en abréger et simplifier l'étude. La pâte est de pétro-silex ; les cristaux de feldspath y sont plus ou moins nombreux ; la roche est un peu cellulaire ; la couleur varie beaucoup,

la variété phonolite contenant quelquefois beaucoup de fer titané, et le leucostine, de l'amphibole, dont les proportions diverses font qu'il est plus ou moins foncé. En général, les cristaux de feldspath, disséminés dans la pâte, y sont peu volumineux; la texture est variable. Cette roche appartient aux terrains porphyriques et volcaniques; les Andes, vers le Chimboraço, en sont en partie formées.

### Trachyte.

429. Cette roche est un peu porphyroïde, la pâte est très-poreuse, ce qui la rend sèche et rude au toucher, propriété d'après laquelle on a fait ce nom qui s'adapterait tout aussi bien aux ponces; souvent terne, quelquefois un peu vitreuse; fusible au chalumeau. Elle contient toujours des cristaux de feldspath, souvent de l'amphibole, quelquefois du pyroxène et de très-petits cristaux de fer titané invisibles à l'air nu; ceux de feldspath et d'amphibole ont quelquefois près d'un pouce. Souvent cette roche est cellulaire, et les variétés sont remplies de calcaire ou de différentes zéolites. Elle est peut-être la plus abondante des terrains volcaniques anciens, et si abondante, qu'on peut presque la considérer aussi bien comme un terrain particulier qu'une roche. On se sert des trachytes comme pierres de construction, qui sont tenaces et légères. La couleur en est grisâtre, rougeâtre ou jaunâtre : il y a des variétés plus ou moins poreuses, plus ou moins friables.

### Téphrine, Lave téphrinique.

430. Cette substance, qui se rapproche du trachyte, n'a pas une composition bien connue; grise, terne, rude au toucher, poreuse et même cellulaire. Elle contient souvent des cristaux de feldspath qui la rendent porphyroïde; quelquefois elle est amygdaloïde, et ses cavités contiennent du pyroxène olivin ou de l'amphigène; au chalumeau, fond en émail blanc parsemé de points brunâtres; cette roche est assez tenace et assez légère; on en fait des meules du côté de Coblentz; celle de Volvic, en Auvergne,

sert à Paris à faire les dalles des trottoirs; elle résulte de la décomposition des laves volcaniques.

RÉTINITE, *Pechstein.*

431. Le rétinite a la texture porphyroïde dans la plupart des cas; il contient des cristaux de feldspath et quelquefois du mica; il a l'éclat vitreux ou résineux; il est grisâtre, brunâtre, bleuâtre, noirâtre; au chalumeau, il fond en se boursouflant; il donne un émail blanc bulleux. Cette roche est dure mais fragile; sa cassure est un peu conchoïde et raboteuse; elle a quelquefois l'aspect bréchoïde. On y trouve, mais rarement, des débris charbonneux. Elle forme des filons et même des couches non stratifiées. On rencontre le rétinite dans l'Auvergne, le Vicentin, près du Lac-Majeur, dans le Cantal, etc. Il appartient aux terrains volcaniques.

OBSIDIENNE, Verre des volcans.

432. Cette substance, très-vitreuse, est tantôt translucide, tantôt opaque; quelquefois l'éclat vitreux ne peut se voir qu'à la loupe; d'autrefois elle est comme du verre; quelques variétés sont piciformes; leur fil est visible à l'œil nu; d'autres contiennent des cristaux de feldspath, qui la rendent porphyroïde; d'autres sont amygdaloïdes; couleur noirâtre, verdâtre, jaunâtre, rougeâtre, grisâtre, blanchâtre; quelques-unes sont chatoyantes : elle raie le verre; au chalumeau, elle se boursoufle et se fritte; on en faisait des couteaux, des miroirs. Elle appartient aux terrains volcaniques. On en trouve beaucoup au Mexique, au Pérou, en Islande, etc.

OBSIDIENNE PERLÉE, Perlite, *Perlstein.*

433. Cette roche doit son nom à sa couleur et à son éclat le plus ordinaire, c'est-à-dire blanc nacré; mais elle est cependant quelquefois grise, verdâtre et sans éclat. Elle est plus fragile que la précédente; elle contient souvent des cristaux de feldspath qui la rendent porphyroïde; au chalumeau, elle se bour-

soufle, puis donne une fritte blanche. On la trouve surtout en Hongrie : elle appartient aux terrains de Trachyte.

PONCE, Pumite, *Bimstein.*

434. On pourrait considérer cette roche comme une obsidienne boursouflée, car elle se trouve aux faces supérieures et inférieures de cette substance; elle est grisâtre ou blanchâtre, rarement bleuâtre, rougeâtre, etc. Elle est très-cellulaire et fibreuse; quelquefois elle est capillaire; enfin en sable plus ou moins grossier, et même, ce qui arrive souvent, cinériforme. La dureté en est très-grande, car elle raie même l'acier; elle est en même temps très-friable; on s'en sert pour polir. Au chalumeau, elle donne facilement un émail blanc : elle est essentiellement volcanique.

PEGMATITE, Granite graphique, *Schrift Granit.*

435. Le feldspath est mélangé de quartz, qui y semble comme disséminé, mais irrégulièrement : on trouve par place de gros blocs ou même de gros cristaux de feldspath ou de quartz, qui ont quelquefois plus d'un pied; le feldspath y domine beaucoup; le quartz, dont la cristallisation y a été gênée, ne présente souvent que des portions de cristaux qui, par leur disposition, ressemblent aux écritures orientales; c'est de là que lui est venu le nom de granite graphique : le quartz n'entre guère que pour un quart dans la composition de cette roche : le feldspath en est ordinairement blanchâtre, mais cependant il est aussi rougeâtre; le quartz paraît gris. On y trouve accidentellement du mica qui se présente souvent en forme de gerbes; de la tourmaline en beaux et gros cristaux; de l'émeraude, dont les dimensions sont quelquefois aussi très-grandes; de la pinite, de l'andalousite, de gros grenats, de la chaux phosphatée. Généralement les substances qui composent la roche et celles qui même n'y sont qu'accidentelles, présentent des cristaux de grandes dimensions : une variété cependant contient le quartz assez uniformément disséminé en grains peu volumineux; on lui donne le nom de petuntzé : pul-

vérisée et mise en suspension dans l'eau, on y plonge les vases de porcelaine déjà chauffés, mais seulement assez pour les sécher complétement, c'est ce qui en forme la couverte ou vernis. Cette roche se rencontre dans un grand nombre de lieux où elle occupe des espaces considérables. On pense que c'est elle principalement qui, par sa décomposition, donne la roche terreuse qui est connue sous le nom de kaolin, et sert à la fabrication de la pâte de porcelaine; dans cette altération, la potasse du feldspath disparaît presque entièrement; la décomposition descend quelquefois à une grande profondeur, et lorsque la roche contient du grenat, sa décomposition est aussi presque complète. On en trouve en Chine, au Japon, aux États-Unis, en Suède, en Moravie, aux environs de Limoges et dans beaucoup d'autres localités, en France et dans le reste de l'Europe.

### Syénite, Granitel.

436. Mélange de beaucoup de feldspath laminaire rouge et d'amphibole hornblende vert foncé : la proportion de cette dernière est au plus d'un sixième, et souvent moindre. La couleur du feldspath est quelquefois blanchâtre; quand la proportion d'amphibole est considérable, la roche est brunâtre, surtout si elle contient du mica, qui s'y rencontre accidentellement, ainsi que du quartz, qui donne à la roche l'aspect granitique et que l'on nomme alors syénite granitique, granite rouge d'Égypte. On y trouve quelquefois de l'épidote disséminée en points distincts ou en petites veines compactes; des fers oxidés, dont la présence n'est indiquée que par le barreau aimanté; de la pyrite jaune, etc. On y trouve enfin une grande variété de minéraux, entre autres des cristaux de feldspath qui lui donnent l'aspect porphyroïde. Elle est moins abondante que le granite; on la trouve entre les terrains primitifs et ceux de transition dont elle se rapproche davantage. On en trouve au Mont-Blanc, au Mont-Rose, au Mont-Sinaï, au Mexique, en Hongrie, en Saxe, en Bretagne, dans les Vosges, etc. On l'emploie aux constructions; elle est suscep-

tible d'un beau poli; les obélisques égyptiens sont presque tous faits avec la variété granitique, comme ceux de Luxor.

### Syénite zirconienne.

437. Quelques géologues ont pensé que l'on devait faire une espèce de cette variété de syénite, dont les divers individus essentiels sont ordinairement très-volumineux; les cristaux de feldspath y ont plus d'un pied en tous sens; quelquefois cependant le grain de cette roche est moyen, mais il n'est jamais fin. Elle contient toujours des zircons, quelquefois de l'épidote, du molybdène, sulfuré, etc. On y trouve des cavités qui contiennent de l'épidote seule ou accompagnée de calcaire.

D'autres variétés contiennent du diallage, de l'hypertène; elles sont nommées syénites diallagiques, syénites hypersténiques.

### Dolérite.

438. Cette roche est formée de feldspath dominant blanc, et de pyroxène ordinairement noir; elle est granulaire à grains moyens; on y aperçoit quelquefois des cristaux de Feldspath qui la rendent un peu porphyroïde. Elle est souvent poreuse; elle contient du fer titané en quantité notable. La roche est plus habituellement granitoïde; elle est analogue aux syénites, l'amphibole est remplacée par le pyroxène. On a donné le nom de mimosite à une variété de cette roche dans laquelle le pyroxène, extrêmement divisé et disséminé uniformément dans la masse, la ferait croire composée seulement de cette substance. Aux Indes et en Égypte, elle a servi à des constructions de monumens, et l'on en faisait des statues. Le feldspath qui n'est pas apparent, le devient par l'action lente des acides faibles qui le blanchissent; il devient aussi apparent par l'action du chalumeau. La mimosite contient, comme la dolérite proprement dite, du fer titané; on y aperçoit quelquefois des cristaux de pyroxène, mais rarement de feldspath; dans les cavités dont elle est souvent parsemée, on trouve du quartz, du fer oxidé, des zéolithes, etc. Ces deux roches

sont d'un gris noirâtre ou verdâtre, plus ou moins foncé, suivant la proportion de pyroxène; elles se décomposent; si le feldspath seul est altéré, la roche devient d'un gris plus clair; si le pyroxène est décomposé, elle devient d'un beau vert, un peu clair dans la dolérite. Elles se trouvent l'une et l'autre en assez grande abondance dans les terrains basaltiques et volcaniques. Les variétés porphyroïdes sont quelquefois employées comme pierres meulières sur les bords du Rhin.

EUPHOTIDE; *Verde di Corsica; Diallage Rock* des Anglois; *Schillerfels* des Allemands.

439. Composée de feldspath et de diallage; ordinairement la variété smaragdite. Le feldspath est compact; il est très-dominant; la diallage y est disséminée et quelquefois par nids un peu volumineux : cette roche est souvent granitoïde; elle contient accidentellement du talc, de la pyrite magnétique, du fer oxidulé, du fer chrômé; la masse est quelquefois traversée de petits filons d'épidote. Le fond de la couleur de cette roche est blanc, parsemé de taches vertes formées par la diallage. La variété épidotique surtout est très-belle; elle prend un beau poli; elle sert pour ornemens d'architecture, tables, etc.; les plus belles viennent de la Corse et du Mont-Rose.

GRANITE.

440. Cette roche, composée de feldspath, quartz et mica, est une des plus abondantes; elle constitue presque à elle seule un des terrains anciens les plus fréquens : le feldspath y domine ordinairement; les composans sont assez uniformément disséminés; la couleur de la roche varie avec celle du feldspath, qui, lorsqu'il est rouge, donne sa teinte au granite, qui est gris lorsque le feldspath est blanc; le grain de la roche varie, tantôt gros, tantôt moyen, il est rarement fin : dans ce cas, le mica est un peu dominant; il arrive quelquefois au contraire qu'il se trouve en si petite quantité, que le granite passe à la pegmatite. On y trouve accidentellement de la pinite, de la tourmaline, du

titane silicéo-calcaire, de l'étain oxidé, etc., enfin une grande quantité de minéraux, ou disséminés ou en filons. Quelquefois le granite se décompose, mais c'est le feldspath seul qui est altéré, à moins que la roche ne contienne de la Pinite, car alors le mica se décompose aussi; il ne s'y forme pas de délit.

On trouve dans l'Oural un granite contenant une quantité considérable de zircons en assez gros cristaux; cette roche n'a encore été que peu examinée; on lui a donné le nom de granite zirconien; on n'est cependant pas certain que ce ne soit pas une pegmatite.

Le granite, qui par l'absence d'une de ses parties, ou par sa surabondance, passe à d'autres espèces de roches dont il n'a pas encore été question comme le gneiss, le micaschiste, l'Arkose, se trouve jusqu'aux profondeurs les plus considérables où l'on ait pénétré, et l'on peut en conclure qu'à une certaine profondeur, on le trouverait dans tous les lieux du globe, car il semble constituer la base sur laquelle reposent les parties supérieures de son écorce solide. On en trouve cependant par-dessus des formations postérieuses, comme on le verra dans l'étude des terrains.

Il est employé comme pierre de construction; il fournit des blocs de grandes dimensions; sa dureté le fait employer de préférence pour la construction des escaliers très-fréquentés. La plupart des maisons de certains cantons du Cotentin, de la Bretagne, etc., sont en granite, ainsi que les monumens publics; comme il est susceptible d'être poli, on s'en sert pour la décoration.

### Gneiss, Granite schisteux.

441. Le gneiss aurait pu être aussi bien placé parmi les roches de feldspath qui ne contiennent qu'une substance étrangère, car suivant beaucoup de géologues, il n'est composé que de feldspath et de mica; cependant on y trouve presque toujours du quartz, et même, suivant la plupart des minéralogistes, ce minéral y entre comme principe essentiel; quelquefois il est vrai, le quartz vient à manquer, et si en même temps le

mica diminue, la roche passe au Leptinite. La texture de la roche est schistoïde; le grain est ordinairement moyen. C'est peut être la roche la plus abondante : on y trouve une grande variété de minéraux, du Grenat, du Titane silicéo calcaire, de la Pyrite, rarement du Corindon granulaire, etc., qui n'y sont qu'accidentellement. La couleur de cette roche dépend de celle du mica qui varie lui-même du blanc d'argent au noir, la plus ordinaire est le gris. On trouve une variété dont le grain très-petit, est assez uniforme, qui contient beaucoup de Mica et jamais de Grenat ni de Corindon, mais des Mâcles peu visibles; elle occupe les parties supérieures des terrains primitifs. Cette roche subit une décomposition semblable à celle du Granite; elle conserve son délit.

Quelques auteurs, aux composans du granite et du gneiss, qui pour nous sont le Feldspath, le Quartz et le Mica, joignent l'Amphibole comme essentielle. Ces deux roches, granite et gneiss, passent souvent de l'une à l'autre : lorsque le Mica diminue dans le Gneiss il passe au Granite; lorsque au contraire il augmente dans le granite, il passe au gneiss; et souvent dans le passage de l'une à l'autre, il est très-difficile de décider à laquelle des deux espèces on doit donner la préférence. Ces deux roches, au reste, appartiennent presque exclusivement aux terrains anciens.

### Protogine.

442. La roche que l'on désigne sous ce nom est composée de Feldspath très-dominant, de Talc et de Quartz ; quelques géologues pensent que, comme dans le gneiss, dont elle ne diffère qu'en ce que le Talc y tient la place du Mica, ils pensent, dis-je, que le quartz n'y est pas essentiel; en admettant cette supposition pour ces deux roches, on pourrait les classer après la Pegmatite. La texture de la roche varie comme dans le gneiss; elle est granitoïde lorsque le talc est en petite quantité, et schistoïde lorsqu'il y est un peu abondant ; quelquefois le feldspath est en assez gros cristaux, et la roche paraît porphyroïde; le feldspath y est blanc ou rougeâtre, le talc est verdâtre ; quelquefois les cristaux

de feldspath sont un peu arrondis et semblent globulaires ; on y trouve disséminés de l'Épidote, du Molybdène sulfuré, des Pyrites, etc., et par places aussi des amas de talc. C'est la roche granitoïde du Mont-Blanc : elle appartient aux terrains de granite et de talc.

Dans ces diverses roches feldspathiques les unes contiennent le Feldspath orthose, les autres le Feldspath albite; le premier contenant de la potasse, l'autre de la soude.

## ROCHES QUARTZEUSES.

QUARTZITE, *Quartz Rock* des Anglais, *Quartz Fels* des Allemands.

443. Le quartzite offre des variations très-grandes dans sa texture; ordinairement il est granulaire, et semble quelquefois arénoïde quand il est sans mélange; quelquefois il est compacte ou cristallin; les couleurs sont très-variées; on y trouve accidentellement du Mica qui le rend alors un peu schisteux; on y trouve de même du Feldspath, de la Tourmaline, de la Topaze, de l'Amphibole, du Talc, etc., les proportions de ces principes accidentels varient; il y a souvent passage à d'autres espèces : ainsi lorsque le Mica devient abondant, la roche se rapproche du Micaschiste; quand c'est le talc, il passe au Talcite ou au Stéatschiste quartzeux : ceux qui contiennent du Feldspath ressemblent à des Grès. Cette roche forme des couches, des filons dans les terrains primitifs, près des terrains de transition. Assez fréquente en Europe, elle se présente dans les Andes en masses beaucoup plus puissantes; celle du Brésil est aurifère; celles qui contiennent du feldspath se trouvent surtout dans les terrains de transition.

On trouve en outre diverses variétés de quartz dont la description a été donnée dans la partie minéralogique comme le Jaspe, le Silex, le Résinite thermogène, la Pierre meulière qui n'est qu'un quartz pyromaque ou résinoïde carié, dont le gisement le plus remarquable se trouve à la Ferté-sous-Jouarre.

GRÈS, *Sandstone* des Anglais, *Sandstein* des Allemands.

444. On trouve beaucoup de variétés de cette roche, qui se

distinguent par la finesse du grain ou par la couleur qui est blanche, grise, verte, rouge, etc., uniforme ou bigarrée, les uns sont consolidés par un ciment quartzeux, les autres par un mélange de quartz et de calcaire ; quelquefois la cimentation est si parfaite, que la roche paraît compacte ; la cassure est alors conique, et présente un luisant un peu gras qui lui a fait donner le nom de grès lustré. On en trouve aux environs de Caen ; il est plus indestructible que les autres, dont la cimentation n'est pas toujours parfaite ; quelques-uns sont même parsemés d'une grande quantité de cavités qui les rendent plus susceptibles de résister aux effets de dilatation et de contraction par les changemens de température ; aussi les emploie-t-on pour construire les creusets de hauts fourneaux, etc., lorsqu'on peut s'en procurer ; ces grès, communs en Angleterre, ont été trouvés aussi en France. On emploie principalement le grès aux constructions et au pavage. Tous ne sont cependant pas solides ; quelques-uns sont facilement friables : ainsi le grès de Fontainebleau est de trois qualités : l'un très-tenace, un autre un peu moins, enfin le troisième s'égraine sous l'outil destiné à le tailler, ou pour mieux dire, à le fendre ; les ouvriers leur donnent les noms de Grès *Pif*, *Paf* et *Pouf*, du son produit par leur instrument sur chacune d'elle. Les grès appartiennent en général aux terrains de transition ; on y trouve des empreintes organiques.

### Fabrication du Verre.

Les sables quartzeux sont employés à la fabrication des verres de différentes sortes et du cristal ; tous ces produits sont de nature semblable ; ce sont des silicates de soude ou de potasse, et de chaux ou de plomb, ou de fer suivant l'espèce que l'on veut avoir. Pour le verre à bouteille on n'a pas besoin que le quartz soit bien pur, le verre devant être coloré ; mais pour le verre blanc et le cristal, il faut des sables quartzeux bien purs. Voici les mélanges employés pour obtenir les verres destinés à divers usages. Pour le verre à bouteille : sable jaune, 100 parties ; cendres ordinaires, 50 ; soude de varecks, 200. Verre à bouteilles cassé ou alcinc, 100; terre à poêle, 300; verre à vitres; sable blanc, 100; potasse ou soude, 65; chaux, 6; verre blanc cassé ou Calcin, 50, puis un peu d'oxide de manganèse. Cristal: sable blanc, 100; potasse purifiée, 30; nitre, 4; minium, 70, et des traces d'oxide de manganèse et d'acide arsénieux. On chauffe d'abord ces mélanges jusqu'au rouge; ils s'agglutinent ou se *frittent;* puis on les met dans des Creusets ou Pots très-réfractaires que l'on chauffe de plus en plus, jusqu'à ce que la masse soit entièrement fondue et bien homogène; on diminue alors le feu pour que le verre étant moins liquide puisse être travaillé; souvent des parties qui ne sont pas entrées en combinaison forment une sorte d'écume à la surface, on la nomme fiel de verre; on l'enlève. Quand le verre est assez refroidi on en prend avec des cannes creuses pour le souffler et le mouler, ou avec des poches pour le couler, s'il doit servir à faire des glaces. Le verre une fois travaillé, est mis dans un four pour se refroidir lentement ou se *recuire*, sans cela il se briserait de lui même. (Voir pour les détails, *les Arts chimiques*).

### Grès mélangés.

Quelques Grès sont mélangés de Fer oxidé, et sont brunâtres, rougeâtres ou jaunâtres; on les nomme Grès ferrugineux; d'autres contiennent du Talc chlorite; c'est la pierre à aiguiser ordinaire; du Mica, etc., et forment quelquefois des variétés qui méritent d'être étudiées à part. Les divers grès seront passés en revue dans l'étude de quelques terrains qu'ils servent à caractériser.

### Arkose.

445. Roche composée de Grès et de Feldspath dont la proportion est beaucoup moindre. Cette roche, dont le grain est rarement fin, est quelquefois granitoïde ou porphyroïde; grise, rougeâtre, verdâtre; quelquefois aussi elle contient des substances accidentelles, comme du Mica, dont la présence lui donne l'apparence d'un granite; de la Baryte sulfatée, du Plomb sulfuré; cette espèce, plus ou moins tenace, est quelquefois friable; cet état

est dû à la décomposition du feldspath qui rend quelquefois la roche meuble; on peut alors en extraire le kaolin, par lavage; la roche est blanche dans ce cas; cependant, parfois elle est un peu rougeâtre; on y trouve des Pyrites. L'Arkose est souvent parsemée de cavités où l'on trouve du Pisasphalte. Elle contient beaucoup de minéraux; est très-commune; elle forme des couches, des amas, des filons dans plusieurs espèces de terrains. On se sert des variétés qui sont tenaces, pour les constructions, et lorsque le feldspath y est peu abondant, pour faire des fourneaux.

GRÈS ARGILIFÈRE, Psammite.

446. Le Psammite est formé d'un grès intimement mêlé d'Argile, qui en diminue ordinairement la ténacité; il est toujours plus ou moins friable; quelquefois la proportion d'argile augmente beaucoup et la roche passe aux Traumates et au Grauwacks dont nous parlerons plus loin; la couleur est très-variable; quelquefois le psammite est bigarré. Cette roche très-répandue, se trouve dans des terrains peu anciens; on y trouve du Mica, des Mâcles, du Plomb carbonaté et phosphaté; et surtout du Cuivre natif, carbonaté, hydraté; enfin des débris charbonneux et organiques; il forme des couches et des amas considérables.

GRÈS MARNEUX, Molasse.

447. Cette variété, peu dure ordinairement, comme l'indique son nom, a cependant quelquefois une ténacité assez grande; exposée à l'air elle durcit; elle est blanchâtre, grisâtre, etc.; elle fait effervescence avec l'acide nitrique, étant composée de Grès et de Marne, et cette dernière elle-même d'Argile et de Calcaire, en proportions tellement variables, que les unes devraient être regardées comme des argiles un peu calcarifères, et les autres comme des calcaires un peu argileux.

GRÈS MARNEUX, Macigno.

448. Composé de grès et de Marne endurcie; assez tenace, compacte, quelquefois un peu schistoïde; le ciment est composé de Quartz et de Calcaire; couleur variable et mélangée; il forme des

couches et des amas qui sont très-abondans, et appartiennent surtout aux terrains les plus nouveaux; on l'emploie comme pierre de construction.

Micaschiste, Schiste micacé, Micacite, *Mica Slate* des Anglais, *Glimmerschiefer* des Allemands.

449. Le michaschiste est formé de quartz et de Mica; le quartz est peu dominant; cependant comme le mica est en feuillets continus, la roche est très-schistoïde, il la colore; le quartz n'y est pas apparent; la couleur varie, avec celle du mica dont elle est formée, du noir au blanc d'argent, par beaucoup d'intermédiaires; les feuillets sont quelquefois contournés; le grain est ordinairement petit, au point de le faire souvent paraître compacte. On y trouve comme élémens accessoires, du Feldpath, tantôt disséminé imperceptiblement, tantôt en cristaux qui lui donnent l'apparence porphyroïde; des Grenats en très-grande abondance dans quelques localités, souvent accompagnés d'Amphibole, de Tourmaline, dont les cristaux sont quelquefois très-volumineux; du Disthène, des Staurotides, des Mâcles dures, de l'Oxide de fer, enfin une grande quantité de minéraux. Ses mélanges, avec quelques-unes des substances que nous venons de nommer, le font passer à d'autres roches: ainsi le Feldspath le rapproche du Granite et du Gneiss. Cette roche, une des plus abondantes des terrains anciens, y forme quelquefois des couches au milieu d'autres roches de diverses espèces, et souvent elle forme des systèmes de terrains considérables et des plus anciens.

Hyalomicte, en partie *Greisen* des Allemands et *Quartz micacé*.

450. Cette roche est composée de Quartz et de Mica disséminé; le quartz domine; lorsque la quantité de mica augmente un peu, la roche devient schisteuse et forme ce que l'on a nommé le Quarz micacé; si la grandeur des feuillets est un peu considérable, elle passe au micaschiste et peut-être le quartz micacé ne devrait-il être considéré que comme intermédiaire : autrement la roche est grenue, sans délit, tenace; le grain est ordinairement assez fin et lui donne même parfois l'aspect d'un grès micacé; c'est le

Greisen des Allemands. On y trouve souvent des substances minérales disséminées, de la Pyrite arsénicale, de l'Étain oxidé, etc. Au Brésil, la variété que l'on avait appelée Grès flexible, à cause de son aspect, contient du Fer oligiste, de l'Or, etc. La masse de la roche présente çà et là des nids de Quartz ou de Mica, et des cavités dans lesquelles on trouve des cristaux de divers minéraux; lorsqu'elle contient du Feldspath en quantité notable, elle devient granitoïde, et, si le Mica diminue, elle passe à l'Arkose. Elle forme des couches, des amas, qui sont quelquefois traversés par des filons de quartz. Elle se trouve dans les terrains primitifs et dans ceux de transition près des terrains secondaires.

Toutes les roches de cette famille et de la précédente forment de leurs débris des conglomérats et des sables plus ou moins fins qui, présentant les caractères des roches d'où ils proviennent, et n'ont pas besoin de description à part; nous nous bornons à les citer : la plupart des familles suivantes sont dans le même cas.

## ROCHES TALCQUEUSES.

STEASCHISTE, Talcite, Schiste talcqueux, *Talcose Slate* des Anglais, *Talkschiefer* des Allemands.

451. Le talc seul paraît essentiel à la constitution de cette roche qui est blanche, verdâtre, rougeâtre, noirâtre, etc.; cette dernière couleur est due à la présence du graphite : elle est douce au toucher, luisante; on y trouve souvent du Quartz en assez grande quantité pour en former une variété; le Feldspath s'y présente aussi et souvent les deux se réunissent; quelquefois le feldspath est si abondant, que la roche passe à la Protogine. On y trouve une grande quantité de minéraux qui y sont disséminés de manière à lui donner l'aspect glanduleux : ce sont le Fer oligiste, le Fer carbonaté, le Fer silicaté qui y est très-fréquent, le Fer et le Cuivre pyriteux, le Fer oxidulé, la Dolomie, l'Amphibole, le Disthène, l'Asbeste, le Corindon, etc., etc. Cette roche, ordinairement schisteuse, quelquefois un peu grenue ou lamellaire, a souvent des feuillets ondulés; elle est tenace, et sa du-

reté est quelquefois, par les mélanges de Quartz ou de Feldspath, assez grande pour que l'on s'en serve comme pierre meulière, mais d'assez mauvaise qualité. Lorsque dans la variété quartzifère le mélange est bien intime, on s'en sert comme pierre à aiguiser; le Talc est alors chloriteux. Une variété contient de beaux cristaux de Mâcle, qui y sont assez abondans pour en constituer une variété. Lorsque le Feldspath est très-divisé dans la variété feldspathique, si le Talc diminue, la roche passe au Leptinite. Au Tyrol, elle contient du Fer pyriteux aurifère ou de la Pyrite arsénicale aurifère et même de l'Or natif, mais rarement. C'est une des roches les plus abondantes; elle constitue une partie des terrains talcqueux où elle forme des couches.

SERPENTINE, Ophiolite.

452. Cette roche est formée de Talc et de Diallage, dans des proportions variables : lorsque la Diallage est en grande quantité, la roche est dure; si le Talc est très-abondant, elle est tendre, douce au toucher; elle est tantôt grenue, tantôt compacte ou porphyroïde; sa tenacité est assez grande. Elle est souvent verte, quelquefois rougeâtre, brune ou même noire; les couleurs sont souvent mélangées; elle est magnétique et même polaire, ce qui est dû à la présence de minérais de fer qui y sont invisiblement mêlés, et semblent être partie essentielle de cette roche; c'est surtout du Fer silicaté. On y trouve une grande quantité d'espèces minérales, comme Grenat, Amphibole, Calcaire, Fer oxidulé, Fer chrômé, Quartz, etc., qui forment ainsi autant de variétés distinctes, dont quelques-unes sans aucun délit, d'autres fortement schistoïdes; quelques variétés prennent bien le poli; on en fait des ornemens; dans quelques parties du Piémont on en fait des marmites; la variété schisteuse grenatique paraît la plus ancienne. Elles forment toutes des amas, des filons qui sont traversés par de petits filons d'Asbeste. Ses débris forment souvent des brèches, des puddings, etc.

## ROCHES PYROXÉNIQUES.

### Lherzolite, Pyroxène en Roche.

453. Cette roche est grenue, lamellaire; le grain tantôt un peu gros, tantôt assez fin pour qu'elle semble compacte; jaune verdâtre ou vert émeraude; forme quelquefois des conglomérats bréchoïdes ou grésiformes; on y trouve du Fer titané, du Fer chrômé, de l'Anthophyllite, des veines de Calcédoine et quelquefois de Calcaire. Elle est très-abondante dans les Pyrénées; elle forme, près de l'étang de Lherz, dont on lui a donné le nom, des bancs ou des filons qui alternent avec le calcaire; elle contribue à la formation de terrains, mais n'en constitue pas à elle seule.

### Basalte.

454. Pyroxène, et il est formé de Feldspath leptynite : contient souvent beaucoup de Fer titané et de Péridot olivin; ce dernier quelquefois en petites masses. Cette roche, d'un noir bleuâtre, est très-tenace, très-dure, se présente souvent en gros prismes, parfois en boules, souvent frittée ou scorifiée; elle est alors rude au toucher. On y trouve une grande quantité de minéraux cristallisés, comme Pyrite, Pyroxène, Mica, etc. Cette matière forme des terrains plutoniens si considérables, que l'on devrait les considérer plutôt sous ce point de vue que comme roche. On réunit en effet sous ce nom beaucoup de roches qui lui ressemblent tant par leur aspect général que par leur position et leur origine, mais dont la composition est très-différente; ainsi, sous ce nom, on a quelquefois désigné des roches qui étaient formées par de l'Hypersthène, du Labradorite, etc. Nous avons déjà dit qu'elle constituait à elle seule des terrains où elle forme des filons, des coulées puissantes et des couches dans lesquels se sont formés par retrait les prismes énormes que l'on observe dans ce terrain, en colonnades, dans la Grotte de Fingal, et à la chaussée des Géants. Elle fait aussi partie de quelques terrains volcaniques.

GALLINACE.

455. Cette roche, dont on doit la distinction à M. Cordier, est noire, bleuâtre ou rouge; fusible en verre noir ou vert bouteille; rarement elle est bien homogène; elle est souvent parsemée de cristaux qui la rendent porphyroïde; quelquefois elle est boursouflée et ressemble à une scorie, ou bien elle est recouverte d'un enduit vitreux : elle est peu abondante; elle forme des croûtes à la surface des courans de lave; le verre filiforme du volcan de l'île Bourbon est aussi considéré par le même géologue comme une variété de la gallinace.

## ROCHES AMPHIBOLIQUES.

AMPHIBOLITE, *Hornblende Slate* et *Hornblende Rock* des Anglais, *Hornblendeschiefer* des Allemands.

456. L'amphibolite est tantôt lamellaire, tantôt grenue; le grain varie de grosseur; quelquefois elle est fibreuse ou schisteuse; noire, noir verdâtre. On trouve des variétés qui contiennent du Feldspath en petite quantité et presque invisible; d'autres contiennent du Grenat, du Mica, du Quartz, etc., qui changent plus ou moins les caractères extérieurs; quelquefois on y voit des parties globulaires disséminées. Cette roche forme des masses assez considérables qui appartiennent en général aux terrains les plus anciens, tantôt sous forme de bancs, tantôt en filons.

DIORITE, Diabase, *Greenstone* des Anglais, *Grünstein* des Allemands.

457. Cette roche est composée de Feldspath leptinite compacte, blanc et d'Amphibole hornblende verte; elle diffère de la syénite, qui est composée de Feldspath et d'amphibole, en ce que dans cette dernière le Feldspath est en cristaux rougeâtres : sa texture est granitoïde, ou schistoïde; dans une variété on trouve des noyaux orbiculaires formés de couches concentriques et rayonnées qui la rendent porphyroïde; on la nomme Granite globuleux de Corse, on en fait des ornemens. Lorsque le feldspath y est lamellaire et

dominant, la roche passe à la syénite. On y trouve une grande quantité de minéraux : le Mica, qui s'y trouve quelquefois assez abondant pour faire une variété que l'on nomme Sélagite ; le Grenat, la Pyrite de fer, le Fer oxidulé et oligiste, dont la proportion est quelquefois si considérable, qu'alors en Norwége on l'emploie comme minérai et fondant dans le traitement du fer. Lorsque l'Amphibolite est riche en fer oxidulé, on en fait la même application. On emploie presque toutes ses variétés comme le granite. Cette roche, très-abondante dans la nature, appartient aux terrains de transition ou secondaires des plus anciennes formations.

### Hémithrène et Kersanton.

458. Je réunis ensemble ces deux noms, car il me semble que c'est la même roche; seulement on annonce la première comme contenant essentiellement du Calcaire que l'on croit n'être qu'accidentel dans la seconde, à laquelle on a conservé son nom breton : contiennent également du Feldspath, du Mica, de la Pinite, du Fer oxidulé; couleur verte, quelquefois tachée de blanc; peu dure, peu tenace, excepté quand elle contient de la pinite; fait effervescence avec les acides; sa texture est granitoïde ou porphyroïde; elle est parsemée de cavités. Elle forme des amas, des filons dans les terrains de transition les plus anciens. Elle est peu abondante; on la rencontre en Bretagne, aux États-Uuis, en Saxe.

### Aphanite.

459. La composition de cette roche n'est pas positivement connue. Elle est formée de feldspath, et suivant les uns de Pyroxène, suivant les autres d'Amphibole; dans l'incertitude, nous avons choisi l'opinion la plus générale. Elle est compacte ou grenue, verdâtre, noirâtre plus ou moins foncée, rougeâtre; un peu tenace à moins qu'elle ne soit en décomposition. On y trouve quelquefois des cavités contenant du Calcaire ou du Quartz; la roche contient souvent aussi de l'Épidote, de la Pyrite; l'épidote y forme quelquefois de petites veines ou de petits filons. On la trouve dans le même terrain que le diorite.

OPHITE, Porphyre vert.

460. Roche porphyroïde formée de cristaux amphiboliques ou pyroxéniques : ici l'on a la même incertitude que pour la précédente espèce. Elle contient des cristaux de Feldspath disséminés dans une Aphanite; les cristaux sont peu distincts. Le fond de la roche est vert plus ou moins foncé; les cristaux sont verts ou blancs; elle est tenace, susceptible de prendre un beau poli. On y trouve quelquefois des cavités de grandes dimensions remplies de minéraux divers, comme de la Calcédoine; on ne connaît pas le gisement de l'ophite antique. On trouve l'ophite actuelle dans les Vosges, où elle forme des amas puissans. On fait de cette roche le même usage que des autres porphyres.

XÉRASITE, Spilite, Variolite du Drac, *Toadstone* des Anglais, *Mandelstein* des Allemands.

461. Cette roche semble résulter de la décomposition du diorite compacte, dont les parties sont quelquefois comme à Schemnitz, réagrégées par des infiltrations calcaires; elle est tantôt porphyroïde tantôt amygdaloïde; on y trouve beaucoup de minéraux, Agates, Quartz résinites, etc. On la trouve dans les terrains porphyriques, etc., comme la diorite, et forme des amas et des filons.

WACKE.

462. La composition de cette roche est incertaine, comme celle des dernières que nous venons de voir, et de trois ou quatre qui la suivront; suivant les uns, elle est composée de Pyroxène et de Felspath, suivant d'autres, elle résulte de la décomposition de toutes les roches Basaltiques et Ophitiques, et serait produite ainsi indifféremment par des roches pyroxéniques et amphiboliques; la couleur varie beaucoup, elle est grise, jaune, rouge, brune, ou verte, et même noire, ces deux dernières contiennent beaucoup de Pyroxène; elle est sans éclat, elle contient souvent des minéraux disseminés, de belles Agates; sa dureté est varia-

ble, mais jamais considérable; elle se désagrége quelquefois dans l'eau sans y faire pâte; elle est compacte ou grenue. On y trouve souvent des cavités. Elle forme des couches, des filons; c'est une roche volcanique et basaltique.

### Pépérino, Tuf basaltique, Tuf volcanique.

463. Quelques géologues y réunissent la Porcelanitte, et le Trass, ce qui montre combien peu l'on est sûr jusqu'ici de la composition de ces matières, qui, divisées en espèces plus ou moins nombreuses, sont désignées tantôt par divers noms pour une même roche, tantôt par un même nom pour plusieurs espèces; celle-ci est un de ces exemples qui sont nombreux dans toutes ces roches d'origine pyrogène. C'est un conglomérat de wacke, tantôt solide et bréchiforme, tantôt meuble ou terreux; les variétés consistantes font quelquefois effervescence par les acides, ce qui ferait supposer que le ciment en est calcaire; en général tendre, friable, sans éclat; la couleur varie comme dans la wacke d'où elle provient : on y trouve souvent disséminés beaucoup de minéraux et de fragmens de roches, comme Basalte, Ponce, Téphrine, etc. Quelquefois on y trouve des débris organiques; elle forme des couches, des filons dans les mêmes terrains que la wacke.

### Trapps.

464. On a réuni sous ce nom des roches dures, tenaces, noires, ou vert foncé, que l'on croit être composées de Pyroxène et de Feldspath, formant souvent des couches disposées en escalier; dans une variété, on trouve des cristaux de felspath empâtés qui rendent la roche porphyroïde; ces cristaux sont blanchâtres ou rougeâtres; on l'a nommée Trapporphyr, Porphyre noir, Melaphyre. On y trouve disseminés de l'Amphibole, du Quartz, etc. La variété porphyroïde prend un beau poli, elle est employée comme ornement. On trouve ces roches dans les terrains porphyriques et basaltiqnes, dans lesquels elles forment des couches, des filons.

### Trass.

465. Cette roche, que l'on confond souvent avec le Pépérino, semble formée de cendres, qui par leur tassement, et probablement par des infiltrations, se sont consolidées; elle est très-légère, rude au toucher, d'un gris plus ou moins foncé; contient quelquefois des matières bitumineuses, de l'Alunite et des Pyrites, ce qui produit de l'alun par suite des décompositions de ces dernières. On y trouve quelquefois des empreintes. Cette roche, d'origine volcanique, résulte souvent d'un remaniement par les eaux qui la déposent en couches.

### Pouzzolane.

466. Cette substance, très-importante par l'usage que l'on en fait pour les constructions hydrauliques, à l'usage desquelles elle seule convenait avant que l'on sût en faire d'artificielle, et avant qu'on connût les chaux que l'on nomme hydrauliques; cette substance provient de l'agrégation de débris de scories volcaniques, qui ont pris une apparence presque argileuse; elle se trouve en couches qui sont stratifiées. On en exporte considérablement des environs de Rome, pour la fabrication des mortiers hydrauliques. Le trass est aussi employé au même usage.

## ROCHES GRENATIQUES.

### Grenat.

467. Le grenat se trouve quelquefois en couches grenues, considérables, tellement pures, que l'on pourrait les regarder aussi bien comme espèce minéralogique (voir les caractères du grenat dans la Minéralogie), quelquefois compacte, rarement schisteux. On a quelquefois beaucoup de peine à le distinguer du Pétro-silex, mais il est sensiblement plus pesant; la variété compacte contient quelquefois du Calcaire, il fait alors effervescence avec les acides. On y trouve souvent disséminées beaucoup

d'espèces minérales ; c'est une des substances les moins décomposables qui rentrent dans la formation des roches ; aussi trouve-t-on souvent des sables grenatiques résultant de la décomposition des roches qui le contenaient, et qui se sont par suite désagrégés ; les grenats ayant résisté sont ensuite entraînés par les eaux. Les roches de grenat ne sont jamais en masses très-considérables ; on en trouve principalement en Saxe, en Suède ; elles appartiennent aux terrains primitifs, de transition, et secondaires les plus anciens.

### Éclogite.

468. Nous mettons cette roche avec le grenat, afin de ne pas faire pour elle seule une famille ; elle est formée de Grenat et de Diallage qui domine et même y est presque pur : elle est d'un vert plus ou moins foncé, quelquefois altéré par le mélange de quelques minéraux qui s'y trouvent accidentellement comme le Quartz, le Disthène, l'Épidote, l'Amphibole, la Pyrite magnétique, etc., elle offre en grand un délit sensible ; cette roche qui appartient aux terrains primitifs, est très-peu répandue. On en trouve dans le Saualp, à Lupplerbrunn ; en Styrie, à Bacherberg ; dans le pays de Bayreuth, à Hof, etc.

## ROCHES ARGILEUSES.

469. Toutes les roches de cette espèce sont adélogènes et ne peuvent être rapportées à aucune espèce minéralogique ; elles résultent de mélanges divers, de silicate d'alumine avec du calcaire, de l'oxide de fer, etc. Toutes ont l'aspect terreux, sont douces au toucher, au moins quand elles sont humectées ; elles happent à la langue, donnent une odeur particulière que l'on nomme argileuse, et que présentent les minéraux poreux ; elles font plus ou moins pâte avec l'eau ; les unes sont fusibles, les autres résistent aux plus hautes températures. Ces dernières contiennent très-peu ou point d'oxide de fer, ou de carbonate de chaux, et sont très-précieuses pour les constructions de fourneaux, de briques, de creu-

sets, de poteries, etc. Leur aspect est terreux ; quelquefois elles sont schisteuses; elles appartiennent principalement aux terrains secondaires et tertiaires; quelques substances, jouant le rôle d'argile, et résultant de la décomposition de roches primitives, de basaltes, de wackes, se trouvent dans ces terrains, comme le Kaolin, dont nous avons déjà parlé à la suite de la Pegmatite, qui le produit le plus abondamment en se décomposant.

Argile plastique, ou à Potier, Terre glaise, Terre de Pipe.

470. Cette argile est plus ou moins fine, plus ou moins mélangée de substances étrangères; celle qui contient le moins de sable est très-onctueuse au toucher. On l'emploie à la fabrication de la poterie la plus fine, lorsqu'elle ne contient pas sensiblement d'oxide de fer qui la colore, et de calcaire, qui la rendent en outre fusible. La couleur de ces argiles est très-variable, blanc grisâtre, gris bleuâtre, jaunâtre, rougeâtre, etc., quelquefois bigarée; grenue presque compacte; friable, quand elle est sèche, molle lorsqu'elle est mouillée, elle forme avec l'eau une pâte longue, tenace, qui facilite le travail lorsqu'on la tourne pour faire des vases; elle contient quelquefois de la Magnésie; elle est alors plus réfractaire, c'est-à-dire qu'elle résiste mieux à l'action du feu; mais la pâte se fendille plus facilement pendant la cuisson. Quelques argiles sont mêlées d'une grande quantité de sable; elle sont très-réfractaires et sont préférées pour faire les briques et les creusets qui doivent éprouver de très-hautes températures. Des variétés plus grossières, schisteuses ou non, offrent par places des parties rudes; elles sont moins onctueuses, happent moins fortement, sont plus friables, et font avec l'eau une pâte moins liante; elles se trouvent au-dessus des précédentes, on les nomme Argiles ordinaires ou figulines, etc.; elle servent à la fabrication de la poterie grossière. On trouve, dans toutes, des débris organiques très-variés; elles forment des dépôts considérables dans les terrains de craie et dans les terrains supérieurs.

### Fabrication des Poteries.

La fabrication des poteries fines demande que les argiles soient lavées pour en séparer les parties étrangères ; on les broie et on les mélange avec de l'eau en assez grande quantité pour en faire une bouillie claire; on passe cette bouillie à travers un tamis qui retient le sable le plus grossier et les cailloux ; elle tombe du tamis dans un réservoir d'où on la tire au bout de quelque temps par un trou placé à environ deux pouces du fond; une nouvelle portion de sable s'y dépose, la bouillie passe à travers un tamis plus fin ; on laisse encore déposer, le plus possible, du sable qu'elle contient; on mélange ces argiles avec des substances non plastiques, comme des os calcinés, du silex, etc., pilées puis broyées avec soin ; on fait le mélange dans des proportions convenables, puis on le soumet au marchage, opération qui consiste à faire piétiner la pâte, ou bien on la met en cubes que l'on coupe en tranches pour les poser les uns sur les autres dans un sens opposé à celui où ils étaient primitivement. On la bat alors à la massue, comme le mastic de vitrier; la pâte ainsi préparée peut être employée. Les diverses pièces se font au tour avec ou sans moule, ou bien seulement avec des moules en plâtre; les anses, les becs, faits séparément, sont ensuite adaptés aux pièces qui en ont besoin pendant que leur pâte est encore fraîche, et par le moyen de la même pâte plus délayée. On sèche les pièces préparées; on les cuit avec ménagement d'abord pour achever la dessiccation; arrivé à ce point, on élève graduellement la température qui n'est pas la même pour les divers genres de poteries; on ne cuit pas complétement celles qui doivent être vernies ou couvertes; la composition de ces couvertes varie avec les poteries ; celle de la porcelaine dure ne contient que de l'acide silicique, de l'alumine et de la soude ou de la potasse ; pour les faïences communes on fait un mélange d'acide silicique, de soude, d'oxide de plomb et d'oxide d'étain. Dans tous les cas ces matières bien broyées sont mises en suspension dans l'eau. On y plonge rapidement les pièces à moitié cuites qui en sortent enduites d'une petite couche de ces mélanges, dont l'eau a été absorbée par les pièces que l'on cuit alors complétement. Les poteries grossières, les briques, les carreaux, se font par des procédés analogues, mais avec moins de précautions. On trouvera des détails plus circonstanciés dans les Arts chimiques.

On ne peut se dispenser ici de mentionner Bernard de Palissy qui le premier, en France, réduisit en art la fabrication des poteries. On trouvera des détails sur ses importans travaux dans nos Traités des Arts mécaniques et dans notre Biographie.

### Argile smectique, Terre à Foulon, *Fullers Earth* des Anglais, *Walkererde* des Allemands.

471. L'argile smectique fait avec l'eau une pâte courte; elle s'y délaie facilement et la rend savonneuse; sèche, elle est assez friable, quelquefois même meuble; terne; cependant parfois translucide sur les bords; grisâtre, blanc verdâtre, vert d'huile, jaunâtre, brunâtre, etc. Elle est toujours fusible au chalumeau en scorie brune : on s'en sert pour dégraisser les étoffes de laine; au Potosi on en mêle souvent un dixième aux alimens; on en fait aussi des pains de petites dimensions que l'on nomme pierres à détacher; on en trouve en Angleterre, en Belgique, en Silésie, qui sont de bonne qualité; celle que l'on trouve à Montmartre, et dont on fait les pierres à détacher que l'on vend en petites tablettes, est mêlée de carbonate de soude qui lui donne une grande partie de ses propriétés, cette argile n'étant pas très-bonne par elle-même pour cet usage.

### Ocres, Sanguine, Bols.

472. Les ocres, la sanguine, les bols, sont des argiles colorées par le fer oxidé, hydraté lorsqu'elles sont jaunes, anhydre quand elles sont rouges; elles sont onctueuses, happent à la langue; leurs couleurs varient du jaune clair au rouge brun. La sanguine est employée comme crayon; la plupart des ocres servent en peinture; la Terre de Sienne est une ocre d'un brun jaunâtre, qui devient orangé par la calcination. Ces argiles ne font point pâte

avec l'eau ; quelques-unes s'y dispersent avec un léger bruit : celles que l'on nomme de préférence bols, sont ou plutôt étaient employées en pharmacie, sous les noms de Bols d'Arménie, de Terre sigillée, etc., du mot latin *sigillum* qui veut dire cachet, parce qu'on y mettait une empreinte pour lui donner plus d'importance et comme garantie. Elles forment des couches, des filons ; les bols sont souvent disséminés dans les roches amygdaloïdes.

### MARNES, Argile calcarifère.

473. Les marnes sont des argiles mêlées de calcaire, en proportions très-variables ; quelquefois, et même assez souvent, le calcaire domine, de là les distinctions établies de Marnes argileuses, et de Marnes calcaires, ce qui fait que l'on pourrait à tout aussi juste titre ranger les marnes dans les calcaires. Quelques-unes contiennent en outre du sable disséminé ; traitées par l'acide nitrique faible, ou même par le vinaigre, elles font effervescence ; tout ne se dissout pas ; le résidu est d'autant plus abondant que la quantité d'argile est plus considérable, car elle le compose uniquement ainsi que le sable lorsqu'il y en a ; elles se délaient dans l'eau et peuvent faire pâte avec elle lorsque l'argile domine beaucoup. Elles sont friables, tendres, happent à la langue plus ou moins fortement ; blanches, grises, vertes, bleues, etc., bigarrées. On y trouve quelquefois des minéraux cristallisés, des matières charbonneuses, des coquilles d'eau douce, des ossemens fossiles : elles sont ordinairement très-fusibles, cependant on fait des briques avec celles qui contiennent peu de calcaire, mais elles sont peu réfractaires, et ne peuvent être employées que pour les constructions ordinaires. Elles contiennent quelquefois un peu de pétrole, d'autres fois, des grains de minerai de fer. L'usage le plus habituel et le plus important des marnes est pour l'amendement des terres ; les marnes calcaires et sablonneuses se mettent dans les terres argileuses, les marnes argileuses et calcaires dans les terrains sablonneux. Ces matières, très-abondantes dans certaines localités, manquent dans d'autres où elles seraient très-néces-

saires; on les remplace par de la chaux : elles forment quelquefois des dépôts considérables.

ARGILITE, Argilolite, Argile endurcie, *Verharterter Thon.*

474. Cette roche, dont on ne connaît pas la composition, est compacte, terreuse et schisteuse; terne, blanchâtre, verdâtre, rougeâtre, etc. Ses couches sont quelquefois rubanées; rude au toucher, friable, happe légèrement à la langue, se délite dans l'eau, ne fait point pâte avec elle, ne fait pas effervescence avec les acides. On y trouve des substances combustibles, des débris végétaux, d'autres, d'animaux marins et d'eau douce. L'origine de cette roche n'est pas certaine; son nom semble indiquer une argile dont les parties resserrées par une action quelconque, comme la chaleur, ont acquis de la dureté; quelques géologues ont pensé qu'elle provenait de roches feldspathiques décomposées; mais leur décompostion aurait donné du kaolin sur lequel la chaleur n'a pas d'action sensible, et si elles n'avaient pas été transformées en kaolin, elles ne seraient pas infusibles au chalumeau, comme cela arrive la plupart du temps. On la trouve principalement dans les terrains secondaires anciens et moyens.

## ROCHES SCHISTEUSES.

SCHISTE ALUMINEUX, Ampélite alumineux, *Aluminous Slate* des Anglais, *Alaunschiefer* des Allemands.

475. Les schistes sont des roches dont la composition minéralogique est très-variable; on ne sait à quelle espèce les rapporter, de même que les argiles avec lesquelles ils ont une assez grande analogie pour qu'on les réunisse souvent dans une même famille. Leur nom vient de leur texture ordinaire. Le schiste commun est un peu compacte, les feuillets sont rarement contournés; assez tendre quand il est pur, quelquefois luisant, gris brun, rougeâtre, verdâtre, etc.; parfois rubané, doux au toucher, se dilatant souvent à l'air, fusible au chalumeau. On trouve au milieu, du Quartz, du Mica, du Feldspath, de la Mâcle, du Talc, du Fer oligiste, du Fer limoneux, des rognons de Fer

carbonaté, du Mercure sulfuré, de la Pyrite, etc.; une variété d'ampélite, terne, noire, tachante, est employée comme couleur et comme crayon; les plus communes sont les crayons des charpentiers; on grille ceux qui contiennent beaucoup de pyrite, comme nous l'avons dit dans la Minéralogie, pour faire de l'alun. Cette roche, qui se trouve dans les terrains houillers et anthraxifères, est souvent colorée en noir par la houille qui s'y trouve mêlée; quelquefois cette coloration est due à du lignite. On y trouve des débris de végétaux semblables à ceux des marais des pays chauds, quelques débris de coquilles marines semblables aux ammonites (Voir la *Conchiliologie*), des débris de poissons, etc. Cette roche est extrêmement abondante dans la nature.

ARDOISE, Phyllade, phyllade anthraxifère, Schiste argileux, *Clay Slate* des Anglais, *Thonschiefer* des Allemands.

476. Cette roche, éminemment schisteuse, est tantôt terne, tantôt luisante; sa couleur la plus ordinaire est un gris bleuâtre, il y en a de presques noires; elles sont colorées par de l'anthracite; d'autres, colorées par le fer, sont rougeâtres; d'autres sont verdâtres, etc. La dureté est assez variable; exposée à l'air, elle ne s'y altère qu'au bout d'un très-long temps; elle forme alors, comme l'espèce précédente, une substance qui ressemble beaucoup aux argiles, et fait pâte avec l'eau. On y trouve souvent disséminés, du Mica, dont la présence forme une variété pailletée, du Quartz, du Feldspath, des Mâcles, des Staurotides, du Fer pyriteux cubique, dont le volume est quelquefois assez considérable, etc.; les cristaux de feldspath lui donnent un peu l'apparence porphyroïde; on y trouve des empreintes de végétaux, de Trilobites (Voir *les Crustacés*), des Térébratules, des Spirifers (Voir *la Conchiliologie*), des poissons, etc. Elle forme des couches puissantes, au point de constituer un terrain que l'on a nommé ardoisier. On l'emploie pour faire des tableaux sur lesquels on écrit ou dessine avec des morceaux de schistes plus durs; on s'en sert principalement pour la couverture des

édifices. En France, on en trouve considérablement, surtout aux environs d'Angers et dans les Ardennes.

Pierre a rasoir, Schiste, Phyllade ordinaire, Schiste novaculaire, Schiste coticulaire, *Whetstone* des Anglais, *Wetzschiefer* des Allemands.

477. Ce schiste est plus compacte que le précédent; ses feuillets sont très-épais; la cassure, perpendiculairement à leur sens de délit, est conchoïde ; assez tenace, blanc ou jaunâtre ; il se trouve adhérent à l'ardoise. Il y en a de plusieurs degrés de finesse; les plus fins servent à aiguiser les lancettes, les rasoirs, les canifs; les propriétés de cette pierre sont dues à des cristaux plus ou moins microscopiques de feldspath, qui s'y trouvent uniformément disséminés. Une variété, beaucoup plus fine que les autres, que l'on trouve près de Nuremberg, sert au polissage des diamans. On rencontre cette variété, dans le terrain ardoisier, en couches, en filons; à Salm, château dans les Ardennes, au Hartz, en Bohème, etc.

Traumate et Grauwacke.

478. Cette roche, qui a de l'analogie avec les Psammites, est un mélange de feldspath et de quartz, dans des matières schisteuses ou argileuses; le mélange a l'aspect porphyroïde; la coulenr varie; tantôt verdâtre, tantôt rougeâtre ou noirâtre; le ciment qui lie toutes ces parties hétérogènes est quartzeux, quelquefois calcaire; rayée par une pointe d'acier; donne l'odeur argileuse. On y trouve des débris de végétaux, des coquilles marines, des poissons marins et d'eau douce. Elle appartient aux terrains secondaires anciens et de transition; la texture de la roche est plus ou moins fine; quand le grain est très-fin, elle passe au vieux grès rouge; quand le grain est plus ou moins gros, c'est de la grauwacke. Cette roche peut aussi bien être considérée comme un terrain particulier qui joue un rôle important, surtout par ses rapports avec les terrains carbonifères.

PSÉPHITE, Grès rouge, *red Conglomerate* des Anglais, *Rothes todt Liegend* des Allemands.

479. Conglomérat de substances diverses; breschoïde, puddingiforme, porphyroïde, dont le ciment est schisteux; les matières qui le composent sont le Quartz, le Feldspath, des fragments de divers Schistes. Cette roche est quelquefois tenace; lorsque le feldspath se décompose, elle est plus ou moins meuble; sa couleur varie comme celle des espèces qui entrent dans sa composition : les plus communes sont rougeâtres ou verdâtres; quelquefois la roche est grenue et son grain assez fin. Les Grès, les Grauwackes, les Pséphites et quelques Schistes, passent souvent de l'un à l'autre par des modifications graduées, et quelquefois il est difficile de prononcer, surtout lorsqu'on ne juge que sur un échantillon de cabinet. Cette roche forme des filons, des couches, dans les terrains de transition et secondaires.

PORCELANITE, Thermantide phylladienne.

480. Le nom de cette roche vient de l'aspect qu'elle offre et qui se rapproche de l'émail; l'éclat en est vitreux; elle est rouge de brique, jaune, grise; quelques variétés sont fusibles, d'autres infusibles au chalumeau; cassure conchoïde aplatie; rayée par le quartz. On pense que cette variété est produite par l'action de la chaleur sur des schistes ou des argiles, par suite des incendies de houillères. On la trouve dans les terrains houillers.

TRIPOLI.

482. Cette espèce, que l'on pourrait aussi mettre parmi les roches quartzeuses, forme des couches tantôt grenues tantôt schisteuses; presqu'entièrement quartzeuse, et rayant le verre; peu tenace, friable et même pulvérulente, grisâtre, jaunâtre, et souvent rougeâtre. Quelques géologues pensent que cette matière est le résultat de la cuisson ou presque de l'incinération de schistes carbonifères. On la trouve principalement dans les terrains houillers et anthraxifères; on s'en sert pour polir les pierres,

les métaux; quelquefois par sa décomposition elle devient douce. On en tire de Corfou, de Poligné en Bretagne, de Saxe, etc.

## ROCHES CALCAIRES.

### Calcaire saccharoïde.

483. Nous ne repéterons pas ici les caractères minéralogiques de toutes ces variétés de chaux carbonatée, puisqu'ils ont déjà été donnés en détail dans la Minéralogie. Nous en ferons de même pour les roches qui suivront et qui constituent des espèces minéralogiques bien caractérisées, et que nous avons toutes déjà étudiées sous ce point de vue. Les calcaires saccharoïde et lamellaire appartiennent aux terrains primitifs et de transition; ce sont eux qui servent de marbre statuaire : le premier sous le nom de marbre de Carrare, d'où l'on en retire considérablement, a le grain plus ou moins fin; quelquefois la présence du talc et du mica, disséminés dans la masse, lui donnent un peu la texture schisteuse; le marbre de Paros est de la seconde espèce; tous deux prennent un beau poli; ils deviennent quelquefois presque compactes; on y trouve souvent des minéraux disséminés, quelquefois même en assez grande quantité pour constituer des variétés : on y trouve le Fer sulfuré jaune, en dodécaèdre pentagonal, le Cobalt asenical, la Chaux phosphatée, le Lapis lazuli, la Condrodite; ce calcaire est quelquefois coloré en gris par une petite quantité de Graphite; on y trouve encore de l'Amphibole, du Grenat, du Quartz, du Feldspath. Une variété, colorée en bleu, et nuancée ou veinée, est connue sous le nom de Marbre bleu turquin; les veines sont souvent vives, jaunes, rouges, etc. On y trouve des débris organiques, comme des Madrépores, des coquilles se rapprochant des Ammonites, des Nautiles, etc.

### Calcaire compacte.

484. Cette espèce se trouve répandue dans presque tous les terrains; quelquefois un peu schisteuse; on y trouve assez souvent des cristallisations; contient beaucoup de fossiles, comme : Flustra, Spirifer, Térébratules, Gryphées, Cérites; des coquilles d'eau

douce, comme : Limnées, Planorbes; des débris de végétaux. Cette espèce, une des plus répandues à la surface du globe, offre beaucoup de variétés que distinguent bien les constructeurs qui ont à les employer (Voir *la Minéralogie et la Technologie*.) Quelques-unes fournissent des marbres susceptibles de prendre un beau poli, et dont les nuances sont très-variées; la pierre lithographique est une variété de cette espèce; son grain est excessivement fin, mais en outre, elle est uniformément criblée d'une infinité de cavités sans lesquelles elle ne pourrait servir à l'usage que l'on en fait; la cassure en est un peu conchoïde. Celle des pierres qui sont les meilleures pour les constructions, est inégale, irrégulière; quelques-unes, quoiqu'on ne puisse les considérer comme marbres, prennent un peu le poli, par exemple, celle de Château-Landon. On en trouve, en France, dans un grand nombre de localités, en Bourgogne, en Normandie, en Lorraine, en Poitou, dans le Gâtinais; en Bavière, etc. L'Angleterre n'en possède que très-peu.

#### Calcaire oolitique, Calcaire jurassique.

485. Ce n'est qu'une sous-variété du calcaire compacte, mais il affecte toujours la forme de globules dont les dimensions sont très-variables. On nomme Miliaire celui dont les grains sont très-petits; les globules sont inégaux, quelquefois très-irréguliers; ces grains sont réunis par un ciment calcaire; la tenacité est assez grande pour que l'on en fasse des constructions; dans quelques localités, on en trouve de tuberculaires, dont les cavités semblent avoir été produites par un tuyau végétal, par l'Arundo, espèce de Graminée, de la famille des roseaux.

### CALCAIRE MÉLANGÉ.

#### Lias, Calcaire argileux.

486. Le lias qui constitue de grandes masses, et que l'on considère plutôt comme terrain, est une variété de calcaire compacte, mais contenant des matières argileuses, et ne donnant pas de marbre. Cette roche est caractérisée par la présence de la coquille

nommée Griphée arquée; on y trouve en outre des Entroques, des Térébratules, des Trilobites, des Madrépores; quelques coquilles d'eau douce, comme des Limnées, des Planorbes. C'est cette variété qui sert à la fabrication de la chaux hydraulique et des ciments de Pouilly, de Boulogne, d'Angleterre; on la reconnaît à ce qu'en la traitant par les acides, il reste, après la dissolution du calcaire, un dépôt argileux. Une variété contient une assez grande quantité de Silicate de fer hydraté qui la colore; on y trouve des grains de Quartz, et des moules d'Ammonites remplis de ce silicate de fer et de Quartz en grain; quelquefois aussi la coloration est due à du Fer oxidé hydraté.

Calcaire anthraxifère, Calcaire à Encrinites, *carboniferous Limestone* des Anglais, *Kohlenkalhstein* des Allemands.

487. Les noms de cette roche indiquent les substances qui s'y trouvent disséminées et qui en font une variété. La couleur est d'un gris plus ou moins foncé, quelquefois veiné de noir, de blanc et d'autres couleurs; presque toujours très-poreuse; la masse est compacte; on trouve par places des parties qui sont presque entièrement formées de tiges d'encrinites, espèce de radiaire (Voir *la Zoologie*). On y trouve une grande variété de Polypes, de Radiaires, de Mollusques surtout et des coquilles, quelques Crustacés, etc. Cette roche fournit une grande quantité de marbres de diverses nuances et susceptibles d'un beau poli. On en trouve beaucoup en France, en Belgique, etc.

Calcaire coquillier, Calcaire madréporique, *Muschelkalk* des Allemands.

488. Ce calcaire est très-variable d'aspect; sa texture est tantôt compacte, tantôt un peu laminaire. Une variété semble être formée exclusivement de coquilles brisées, et quand elles ont conservé leur nacre, les reflets variés par le mélange confus des débris, produisent un effet très-agréable à l'œil; elle est susceptible de prendre un beau poli; on lui donne le nom de Lumachelle; les autres varietés contiennent, empâtées au milieu de leur masse, des

quantités très-considérables de débris organiques, comme Zoophites, radiaires, etc.; mais principalement de coquilles et de mollusques. Le calcaire anthraxifère est souvent un calcaire coquillier; quelques variétés peuvent servir de marbre, beaucoup d'autres sont trop cellulaires pour cet usage. Il se trouve dans les terrains secondaires. On nomme *Faluns* des aglomérations de coquilles et de madrépores plus ou moins triturés, se délitant assez facilement à l'air pour qu'on les emploie en place de marnes; on en trouve surtout dans la Touraine.

### Tuffeau, Tuf calcaire.

489. Cette roche, résultat d'un dépôt formé par précipitation, par des eaux qui tenaient le calcaire en dissolution et qu'elles ont abandonné peu à peu, se trouve en masses spongieuses ou cellulaires, quelquefois grenues, enfin compactes et concrétionnées, sous formes mamelonnées, coralloïdes, fistuleuses; en général très-solide. Les albâtres calcaires sont de cette variété qui forme des stalactites et des stalagmites, souvent très-belles dans l'intérieur des grottes. Ces calcaires forment en général les parties supérieures des terrains. Leur couleur varie peu; blanche, jaune ou jaune roussâtre; ils sont assez légers. Le Travertin qui tire probablement son nom de ce qu'il est traversé dans tous les sens par des cavités fistulaires et vermiculées, est une variété de Tuf. On n'y trouve que des coquilles d'eau douce. On y aperçoit quelquefois des cristaux de calcaire qui lui donnent l'apparence bréchoïde, ou des grains de Quartz, de Feldspath qui le rendent un peu porphyroïde. Le Tuffeau est très-employé dans les constructions à cause de sa solidité et de sa légèreté. Il appartient aux terrains les plus modernes.

### Calcaire siliceux, Tuf quartzifère.

490. Le quartz est ou invisiblement disséminé dans toute la masse, ou bien en grains plus ou moins gros et parfois inégalement répartis; tendre, ou assez dur pour faire feu au briquet; la roche est alors tenace et contient une grande quantité de quartz; elle

passe au silex ; souvent cellulaire ; les parois des cavités sont quelquefois tapissées de cristaux de quartz très-petits. Il ne faut pas confondre cette roche avec ce que nous avons nommé Chaux carbonatée quartzifère dans la Minéralogie, et qui n'est qu'un passage de la chaux carbonatée au grès. Il appartient aux terrains les plus nouveaux.

### Calcaire grossier.

491. Il se trouve en masses considérables, constituant un terrain particulier ; il est plus ou moins dur ; grenu, le grain est assez égal ; il contient une grande quantité de débris organiques végétaux et animaux ; ces derniers presque tous marins. On compte seulement, d'après MM. Cuvier et Brongniart, près de cinquante espèces animales et au moins seize espèces végétales qui le caractérisent. On y trouve entre autres des miliolites, qui sont des animaux marins très-petits, et qui forment peut-être la variété d'oolite à laquelle on a donné ce nom ; on y trouve souvent beaucoup de sable ; c'est principalement dans les parties inférieures. La pierre à filtrer des environs de Paris est une variété de ce calcaire qui appartient aux terrains tertiaires.

### Brèches et puddings calcaires, Nagelfluhe.

492. Les brèches calcaires offrent l'aspect de toutes les autres brèches ; cependant par des filets qui se présentent çà et là, on pourrait croire qu'elles ont été produites par la rupture de la masse, lorsqu'elle prit du retrait par son desséchement, et que les vides qui s'y formèrent, furent postérieurement remplis. C'est au moins ce que peut faire encore penser la texture souvent concrétionnée des parties différentes de la pâte de la masse. De quelque manière qu'elles aient été produites, elles forment souvent de très-beaux marbres ; on en trouve dans presque tous les terrains calcaires.

Les marbres puddings, moins fréquens que les marbres brèches se trouvent en très-grande quantité dans quelques lieux, surtout entre les Alpes et le Jura ; les fragmens roulés qui les composent sont souvent très-volumineux; ils contiennent beaucoup de débris d'animaux marins et terrestres; leur cimentation n'est pas très-solide. On les nomme nagelfluhe et molasses.

CRAIE, *Chalk* des Anglais, *Kreide* des Allemands.

493. Ce calcaire est terreux, ordinairement blanc; sa ténacité varie beaucoup; tantôt très-friable, tantôt assez solide pour servir aux constructions; il est alors un peu compacte : il sert souvent à la fabrication de la chaux hydraulique artificielle, en le broyant avec de l'argile, et formant de cette pâte, lorsqu'elle est bien homogène, des masses irrégulières grosses comme le poing que l'on sèche pour les cuire; de plus on l'emploie dans la peinture en détrempe, sous les noms de blanc d'Espagne, de Troyes, etc.; on en fait des crayons blancs; quelques variétés très-friables servent à l'amendement des terres à défaut de marnes : la craie forme des couches extrêmement puissantes, et constitue en grande partie le terrain que par cette raison on nomme Crétacé; on trouve souvent au milieu de la craie des lits de galets ou plutôt de rognons de silex posés horizontalement; des grains verts qui y sont uniformément disséminés, et des noyaux verts ou rouges; ces derniers sont en grande partie composés de phosphate de chaux. On rencontre dans la craie une énorme quantité de fossiles, près de mille variétés ou espèces différentes; végétales, mais principalement des Zoophites, des Radiaires, des coquilles, des Mollusques, etc. Elle forme la partie supérieure des terrains secondaires.

CALCAIRE MAGNÉSIEN, Dolomie.

494. Cette roche, dont la description comme espèce minéralogique a été donnée, devient quelquefois un peu compacte; elle contient du Mica dans quelques localités, la roche devient alors souvent un peu tabulaire; du Talc, qui la rend schistoïde; de l'Amphibole; elle devient par là un peu fibreuse; de la Mâcle, de la Tourmaline; elle est quelquefois colorée en gris par du Graphite. On y trouve aussi du Cuivre gris, des Pyrites de fer et de

cuivre, du Réalgar, de la Chaux phosphatée, etc. Elle fait partie des terrains primitifs.

## ROCHES GYPSEUSES.

495. Dans ces roches on distingue deux espèces, comme en minéralogie; le Gypse ou chaux sulfatée hydratée, et la karstenite, ou Chaux sulfatée anhydre (*Voir* dans la partie minéralogique pour leurs descriptions); la Karstenite se trouve dans les terrains anciens même primitifs; on y trouve du Mica, de la Dolomie, de la Boracite, du Soufre : le Gypse, qui est souvent coloré, contient aussi de la Boracite, du Quartz, de l'Arragonite; il est souvent pénétré de calcaire marneux; il renferme des débris organiques, des ossemens de mammifères, entre autres six ou sept variétés de Palœotheriums, qui sont des espèces de tapirs; des Anoplotheriums, des Oiseaux, des Reptiles, des Poissons, etc., rarement des coquilles marines. Cette espèce appartient aux terrains modernes et les plus nouveaux : ces deux variétés sont en couches et en amas.

## ROCHES ALUNIQUES.

496. Ce sont des alunites (Voir *la Minéralogie*); elles sont quelquefois porphyroïdes ou bréchoïdes; d'autres fois, par suite d'altération, elles passent à l'état argileux.

## SEL GEMME.

497. Il forme quelquefois des couches très-étendues et d'une grande épaisseur; on y trouve des débris organiques végétaux.

Le Natron, la Baryte sulfatée, la Strontiane sulfatée jouent aussi le rôle de roches ainsi que la Chaux phosphatée; on a vu leurs caractères minéralogiques. Nous citerons à l'occasion, en énumérant et décrivant les terrains, les rôles qu'elles y jouent

## ROCHES MÉTALLIQUES.

### ROCHES FERRUGINEUSES.

498. Parmi les combinaisons métalliques, quelques-unes tiennent, comme roches, un rang important : telles sont les Fers car-

bonatés qui se trouvent en rognons disséminés au milieu de certaines couches de terrains houillers, ou même formant à eux seuls des couches puissantes comme dans l'Aveyron, et contenant souvent des empreintes de végétaux, rarement des coquilles d'eau douce. Ces fers carbonatés se trouvent depuis le terrain houiller jusque dans les terrains supérieurs.

Le Fer silicaté, le fer sulfuré, le fer hydraté qui constituent le minerai le plus commun en France et qui sont souvent en grains plus on moins gros, quelquefois agglomérés par un ciment argileux et mêlés d'un sable quartzeux pulvérulent, tous appartiennent à des terrains peu anciens et contiennent des coquilles, comme ammonites, bélemnites, etc. Le Fer oligiste offre quelquefois les empreintes de corps marin lorsqu'il est stratiforme ; dans les cavités des variétés grenues, cristallisées et métalloïdes, on trouve du Quartz, de la Datholite ; ces dernières appartiennent aux terrains anciens.

Le Fer oxidulé, très-magnétique, polaire, grenu, compacte; on y trouve du Feldspath, du Talc, du Graphite, des Pyrites. il appartient aux terrains anciens. Il y a des variétés chromifères qui sont souvent mélangées de Talc, de Diallage, de Calcaire.

## ROCHES MANGANÉSIENNES.

499. Ce sont des manganèses oxidés, hydratés ou silicatés, souvent barytifères, et accompagnés de Fluorine; enfin, les Pyrites cuivreuses, les oxides, et des Silicates de zinc, constituent aussi des roches.

## ROCHES COMBUSTIBLES.

500. Certains combustibles comme l'anthracite, la houille, le lignite, la tourbe, doivent être considérés comme des roches ; ils constituent des terrains qui sont parfaitement caractérisés ; dans les roches d'Anthracite, on trouve du Quartz, du Calcaire et des empreintes de végétaux. Dans les houilles, des débris de végétaux, surtout de Fougères, dont on compte environ cent vingt à cent quarante variétés, une cinquantaine de Lycopodiacées, des Palmiers; des végétaux non encore bien connus; des Mollusques, des

Coquilles, des Poissons, et des Palais de poissons. Dans les Lignites, où l'on trouve des Débris végétaux et des Coquilles d'eau douce, enfin les tourbes formées de débris de végétaux, non encore complétement détruits, ne peuvent être confondues avec aucune des autres espèces de combustibles, et se trouvent dans les terrains les plus nouveaux; chacun de ces combustibles présente des caractères minéralogiques distinctifs, que nous avons décrits en faisant leur histoire.

# TERRAINS.

---

Les terrains sont, comme nous l'avons dit, formés de la réunion de plusieurs roches, disposées au-dessus et à côté les unes des autres, suivant qu'elles sont horizontales, ou plus ou moins verticales, mais de manière cependant que l'on peut toujours retrouver celle qui est postérieure. Nous avons dit aussi, en passant, qu'on avait divisé les terrains en primitifs, intermédiaires ou de transition, secondaires, tertiaires et d'alluvion. Mais, au lieu d'employer les mots de terrains primitifs, intermédiaires, etc., pour exprimer les époques de leur formation, nous adoptons de préférence le mot de période, qui représente mieux l'intervalle des époques géologiques dans lesquelles ces terrains se sont formés par les différentes causes que nous avons fait connaître. Chaque terrain prend le nom de la roche qui y domine le plus habituellement.

Les diverses périodes se distinguent par les fossiles qui s'y trouvent plus ou moins abondamment, ou qui y manquent tout-à-fait. Les terrains qui les composent sont caractérisés par la stratification ou par la non-stratification, par la nature des roches qui y dominent, et par celle des divers fossiles qu'on y rencontre. Nous commencerons par les terrains inférieurs, remontant successivement jusqu'à ceux de la période actuelle.

## PÉRIODE PRIMITIVE.

On n'y rencontre pas de fossiles; elle constitue la masse principale de la croûte solide du globe; la stratification y est souvent peu distincte en grand; jamais les roches ne sont arénacées; on y trouve des substances métalliques, mais surtout un assez grand nombre d'autres espèces minéralogiques, dont les cristaux sont plus volumineux que dans les terrains des périodes postérieures. Les roches des terrains de cette période sont presque toutes cristallines, jamais poreuses, à moins qu'elles ne soient décomposées. Lorsqu'on y trouve des cavités, elles sont tapissées de cristaux.

Les divers terrains de cette période se trouvent au-dessous de ceux de toutes les autres, à moins que ce soit par suite de contournemens, comme dans les terrains houillers (*Fig.* 23, *Pl.* 6), ou par renversement, à la suite de soulèvemens considérables, ce qui doit faire penser qu'ils sont antérieurs à ces soulèvemens. Ils sont stratifiés ou non-stratifiés. Les roches des terrains non stratifiés sont : le Granite, la Siénite, les Porphyres, le Diorite; celles des terrains stratifiés sont : le Gneiss, le Micaschiste, la Protogine, le Quartzite, le Calcaire saccharoïde, le Leptynite, le Schiste alumineux, l'Ardoise, la Pegmatite, l'Euphotide, la Serpentine, le Stéaschiste, l'Amphibolite.

### Terrain granitique.

Le granite primitif constitue des terrains considérables dans une foule de localités. On croyait autrefois que c'était la roche la plus ancienne, et que jamais elle n'était au-dessus d'autres terrains. L'observation a démontré que c'était une erreur : on en trouve formant des filons à travers des roches stratifiées; il se mêle aussi avec d'autres roches. Le granite est aussi parfois traversé de filons de Pegmatite. Cette roche y est aussi en amas, ainsi que l'Hyalomicte ou Greisen. Il est moins souvent traversé de filons de Diorite, d'Hémithrène, de Porphyre, de Basalte, de Trapp : les filons métalliques y sont rares; ils sont formés de Fer oligiste, de Plomb sulfuré argentifère, de Pyrite cuivreuse aurifère, d'Oxide d'étain, de Manganèse oxidé métalloïde. Par places, on trouve du Bismuth, du Molybdène sulfuré, et des nids de graphite. Comme on l'a vu dans la description de cette roche, elle se décompose assez souvent.

Ce terrain est ordinairement escarpé et très-hérissé de pointes dans les parties les plus élevées; celles qui le sont moins ont leurs sommets arrondis, ce qui tient à la décomposition de la roche. Les vallées qu'ils forment sont très-resserrées, et sont plutôt des gorges. On trouve des terrains de cette nature en France, en Saxe, au Caucase, dans l'Oural, etc.; en France, c'est dans les Pyrénées, la Bretagne, entre le Rhône et le Velay, etc.

### Terrain siénitique.

Il est moins fréquent, mais dans les localités où il se trouve, il est aussi important par son étendue que le terrain précédent. On a vu, dans la description des roches, que le granite passait quelquefois à la siénite, et réciproquement, l'Amphibole remplaçant le Mica, et le Quartz disparaissant peu à peu. Ce terrain contient des filons métallifères, d'Euphotide, et de Porphyre; ces derniers y sont quelquefois disséminés en amas; il alterne aussi avec le Diorite. On le trouve dans les Vosges, l'Allemagne, le mont Sinaï, l'Arabie, la haute Égypte, etc.

### Terrain de Gneiss.

Ce terrain occupe des espaces considérables, et est très-fréquent; la stratification y est très-prononcée; les formes de ce terrain sont très-variées. Si le pays est montueux, les roches sont escarpées, et forment plutôt des gorges que des vallées; mais généralement il offre des montagnes arrondies comme celles de granite, et des plateaux. La stratification y est accidentée par des couches subordonnées de Leptynite, d'Éclogite, d'Amphibole schisteuse, et rarement de Calcaire saccharoïde, de Micaschiste, de Serpentine, etc. Les assises supérieures modifient aussi la stratification; elles sont quelquefois puissantes, et formées par du Pétrosilex, et de la Pegmatite stratiforme qui se décompose souvent et donne du Kaolin. On a cité parmi les couches subordonnées de ce terrain, des couches de Galène et de Pyrite; mais elles entraient plutôt comme parties accidentelles parmi les couches de Gneiss. Ce terrain est riche en métaux; il est traversé par des filons d'Étain, eux-mêmes coupés par des filons argentifères, qui leur sont, par cette raison, postérieurs. On y trouve aussi des filons de Galène, de Cuivre, de Cobalt, d'Antimoine : on n'y rencontre pas de Mercure. On y trouve, en outre, disséminés, quelques minéraux qui ont été cités lors de la description minéralogique du Gneiss ; comme roche, au Mexique, il contient des filons aurifères. On trouve ce terrain, en France, dans le Limousin, la Bourgogne, les Cévennes, l'Ardèche, l'Auvergne; il forme une partie des Alpes. On le retrouve en Saxe, en Norwége, en Écosse, dans la presqu'île de l'Inde, à l'Hymalaya, en Nubie, à Ceylan, aux États-Unis, dans une portion des Andes, etc.

La Protogine, dont la composition et l'aspect sont semblables à ceux du gneiss (le talc remplaçant le mica), et qui forme une grande partie de la chaîne des Alpes vers le Mont-Blanc, est confondue dans les terrains de gneiss; mais elle forme des Pics très-lancés, des Aiguilles; elle passe au Stéaschiste.

Quelquefois les couches de ce terrain sont horizontales ; les filons métalliques ou riches, ne sont pas les seuls qui les traversent : on en trouve qui sont composés ou remplis de roches porphyriques, de Granite, de Basalte, de Wackes et de Pegmatites, qui se sont injectées entre les couches diverses de ce terrain, dont les matériaux utiles sont principalement métalliques.

### Terrain de Micaschiste.

Les terrains de Micaschiste se trouvent ordinairement au-dessus de ceux du Gneiss. On a vu, dans la description de cette roche, qu'elle passait, par gradations, tantôt au gneiss, tantôt à diverses variétés de schistes. Ce terrain est moins étendu que le précédent ; la stratification en est très-marquée; ses formes sont très-escarpées dans les montagnes : il forme aussi des plaines. On y trouve souvent beaucoup de couches subordonnées; cependant il arrive ici, comme dans le terrain de Gneiss, que les roches soient seules et leurs couches très-puissantes. Il est souvent mélangé de beaucoup de Grenat, et quelquefois de Tourmaline, de Staurotide, de Titane silicéo-calcaire, etc. Les couches subordonnées sont de Quartzite, qui s'y trouve en couches si puissantes, que l'on pourrait dire qu'il y forme, mais rarement, un terrain qui se trouve intercalé; souvent aussi en couches très-puissantes, de calcaire saccharoïde à grains quelquefois assez gros (ce sont des marbres statuaires) : dans quelques localités, il est accompagné de Quartz, de Feldspath, de Dolomie, de Leptynite, d'Amphibolite, de Roches talcqueuses, et même de Gneiss. On y trouve aussi des veines, des filons, mais principalement des amas de Fer oxidulé, de Fer titané, de Fer oligiste, de Pyrites aurifères, de Galène, de Blende, d'Oxide d'étain, d'argent, en Silésie, en Saxe, en Norwége; de Gypse aux Alpes. On y trouve disséminés les minéraux que nous avons indiqués à la description de cette roche. Ce terrain est aussi traversé par des filons stériles, c'est-à-dire composés de roches non métalliques, comme quarzite, etc. Ce terrain, très-fréquent en Europe, se rencontre dans presque tous les points de la période primitive, aux Alpes, en Saxe, en Norwége, etc.

### Terrain de Schistes.

La roche dominante de ce terrain est le Schiste argileux, qui occupe souvent la partie supérieure de cette période, touchant la période intermédiaire où on le rencontre aussi : la stratification en est très-distincte. Il passe au Schiste chloriteux, qui forme des couches subordonnées, ainsi que le Stéaschiste, qui occupe ordinairement la partie inférieure de ce terrain, et passe souvent au Micaschiste; la Pierre à rasoir ou Schiste novaculaire, le Jaspe schistoïde, la Lydienne ou pierre de touche, le Calcaire, quelques roches amphiboliques, des Porphyres, y forment aussi des couches subordonnées. On y trouve disséminés la Mâcle, la Staurotide, le Disthène, la Tourmaline, la Pyrite de fer. Il est traversé par des filons métalliques de même nature que ceux des terrains précédens; mais en général ils sont moins riches. Ce terrain, très-répandu, est souvent d'une étendue considérable, et dans presque tous les pays, en Bretagne, aux Pyrénées, en Norwége, dans le Cornwall, etc.

### RÉSUMÉ DE LA PÉRIODE PRIMITIVE.

Les terrains de cette période se trouvent dans tous les pays, puisque ce sont eux qui forment la masse de l'écorce solide sur laquelle reposent ceux de toutes les autres périodes, qui n'entrent ensemble dans sa composition qu'en bien plus faible proportion; ils ne sont pas visibles dans les lieux recouverts par une plus grande quantité de terrains des périodes postérieures, et dans lesquels il faut descendre à des profondeurs quelquefois très-considérables pour les rencontrer.

Tous les terrains qui font partie de cette période ne se trouvent que rarement réunis dans une même localité. Cette observation n'est pas seulement pour cette période, mais encore pour toutes les autres. Nous avons décrit les terrains stratifiés dans leur ordre de superposition le plus commun, en commençant ici (comme pour ceux que nous verrons par la suite) par le plus profond ou le plus voisin de la masse en fusion. Dans chaque terrain, les couches subordonnées que nous avons indiquées, comme en faisant partie, ne se trouvent presque jamais toutes réunies, et même quelques-unes ne sont dans ces terrains que les analogues les unes des autres dans les divers pays, par rapport à leurs positions. Souvent chacun de ces terrains stratifiés n'est représenté que par une des couches qui y sont les plus fréquentes; dans quelques-uns le Micaschiste, le Stéaschiste, ne sont qu'en très-petite quantité; le Gneiss et le Micaschiste alternent quelquefois; il arrive aussi que le Gneiss est immédiatement recouvert par le Schiste argileux passant au Stéaschiste. Dans ces terrains stratifiés, les inclinaisons et les directions ne sont pas les mêmes.

Dans les terrains non stratifiés, le terrain siénitique et le terrain granitique sont indépendans l'un de l'autre, et ne se trouvent pas réunis.

Les terrains porphyriques recouvrent ordinairement les autres terrains en les enveloppant. On y trouve souvent de la siénite. Dans ceux où les Trapps sont abondans, il y a quelquefois une stratification sensible, souvent ils se décomposent, deviennent terreux, les formes alors sont arrondies.

## PÉRIODE INTERMÉDIAIRE, OU DE TRANSITION.

Les terrains de cette période sont les uns stratifiés et les autres non-stratifiés; quelques-unes des roches qui entrent dans leur composition sont arénacées; on y trouve des débris organiques de diverses espèces, végétaux et animaux; mais parmi ceux-ci seulement des Zoophytes, des Radiaires, des Annelides, des Mollusques, des Coquilles, des Crustacées, des os de Poissons mais pas de Reptiles, de Mammifères ni d'Oiseaux. Quelques roches de ces terrains peuvent être confondues avec celles qui entrent dans la composition des terrains de la Période primitive, de laquelle ils tiennent ainsi un peu; d'autres, au contraire, se retrouvent dans la période secondaire, à laquelle celle-ci ressemble en outre par la présence de fossiles ou de débris organiques, c'est de là qu'est venu son nom d'Intermédiaire ou de Transition; parce que cette période est pour ainsi dire le passage de la Primitive à la Secondaire; on aurait pu même la confondre avec la secondaire qui est naturellement divisée en plusieurs groupes postérieurs les uns aux autres, et dont cette période aurait formé le groupe le plus ancien. C'est dans cette période que commencent à paraître les roches neptuniennes, c'est-à-dire produites par les débris que les eaux ont entraînés, et qui sont cimentés souvent par les matières qu'elles tenaient en dissolution, et qu'elles ont dû abandonner graduellement à mesure que la hauteur de l'atmosphère, diminuant par la condensation d'une partie de la vapeur aqueuse, exerçait une pression moins forte. Ces matières sont : 1° une partie de l'Acide carbonique qu'elles avaient pu prendre à l'atmosphère, lorsque la température extérieure fut assez diminuée pour qu'elles pussent en tenir en dissolution sous la pression du moment; 2° par la diminution de la température et de la pression qu'elles éprouvaient, et qui dut leur faire déposer une partie de l'acide silicique qu'elles tenaient aussi en dissolution. Les roches qui forment les terrains de cette période sont : l'Ophite, les Porphyres siénitiques et Pétro-siliceux, le Diorite, l'Euphotide, le Granite, le Calcaire, le Quartz, la Lydienne, le Gneiss, le Micaschiste, la Grauwacke, divers Schistes, l'Anthracite, le Gypse.

### Terrain de Grauwacke.

Dans ce terrain, la Grauwacke et les Calcaires veinés et de couleur uniforme, en général foncés, sont dominans; il est assez fréquent et occupe des espaces étendus, mais ordinairement d'une épaisseur qui n'est pas très-considérable. Le grain de la Grauwacke y varie beaucoup; elle passe quelquefois au vieux Grès rouge; les Calcaires sont souvent Talcqueux, Bréchoïdes, Puddingiformes et amygdaloïdes, tantôt compactes, tantôt grenus; le Micaschiste, les Roches amphiboliques, le Schiste argileux, le Leptynite, le Diorite, y forment des couches subordonnées, ainsi que le Porphyre siénitique et le Gypse; ce dernier est souvent salifère; ces roches alternent ensemble. On trouve des rognons d'Anthracite au milieu de la grauwacke; ils sont souvent accompagnés de schiste bitumineux, dans lequel on trouve des empreintes de végétaux. Les Calcaires saccharoïdes sont souvent fétides; dans les puddings calcaires, la pâte est souvent saccharoïde et les noyaux compactes, et jamais l'inverse; quelquefois le Gypse est accompagné de soufre. La Grauwacke repose souvent à stratification non concordante (*Fig.* 19, 20, 21, *Pl.* 6.), sur des couches de feldspath. Le gypse est anhydre, à peu de distance de la surface; il occupe la partie supérieure de ce terrain; on y trouve aussi des Argiles salifères; le Calcaire est quelquefois anthraciteux; il contient des Coquilles fossiles dont nous donnerons les noms à la fin de la description des terrains de cette période, ainsi que ceux des autres fossiles qui s'y trouvent. Ce terrain est souvent traversé de filons métalliques, de plomb, de cuivre, de zinc, d'argent, et de filons stériles formant ordinairement des crêtes; ces filons pénètrent jusqu'aux terrains de la période primitive.

Ce terrain se trouve en Europe, au Petit-Saint-Bernard, au Tyrol, au col du Bonhomme, en Carinthie, en Suisse; en France, en Bretagne, dans le Cotentin; en Amérique, en Asie, etc.

### Terrain de Schistes.

Le Schiste argileux ou Ardoise domine dans ce terrain; il passe à la Grauwacke schistoïde. Ce terrain est souvent très-étendu; on y trouve des couches subordonnées formées par la Grauwacke, le Diorite, le Calcaire, qui est rarement saccharoïde, plus coloré encore que dans le terrain précédent, et quelquefois arénacé; le Quartz compacte, le Gneiss, le Granite, la Siénite, le Leptynite, l'Anthracite, le Schiste talcqueux, le Schiste charbonneux, la Serpentine, le Micaschiste, divers Porphyres, des Obsidiennes, ces dernières, surtout au Mexique, où elles servaient à faire les couteaux avec lesquels les prêtres mexicains ouvraient les corps des victimes qu'ils sacrifiaient à leurs dieux, ce qui avait fait donner à une montagne sur laquelle on les trouve le nom de *Montagne des couteaux*; c'est de là que viennent celles qui sont chatoyantes. Dans quelques localités, il se trouve à la partie supérieure de ce terrain, en contact avec le schiste argileux et sans intermédiaire, des couches d'Ophite, de Granite ophitique, passant par décomposition à l'état de Wacke, de Pegmatite et de Porphyres, qui s'y sont répandues par épanchement, sur des espaces très-considérables. Les Schistes contiennent des rognons de Quartz lydien. Ce terrain est traversé de nombreux filons métalliques contenant du plomb, de l'argent, du mercure, du cuivre, etc; ces métaux y forment aussi des amas. On trouve, dans les calcaires de ce terrain, des grottes qui sont assez fréquentes; ce terrain contient plus de fossiles que le précédent. On le trouve dans presque tous les pays, en Europe, en France, en Bretagne, dans le Cotentin, aux Pyrénées; en Belgique, au Harz, en Angleterre, en Norwége, en Amérique, etc., etc.

### RÉSUMÉ DE LA PÉRIODE INTERMÉDIAIRE.

Les terrains de cette période sont extrêmement répandus; on les trouve dans presque tous les pays, mais toutes les couches des terrains ne se trouvent pas réunies dans un même lieu; il s'en faut de beaucoup. En Bretagne, dans le Cotentin, on trouve le Schiste ardoise, le Schiste chloriteux, alternant rarement; dans le Bocage, partie du Calvados, entre Caen et Avranches, on trouve de petites couches d'Anthracite intercalées avec la Grauwacke; en Angleterre, on trouve des Siénites, des Porphyres, reposant sur les terrains de la période primitive; du Schiste ardoise contenant des Trilobites, de la Grauwacke, du Calcaire; en Irlande, près de Killarney et dans le comté de Limerick, on trouve des couches peu épaisses d'anthracite au milieu de la grauwacke et de l'ardoise; au Harz : Ardoise, Grauwacke, Calcaire à couleurs peu foncées, Diorite, Quartz, Porphyre; en Suisse : Ardoise, Serpentine, Calcaire noir, Ardoise avec empreinte de Poissons, Grauwacke, Calcaire à Bolemnites, Calcaire argileux avec Ammonites, Gypse, Sel gemme; en Amérique, à Xacatécas : Ardoise, Quartz lydien, Grauwacke, Porphyre non métallifère; à Guanaxuato : Ardoise, Serpentine, Siénite dioritique, Porphyre métallifère; à Vénézuela : Micashiste, Calcaire noir, roche Amygdaloïde pyroxénique; au Caucase : Schiste argileux, Calcaire noir, Porphyre contenant des cristaux de Feldspath vitreux, Ardoise, Gneiss, Granite, alternant souvent entre eux, Schiste argileux recouvert de Calcaire, etc., etc.; de plus nombreuses citations seraient inutiles. Les calcaires de divers terrains de cette période sont généralement de beaux marbres.

#### Fossiles de la période intermédiaire.

Les débris organiques que l'on y trouve, sont : parmi les végétaux, des Algues, des Calamites, cinq ou six variétés de Fougères; parmi les animaux, une soixantaine de Zoophytes; les plus remarquables sont deux variétés d'Amplexus dont on ne trouve pas d'analogue vivant, quatre variétés de Catenipora, plusieurs variétés de Cyatophyllum, de Manon, de Calamopora, d'Aulopora, de Scyphia, de Cariopora, de Favosites; une Cariophyllia, deux Astrea, etc., trente ou quarante Radiaires, quelques Annelides, une centaine de coquilles bivalves, dont les plus abondantes sont des Spirifers dont on trouve beaucoup de variétés; plus de trente variétés de Térébratules, des Producta, une Gryphæa, des Strophomènes, etc., plus de cent univalves parmi lesquels des Turbos, des Buccins, beaucoup d'Orthocératites, de Bellérophon, de Nautiles, de Patelles, de Conulaires, des Ammonites, etc., une soixantaine de crustacées, dont beaucoup d'Asaphus, de Calimène, de Paradoxides, etc., qui tous sont des variétés de Trilobites, animal dont il existait alors de très-grandes quantités, et dont l'espèce est éteinte; enfin des dents, des palais, et des défenses de poissons, auxquelles on a donné le nom d'Ichtyodorulithes, de trois mots grecs *ichthys* poisson, *dory* lance, pique, et *lithos* pierre. (Voir pour les descriptions les *Traités de Botanique et de Zoologie.*) Parmi toutes ces espèces, les unes appartiennent à des genres encore vivans malgré l'ancienneté de cette période, les autres à des genres éteints; les Mélanies qui sont des coquilles d'eau douce se trouvent dans les grès exclusivement; les Orthocératites, dont le nom vient de deux mots grecs *keras* corne et *orthos* droit, ont quelquefois des dimensions considérables; ainsi on en a trouvé qui avaient trois pieds de long sur un pied de diamètre dans la partie la plus large. Le peu de végétaux dont on trouve les empreintes, diffèrent très-peu de ceux que l'on trouve dans les houilles; tous ces végétaux, d'après leurs genres, ont dû végéter dans un climat très-humide et au moins aussi chaud et probablement plus que le climat actuel de la région inter-tropicale.

## PÉRIODE SECONDAIRE.

Les terrains de cette période sont composés d'une grande variété de couches formant des séries d'âges très-différens, et bien caractérisées par leurs fossiles; chacune de ces séries pourrait, en conséquence, être regardée comme appartenant à sa période particulière, l'une plus ancienne, deux moyennes, et enfin une plus récente que toutes les autres, et dont les terrains se trouvent toujours au-dessus. La stratification des couches de ces terrains est souvent peu inclinée et presque horizontale, quelquefois contournée. On y rencontre beaucoup de roches arénacées; les calcaires y sont très-abondans, ainsi que les débris organiques; les terrains les plus bas, qui sont en contact avec ceux de la période intermédiaire, pourraient facilement être confondus avec eux lorsque la houille ne s'y présente pas, et d'autant plus facilement, que, parfois, cette période manque, et qu'ils reposent directement alors sur les terrains de la période primitive. Les terrains de cette période seront donc séparés en quatre séries ou Groupes: la Première série, c'est-à-dire la plus ancienne, celle qui repose sur des terrains de transition, est composée des terrains Carbonifères et de Grès rouge; la Seconde, des terrains de Calcaire magnésien, de Grès bigarré et de Marnes irisées; la troisième, des terrains de Lias et de Calcaire oolitique; enfin la quatrième, des terrains de Grès vert et de Craie.

### PREMIÈRE SÉRIE.

Elle est composée, comme nous l'avons dit plus haut, des terrains Carbonifères et de Grès rouge. Les roches que l'on y trouve sont des Anthracites, des Houilles de diverses natures, du vieux Grès rouge, divers Calcaires, des Grès rouges, des Argiles, des Arkoses, des Schistes argileux, des Dolérites, du Feldspath, des Porphyres pétro-siliceux, des Wackes amygdalaires, Amphiboliques ou pyroxéniques, etc.; on y trouve une grande quantité de débris et d'empreintes organiques.

#### Terrain carbonifère et de Grès rouge.

Ce terrain est composé de deux étages : dans l'étage inférieur, on trouve de l'Anthracite; dans le supérieur, de la Houille proprement dite; quelquefois un des deux étages manque, ce qui fait qu'on ne trouve que de la houille ou de l'anthracite, et, dans ce dernier cas, on a peine à le distinguer de ceux de la période de transition dans lesquels, on doit se le rappeler, nous avons dit que l'on trouvait déjà de l'anthracite. Il arrive cependant, que des couches d'anthracite sont placées au-dessus de celles de houille, mais rarement. Au-dessous de l'anthracite, on trouve le vieux grès rouge que l'on nomme aussi grès pourpré. Les autres couches subordonnées de ce terrain sont formées par divers grès, quelquefois feldspathiques, à grains tantôt très-fins et le ciment à peine visible, tantôt à grains assez gros. Ces derniers sont inférieurs aux autres ; rarement ils sont veinés; d'autres couches sont formées par du grès rouge, des calcaires anthraxifères, de l'arkose, des argiles schisteuses, des schistes bitumineux. On y trouve en roches plutoniennes des porphyres formant des assises puissantes, de la dolérite, des wakes amygdalaires qui renferment de l'amphibole ou du pyroxène, et du fer carbonaté lithoïde disséminé en rognons aplatis ou en veines, et même, comme nous l'avons déjà dit, dans le département de l'Aveyron, en couches dont l'épaisseur varie de un à dix pieds. La stratification de ce terrain est très-prononcée et fortement accidentée; les couches de houille sont courbées comme un fond de bateau; elles plongent des deux côtés et forment des selles dont on voit plusieurs à la suite les unes des autres; d'autrefois elles sont contournées, morcelées; elles offrent par places des renflemens ou des resserremens; on y observe souvent des failles, des dykes, des brouillages, accidens représentés dans les (*figures* 21, 22, 23, 24, 27, 28, de la *Pl.* 6.) Le calcaire de ce terrain est fortement coloré en noir par l'anthracite, à la présence de laquelle il doit son nom, quelquefois il semble presque entièrement composé d'Encrinites ou de leurs fragmens; c'est une espèce de radiaire qui ressemble un peu à un cordon terminé par un gros gland à torsades, quand elle est complète; on le nomme alors calcaire à encrinites, calcaire de montagne, dans lequel on trouve du caoutchouc minéral. Dans quelques localités, en Belgique, aux États-unis, on trouve des couches subordonnées de marne endurcie, de schiste pyriteux (aux environs de Liége), il y sert à la fabrication de l'alun; les couches de houille sont quelquefois très-nombreuses, et leur épaisseur varie beaucoup. Dans le Northumberland, on compte environ quarante couches; soixante auprès de Liége, quinze à Anzin, etc.; l'épaisseur est depuis un pied et même moins, jusqu'à plus de cent pieds, et même, suivant quelques observations, trois cents pieds. Dans le département de l'Aveyron, les couches de fer carbonaté et de houille alternent plusieurs fois, et leurs épaisseurs sont en rapport; les couches les plus épaisses de houille, correspondent aux plus épaisses de fer carbonaté, de telle manière, que l'on peut prédire ou calculer l'épaisseur probable de l'une par celle de l'autre. Le feldspath que l'on trouve dans ce terrain est souvent décomposé et passé à l'état de kaolin. Les houilles manquent quelquefois dans ce terrain, et à plus forte raison, plusieurs des couches que nous avons énumérées. Les houilles s'y présentent avec toutes les variations que nous avons indiquées dans la description de l'espèce minéralogique; on y trouve en général peu d'empreintes et aucun végétal marin. Ce terrain se rencontre dans un grand nombre de localités; ainsi, en France, dans les départemens du Nord, une partie de la Normandie, de la Bretagne, de l'Anjou, dans la Bourgogne, la Loire, l'Aveyron, etc., etc.; le terrain houiller, du centre de la France, repose directement sur le terrain primitif; il est très-puissant en Belgique, en Angleterre, en Écosse, en Irlande, en Bohême, etc., etc. On trouve quelques métaux dans ce terrain : fer manganèse, plomb sulfuré et phosphaté, calamine, tous en amas; quelquefois des filons de cuivre, de cobalt, de mercure sulfuré.

### Fossiles du Terrain carbonifère et de Grès rouge.

Parmi les fossiles et les empreintes de ce terrain, il y a une grande quantité de végétaux, quinze variétés d'équisétacées ou prêles, cent cinquante ou deux cents variétés de Fougères, quelques Marsilliacées, soixante Lycopodiacées, deux Palmiers, vingt ou trente espèces végétales dont les genres sont incertains. Les tiges sont souvent comprimées; quelques-unes ont les cicatrices des feuilles bien conservées, quelques autres sont creuses; dans d'autres enfin, la partie extérieure est formée de houille, et l'intérieure de Grès ou de Fer carbonaté. On ne trouve que les fragmens de celles qui ont de grandes dimensions et qui ont dû être gigantesques; en effet, on trouve des tiges de cinquante à soixante pieds, sans les racines ni les frondes. Dans le département de l'Aveyron, on trouve des troncs de Dicotylédones, de très-fortes dimensions; on a cité des fruits que l'on ne peut. rapporter à aucun de ceux qui sont connus.

Les fossiles animaux sont au moins aussi nombreux ; ils se trouvent principalement dans les calcaires. Ce sont plus de quarante polypiers, des Astrées, des Caténipora; plusieurs Cariophyllum, des Turbinolia, des Millepora, des Favosites, des Lithostrotion, des Fungites, des Amplexus, etc.; dont quelques-uns ne sont pas bien reconnus; une vingtaine de radiaires, Actinocrinites, Cyathocrinites, Platycrinites, Pentrémites, etc.; environ deux cents variétés de coquilles univalves ou bivalves, beaucoup d'orthocératites, quelques ammonites, plus de vingt Spirifers, autant de Terebratula, environ quarante Producta, des Pentamerus, Turritella, Nautilus, etc. Turbo, Eunomphalus Vérita, Delphinula, Bellérophon, Conularia; en Crustacées, plusieurs Trilobites; des empreintes de poissons probablement d'eau douce, des palais de poissons, des Ichtyodorulithes, quelques empreintes de tortues, mais très-rares.

### DEUXIÈME SÉRIE.

#### Terrain de Calcaire magnésien ou Alpin, de Grès bigarré, de Muschelkalk, de Marnes irisées.

Le Calcaire magnésien, *zechstein*, occupe la partie inférieure. On trouve dans ce terrain des couches subordonnées de Grès calcaire blanc, de marne bitumineuse, de calcaire cellulaire fétide, quelquefois mélangés de gypse sans qu'ils soient confondus. Le Grès bigarré offre des zones grisâtres, verdâtres, rougeâtres, dont la coloration est due à l'argile qui les empâte on y trouve des couches subordonnées d'Argile schisteuse, jaunâtre, molle ou dure, pouvant servir de terre à foulon; du gypse, du sel gemme, en amas; ce terrain est près de Cassel, traversé de filons basaltiques.

On trouve dans cette partie des filons de Plomb-Sulfuré, de Zinc-Sulfuré; de la Strontiane et de la Baryte sulfatées. Ces métaux, ainsi que le cuivre carbonaté vert ou bleu sont quelquefois disséminés dans le grès et les argiles, près de Toulon, à Chessy, dans le Volga. Dans le Muschelkalk, on trouve des couches de Plomb sulfuré et de Fer oligiste; cette partie est recouverte par les Marnes irisées qui sont ou dures ou tendres, et doivent leur nom seulement à la différence de couleur des diverses couches. Ces marnes offrent des couches subordonnées de Grès, de Calcaire magnésien, de Sel gemme dont l'épaisseur est quelquefois de quatre cents pieds, de Gypse, de Houille peu collante et dont l'épaisseur n'est que de quelques pouces à trois pieds environ, de Grès blanc, *quadersandstein*, qui souvent n'est pas recouvert et occupe, presqu'à lui seul quelquefois, toute cette portion de ce terrain qui varie beaucoup d'un pays à un autre. Ces marnes irisées dans quelques pays, comme aux environs d'Autun, semblent liées intimement au Grès du Lias, ou Grès blanc, et s'être déposées à la même époque; en Angleterre au contraire, il n'y a pas de passage ou de liaison de cette formation à celle du Lias, dont la séparation est bien tranchée. Les terrains qui composent cette série ne sont jamais tous réunis; parmi les couches subordonnées, il y en a qui ne se trouvent jamais dans certaines contrées, elles y sont remplacées par d'autres, mais faisant partie de celles que nous avons énumérées : en Allemagne, au dessous du Zechstein, ou au moins à la partie inférieure de ce terrain, on trouve un Schiste d'argile endurcie, contenant du Calcaire et du Bitume en assez grande quantité pour brûler; il contient du Cuivre et de l'Argent; cette couche exploitée pour extraire ces métaux, se trouve dans tout le nord de l'Allemagne; on en retire trois pour cent de cuivre donnant de quatre à huit onces d'argent par quintal on se sert de chaux fluatée pour fondant, l'opération se fait au fourneau à manche. La plupart des sources salées de l'Allemagne sont dans les terrains de Grès bigarré; les mines de mercure sulfuré, d'Hydria en Carniole, sont dans le terrain de Calcaire magnésien, avec une Argile schisteuse et bitumineuse, le Calcaire est parfois imprégné de Mercure sulfuré; les Calamines de Tarlowitz en Silésie, sont dans le même terrain, le calcaire est gris bleuâtre; on n'y trouve pas de Plomb, mais du fer, etc. Chacun des terrains de cette série a ses fossiles particuliers.

La stratification de cette série est très-distincte; les couches, reposant sur le terrain houiller, sont avec lui en stratification non concordante; cette série se rencontre dans presque tous les pays avec des modifications dont nous avons cité quelques exemples; sa puissance est quelquefois considérable; les couches y sont souvent horizontales, cependant elles se rapprochent aussi quelquefois de la verticale. Le Zechstein manque en France; le Muschelkalk se trouve dans toute l'Allemagne et le nord de la France. On ne connaît pas son équivalent dans les autres pays.

## Fossiles des divers terrains de la deuxième série.

### Fossiles du Calcaire magnésien.

Les débris organiques du calcaire magnésien sont végétaux et animaux. Le nombre des végétaux est peu considérable; ce sont des Fucoïdes, des Lycopodiacées, des Cupressus. Les débris animaux, quoique plus nombreux, le sont moins que dans les terrains de la série précédente : on y trouve en polypiers, dix ou douze variétés de Gorgonia, deux ou trois de Retepora, quelques radiaires telles que Encrinites, Crinoïdes; en coquilles bivalves et univalves, plusieurs Terebratula, Producta, Spirifer, Mytilus, Melania, Ammonites, Unio (espèce de moule), Ostrea (espèce d'huîtres), Plagiostoma, Turbo, gryphée épineuse. On y rencontre plus de poissons que dans la série précédente, environ quinze à vingt espèces, le genre de quelques-unes n'est pas déterminé; les autres sont des Palœothrissum, des Palœoniscum, des Chœtodon, etc. Il y a aussi un reptile, un Monitor, espèce de saurien. On trouve de plus des empreintes de Fruits et d'insectes; on y indique enfin des Trilobites de très-petite dimension.

### Fossiles du Grès bigarré.

On peut citer parmi les végétaux dont on trouve peu de variétés, des Voltzia, des Sphenopteris, des Calamites, un Equisetum, etc., dix ou douze variétés de coquilles bivalves ou univalves, telles que Avicula, Buccinum, Mia, Natica, Plagiostoma, Trigonia, des Modiola, etc. On a cité dans le comté de Dumferies en Écosse, des traces de pas de Tortues.

### Fossiles du Muschelkalk, calcaire coquillier.

Les débris de mollusques y sont très-nombreux comme l'annonce son nom allemand ; on y trouve les restes de deux espèces végétales seulement, Neuropteris, et Mantellia ; parmi les débris animaux, un zoophyte Astrea; quelques radiaires, Encrinites, Ophiura, Asterias, etc.; deux serpula, quatre-vingt ou cent coquilles univalves, et bivalves, plusieurs Ammonites, entre autres l'Ammonite Nodosus, qui caractérise ce terrain ainsi que l'Encrinite Moniliformis, des Turritella, Turbo, Nummulites, Nautilus, Ostréa, Trigonia, Mya, Plagostoma, Natica, Buccinum, Avicula, Cardium, Mytilus, Gryphé, Vénus, etc.; quelques crustacés, poissons et reptiles : c'est ici que paraissent pour la première fois les Ichthiosaurus, crocodiles à nageoires en place de pates; les Plesiotaurus, dont le corps assez gros, muni de nageoires ayant un long col formé comme le corps d'un serpent, et qui de loin sur l'eau devaient un peu ressembler à des cygnes; le Chalonia; on y a trouvé aussi des côtes de Lamantins.

### Fossiles des Marnes isolées.

Ils sont peu nombreux. Parmi les végétaux, ce sont plusieurs Équisétacés, Filicites, Ptérophyllum, Calamites, Pécopteris, Tœniopteris; dans les fossiles animaux, une Radiaire, environ quinze variétés de coquilles bivalves et univalves, telles que Avicula, Buccinum, Cardium, Mya, Posidonia, Plagiostoma, Trigonia; parmi les poissons et les reptiles, des espèces non déterminées, des dents de Squale, des Phytosaurus, Mastodonsaurus, Ichthoysaurus et Plésiosaurus.

### TROISIÈME SÉRIE.

#### Terrains de Lias et de Calcaire oolitique, ou du Jura.

Le terrain de Lias se trouve lié à celui de marne irisée par un Grès blanc, que les Allemands nomment *Quadersandstein*, dont nous avons déjà parlé dans la série précédente, et qui passe quelquefois aux Marnes irisées. Il est assez souvent d'une très-grande épaisseur, et remplace tout-à-fait alors les marnes; il contient des tiges végétales, des Ammonites, des Bélemnites, etc., grès qu'il ne faut pas confondre avec un autre qui lui ressemble, et qui se trouve avec les craies.

Le Lias, ou Calcaire argilifère, contient des couches subordonnées de Calcaires, de Marnes et d'Argiles; quelques couches calcaires sont magnésiennes ou ferrifères; d'autres couches sont de Fer oligiste, de Fer hydraté, de Marnes inflammables. Les parties inférieures contiennent plus de calcaire; elles ont pour base ou support dans quelques localités, comme dans les Vosges, une roche arênacée, qui est une espèce de grès jaunâtre micacé, contenant des cailloux de Quartz noir ou blanc, et des rognons aplatis d'Argile : il remplace le *Quadersandstein*; dans d'autres contrées, c'est une espèce d'Arkose. Ce terrain est traversé par des filons de roches plutoniennes, qui ont souvent altéré, à une certaine profondeur, les couches qu'ils ont traversées, ce sont des Laves pyroxéniques, basaltiques, qui devaient être très-fluides, et poussées par une force prodigieuse, car elles ont pénétré dans les fissures les plus petites. D'autres roches plutoniennes, telles que des Wackes amygdalaires, des Variolites, etc., servent quelquefois d'équivalent à quelques couches de ce terrain, dans lequel on rencontre aussi des filons métallifères de Plomb sulfuré, de Zinc sulfuré, et contenant des Galets, de la Baryte sulfatée. On y a cité des amas de Gypse, dans l'ouest de la France. Ce terrain occupe souvent des étendues considérables, et présente de petites variations dans les diverses contrées qu'il occupe ; il est très-abondant en Angleterre, en Allemagne et en France. Les marnes de ce terrain servent à faire de très-bonnes chaux hydrauliques. Les autres calcaires peuvent souvent servir de Marbre ; leur couleur la plus commune est le gris; ils ont souvent une odeur bitumineuse. Les Marnes sont ou tendres ou endurcies, quelquefois elles contienneut du sable; parmi les Argiles, on en trouve qui ne contiennent pas de calcaire, et se délitent à l'air.

Le Terrain oolitique a souvent été divisé en trois sections d'âge un peu différent, dont la plus inférieure se confond presque avec le Lias. Les couches les plus abondantes sont des calcaires, dont la couleur varie : les uns sont très-blancs ; d'autres sont gris plus ou moins foncés, etc. On y trouve des couches subordonnéesde Sables, de Marnes, d'Argiles, de Grès calcaires ; on y indique du Gypse. Le grain des calcaires oolitiques varie beaucoup ; celui qui est séparé du Lias par un sable très-fin, jaune, micacé, pénétré de carbonate de chaux, est nommé *Oolite inférieure*. Au-dessus se trouve la grande Oolite, ou Oolite de Bath, de Caen, etc., et que l'on nomme aussi *Pierre de Caen, Forest-Marble* ou *Marbre de Forest*. Une autre couche de cette portion du terrain, à laquelle les Anglais donnent le nom de *Cornbrash*, est sableuse, jaune ou bleuâtre, fournit de très-belles pierres de construction. Au-dessus des grès, on rencontre de la houille, etc. Les couches calcaires sont souvent séparées par des couches d'argile. Dans le milieu de l'épaisseur de ce terrain, on trouve une Oolite peu solide, mal cimentée, qne les Anglais appellent *Coral-Rag*, et elle contient beaucoup de fragmens de coquilles, et une argile bleue (Argile d'Oxford). A la partie supérieure, en Angleterre, on trouve l'Argile de Kimmeridge, qui est bitumineuse, et contient du lignite ; la série est terminée à la partie supérieure par un calcaire siliceux oolitique, connu sous le nom de *Pierre de Portland*. Dans la Nièvre, les roches calcaires sont crétacées, c'est-à-dire sont un peu terreuses comme la Craie. Les argiles sont souvent des Terres à foulon. On trouve aussi dans ce terrain du Calcaire grossier. Au milieu des argiles, on trouve souvent dispersés des grains oolitiques, calcaires et de fer hydraté quelquefois très-fins, très-abondans et cimentés par l'argile, qui est alors ferrugineuse. Le calcaire lithographique est de ce terrain, qui dans les Alpes contient, dans quelques localités, des couches de calcaire magnésien, du micaschiste, etc., en place de marne et d'argile. Ce terrain est souvent recouvert par d'autres plus anciens, mais qui, par suite de soulèvemens, sont retombés sur les terrains plus nouveaux. Les formes de ce terrain sont très-variées. On trouve des plaines considérables qui en sont composées. Les montagnes qu'il constitue sont souvent très-découpées. Les couches sont ainsi tantôt horizontales, tantôt relevées, et ne sont pas en stratification concordante avec les terrains sur lesquels ils reposent.

### Fossiles du lias.

#### Végétaux.

Les débris organiques végétaux du Lias sont des Cycadées et des espèces qui n'ont pas encore été décrites.

#### Animaux.

#### Zoophytes radiaires, Annelides.

Les débris animaux sont des Zoophytes, des Cellépora, des Cériopora, des Cyathophyllum, des Turbinolia, des Astrea; en Radiaires, des Échynus, des Pentachrinites, des Ophiura; enfin un assez grand nombre d'annelides, plusieurs variétés de Serpula.

#### Coquilles univalves et bivalves.

On trouve un grand nombre de coquilles univalves et bivalves, telles que Ammonites, beaucoup de variétés; Actæon, Amphydesma, Aptychus, Arca, Astarte, Avicula; beaucoup de variétés de Belemnites, Cardita, Cardium, Cerithium, Cirrus, Corbis, Corbula, Crassina, Cytherea, Dentalium; plusieurs Gryphæa, entre autres le Griphæa incurva ou Gryphée arquée qui caractérise ce terrain; de Helycina, Hyppopodium, Inoceramus, Lima, Modiola, Mya, Natica, Nucula, Patella, Pecten, Perna, Pholadomia, Pinna, Plagiostoma, Pleurotoma, Posidonia, Pullastra, Rostellaria, Sanguinaria, Terebralula;

beaucoup de variétés, Tortanilla, Trigonia, Trochus, Turbo; enfin plusieurs Unio.

Crustacées, Poissons, Reptiles, etc.

Quelques Crustacées s'y rencontrent, ainsi que des Poissons ressemblant à des saumons ou à des truites et ayant conservé leur épaisseur, et d'autres poissons qui n'ont pas été très-bien déterminés; des reptiles, Crocodiles, Geosaurus, Ichtyosaurus, Mastodonsaurus, Plésiosaurus, Pterodactyles; ces derniers reptiles ailés semblables à un lézard sans queue et pourvu d'ailes pareilles à celles des chauves-souris, et dont le nom vient de *Pteron*, plume, aile, et *Dactulos*, doigt; on y trouve des Tortues, des excrémens de poissons ou Ichtyocopros; des excrémens d'Ichtyosaurus ou Ichtyosaurocopros, et que l'on nomme Coprolites, de *Kopros*, excrément.

FOSSILES DU CALCAIRE OOLITIQUE.

Végétaux.

Ils sont plus nombreux encore que ceux du Lias; parmi les végétaux on trouve des Fucoïdes, des Equisetum, environ vingt espèces de Fougères, autant de Cycadées, des Conifères, des Liliacées, enfin d'autres non classés.

Animaux.

Zoophytes, radiaires, annelides.

Parmi les animaux, en Zoophytes, ce sont des Achilleum, Agaricia, Alcyonium, Alecto, Anthophyllum; plus de vingt variétés d'Astrea, des Aulopora, Berenicea; Parlophillia, Cellaria, Cellepora, Ceriopora, Cnemidium, Crysaora, Cyathophyllum, Entalophora, Eschara, Eunomia, Favosites, Flustra, Fungia, Gorgonia, Idomenea, Limnorea, Lithodendron, Madrepora, Manon, Meandrina, Millepora, Myrmecium, Polypifères, Retepora, environ trente Scyphia, des Siphonia, Spiropora, Spongia, Terebellaria, Thamnesteria, Theonoa, Tragos, Turbinolopsis, formant ensemble environ cent cinquante variétés. On trouve moins de Radiaires, à peu près cent variétés parmi lesquelles des Ananchytes; plusieurs variétés d'Apiocrinites et des Alterias; beaucoup de variétés de Cidaris, des Comatula, Clypeaster, Clypeus, Echinites, Echinus, Eugeniacrinites, Garelites, Nucleolites, Ophiura; un assez grand nombre de variétés de Pentacrinites, des Rhadocrinites, Solanocrinites, Spatangus; cinquante ou soixante variétés d'Annelides, presque toutes des Serpula, le reste en Lumbricaria.

### Coquilles univalves et bivalves.

Les plus importans fossiles de ce terrain sont les coquilles univalves et bivalves; parmi les premières on trouve entre autres plus de cent quarante variétés d'Ammonites des différens genres, Amalthei, Ariétes, Armati, Capricorni, Coronarii, Dentali, Dorsati, Falciferi, Flexuosi, Macrocephali, Ornati, Planulati; environ quatre-vingts variétés de Belemnites des différens genres, Canaliculées, Conoïdes, Cylindroïdes, Lancéolées; les autres sont des Acteron, Amphidesma, Ampellaria, Ancilla, Apticus, Arca, Astarte, Auricula, Avicula, Buccinum, Bulla, Cardita, Cardium, Cerithium, Chama, Cirrus, Corbis, Corbula, Crassina, Crenatula, Cucullæa, Cytheræa, Delphinula, Derthyris, Dentalium, Diceras, Donax, Emarginula, Exogyra, Gastrochæna, Gervillia; un assez grand nombre de variétés de Gryphæa; entre autres les Gryphées, dilatée et virgule; des Helicina, Hippopodium, Inoceramus, Isocardia, Lima, Lingula, Lithodomus, Lucina, Lutraria, Mactra, Melania; beaucoup de variétés de Modiola, des Murex, Mya, Myoconcha, Mytilus, Natica, Nerinea; ces dernières caractérisent un des calcaires de la partie supérieure de ce terrain, et que l'on nomme Calcaire à nérinées, ce sont des coquilles turbinées, dont les cloisons sont dentelées : des Nerita, Nucula, Orbicula; beaucoup de variétés d'Ostrea, dont le nom vient d'*Ostreon*, mot grec qui veut dire Huître; parmi ces variétés, l'Ostrea plicatilis ou Huître plissée; des Paludina, Panopoca, Patella; beaucoup de variétés de Pecten, des Pectunculus, Perna, Phasianella, Pholadomia, Pholas, Pileolus, Pinna, Plagiostoma, Pleurotomaria, Plicatula, Posidonia, Psammobia, Pteroceras,

Pullastra, Rissoa, Rostellaria, Sanguinolaria, Solarium, Spirifer, Tellina, Terebra; un très-grand nombre de variétés de Terebratula; des Tornatilla, Trigonellites, Trigonia, Trochus, Turbo, Turritella, Unio, Venus, Vermetus.

### Crustacées, Poissons, Reptiles.

On rencontre dans ce terrain quinze ou vingt Crustacées; plusieurs Assacus, des Eryon, Pagarus, Palæmon, Palinura ou Écrevisses, et d'autres non encore déterminés. Quelques Insectes; en Poissons, plusieurs Clupea; des Dapedium, Esox, Pœcilia, et quelques espèces qui ne sont pas encore classées, des Ichtyodorulites et des Ichtyocopros. Parmi les Reptiles, plusieurs Crocodiles, des Gavial, Ichtyosaurus, Lacerta, Megalosaurus; plusieurs Plesiosaurus, Pleurosaurus, Pterodactyles, Rhacheosaurus, Teleosaurus, Tortue. Enfin, dans ce terrain, on commence à trouver des débris de Mammifères de l'espèce Didelphe ou Sarigue.

Les débris végétaux pétrifiés que l'on trouve dans ce terrain ont dans quelques contrées une odeur de truffe très-prononcée; ainsi en Angleterre, dans le département de l'Orne, etc.

## QUATRIÈME SÉRIE.

### Terrains de Grès vert et de Craie.

Les terrains de cette série occupent une étendue considérable en Europe, et offrent de très-grandes modifications; mais on leur conserve les noms de *terrains de grès vert et de craie*, quoique ces roches n'y existent pas toujours, parce qu'elles sont remplacées par d'autres qui contiennent les fossiles caractéristiques de ces terrains, et doivent être regardées comme leurs équivalens; cependant quelques contrées ont offert des terrains dont l'équivalence (il faut s'exprimer ainsi) a été conclue de la nature des roches plutôt que de celle des fossiles, par exemple, au Caucase. Les noms de *terrains de grès vert* et de *craie* ont été donnés à cette série de la période secondaire, parce que ce sont les terrains formés par ces roches dans le nord de la France, le sud de l'Angleterre, etc., qui, étudiés avec un grand soin par les plus habiles géologues, l'ont fait connaître plus complétement, et que c'est d'après ces recherches que les observations faites postérieurement dans d'autres localités ont amené à les regarder comme équivalens, et à leur en donner le nom. Les roches volcaniques de cette série sont des Basaltes, des Porphyres, des Ophites.

### Terrain de Grès vert.

Les roches dominantes dans ce terrain, sont des Grès, des Sables ferrugineux, des Argiles et des Marnes. On y trouve des couches subordonnées de Calcaire coquillier, grossier, très-solide, tantôt caverneux, tantôt ayant beaucoup de madrépores; d'autres couches sont formées par des Lignites. Le grès qui se trouve à la partie inférieure, et qui passe au Quadersandstein, est souvent coloré par du fer silicaté; l'argile est souvent sablonneuse, schisteuse, quelquefois très-grasse et plastique; auprès de Beauvais, on en trouve une de cette espèce et qui est très-pure; les argiles sont colorées en vert, ainsi que le grès de la partie supérieure, par des grains verts disséminés dans toute la masse qui contient aussi des grains plus gros ou petits rognons qui sont verts ou rouges, et, qui d'après l'analyse de M. Berthier, sont composés : grains verts, protoxide de fer, 21; potasse, 10; alumine, 7; acide silicique, 50; eau, 11; rognons verts ou rouges, phosphate de chaux, 57; carbonate de chaux, 7; carbonate de magnésie, 2; silicate de fer et d'alumine, 25; eau et bitume, 7.

Les sables sont ordinairement brun jaunâtre, quelquefois un peu clair. On voit souvent au milieu du grès vert supérieur, des lits de rognons de silex disséminés; ce grès de la partie supérieure contient aussi, mais peu fréquemment, des couches de craie marneuse; les fossiles que l'on y trouve sont plus brisés que ceux qui sont disséminés en grand nombre dans le grès de la partie inférieure, qui est plus ferrugineux. C'est dans ce terrain que l'on peut faire des puits artésiens. Ce terrain, comme nous l'avons dit, se trouve presque dans tous les pays, avec des modifications; au Harz, en Bohême, les grès ne sont pas ferrugineux; en Italie, dans le Vicentin, etc., les grès et les sables sont remplacés par des calcaires écailleux, ou *Scaglia* des Italiens; on le nomme aussi *calcaire faïence*, parce qu'il ressemble un peu à cette poterie; il est rempli de Coraux et de Nummulites, du mot latin *Nummulus*, à cause de la ressemblance de cette coquille avec une pièce de monnaie ou à une médaille usée. Cette espèce de coquille se trouve aussi aux monts Carpathes, dans un grès équivalent du grès vert, et qui aussi contient beaucoup de fucus, etc., etc. Ce terrain repose sur celui de Calcaire oolitique, ou tout autre, lorsque celui-là manque.

### Terrain de Craie.

Dans ce terrain il n'existe pas de couches subordonnées, proprement dites; toute l'épaisseur, qui est très-variable et souvent de plusieurs centaines de pieds, est formée par des craies plus ou moins mélangées de sables et de grains de la nature de ceux dont on a vu l'analyse plus haut; la craie passe quelquefois à l'état de Marne, grise ou jaunâtre, très-tendre; elle est toujours Sableuse, plus ou moins; il arrive, mais rarement, que la proportion de sable étant très-considérable, elle se désagrège très-facilement. On y rencontre aussi presque toujours des lits de rognons de Silex; dans quelques endroits, le silex forme de petites couches épaisses d'un pouce environ, en s'étendant au plus à cent pieds dans la plus grande largeur : les rognons et silex contiennent quelquefois dans leur intérieur des Fossiles qui leur ont servi, pour ainsi dire, de noyaux; d'autres ont des fissures au milieu desquelles on trouve des cristaux de Strontiane sulfaté, de la forme apotome : dans les marnes crayeuses on trouve aussi des silex.

On a cherché quelle pouvait être l'origine de ces silex : on a dit qu'ils résultaient de l'infiltration d'une dissolution siliceuse qui avait abandonné sa matière pierreuse dans les vides qu'avaient pu laisser des animaux morts. Cette opinion était fondée sur ce qu'on trouve quelquefois, au milieu de ces silex, des oursins qui semblent leur avoir servi de noyaux; mais s'ils avaient été le résultat du remplissage des vides laissés par des animaux, ils n'auraient pas eu un volume plus considérable. D'ailleurs, on trouve de ces rognons dans des couches ne contenant pas de débris animaux ; telles que les roches plutoniennes.

M. Beudant pense que la craie était imbibée d'une dissolution siliceuse, et que pendant la consolidation de la masse, les parties siliceuses, par l'attraction moléculaire, se sont rencontrées en différens points. L'acide silicique devait être en gelée, et d'une consistance assez molle ; à mesure que le desséchement eut lieu, la craie put exercer une pression de plus en plus grande, l'eau ne soutenant plus ses molécules : mais comme en même temps le dépôt siliceux acquérait plus de consistance, ces rognons ne furent que peu aplatis. Les fentes que l'on y observe quelquefois sont dues au desséchement qui a produit un retrait; quelques-uns contenant un peu de strontiane sulfatée, elle s'y est cristallisée, par l'intermède de l'eau qui l'humectait, et qui agit ainsi quelquefois sur les substances insolubles ou peu solubles qu'on laisse sécher lentement dans les laboratoires; ainsi le malate de plomb que l'on reçoit sur les filtres, y est en poudre, mais peu à peu cette poudre cristallise entièrement, et prend la forme d'aiguilles croisées en tous sens, quelquefois rayonnées, etc. Les silex et les quartz résinites blanchissent extérieurement et deviennent friables ; cette altération est due à la perte totale de leur eau qui les fait pour ainsi dire effleurir. Du reste, cette diversité d'opinion prouve assez que nous ne savons pas encore expliquer positivement ce phénomène, puisque nous sommes encore réduits à des conjectures.

Ce terrain, composé de craie proprement dite, se trouve en France depuis la Loire jusqu'à Boulogne ; on le retrouve en Angleterre, en Irlande, en Suède, etc. ; au-delà de Boulogne, en Belgique, on ne retrouve que le grès vert et ferrugineux. Au Harz en Bohême on trouve au lieu de craie, un calcaire plus compacte, grisâtre, que l'on avait regardé comme oolitique. En Pologne, la craie se retrouve avec beaucoup de silex dans certains cantons, et presque sans silex dans d'autres. En France, à partir de la rive gauche de la Loire, on ne trouve pas de la craie, mais des équivalens qui contiennent du lignite et du succin, à l'île d'Aix, et près de Dax. La craie est quelquefois remplacée par un calcaire un peu saccharoïde; il s'étend au-delà des Pyrénées; dans tout le midi de la France, le long des Pyrénées, on trouve du gypse, du sel gemme qui forme, en Espagne, à Cardonne, une montagne où on l'exploite : les terrains volcaniques de cette série sont produits les uns par épanchement, les autres par éruption. Ce terrain est souvent disposé horizontalement; cependant il offre au contact des montagnes des couches très-relevées.

### FOSSILES DU GRÈS VERT.

#### Végétaux.

Les débris végétaux y sont peu nombreux; ce sont des fucoïdes, des fougères, des bois dicotylédones, des fruits de conifères.

#### Animaux.

##### Zoophytes, Radiaires, Annelides.

Parmi les zoophytes, des Alcyonium, Cariophyllia, Chenendopora, Fungia, Hallirhoa, Hippalimus, Jereapyriformis, Orbitolites, Scyphia, Siphonia, Spongia : les Alcions Spongia sont caractéristiques du grès inférieur. Les Radiaires sont des Cidaris, Clypeaster, Clypeus, Echinoneus, Echinus, Galerites, Nucleolites, Pentacrinites, Spatangus; les Annelides, ne sont que des variétés de l'espèce Serpula.

##### Coquilles univalves et bivalves.

Beaucoup de variétés d'Ammonites, des Ampullaria, Arca, Astarte, Auricula; quelques variétés de Belemnites, des Cardita, Cardium, Cérithium, Cirrus, Corbula, Crenatula, Cucullæa, Delphinula, Dentalium, Eburna, Exogyra, Fistulana, Fusus, Gervillia, Gryphæa, Hamites, Helix, Inoceramus, Lenticulites, Lucina, Lutraria, Melania, Modiola, Murex, Mya, Mytileus, Natica, Nautilus, Nodosaria, Nucula, Nummulites, Orbicula, Ostrea, parmi lesquelles l'huître plissée; des Paludina, Panopœa,

Patella, Pecten, Pectulus, Phosas, Pileopsis, Pinna, Plagiostoma, Pyrula, Rostellaria, Solarium, Sphaera, Spondylus, Tellina; un grand nombre de variétés de Terebratula, des Thetis, Trigonia, Trochus, Turbo, Turrilites, Turritella, Venus, Vermetus.

### Crustacées, Poissons, Reptiles.

On y trouve peu de Crustacées, des Arcania, Astacus, Coryster, Etyaea; des Poissons, moins nombreux encore, quelques espèces non déterminées; parmi les reptiles, on cite l'Iguanodon le plus grand des animaux de ce genre qui aient existé, d'après les ossemens que l'on en a trouvés, il devait avoir cinquante-cinq pieds; les Iguanes actuels, espèce de lézards terrestres, dont la race est presque détruite par la chasse qu'on leur fait en raison de l'excellence de leur chair, ont au maximum huit pieds; enfin le Megalosaurus ou grand Saurien, animal qui devait avoir quarante pieds, des Tortues, et d'autres espèces non déterminées.

## FOSSILES DU TERRAIN DE CRAIE.

### Végétaux.

On ne trouve guère plus de débris végétaux dans ce terrain que dans le précédent; ce sont plusieurs Confervites, Cycadites, Fucoïdes, des bois Dicotylédones, et des Zostérites.

### Animaux.

### Zoophytes, Radiaires, Annelides, Cirripèdes.

Les Zoophytes sont, des Achilleum, Alcynum, Anthophyllum, Astrea, Cariophyllia, Cellepora; Ceriopora, Choanites, Cœloptychium, Diploctenium, Eschara, Flustra, Fungia, Gorgonia, Lumulites, Manon, Meandrina, Millepora, Nullipora, Orbitolites, Pagrus, Retepora, Scyphia, Siphonia, Spongia, Spongus, Tragos, Turbinolia, Ventriculites. Les radiaires moins nombreuses, sont des Ananchytes, Apiocrinites, Asterias, Cidaris, Clypeaster, Echinoneus, Echinus, Galerites, Marsupites, Nucleolites, Pentacrinites, Spatangus. Quelques Annelides, toutes des variétés de Serpula; en Cirripèdes, deux variétés de Pollicipes.

Coquilles univalves et bivalves.

On trouve des Actinocamax, beaucoup de variétés d'Ammonites, des Arica, Astarte, Auricula, Arycula, Baculites, espèce de coquille chambrée mais droite, de *Baculum*, bâton; cette coquille, en Normandie, abonde dans un calcaire auquel on a donné le nom de *calcaire à baculites*; des variétés de Belemnites, des Cardita, Cardium, Cassis, Chama, Cirrus, Cucullœa, Dolium, Exogyra, Gervillia, Gryphæa, Hamites, Hinnites, Hippurites, Inoceramus, Lenticulites, Lima, Lituolites, Lutraria, Magas, Mytilus, Nautilus, Nodosaria, Nummulites, Ostrea, Pachymia, Pecten, Pinna, Plagiostoma, Plicatula, Podopsis, Pyrula, Rostellaria, Scaphites, Spærulites, Strombus, Teredina, Thecidea, Trochus, Turbo, Turrilites, Venericardia, Venus, Vermetus, Voluta.

Crustacées, Poissons, Reptiles.

Parmi les crustacées, des Astacus, Eryon, Pagurus, Scyllarus. Quelques poissons, tels que Amia, Esox, Murœna, Salmo, Squalus, Zeus; plusieurs autres non déterminés, des dents, des palais, des excréments de poissons. Un petit nombre de reptiles, crocodiles, mosasaurus, dont on ne trouve que des fragmens et qui devait avoir environ trente pieds; enfin quelques autres dont le genre n'est pas reconnu.

RÉSUMÉ DE LA PÉRIODE SECONDAIRE.

On a vu dans la description de chacune de ces séries, que toutes les couches dont elles se composaient, ne se trouvaient pas ordinairement réunies, de même que pour les terrains précédens; il arrive aussi que toute une série et une période, peuvent manquer. Ainsi, nous avons déjà dit que le terrain carbonifère reposait quelquefois directement sur les terrains de la période primitive; que les couches de houille manquaient parfois, mais rarement, dans cette série; que la deuxième, composée des terrains de calcaire magnésien, de grès bigarrés, etc., reposait dans quelques localités sur les terrains des périodes intermédiaire ou primitive; nous avons vu aussi que souvent cette série était représentée par un ou deux des terrains qui la composent, ou par des équivalens; qu'enfin même elle manquait entièrement; on doit faire la même observation pour la série de Lias et du Calcaire oolitique. On vient de voir que pour la dernière série, c'est-à-dire, celle des grès verts et craie, de semblables circonstances se présentaient; que dans les divers pays, quelques couches étaient remplacées par des équivalens qui sont toujours admis comme tels d'après leur nature propre ou d'après celle de leurs fossiles; les terrains des autres séries n'étant pas complets ou manquant tout-à-fait, les terrains de cette période reposent tantôt sur une série, tantôt sur une autre, comme en Belgique, du côté de Mons, et dans le nord de la France, auprès de Valenciennes, le grès vert est sur la Houille; en Suède, en Danemark, il est tantôt sur des Gneis, tantôt sur le terrain de Grauwacke.

## PÉRIODE TERTIAIRE.

Les terrains de cette période offrent plus qu'aucun autre des variations très-grandes dans leur composition, d'un pays à un autre; mais dans tous, on rencontre une grande quantité de débris animaux, et surtout de mammifères de diverses familles, et qui seuls, peut-être, peuvent servir à établir les différences d'âge des dépôts de cette période que l'on rencontre dans les diverses contrées, suivant que ces animaux s'éloignent ou se rapprochent plus des espèces qui y vivent actuellement, ou que même ils leur sont tout-à-fait semblables; on doit penser qu'alors, dans ce dernier cas, ces terrains sont plus récens; et que les plus anciens, sont ceux dont les fossiles sont moins analogues aux espèces vivantes. L'importance de cette période n'est connue que depuis le Mémoire que MM. Cuvier et Brongniart, publièrent en 1811. Ce terrain, fut nommé *parisien*, parce que c'est dans le bassin de Paris, que ces deux savans firent les observations qui furent le sujet de leur Mémoire; ce travail précieux opéra une véritable révolution dans la géognosie, en prouvant la nécessité d'observer la nature des fossiles pour la détermination de l'âge des diverses formations. Les terrains de cette période sont, comme nous l'avons dit, très-variables ; ils sont en général formés par des argiles, des grès, des sables, des calcaires, etc. ; enfin tous, quelle que soit d'ailleurs la nature des roches, contiennent des fossiles analogues, mammifères, coquilles, etc. Nous passerons en revue tous les terrains de cette période qui ont été le mieux étudiés.

### Terrain de Paris.

Il est composé, à partir de la craie sur laquelle il repose, d'après les observations de MM. Cuvier et Brongniart dont nous tirons ce qui va suivre sur ce terrain, de plusieurs formations successives et alternantes d'eau douce, et marines, c'est-à-dire, contenant, les unes des débris d'animaux qui vivaient dans les eaux douces de rivières ou de lacs, les autres des débris d'animaux qui vivaient dans la mer. La première de ces formations, reposant sur la Craie est d'Eau douce; elle est composée d'Argile plastique, de Grès souvent ferrugineux, et entre eux deux souvent de Lignites. Celle qui suit, est Marine; elle consiste en Calcaire grossier que l'on a surnommé *parisien* et qui est très-coquiller; au-dessus se trouve une seconde formation d'Eau douce contenant un Calcaire siliceux, du Gypse, et des Marnes avec coquilles d'eau douce. Une seconde formation marine se trouve au-dessus ; elle contient des Marnes à coquilles marines, des Sables et Grès, des Marnes ou Calcaires à coquilles marines ; enfin à la partie supérieure on rencontre une troisième formation composée de Pierres meulières, sans coquilles à la partie inférieure, avec des coquilles à la partie supérieure, et recouverte de Marnes d'eau douce.

### Première formation d'eau douce.

L'argile plastique y est diversement colorée ; blanche, jaune, grise, rouge; pure et fine à la partie inférieure, et sableuse à la partie supérieure : ces deux couches sont quelquefois séparées par du sable; on y trouve du Lignite, du Succin, des rognons de Sous-Sulfate d'alumine ; des coquilles, d'eau douce à la partie moyenne, et marines à la partie supérieure; elles alternent quelquefois, mais les coquilles d'eau douce sont plus abondantes à la partie inférieure; on ne trouve pas de débris organiques.

### Fossiles caractéristiques.

On y rencontre aussi des débris de végétaux, Endogénites, Exogénites, Phyllites. Les coquilles d'eau douce sont des Cyrœna, Limneus, Melania, Melanopsis, Nérita, Paludina, Planorbis, Physa; les coquilles marines sont des Ampullaria, Cerithium, Ostrea. On y a aussi, dit-on, trouvé des indices de reptibles, tortues, crocodiles; le sable constitue souvent un grès ferrugineux dans lequel on trouve du minerai de fer en morceaux, ayant pour noyaux des débris végétaux.

### Première formation marine.

Elle est composée de Calcaire à grain grossier, reposant sur le sable ou le grès de la formation précédente et alternant avec des marnes argileuses; ce calcaire, plus ou moins solide, est employé dans les constructions; il contient souvent une très-grande proportion de débris de coquilles, au point d'en devenir presque meuble; on y trouve disséminés des grains verts de silicate de fer; ce terrain, sur une étendue considérable, présente les mêmes séries de couches; elles varient seulement dans leurs épaisseurs; la partie supérieure est plus solide.

### Fossiles caractéristiques.

On y trouve des débris végétaux qui sont des Conifères, Culmites, Équisetacées, Exogénites, Nayades, Palmiers, Phyllites. Ces animaux sont sept à huit cents variétés de coquilles, dont celles qui caractérisent ce terrain, avec d'autres débris animaux, sont dans la partie inférieure; des Astrea, Cardium, Crassatella, Cerithium gigantœum, Fungia, Lucina, Lunulites, Madrepora, Nummulites, Ostrea, Retoporites, Turbinolia, Turritella, Voluta; dans la partie moyenne, des Alvéolites, Calyptræa, Cardita, Cerithium, Citherœa, Miliolites, Orbitolites, Ovulites, Pectunculus, Terebellum, Turritella. Dans la partie supérieure, des

Ampullaria, Cardium, Cerithium, Corbula, Lucina, Miliolites. On prétend y avoir trouvé, à Nanterre, des débris de Mammifères.

### Seconde formation d'eau douce.

Le Gypse y domine souvent, il se trouve au-dessus d'un calcaire siliceux qui est rempli de cavités cellulaires tapissées de quartz concrétionné ou cristallisé. Le Gypse alterne avec des Marnes calcaires ou argileuses qui se prolongent au-delà du Gypse qui vient à manquer tout-à-fait. Les couches de Gypse sont très-remarquables par les ossemens fossiles de grands animaux, que l'on y rencontre, et qui appartiennent à des mammifères et autres animaux dont les races sont perdues, et qui ont été l'objet des beaux travaux de Cuvier qui parvint, au moyen de ces débris, à démontrer quelle devait être la forme de ces animaux, dont on put se faire ainsi une idée. On distingue à Paris deux et même trois masses de Gypse; on y trouve la Strontiane sulfatée, la variété de quartz résinite connue sous le nom de *ménilite*. Les couches inférieures ne semblent pas contenir de débris de grands animaux; le Gypse de la partie supérieure est marneux, il affecte souvent une disposition prismatique.

### Fossiles caractéristiques.

Les débris végétaux sont des empreintes de Palmiers, et les débris animaux du Gypse, des Emys, crocodiles, petites tortues; quelques oiseaux, analogues aux Alouettes de mer, Busards, Cailles, Ibis, etc. Les fossiles les plus importans sont les mammifères suivans : des Anoplotherium, de deux mots grecs, *Anoplos*, sans armes ou sans défense, et *Therion*, animal; Canis, Chæroptamus, Coati, Didelphis, Palæotherium, qui vient de deux mots grecs *Palaios*, antique, et *Therion*; des Sciurus. Il y a plusieurs variétés d'Anoplotherium et de Palæotherium, dont celui que l'on nomme *Magnum* devait avoir la grandeur du cheval; ces animaux devaient être analogues aux Tapirs. Dans les marnes qui accompagnent le gypse, et qui sont blanchâtres, on trouve des coquilles, parmi lesquelles des Bulimus, Cyclostoma, plusieurs Limnœa, des Planorbis; quelques oiseaux, poissons, et des mammifères, entre autres plusieurs Lophiodon, animaux qui devaient se rapprocher de ceux de la famille des Pachydermes, ou animaux à cuir épais, de deux mots grecs, *Paxulos*, épais, et *Derma*, peau, cuir; on y trouve aussi des Palæotherium.

### Seconde formation marine.

Les marnes dominent dans cet étage; leurs couches sont séparées par des sables et des grès; les marnes sont jaunes ou vertes; ces dernières sont au milieu : les couches de la partie supérieure alternent quelquefois avec les marnes d'eau douce de l'étage qui se trouve au-dessus; parmi celles qui contiennent des coquilles marines, il s'en trouve qui ont beaucoup de petites huîtres, et d'autres, de grandes qui servent à les distinguer. Les sables et les grès sont sans coquilles entières à la partie inférieure; ceux de la partie supérieure en contiennent, mais surtout leurs moules; ils contiennent aussi une espèce de calcaire grossier; cet étage et les gypses disparaissent en partie au sud de Paris, du côté de Fontainebleau, où l'on ne trouve que le grès reposant sur des marnes siliceuses; ceux de ces grès qui ont un calcaire contenant beaucoup de coquilles, couronnent souvent cette formation; les sables lient souvent des cailloux roulés, et forment des puddings; on en trouve de pareils en assez grande abondance entre Nemours et Sens.

### Fossiles caractéristiques.

Dans les marnes jaunes, des os de poissons, des palais de raies; parmi les coquilles, des Ampullaria, Cardium, Cerithium, Cytherea, Nucula, Spirorbes; dans celles qui contiennent des grandes huîtres, des Ostrea longirostris et hippopus; dans celles à petites huîtres, on trouve des Balanus et des Ostrea, Cochlearia, Cyatula, Linguatula et Spatulata; et en crustacés, des Pattes de crabes. Dans les sables, et grès fossilifères, des Cerithium, Corbula, Crassatella, Cytherea, Donax, Fusus, Melania, Oliva, Ostrea, Pectunculus.

### Troisième formation d'eau douce.

Elle est composée, tantôt de calcaire, plus ou moins compacte, souvent marneux, et s'altérant facilement à l'air, c'est cette marne que l'on emploie le plus ordinairement pour l'amendement des terres; tantôt de Calcaire siliceux, formant une espèce de Travertin; enfin de pierres meulières, qui sont des silex cariés, coquilliers à la partie supérieure. Celles qui ne sont pas coquillières sont plus continues, et sont exploitées, comme nous l'avons dit, à Laferté-sous-Jouarre, pour faire des meules de moulin, qui sont rarement d'une seule pièce, et le plus souvent composées de beaucoup de morceaux, taillés exprès pour être réunis, on les maintient par de forts cercles de fer.

### Fossiles caractéristiques.

On trouve dans cet étage quelques débris végétaux, des bois pétrifiés par du quartz, des Carpolites, Chara, Culmites, Gyrogonites, qui sont des graines de Chara, Muscites, Nymphæa. Les coquilles sont des Bulimus, Cyclostoma, Helix, Limnæus, Planorbis, Potamides, Pupa.

### Différences que ce terrain présente dans quelques parties de la France.

Dans la Touraine, on trouve des amas de coquilles brisées et liées ensemble, plus ou moins solidement, et que l'on a nommés *Faluns,* au milieu desquels on trouve des galets calcaires criblés de trous, et des débris de grands animaux terrestres et marins; plusieurs Pachydermes, comme éléphans (mamouth); Dinotherium, animal qui avait environ dix-huit pieds de long, on l'avait considéré comme un tapir, il a des défenses placées à la mâchoire inférieure, mais qui, au lieu de se relever comme celles de l'éléphant, se recourbent en dessous; des Mastodontes, de deux mots grecs, *mastaz*, mâchoire, et *odous*, dent; des Rhinocéros, Hippopotames, Anthracoterium, Chevaux, Antilope, Castors, et un rongeur de la grosseur du lièvre; parmi les carnassiers, Hyènes des cavernes, Lynx, etc.; parmi les poissons, des dents de Squals monstrueux, qui, suivant Lacépède, devaient avoir quatre-vingts pieds; des mammifères marins, Phoques, Morses, Lamantins, Dauphins, Baleines, etc.

Entre l'Auvergne et la Loire, ce terrain est composé de sable, de grès, de gypse, d'arkose, d'argile sablonneuse, de calcaire travertin, de marnes; on n'y trouve pas de coquilles marines; les plus communes sont des Helix, des Planorbes; on y rencontre des oiseaux de la famille des Echassiers, des œufs fossiles très-bien conservés, un Palæotherium, etc.

M. Marcel de Serres, dans sa *Géognosie des terrains tertiaires du midi de la France*, indique la composition suivante à ce terrain, à Saint-Paul, et près le pont Saint-Esprit sur le Rhône, commençant, comme nous avons toujours fait, par les couches du bas : Lignite, conservant le tissu ligneux, ressemblant à du charbon de bois et contenant du succin : Marnes argilo-bitumineuses, contenant du succin et des coquilles; Ampullaria, Cerithium, Cyprina, Cytherea, Lucinia, Melania, les unes marines, les autres d'eau douce : Lignite, pareil au premier : Marnes argilo-bitumineuses, semblables aux premières, et contenant aussi du succin et les mêmes coquilles : Marnes argileuses bleues, contenant du lignite : Marnes calcaires jaunâtres : Calcaire compacte, contenant des coquilles d'eau douce, Limnées, Cyrènes : Marnes argilo sableuses, dans lesquelles on trouve un peu de lignite : Lignite terreux, mélangé de marne argilo-bitumineuse : Marnes argilo-bitumineuses, contenant de petites huîtres : Calcaire compacte, contenant des Cerites et des Paludines : Couches alternantes de calcaire d'eau douce avec gyrogonites, de Lignite terreux et de Marnes sableuses : Sables jaunâtres, contenant beaucoup de débris de coquilles marines : Couches épaisses de Calcaire moellon, renfermant beaucoup de moules de coquilles, Cerithium, Cytherea, Venus : enfin un sable jaunâtre calcairéo-siliceux, avec beaucoup de débris de coquilles marines.

### Terrain de Londres.

Les terrains de la période tertiaire, aux environs de Londres, ne sont composés que de sables et d'argiles; une des couches de ces dernières est très-plastique, une autre plus grossière. L'épaisseur de la couche d'argile, que l'on nomme *argile de Londres,* et qui est d'un bleu noirâtre, varie beaucoup; on connaît des soudages, dans lesqnels on ne lui a trouvé que soixante-dix-sept pieds anglais, ou environ vingt-trois mètres et demi; tandis que d'autres, à High Beech, ont indiqué sept cents pieds anglais, ou près de deux cent treize mètres. On trouve dans ce terrain, les mêmes coquilles que dans les couches des terrains de Paris, entre autres, la Cerite gigantesque, des Planorbes, Huîtres, Lymnées, etc. Dans les marnes sableuses du terrain de l'île de Wight, qui, du reste, est comme celui de Londres à peu près, on a trouvé des dents d'Anoplotherium et de Palæotherium.

### Terrain de la Pologne, etc.

En Pologne, et dans une partie de la Russie, on trouve des terrains analogues. En Volhynie, M. Pusch indique la composition suivante : Sable un peu cimenté par du Calcaire contenant beaucoup de coquilles et de madrépores; Grès calcaire avec coquilles, Grès quartzeux, Calcaire marneux. Le grand dépôt de sel de Wicliczka, dans lequel on trouve du Gypse, appartient à ce terrain. Les fossiles sont principalement des Arca, Cardium, Modiola, Paludina, Pecten, Phasianella, Venericardia, des Dents d'éléphans, etc.

Dans d'autres parties de l'Europe, on a observé des terrains semblables; aux environs de Vienne en Autriche, ce sont des Calcaires et des argiles avec des Coquilles marines et fluviatiles. En Italie, des Molasses, des Grès durs, alternant avec des Argiles grises, bleues, souvent endurcies, et contenant du bois fossile, du Gypse avec du soufre, du Calcaire caverneux, quelquefois magnésifère; c'est dans ce terrain que se trouvent les mines de soufre, exploitées en Italie et en Sicile.

Terrain de l'Asie, de l'Afrique, etc.

Aux Indes on trouve des terrains analogues, composés d'Argile schisteuse, de Sable agrégé fortement avec des concrétions ferrugineuses, des Sables jaunes et verts, alternans, et des sables et graviers fins. On a reconnu beaucoup de débris organiques, coquilles, telles que Ostrea, Turritella, Balanus, Cerithium, etc.; des os et des dents de Requins, d'autres de Crocodiles, et enfin de quadrupèdes, Eléphans, Hyppopotames, Rhinocéros, Bœufs, Cerfs, etc., etc. En Perse, de grands amas de coquilles. En Egypte, en Nubie, aux Etats-Unis, des calcaires analogues.

Les terrains volcaniques de cette période n'ont pas de cratères apparens; ils sont formés de Laves basaltiques, d'Obsidiennes, de Laves pyroxéniques et de Dolérites. Ces roches ont coulé; elles sont souvent en décomposition. On en trouve dans la Haute-Loire, le Haut-Velay, du côté de Cologne, dans la Bohème. Les Laves feldspatiques et pyroxéniques alternent.

RÉSUMÉ DE LA PÉRIODE TERTIAIRE.

Cette période est caractérisée, comme on l'a vu, par la grande quantité d'animaux de grandes dimensions, mammifères terrestres et marins d'espèces éteintes; par d'autres actuellement vivantes, ou au moins ayant des analogues vivans : et ces fossiles ne permettent pas de confondre les terrains qui se sont formés pendant toute sa durée, avec ceux d'aucune période précédente. La surface de ces terrains est très-démantelée, sillonnée; ils recouvrent une partie du globe. Les vallées de ces terrains sont souvent dues à des érosions superficielles produites par les eaux.

## PÉRIODE ALLUVIALE.

On doit considérer deux époques distinctes pendant cette période. La première, que l'on peut nommer *Diluvienne*, a dû se former des dépôts abondans très-variables dans leur épaisseur et composés d'argiles, de sables, de graviers et de blocs, plus ou moins volumineux, qui, détachés des roches dont ils faisaient partie, ont ensuite été entraînés par des courans d'autant plus puissans, qu'ils avaient une course plus rapide, et qu'ils étaient chargés de substances boueuses, qui leur permettaient de porter plus facilement. On trouve de ces blocs à de grandes distances des lieux où ils étaient primitivement; ainsi, vers le Jura, on en trouve qui viennent certainement des Alpes; on les nomme *erratiques*, du mot latin *errare*, qui signifie errer. Dans les graviers, on ne trouve que peu de corps marins volumineux, et probablement ils ont été amenés des terrains des périodes secondaires et tertiaires, d'où les courans les ont enlevés; mais on y trouve une grande quantité de débris de grands animaux terrestres, et quelques-uns même conservés en entier : ce sont des Auroch, Bœuf, Cerf, Chevaux, Elasmotherium; ce dernier animal tenait de l'éléphant, du rhinocéros et du cheval; Eléphant, Elan, Hippopotame, Hyène, Mastodonte, Megalonix, Megatherium, animal terrestre le plus grand qui ait existé, peut-être; il était de l'espèce Tatou, du genre édenté, ayant une carapace; ceux qui vivent maintenant ont tout au plus cinq pieds : Rhinocéros, Tapir, Trogontherium, Ours. C'est dans ce terrain que l'on trouve les Sables Aurifères, Platinifères et Stannifères, c'est-à-dire contenant de l'Or, du Platine ou de l'Étain, de *Stannum*, nom latin de ce dernier métal.

### Animaux conservés dans les glaces des régions polaires.

Une grande quantité de débris de ces animaux, qui, pour la plupart, habitent les régions tropicales, se retrouvent dans les régions de la zone glaciale arctique en Sibérie et en Amérique. Pallas dit, qu'en 1770, on trouva en Sibérie, sur les bords du Wilui, un Rhinocéros entier, avec sa peau et ses poils; il était dans un sable. En 1804, un éléphant fut trouvé sur les bords de la Léna, en Sibérie; toutes les parties avaient été si bien conservées par la glace qui l'enveloppait, que sa chair fut mangée par les animaux; il était velu. Sur toutes les côtes de la Mer Glaciale, on trouve des milliers de ces animaux, enfouis dans une vase gelée. On en trouve de même en Amérique, au-delà du cercle arctique, et, de plus, des Bœufs, Chevaux, Daims, Ours, etc.

On doit conclure de ces faits, que la température des régions polaires a dû changer presque subitement, quoique les Eléphans et les Rhinocéros de ces contrées, pourvus de poils qui devaient les rendre moins sensibles au froid, pussent habiter des pays moins chauds que les régions tropicales, où l'on trouve maintenant les variétés non velues de ces animaux. En effet, ils sont de leur nature herbivores, et ne pouvaient habiter que des contrées ou la végétation était assez vigoureuse et active pour fournir à ces énormes Pachydermes une nourriture suffisante; végétation qui n'est possible que dans un climat au moins très-doux, sinon chaud. De plus, ces animaux n'auraient laissé que leurs os, ou tout au plus leurs crins et leur cuir, et n'auraient pu se trouver pris tout vivans par la glace, qui, les conservant, a donné la possibilité de connaître exactement ces variétés d'animaux, détruits depuis des milliers d'années. Il reste à trouver comment cette température a changé si brusquement; on avait cherché à l'expliquer en l'attribuant à un déplacement de l'axe de rotation de la terre, mais cette explication est rejetée par les astronomes. Les observations géognostiques dans les contrées tropicales pourront, par la suite, éclaircir nos doutes à cet égard.

### Alluvions et Terrains modernes.

Ce sont les dépôts qui n'ont cessé de se faire depuis l'époque diluvienne, dépôts qui sont formés de Sables et de Vases, entraînés par l'action de l'eau, et de concrétions déposées chimiquement, c'est-à-dire abandonnées par l'eau qui s'évapore, ou perd les principes qui tenaient ces matières en dissolution : ils sont aussi formés par les éboulemens qui se font tous les jours dans les escarpemens des montagnes.

### Fossiles.

On y trouve des débris d'animaux dont les espèces sont éteintes, et d'autres dont les espèces vivent actuellement. Ces débris d'animaux se trouvent surtout en grande quantité dans certaines grottes ou cavernes, que l'on a nommées, par cette raison, *ossifères*, leur sol est composé de Sable, de Limon, de Gravier et de couches d'excrémens d'Hyène. M. Buckland a trouvé, dans celle de Kirkdale, dans le Yorkshire, des ossemens d'Hyènes et d'Ours des cavernes, de Belette, de Raton, de Cerf, de Cheval, de Daim, d'Eléphant, etc., de quelques oiseaux, Alouette, Canard. Depuis ce temps, on a trouvé dans quelques cavernes du midi de la France, dans le département de l'Hérault, au milieu des débris que l'on trouve ordinairement, des ossemens humains avec ceux d'une variété de Rhinocéros qui est perdue. On n'a pas encore vérifié s'ils appartenaient à quelqu'une des races humaines actuelles, où s'ils étaient d'une espèce éteinte. On avait trouvé déjà dans les sables, à la Guadeloupe, des débris humains, que l'on ne peut considérer comme des fossiles à proprement parler; ces ossemens sont encroûtés de cristallisations calcaires qui les recouvrent; ils ne sont probablement pas très-anciens. Cette absence presque absolue de fossiles humains, tant ils sont rares, malgré les recherches faites dans l'intention d'en trouver, a quelque chose de bien étonnant, car elle prouverait, ou que l'homme n'existait pas à l'époque du grand cataclysme diluvien, ou que, s'il était déjà créé, il put échapper à ce désastre universel; et cependant tous les hommes, excepté Noé, durent être engloutis par les eaux. On n'a pas encore trouvé de restes d'aucune variété de Singe, ce qui donne à croire, avec quelque fondement, que leur création est postérieure à celle de l'homme. On trouve aussi des masses de débris osseux dans les fentes et crevasses de rochers; ils forment des Brèches osseuses.

C'est dans les terrains de cette partie de la période alluviale, que se rencontrent les dépôts tourbeux, des débris de bois, et, pour ainsi dire, des forêts entières.

Il faut enfin ajouter aux terrains modernes les laves de toute espèce, lancées par les volcans brûlans, et dont la nature varie peu; leur structure est semblable à celle des laves des volcans éteints de la période tertiaire.

# RÉSUMÉ *de l'ensemble des Terrains composant l'écorce solide du globe, dans leur ordre de superposition.*

| PÉRIODES. | TERRAINS. | ROCHES ENTRANT DANS LA COMPOSITION DES TERRAINS. | FOSSILES CARACTÉRISTIQUES. | ÉPAISSEUR DES TERRAINS. | ÉPAISSEUR de l'ensembl. de chaque période. |
|---|---|---|---|---|---|
| ALLUVIALE. | *Modernes et d'alluvions.* | Sables, limons, tourbes, sables aurifères, platinifères, etc. Volcans brûlans.<br>Marnes et argiles en très-faible proportion. Volcans éteints à cratère. | Peu de végétaux, mammifères d'espèces éteintes et vivantes, oiseaux, pas de corps marins appartenant réellement à ce terrain, ossemens humains. | De quelques pieds à quelques pouces. | De 1 pied à 60. |
| | *Diluviens.* | Sables, graviers, limons, blocs erratiques, Basalte.<br>Argiles et peu de marnes. | Peu de végétaux, pas de corps marins, débris de mammifères, espèces éteintes et vivantes, oiseaux. | De quelques pieds à quelques pouces. | |
| TERTIAIRE. | *Marine et d'eau douce, Grès, Argiles*, etc. | BASSIN DE PARIS.<br>Meulières et Marnes......... 40 pieds.<br>Marnes, grès, sables......... 80<br>Gypse, marne, calcaire...... 130<br>Calcaire grossier............ 100<br>Argile, lignite, grès......... 30<br><br>LONDRES.<br>Sables.<br>Argiles.<br><br>POLOGNE.<br>Sable calcaire.<br>Grès calcaire.<br>Grès quartzeux.<br>Calcaire in trueux.<br>Sel gemme. | Peu ou point de végétaux, coquilles marines et d'eau douce alternant souvent, beaucoup de mammifères, crustacés. | Les épaisseurs de chaque couche varient beaucoup d'un lieu à un autre. | De 200 à 400 pieds environ. |
| SECONDAIRE. | *Série du Grès vert et de la Craie.* | Craie avec ou sans silex, marne sableuse, lignite, sel gemme, basalte et porphyres argiloïdes. | Végétaux, zoophytes, beaucoup de coquilles marines et d'eau douce, poissons, crustacés, reptiles, pas de mammifères. | De 100 à 400 pieds. | De 10000 à 15000 pieds. |
| | | Grès vert, sable ferrugineux, argile, marne, lignite, basalte, etc. | Végétaux, zoophytes, coquilles marines et d'eau douce, poissons, crustacés, reptiles, pas de mammifères. | De 1500 à 2000 pieds. | |
| | *Série du Lias et du Calcaire oolitique.* | Calcaire oolitique, sables, argiles, marnes, grès calcaire, pierre lithographique.<br>Lias, calcaire, marnes, argiles, fer oligiste, trachite, etc. | Végétaux, zoophytes, coquilles marines et d'eau douce, crustacés, poissons, reptiles, un didelphe (mammifère). | De 4000 pieds. | |
| | *Série du Calcaire magnésien, Grès bigarré*, etc. | Marnes irisées et grès blanc, sel gemme, gypse, houille peu collante. | Peu de végétaux, coquilles, poissons, reptiles. | De 500 à 1000 pieds et plus. | |
| | | Muschelkalk, contenant des minerais métalliques, plomb, cuivre, argent. | Beaucoup de mollusques, coquilles, ichthiosaurus. | Très-variable, de 300 pieds au plus. | |
| | | Grès bigarré, argile schisteuse, gypse, sel gemme, métaux, entre autres, mercure. | Végétaux, coquilles, poissons, pas de reptiles. | De 300 à 1000 pieds et plus. | |
| | | Calcaire magnésien, grès calcaire, marnes bitumineuses, sel, gypse, etc. | Végétaux, fruits, insectes, coquilles, poissons, monitor. | De 1000 à 2000 pieds et plus. | |
| | *Série carbonifère et de Grès rouge.* | Grès rouge et houille alternans, fer carbonaté, etc.; porphyres.<br>Anthracite, calcaire anthraxifère; Wackes amygdalaires, etc.<br>Vieux grès rouge ou grès pourpré, calcaire, arkose, argiles schisteuses, etc. | Beaucoup d'empreintes végétales, polypes, coquilles, empreintes de poissons, tortues, mais très-rares. | Épaisseur très-variable: peut aller à plus de 3000 pieds. | |
| *Intermédiaire ou de transition.* | *Schiste et Grauwacke.* | Schistes, Leptynite, gneiss, granite, anthracite, calcaire, etc.<br>Grauwacke, calcaire, micaschiste, gypse, etc. | Végétaux, zoophytes, coquilles; crustacés, espèces éteintes et vivantes, palais de poissons. | De 4000 à 5000 pieds et plus. | De 5000 pieds. |
| PRIMITIVE. | *Schistes.* | Schistes argileux et chloriteux, lydiennes, calcaire et filons métalliques, peu riches, de plomb, cuivre, fer, etc. | Aucun fossile dans les terrains de cette période, et pas de roches arénacées. | Tous d'une épaisseur très-variable et souvent non susceptible d'être mesurée. | Depuis les terrains des périodes supérieures jusqu'à la masse en fusion. |
| | *Micaschistes.* | Micaschiste, quarzite, dolomie, leptynite, roches talcqueuses, amphibolite, etc.; filons et amas de fer, plomb, étain, cuivre, argent, etc. | | | |
| | *Gneiss.* | Gneiss, protogine, leptynite, éclogite, amphibole schisteuse, calcaire saccharoïde, petrosilex, etc.; filons et amas de plomb, cuivre, argent, or, etc. | | | |
| | *Syénite.* | Syénite avec filons et amas d'euphotide, porphyre, alternant quelquefois avec le diorite, filons et amas métalliques. | | | |
| | *Granite.* | Granite passant souvent à la pegmatite, avec filons et amas de pegmatite, hyalocmite, diorite, hémithrène, porphyre, etc., et de métaux, tels que fer, plomb, cuivre, étain. | | | |

# STATISTIQUE MINÉRALOGIQUE

## DES DÉPARTEMENS

### PAR ORDRE ALPHABÉTIQUE.

---

#### AIN.

##### Combustibles.

Bitume glutineux, à Seisset; bois fossile, dans le canton de Braisne; Bitume liquide, au Paro. Argile schisteuse accompagnant la houille, à Dortan, canton d'Oyonnax. Chaux carbonatée bitumnifère employée comme combustible à la mine du Haro. Houille schisteuse, à Dortan.

##### Métaux.

Fer oxidé brun, à Dortan. Fer oxidé lenticulaire, à la perte du Rhône. Fer sulfuré blanc, à Seyssel.

##### Minéraux acidifères et Roches.

Argile sableuse et alumineuse, à Sursoux. Grès argileux dit molasse, à Pont-de-Bellegarde. Chaux carbonatée, acccompagnant le bitume à Seyssel. Argile gris jaunâtre, bonne pour la poterie, dans le canton de Nantua. Chaux sulfatée, à Toirette.

#### AISNE.

##### Combustibles.

Tourbe pyriteuse, à Beaurieux; *id.* à Imbies. Terre vitriolique servant aux engrais, à Urcelle, à Mont-Notre-Dame, à Saint-Quentin. Tourbe compacte, à Villers-Cotterets. Tourbe fibreuse, à Chailleval, canton d'Anisy; dans la commune de Ployard, canton de Laon.

### Métaux.

Fer sulfuré et terre vitriolique mêlés de coquilles, à Beaurieux. Fer oxide coquillier, vallée à Foudrain. Fer oxide stalactiforme, à Molincharles près de Laon. Fer oxidé, à Saint-Gobin.

### Minéraux acidifères et Roches.

Grès imprégné de terre vitriolique, à Mont-Notre-Dame, canton de Braisne. Chaux carbonatée terreuse avec nummulites, à Beaurieux. Chaux carbonatée incrustante, à la montagne de Nouvion. Calcaire brechoïde, à Bezu près Chateau-Thierry. Calcaire coquillier, à Savigny près Soissons. Chaux carbonatée crayeuse, à Fontaine-Aubert près Marey, à Versigny près La Fère. Craie compacte, près le canal de Saint-Quentin. Calcaire compacte à dentrites, entre Noyon et Soissons, à Pont-Léonard près d'Armentières. Chaux carbonatée inverse, à Coligny. Terre argileuse verte, à la butte de Hervy près Vervins. Calcédoine géodique, à Foudrain. Quartz xyloïde, à Mailly, à Tracy, à Jumigny, à Beaurieux près Laon. Pudding siliceux, à Versigny près La Fère. Silex pyromaque, dans les craies de Saint-Quentin. Argile jaune, à Saint-Quentin; argile grise, à Rumigny; argile blanche, *id.*; argile ocreuse jaune, près le bois d'Homblières; argile noirâtre, *id.*; argile blanche et argile grise, à Fontaine-Aubert; ocre jaune, entre Tronquet et Fayet; Argile à Cerites, au Montfresnoi, près La Fère.

## ALLIER.

### Combustibles et Roches qui les accompagnent.

Houille schisteuse à Pierre-Percée, commune de Noyans; houille schisteuse dure, à la mine des Gabeliers; houille schisteuse se délitant, à Fins; houille, dans la forêt de Troncais; houille schisteuse, à Néris. Grès tendre, mur et toit, à la houillère de Noyans. Argile schisto-bitumineuse, à Bussière-la-Grue.

Chaux carbonatée bitumineuse dans roche argileuse et houille, à Fins. Argile schisteuse compacte avec chaux carbonatée, à Fins. Grès houiller, à Fins. Houille, à Chatil; *id.* à Mont-Vicq. Ammoniaque muriaté, à Commentry. Porcelanite rubanée, à la Bouiche. Wacke, à Noyans. Thermantide pseudo-obsidienne, à la Bouiche; plusieurs autres thermantides, à la Bouiche. Lave poreuse, compacte, etc., sur les bords de l'Allier.

### Métaux.

Fer natif à la Bouiche, fer oxidé jaunâtre, à Villefranche. Argile ferrugineuse, à Ingrande, canton de Bourbon. Fer oxidé, à Dieuleroi, à Troncais; fer hématite, *id.*; fer oxidé avec quartz, à Champrochon. Fer carbonaté argileux, à Fins, à Savigny, à Saucoins; fer hématite, à Chatelpéron. Fer carbonaté, à Fins. Plomb sulfuré, à Nizerolles, à Saint-Pardoux. Antimoine sulfuré, à Bergerat, à Saint-Pardoux. Manganèse oxidé, à la côte de Viselles.

### Minéraux acidifères et Roches.

Calcaire terreux, à Saint-Géran. Quartz hyalin, à La Palisse et près de Gannat. Roches quartzeuses, à Champrochon, à Chatelperon. Grès, dans la forêt de Messarges. Chaux carbonatée fibreuse, à Creuzières; chaux fluatée, à Néris; chaux carbonatée, dans la forêt de Messarges. Argile blanche, à la Berthonnière, à Cusset, à Creusier; argile verdâtre, à Cusset. Schiste ardoise, à Bussel, à Molle. Argile schisteuse, à Commentry. Schiste novaculaire, à la montagne de Boursan; schiste micacé, à Saint-Remi. Granite, à Montmarault, à Montet-aux-Moines en face de Noyans. Roches amphiboliques, près Messarges.

## ALPES (BASSES-).

### Combustibles.

Houille, à Barcelonnette, à Manosque, à Monton. Bitume glutineux à Cècreste, à Mont-Suron. Succin, aux montagnes de Lure et près de Forcalquier. Grès houiller, dans la commune de Menton.

### Métaux.

Pyrite arsénicale, dans la commune d'Ongles. Plomb sulfuré, à Saint-Genies, à Barcelonnette, à Claret, à Roquebrun, à Valloria, dans la vallée de Mayrol. Cuivre natif, dans la commune d'Aluis et à Saint-Guillaume. Quartz, à Manosque, à Sisteron.

## ALPES (HAUTES-).

### Combustibles.

Houille, à Aspres-les-Corps, à Laclos, à Grandvillard, à Jayage. Jayet, dans la vallée de Laignes sous Rosans. Schiste argilo-bitumineux, à Aspres-les-Corps. Grès houiller, à Aspres-les-Corps. Schiste argilo-bitumineux, à Beaufin.

### Métaux.

Schiste argileux gris avec pyrite cubique, dans la vallée d'Orcière. Plomb sulfuré, à Briançon, à l'Argentière. Minerai de fer, dans la forêt de Lubac, désert de Durbons; dans le vallon Niou-Froid, dans le désert de la Chartreuse, au détroit de Treis, désert de la Chartreuse. Fer oligiste, à La Rousse; fer carbonaté, à Pont-Bernard sur le Drac, à Pont-du-Loup. Cuivre pyriteux et plomb sulfuré, aux Granges; cuivre carbonaté, dans la vallée de Neuwache sous Briançon, aux montagnes des Acles et des Rousses.

### Minéraux acidifères et Roches.

Asbeste flexible et dure, à Briançon. Aphanite variolaire, à Grandvillard. Marbre cipolin, dans la vallée de Saint-Maurice. Quartz hyalin, à Aspres-les-Corps. Talc stéatite, à Briançon. Variolites diverses, à Cervières, au Mont-Genèvre, à Aspres-les-Corps. Chaux carbonatée, à Valgodemar, à Saint-Crépin, à Cervières, à Aspres-les-Corps, à Embrun, à la Grave, à Rosans. Schiste argileux, à Puy, à Chastray; schiste gris fibreux, aux bords du Drac; schiste talcqueux, au Pont-du-Loup, sur le Drac. Grès micacé, dans la vallée de Buch. Argiles, à Neuwacke, au Mont-Genèvre, à l'Argentière, à Grandvillard.

## ARDÈCHE.

### Combustibles.

Houille schisteuse, à Prades, à Saint-Cirgues, à Bane.

### Métaux.

Zinc sulfuré, à Saint-Julien-Molin-molette. Plomb sulfuré, à Brossain, à la Combe de Broussin. Fer sulfuré, à Saint-Julien-Molin, etc. Hématite brune, à la Voulte.

### Minéraux acidifères et Roches.

Quartz, à Saint-Julien-Molin-molette; granite, talc schisteux, chaux fluatée, *id.* Basalte, au Mezin (Vivarais). Lave poreuse, au volcan de Beaulieu. Plusieurs variétés de Basaltes, avec ou sans péridot, dans le Vivarais.

## ARDENNES.

### Métaux.

Fer oxidé, à Bairou, à la Neuville, à Esigny-le-Petit, à Charleville, à Sedan, à Vierves, à Saint-Juvin, à Philippeville, à Saint-Pancheru, etc. Fer sulfuré, à Charleville, à Philippeville, au Mont-de-Frumay. Plomb sulfuré, à Treigue, à Villers-les-deux-Églises, à Saint-Hubert, à Philippeville.

### Minéraux acidifères et Roches.

Chaux carbonatée laminaire, près de Couvin. Marbre rougeâtre, près de Philippeville. Calcaire coquillier, à Charleville. Baryte sulfatée, à Vierves. Grès jaunâtre, à Vireux. Roche quartzeuse à grain fin, aux environs de Fumay. Schiste argileux, aux bords de la Meuse, sous Charleville. Brèche argilo-quartzeuse, aux environs de Fumay. Schiste micacé, dans la commune d'Etion. Marbre grisâtre et rougeâtre, à Givet. Marne blanche, à Réthel. Argile avec baryte sulfatée, à Vierves.

## ARIÉGE.

### Combustibles.

Houille schisteuse, à Boulon près Foix, à Maz-d'Azil, à Percilles. Jayet avec chaux carbonatée, entre Camon et Sibra près Mirepoix. Graphite, à Fraichinet près Vicdessos. Argile schisteuse bituminifère, à la Bastide de Boussignac.

### Métaux.

Manganèse oxidé, à Rancié et près de Vicdessos. Fer hématite, à Bezolles, à Sem, à Rancié, à la Casque, à Vicdessos, à Biouzilles, à Auzat, etc. Fer carbonaté, à la montagne de Saint Pierre, à celle d'Exalères, à Saraoute, à Rancié, etc. Fer oligiste écailleux, à Sem, à Rancié; fer sulfuré, à Mont-Constant, au Gabachou. Pyrite arsénicale, à Cap-de-la-Vech, vallée d'Aulus, au Poech de Goa. Plomb carbonaté, à Aulus, au col de Boulogne, à Alcou; plomb sulfuré, à Mimort, à Seix, à Mont-Ferrierre, dans la vallée d'Azun, à la Corre, à Axiat, à l'Argentière, à Aulus. Cuivre, au Pic du Midi de Soulon, à Meras, à Scalatorse, à la Côte-du-Sourd, montagne de La Coste, à la bastide de Seron, à Sahusset; cuivre pyriteux, accompagné de chaux carbonatée, de baryte sulfatée, de quartz, etc., à l'Escanerade, à la vallée d'Uston, à la montagne de Cassin, à Mèdes près Seix, à Scalatorse, à Eschedec, à Sahusset, à la montagne du Carreau-de-La-Coste. Zinc sulfuré, à Carboin, vallée d'Uston; à la Souquette, vallée de Ballongue; à Carieux, vallée d'Azun; à la montagne de Ringardis près Sire; à Saleich, vallée de Vicdessos. Zinc oxidé, à La Corre, paroisse d'Aulus, à Aulus.

### Minéraux acidifères et Roches.

Marbre verdâtre, marbre rougeâtre, marbre rouge et blanc; *id.* gris et violet, blanc, etc., au Pont-de-la-Taule; marbre gris tacheté, dans la vallée d'Azun; marbre blanc et violet, à Bordes, vallée d'Avantaigne; marbre blanchâtre, marbre violet, même lieu. Calcaire avec grenat, au Port-de-Pailles; calcaire gris, à la bastide de Boussignac; divers calcaires, à Rancié, au-dessus de l'étang de Lherz. Arragonite coralloïde, au Canigou. Schiste alumineux efflorescent, à Bouan, à Sainsat, près de Tarascon. Quartz hyalin, à l'Argentière, vallée d'Aulus. Argile grise, à Saurat. Schiste argileux, au Poech-de-Goas. Asbeste, entre Axiach et Saletich, vallée de Vicdessos. Roches amphiboliques, à Engandue, à l'étang de Lherz. Schiste micacé, sur la route de Puycerda; Serpentine, Lherzolite, roches pyroxéniques, etc., près de l'étang de Lherz.

## AUBE.

### Combustibles.

Bois fossiles charbonneux, à Bœurre près Vandœuvre.

### Métaux.

Fer oxidé terreux, à Beaufort près Brienne; fer oxidé, environs de Montreuil près Troyes; fer sulfuré globuliforme, épigène dans les crayères des environs de Troyes.

### Minéraux acidifères et Roches.

Calcaire concrétionné à petits grains, route de Troyes près Colombe; calcaire concrétionné, à l'aqueduc du château de Pont-sur-Seine; calcaire coquillier, près de Chaource; calcaire se délitant, à Ryceys; calcaire compacte gris, dans le parc du château de la Motte-Tilly; calcaire incrustant, à la carrière de Resson. Galets calcaires roulés par la Seine, près Troyes. Craie, aux environs de Troyes. Argile grise, à Bœurre près Vandœuvre; argile gris-blanchâtre, servant à faire les creusets de la verrerie à Clairvaux. Quartz arénacé, au bord de la Seine, près le château de la Motte-Tilly. Granite gris, près de Clairvaux.

## AUDE.

### Combustibles.

Houille schisteuse, au Pas-de-la-Griffe, aux environs de Cascastle.

### Métaux.

Fer oxidé jaune ou brun, au Soula de Gêne, aux montagnes d'Escoupes, à la montagne de Balansac, à Villerouge, à la Cannette, etc.; fer carbonaté, à Balansac, à Carabouss, à Mont-Clergue près la Cannette. Manganèse, près le village de Conques et Villerembert, commune de Caunes. Cuivre pyriteux et carbonaté, à Saint-Polycarpe près Alet, au ruisseau de la Grave, près le moulin de Limouzis, à Sainte-Marie près Cascastel, à Roussac près Villeneuve, à Maison, canton de Toucheau. Cuivre gris, à Maison, canton de Toucheau, à Cascastel; cuivre carbonaté, à la montagne d'Alaric, au ruisseau de la Grave. Plomb sulfuré, à Maison, canton de Toucheau, à la montagne des Pierres-Blanches près Cascastel. Antimoine sulfuré, à Maison.

### Minéraux acidifères et Roches.

Marbres, rougeâtre, noirâtre, gris, aux environs de Cascastel; marbres, griotte, vert et blanc, gris verdâtre, noir et blanc, blanc et grisâtre, coquillier, bréchoïde, etc., aux environs de Narbonne.

Roches talcqueuses, environs de Cascastel; roche amphibolique blanche, à la crête de la Montagne Noire, dans la forêt de la Combe-Saint-Denis; roches feldspathiques, à la Montagne Noire, *id.* Quartz agate, à la houillère du Pas-de-la-Griffe. Schiste argileux, à la montagne des Pierres-Blanches près Cascastel.

## AVEYRON.

### Combustibles.

Houille, à Sensac; houille irisée, à Bousquies; houille, à la Salle, à Firmy, à Villefranche, à Saint-Sulpice près Cantobre; jayet, à Vieusac près Villefranche. Minerais alumineux, à la montagne embrasée de Fontaignes, et à Lavencas, arrondissement de Milhaud.

### Métaux.

Fer hématite, à Kaimas; fer oligiste, à Boutonnet, à Kaimas, à Fretteval, à Sensac, à Muret; fer oxidé jaunâtre, à Lieugasse, à Crosafond, au pied du Puech volcanique d'Alzou. Plomb sulfuré, au Puech d'Alzou, à Haut-Vernet, à Fajette, à Valazombres, à la Cazotte, à Saint-Genest. Zinc sulfuré, à Bouillac, arrondissement de Villefranche. Cuivre carbonaté, aux montagnes de la Trivalle, de Majeac, du Bousquet et du Cantuel. Antimoine sulfuré, à Buzens, arrondissement de Milhaud.

### Minéraux acidifères et Roches.

Chaux carbonatée, à Lieusaz près Rhodez; *id.* mamelonné, à la Côte-Blanche, arrondissement d'Espalion, à Coucours, à Palmas; chaux sulfatée, aux environs de Sainte-Affrique, à Saint-Georges, à Algues, Serpentine, dans le canton de Najac. Terre à foulon, à Sanchinu. Schiste talcqueux, à Ernejoulx. Talc fibreux, à Najac; talc ollaire, *id.* Granite rose, à Golmach. Tourmaline, dans quartz, à Campuac. Quartz résinite, à la Côte-Blanche, arrondissement d'Espalion. Amphibole aciculaire, à Najac. Lave scorifère, à la montagne d'Aubrac. Lave lithoïde, *id.*, Basalte, à la Guisole. Argile bonne pour la faïence, à Calmont près Rhodez; argiles ocreuses, à Milhaud.

## BOUCHES-DU-RHONE.

### Combustibles.

Houille compacte, à Fuveau près Gréasque.

### Métaux.

Fer oxidé, sur la route d'Auriol à la Sainte-Beaume.

### Minéraux acidifères et Roches.

Marnes calcaires avec empreintes de poissons, dans les gypses près d'Aix. Chaux sulfatée, aux environs d'Aix, à Saint-Antoine. Anhydrite, à Roquevaire. Chaux carbonatée, au moulin de Fenouillère, aux environs de Marseille, à Roquevaire. Marbre brèche, à Tholonei, à Pennes, à Vauvenargues.

## CALVADOS.

### Combustibles.

Houille, aux Vieux-Piliers, à Litry. Bois fossile bitumineux, à Mondrainville. Schiste inflammable de Feugerolles, près Caen. Tourbe avec troncs et racines d'arbres, depuis Honfleur jusqu'à Villers.

### Métaux.

Fer sulfuré, depuis Honfleur jusqu'à Villers; fer oxidé brun, aux environs de Caen; fer oxidé brun jaunâtre, à Bretteville.

### Minéraux acidifères et Roches.

Chaux carbonatée compacte, de Litry à Bayeux. Calcaire grossier, à la Falaise près de Trouville; une grande quantité de calcaire compacte bon pour les constructions, dans presque tout le département, surtout autour de Caen. Chaux carbonatée cristallisée, au rocher du Lion, au port en Bessin. Marnes argileuses aux Vaches. Grès à grain fin, à Mondrainville; grès houiller, à Litry; grès gris à grain fin, de la Brèche-au-Diable près Falaise. Quartz gras, aux environs de Vire; quartz grenu, à Litry. Argile schisteuse, à Litry. Granite, au Gast près de Vire. Grès feuilleté, à Litry. Argile schisteuse, pierre à rasoir, aux environs de Caen. Grès houiller, pierre à aiguiser, à Litry.

## CANTAL.

### Combustibles.

Houille schisteuse, à Mamigo, à Pradel, commune de Saleyrac. Bois bitumineux, à Murat; bois fossile bitumineux, lignite, dans la vallée de Salgoux; argile bitumineuse, mélangée de houille, à Pradel.

### Métaux.

Antimoine sulfuré, à Mauriac, à Massiac. Fer oxidé fibreux

en blocs, au-dessus du village de Saint-Vincent ; fer hématite, entre Caleau et Enchanet.

Minéraux acidifères et Roches.

Calcaire très-coquiller, aux environs d'Aurillac. Calcaire quartzifère dendritique, à Aurillac; calcaire avec fragment de lave, à Fontanges ; calcaire quartzifère avec talc, à Malompise, près Massiac. Baryte sulfatée, à Dahu, route de Massiac. Schiste argileux à efflorescence saline, près de Chaudes-Aigues. Calcaire ferrugineux, déposé par les eaux de Chaudes-Aigues. Argiles schisteuses micacées, environs de l'Hôpital. Grès houiller, à Vendes, près de Mauriac. Quartz résinite, rubané coquillier, à Aurillac. Quartz hyalin, près de Jussac. Quartz résinite noir, à Saint-Projet. Granite, entre Cressac et Broc. Basalte, au Cantal, au Puy-Violent, à Salins, à Murat. Porphyre vert noirâtre, à Chazes, vallée de la Cèze. Laves de diverses espèces, à Chazes, à Mauriac, à Chamand, à Menet, au Puy-Violent, à Aurillac, à Saint-Martin, à Lioran, à Vedrines, dans les monts d'Or; à Recusset, etc. Brèches volcaniques, à Pont-d'Anze, à Aurillac, à Menet. Roche amphybolique, à Jaleyrac. Argile noire tachante, et servant à tracer des lignes, près du château de La Motte.

## CHARENTE.

### Métaux.

Fer oxidé, à Jare, commune de Vouzou, à Etaignac, à Allou, près Confolens. Antimoine sulfuré, à Etaignac. Plomb sulfuré, à la Grange-Chambord.

### Minéraux acidifères et Roches.

Chaux carbonatée, à Angoulême, à Larochefoucault, à Saint-Adjutory. Quartz compacte, à trois lieues de Larochefoucault; Quartz hyalin, à la Grange-Chambord; quartz micacé, aux bords de la Vienne, près Saint-Germain. Granite porphyroïde et gneiss, près de Chabanois, entre Larochefoucault et Angoulême. Granite rose, aux environs de Confolens; Granite à gros grains, à Saint-Julien, entre Larochefoucault et Limoges.

## CHARENTE-INFÉRIEURE.

### Combustibles.

Terre noirâtre bitumineuse, provenant d'un bois fossile décomposé, à Clairac.

### Métaux.

Fer oxidé, globuliforme, à la Ronce, commune de Velmanay, à Tourteron, etc.

### Minéraux acidifères et Roches.

Chaux carbonatée, à la côte de La Rochelle, aux environs de La Rochelle. Dépôt argileux salifère, aux bords de la Sèvre, à deux lieues de la mer. Argile plastique, près de la digue de La-Rochelle.

## CHER.

### Métaux.

Fer oxidé globuliforme, aux environs de Bourges, à Rousson, aux Tailles de Culan, à la Raquinerie, près Meneton, à Vierzon, à Saint-Florent, à Arrives, à Grandbois, à Périsse, à Quincey, à Châteauvert; Fer oxidé, entre Vatan et Massay, à Châteauvert. Manganèse, aux environs de Château-Meillan, à Saint-Cristophe, à Culan.

### Minéraux acidifères et Roches.

Chaux carbonatée, à Faverdine. Calcaire crayeux, pierre à bâtir des environs de Bourges; Calcaire argileux, coquiller, jaunâtre, aux environs de Reuilly. Marne blanche, recouvrant le minérai de fer, à la Raquinerie. Calcaire d'eau douce, aux environs de Mehun. Marnes jaunâtres, à la Raquinerie; Marnes calcaires grises, au hameau de Pigny, commune de Morlac. Chaux carbonatée fibreuse, à Charenton. Argile grise, à Charenton, à Epinœuil, à Epigny; Argile ocreuse, à Morogues, à Saint-Georges-sur-la-Prée. Grès lustré, à Saint-Hilaire, près Vierzon; Grès compacte, *id.* Quartz pyromaque, pierre à fusil, à Vierzon. Silex rouge, à Châteauvert. Grès gris et Grès rougeâtre, entre Vierzon et Massay; Grès friable, à Drevaud; Grès à grain fin, employé pour la construction des fourneaux, à Vierzon. Granite, à Meillant.

## CORRÈZE.

### Combustibles.

Houille, à la Pleau, à Lanteuil, canton de Benac.

### Métaux.

Fer hématite, à Saint-Julien, canton de Servières, aux environs de Tulles, à Regeades, arrondissement de Brives; Fer oxidé rougeâtre, à Palprat, commune de Rilhac; Fer sulfuré, à Douzenac; Fer sulfuré dans un schiste, à Traversac; Fer arsénical, à Saint-Julien, à Douzenac, à Puy-de-Noix. Titane silicé-calcaire, à Uzerches. Cuivre carbonaté, à Issoudun. Plomb sulfuré, à Bebeyrol, à Ayen, à Mercœur, à Larche, à Ventadour. Antimoine sulfuré, à Chambon, canton de Servières.

### Minéraux acidifères et Roches.

Chaux carbonatée, aux environs de Brives, à Saint-Antonin. Arragonite, à La Fage, près Brives. Baryte sulfatée, a Saint-Julien. Quartz, aux environs de Brives, de Massère, à Selves. Roche amphibolique, à Bariolet, près Brives. Granite graphyque, à la Forêt. Amphibole laminaire, à Loiselon. Roche micacée, à la montagne de Bort. Tourmaline, au Moulinot, canton de la Plau. Roche feldspathique, aux environs de Bort. Granite, aux environs de Brives, entre Saint-Ferréol et Tulles. Laves, à la montagne de Bort. Serpentine, aux environs de Bort. Roche talcqueuse, à Douzenac. Argile marbrée, à St-Antoine, près Douzenac. Talc fissible, aux environs de Massère.

## CORSE.

### Métaux.

Fer oxidulé compacte, à Saint-Florent, à Fariol, à Surbalonga, à Balague, au Cap corse. Fer oligiste, écailleux, près de Bastia, près de Corte; Fer oxidé, jaune d'ocre, près du fort de la Croix; fer oxidé titanifère, au Cap corse; Fer sulfuré, à la Balague; Fer arsénical, aux environs d'Ajaccio. Antimoine sulfuré, à Ersa, cap Corse.

### Minéraux acidifères et Roches.

Chaux carbonatée, au fort de la Croix, à Corte, à Bocognano. Calcaire saccharoïde, marbre statuaire, à Corte. Quartz agate et jaspe, dans la vallée Dello Stagno. Asbeste flexible, au-dessus du fort la Croix, près Bastia; Asbeste ligniforme, *id.*; Asbette dur, près de Brando, à deux lieues de Bastia. Talc hexagonal, à Brando; Talc fibreux, près du fort la Croix. Amphibole laminaire, entre Corte et Ponte-Nuovo. Porphyre brun, à Poggiolo, à Sagône, dans la vallée Dello-Stagno. Feldspath gris violâtre (verde di corsica), à Pontellechia. Feldspath, avec diallage verte (Verde di corsica), à Orezza. Serpentine gris verdâtre, près de Francardo. Granite, à Pontowechio, dans la vallée de Sainte-Lucie, près Bastia, à Porto-Vecchio. Micaschiste, à Corbara, à Brando. Granite à petits grains, près d'Ajaccio.

## COTE-D'OR.

### Combustibles.

Lignite disséminé en plaques dans un schiste bitumineux, aux environs de Beaume-la-Roche, à Memont. Tourbe compacte noirâtre, dans la commune de Marney. Tourbe fibreuse dans les marais de Perigny.

### Métaux.

Fer oxidé, aux Minières, commune de Saint-Seine, à Blagny, dans le bois de Pouilly, à Buffon, à Montbard, à Saquenay, à Hiller. Fer sulfuré, à Larney, à Mont-Drogé, près Semur.

### Minéraux acidifères et Roches.

Calcaire grossier coquiller, aux environs de Dijon, aux montagnes de l'Auxois; Calcaire coquiller, aux environs de Dijon, à la montagne de Sambernon, aux environs de Sancy. Marbres, à Saint-Romain, canton de Meursault, à la Doué, à Bitteaux, à Fixin, près la Baraque, à Talan, à Savigny, etc. Chaux sulfatée, aux environs de Dijon. Baryte sulfatée, à Aligny, au pont de Beauregard. Feldspath rose, aux environs de Semur. Quartz hyalin, aux environs de Semur. Granite, à Semur, à Arnay, au pont de Beauserin, à Tourtres, à Larney, à Aligny; à Saint-Pardoux, il contient des pinites; à Saulieu. Psammite, avec chaux fluatée, à Remilly. Granite porphyroïde, à Cossey, à Saint-Pardoux. Argile schistobitumineuse, au puits de Saint-Seine. Argile, à Montbard. Schiste gris bituminifère et pyriteux, aux environs de Dijon.

## COTES-DU-NORD.

### Combustibles.

Tourbe ligneuse sous-marine, dans la commune de Trebeurden. Argile avec graphyte, à Pomenon.

### Métaux.

Fer oxidé brun, à Treguier, à Carbilan, à Plessala, à Saint-Michel. Brèche ferrugineuse, à la grève de Saint-Michel, et dans une caverne près Ploucïech. Cuivre pyriteux, à Ploussa. Plomb sulfuré, à Châtelaudren. Zinc sulfuré sur gangue quartzo-argileuse, à Châtelaudren.

### Minéraux acidifères et Roches.

Quartz hyalin, à Trebeurden, à Rochhelas, à Cosqueaudet, à Locquimo, à Lannion. Quartz agate, à Treguier, à Trebeurden, à Becleyre. Jaspe, à Lezardreins, à Treguier. Tourmaline, à Châtelaudren, dans un granite. Granite porphyroïde, dans les montagnes de Saint-Michel. Granite à Laquières, à Trebeurden, à Saint-Brieuc, à l'île Mittot. Craie, près de l'île Grande. Chaux carbonatée, au bord de la mer. Porphyre, à Treguier. Roche amphibolique, près du château de la Granville, près de Belle-Ile. Argile schisteuse (pierre à rasoirs), au rocher de Cracas, commune de Plouzec. Mâcle sur la grève, entre Laumer et Lannion. Schiste argileux, à Lézardreins, à Paimpol, à Trebeurden. Lave lithoïde, aux environs de Treguier.

## CREUSE.

### Combustibles.

Houille schisteuse, en couche à Chesotte, commune de Saint-Martial-le-Mont, et dans la commune de Bannoreau. Argile bitumineuse, avec indices de houille, à Reterre, au Terrier, près la Clavière.

### Métaux.

Fer oxidé, à Mazuns. Fer carbonaté lithoïde, à Freysseix, à Arseuil; Fer oxidé hidraté, à Jartaud. Plomb sulfuré, à Mornal. Antimoine sulfuré, à Reterre, à Villerange.

### Minéraux acidifères et Roches.

Chaux sulfatée, à Lussol. Roche feldspathique, à Puyaux. Grès houiller, à Chezfeuille. Argile, avec chaux fluatée violette, quartz-argileux et granite, à Basmoreau, aux environs de Guéret.

## DORDOGNE.

### Combustibles.

Houille grasse, à Lardin, commune de Saint-Lazare.

### Métaux.

Fer oxidé, à la chapelle Robert, à l'Étang Neuf, à Manzen,

à Exideuil, à Belraz, aux environs de Périgueux, au hameau de Suquet. Nontronite à Saint-Pardoux. Plomb sulfuré, à Nontron.

### Minéraux acidifères et Roches.

Calcaire, dans la commune de Manzin. Schiste micacé, aux environs de Thiviers. Serpentine, à la Coquille près Chalus. Roche feldspathique roulée par la Vesère.

## DOUBS.

### Combustibles.

Lignite friable de l'Ile-sous-le-Doubs, au Grand Saint-Denis.

### Métaux.

Fer oxidé jaunâtre, à Métabiez, à Amagny, au Grand Saint-Denis.

### Minéraux acidifères et Roches.

Chaux carbonatée, coquillère, à Novilars. Calcaire concrétionné, à Osselle, canton de Saint-Vit. Marbre rougeâtre, à Pontarlier. Chaux sulfatée, à Osselle, à Beurre. Marne calcaire, au Grand Saint-Denis. Quartz, près la citadelle de Besançon, aux environs de Besançon.

## DROME.

### Combustibles.

Schiste bituminifère, à Nyon.

### Métaux.

Fer sulfuré épigène, à Saint-Jean en Royans, à Montélimart. Plomb sulfuré dans la commune de Minglou.

### Minéraux acidifères et Roches.

Calcaire à Claussage; calcaire compacte, à la tour de Crest. Quartz agate xyloïde, à l'étang de Suze, à Die, à Montélimart, à Nyon. Granite, à Tarns, à Vals près d'Aubenas. Grès calcaire à grain fin, entre Oriol et Saint-Jean en Royans. Scorie pyroxénique du pavé des géans, à Chenevari. Argile glaise dans la forêt de Saône ; argile schisteuse, à Crest-sur-Drôme.

## EURE.

### Métaux.

Fer hydraté, à Saint-Nicolas près Breteuil, à Fontaine-Guérard, à Beau-Chène, etc.

### Minéraux acidifères et Roches.

Calcaire coquiller, polissable, à Villers près Gaillon ; calcaire argileux jaune, veiné de brun et grisâtre, polissable, à Fontaine-Guérard, dans la forêt de Radepont ; calcaire crayeux, à Caumont. Quartz molaire, à Bourteroulde. Silex, à Tuitsigné près Tuitsignol. Quartz nectique, au Petit Andelys. Argile glaise, à la Haie-Malherbe ; argile bolaire, au Petit Andelys.

## EURE-ET-LOIR.

### Métaux.

Fer oxidé, au Chesnau, forêt de Senonches, à la Samaritaine, même forêt. Indices de fer arséniaté dans les fers oxidés de la forêt de Senonches, à Boissy-le-sec, etc.

### Minéraux acidifères et Roches.

Chaux carbonatée, à Viabon, à Francramville, à Allones, à Viabouclon, à Berchères. Calcaire concrétionné, à l'aquéduc de Maintenon. Quartz agate, à Dreux, rue de Parisis ; à Mesmes, à Berchères ; quartz en oursins, dans la vallée de Maintenon. Cailloux roulés, à Gaillardon. Brèches siliceuses, à Lanneray, à Gaillardon. Silex pyromaque, à Dampierre. Calcaire polissable, au Ménil, commune de Bazoches. Marne calcaire prenant, par une calcination modérée, les propriétés de la Pouzzolane, près de Dampierre ; marne blanche donnant d'excellente chaux, à Senonches. Calcaire grossier, à Viabon. Argile rubanée, à Châteaudun; argile employée pour faire les gazettes à la manufacture de porcelaine de Sèvres, à Dreux; argile plastique, à Abondant.

## FINISTÈRE.

### Combustibles.

Houille et terre bitumineuse, à la presqu'île de Quelerne. Tourbe, à Besville le Comte ou la Fontaine. Graphite feuilleté, près de Morlaix, et dans un schiste, à Poullaouen.

### Métaux.

Fer oxidulé, arénacé, à Roscoff. Sable magnétique, à Lemneur. Fer oligiste titanifère, arénacé, aux environs de Quimper; fer oxidé hydraté, contenant huit à dix onces d'argent par quintal et un peu d'or, à Huelgaël; fer oxidé, brun, à Befanfry; fer sulfuré sur quartz, fer sulfuré, cristallisé, à Huelgoët et à Poullaouen. Plomb sulfuré, à Huegoët et à Poullaouen; plomb sulfuré bismuthifère, à Poullaouen, à Carnot; plomb phosphaté, plomb carbonaté, à Huelgoët. Zinc sulfuré, à Huelgoët. Terre ocreuse argentifère, à Huelgoët.

### Minéraux acidifères et Roches.

Granite, entre Morlaix et Lannion, aux environs de Brest. Quartz hyalin, et en masse près de Morlaix, à Brest. Marbre, à l'Anse-au-Diable, autour de la rade et aux environs de Brest. Roche d'amphibole et feldspath, au moulin de Rospellen, *id.* alternant avec l'ardoise, à Poullaouen, aux environ de Morlaix, à Saint-Jean-du-Doigt, à Châteaulin, à Lemneur. Staurotide, à la montagne de Careix. Brèche siliceuse, dans la rivière de Dourdes. Grès blanchâtre, veiné de gris, écailleux, dans la mine de Huelgoët. Laumonite, à Huelgoët. Micaschiste avec staurotide, à Coadrix. Schiste rubané, à Morlaix. Roche micacée, avec grenat décomposé, au Cap-Couze; schiste argileux, avec mâcles, à Guerleseins; schiste argileux, à Huelgoët. Feldspath décomposé (kaolin), dans la commune de Kérinon. Argile bolaire, jaune, argile rouge de chair, argile blanche (terre de pipe), à Morlaix.

## GARD.

### Combustibles.

Houille schisteuse, dans la forêt d'Abilon, aux environs d'Alais à Cendras, à la Tronche. Bitume glutineux, pissasphalte, à Servas. Lignite, à Mons près Alais. Schiste bitumineux, à empreinte, à la mine de houille de Cendras, à la Grande Courbe, commune de Laval.

### Métaux.

Fer oxidé brun jaunâtre, à Monteau, commune d'Alais, à Portès, aux environs d'Alais; fer sulfuré, aux environs d'Alais. Plomb sulfuré, à Durfort, à Saint-Sauveur, à Saint-Martin de Sossenac, à Palières, à Saint-Félix. Manganèse oxidé, entre Bagnols et Saint-Quentin. Antimoine sulfuré, dans la commune de Miolet, près de Saint-Jean-du-Gard, au ruisseau de Lichertol, canton de Pierre-Malle, à Anduze. Cuivre pyriteux, à Cendras, à Saint-Sauveur. Zinc sulfuré, à Durfort, à Saint-Martin de Sossenac.

### Minéraux acidifères et Roches.

Chaux carbonatée rhomboïdale, à Saint-Martin de Sossenac, aux environs d'Alais; *id.* concrétionnée stalactiforme, à Saint-Sébastien près d'Alais. Calcaire coquiller près d'Uzès, à Saint-Ambroise près Nîmes. Chaux sulfatée, aux environs d'Alais; chaux fluatée, à Saint-Martin de Sossenac. Quartz magnésifère, à Salinelles près Sommières. Argile grise, à Saint-Uze, à Saint-Esprit; argile jaune, à Alais et à la montagne de Foreux.

## GARONNE (HAUTE-).

### Combustibles.

Jayet, dans la forêt de Montbrun, à la bastide de Boussignac. Graphite feuilleté, dans la vallée de Louron.

### Métaux.

Fer oxidulé, à Saint-Martin; fer oxidé, brun, à la montagne de Puymaurin, et entre Portes et Estemos, à Saint-Mamêt, vallée de Luchon; fer sulfuré magnétique, au Pont de Cazau, à Mêles; fer sulfuré, à Saint-Mamêt, vallée de Luchon, à Bagnères-de-Luchon, en face le moulin à scier. Pyrite arsénicale, au Pont de Cazau. Plomb sulfuré, à Bialignos, à Bagnères-de-Luchon, dans la vallée de Lys, à la montagne de l'Esquierre, à Montajoux en Comminge, à Paleraze, à la montagne d'Oo, vallée de l'Arbouste; à Mêles. Antimoine sulfuré, à Caria, vallée de l'Arbouste. Cuivre carbonaté, vert et bleu, à la montagne de Carbéliouse; cuivre pyriteux, au Mail de Castez, à Mêles, au pré de Dominique. Zinc sulfuré, à Peyras, vallée de Luchon, à la montagne de Carbéliouse. Cobalt arséniaté, rouge violet, dans quartz hyalin avec baryte sulfatée, à Bagnères-de-Luchon.

### Minéraux acidifères et Roches.

Chaux carbonatée lamellaire, à Saint-Beat. Marbre noir, veiné de blanc, à Saint-Bernard. Calcaire quartzifère, à Saint-Bazet, vallée de Luchon. Quartz hyalin avec mica, dans la vallée de Lys. Mica écailleux, aux environs de Bagnères-de-Luchon. Micaschiste avec mâcles, à Saint-Mamêt près Bagnères-de-Luchon. Asbeste, aux environs de Bagnères. Granite, dans la vallée de l'Arbouste, à Saint-Mamêt, à Bagnères-de-Luchon, près des bains, au port d'Oo. Feldspath avec tourmaline, à Bagnères-de-Luchon. Roche amphibolique, à Eup près Saint-Béat, à Saint-Bertrand, vallée de la Garonne. Grauwake, à Casaril, vallée de Luchon. Pyroxène au Col de Pazachet. Feldspath compacte, dans la vallée de Luchon.

## GERS.

Fer oxidé brun rougeâtre, terreux, manganésifère, dans la plaine de Dané, canton de Vic-Fesenzac. Marne calcaire blanche, recouvrant le minéral précédent. Calcaire gris blanchâtre, même lieu.

## GIRONDE.

Terre bitumineuse noirâtre, bois fossile bitumineux, à Eysines, canton de Blanquefort. Fer oxidé brun jaunâtre, à Salles, canton de Nogaro. Calcaire coquiller, de Bordeaux à Dax, pierre à bâtir.

## HÉRAULT.

### Combustibles.

Houille schisteuse, grasse, à Saint-Gervais; houille maigre, à Roc-Notre-Dame. Schiste, argilo-bitumineux, à Saint-Gervais.

### Métaux.

Fer oxidé hématite, à Mont-Segon; fer oxidé brun, à Malpas, à Bonbassaint, à Ausin, à Sinargay, à Quaime; fer sulfuré, à Villefaut. Plomb sulfuré, à Mourcuidol, à Riols, à Saint-Gervais, aux ravins d'Eau-rouge et de Camdoleux. Cuivre pyriteux et carbonaté, à Ceps, à Boussagne. Zinc sulfuré, à Saint-Gervais.

### Minéraux acidifères et Roches.

Calcaire concrétionné, à Cette, à Saint-Pons, à Montpellier; calcaire coquiller bitumineux, à Cessenon; calcaire laminaire, à Saint-Eucher. Chaux sulfatée, à Villemagne, à Béziers. Marbre lumachelle et griotte tacheté, aux environs de Montpellier; marbre griotte, à Hautpoul; marbre rouge, à Cournon; marbre jaune, à Bédavieux. Lave lithoïde trapéenne, à Gabian, à Nize et aux environs de Montpellier.

## ILLE-ET-VILAINE.

### Combustibles.

Graphite, à Saint-Servan.

### Métaux.

Fer oxidé globuliforme, dans le canton de La Guerche; fer oxidé pulvérulent, à Sainte-Hélène. Plomb sulfuré, à Pont-Péan.

### Minéraux acidifères et Roches.

Agate brèche ou caillou de Rennes. Quartz hyalin, à Château-Neuf. Grès à grain fin, à Poligné; grès rubané, à Poligné. Schiste argileux, à Châteaubourg. Argile gris blanchâtre, à Miniac, à Morvan.

## INDRE.

### Métaux.

Indices de houille, près de la Clavière. Fer oxidé globuliforme, à Issoudun, à Tillory, à Tonnelet, à Villiers, au Lotier, aux Setoux, à la Petite-Bouache, à la Coudrière, à Sainte-Saule-du-Jardin, à Diors, à la Villette, à la Bidoderie, à La Ferté, dans la forêt de Châteauroux, à la Gomme, etc.

### Minéraux acidifères et Roches.

Chaux carbonatée grossière, au Lotier; chaux carbonatée compacte avec dendrites, à Châteauroux. Calcaire grenu et globuliforme, au Lotier. Chaux sulfatée cristallisée, dans un hameau dépendant de la commune de Chavin. Quartz hyalin, irisé, roulé, au Cluseau, commune de Chasseneuil; quartz agate et jaspe veiné, aux environs de Bois-Remond. Argile blanche fine, à Argenton. Granite feuilleté, à Boismandé. Schiste quartzeux, à Boismandé.

## INDRE-ET-LOIRE.

### Métaux.

Fer oxidé brun, à Pont-Ménard, à la Paquerie; fer oxidé jaunâtre, à la Paquerie, à Arcé-sur-Farre, à Ambillon.

### Minéraux acidifères et Roches.

Calcaire grenu gris blanchâtre, pierre à bâtir, à Savigné, à

Sepmes près Saint-Maure; falun, à Sepmes; calcaire concrétionné stalactite et fistulaire, aux environs de Tours. Craie avec coquilles empreintes de polypiers, rognons siliceux, aux environs de Tours. Quartz silex molaire, à Çinq-Mars-la-Pile; quartz calcédoine, *id.*; quartz résinite, aux environs de Tours; quartz xyloïde, à Saint-Ouen près d'Amboise.

## ISÈRE.

### Combustibles.

Anthracite, à Chalanches, à Huez en Oisans, à Auvis en Oisans, à Grand-Droye, à Pubeville, à La Mothe, à Samsol, à Mont-de-Lans en Oisans, à Saint-Symphorien-d'Ozon, à Mollière. Houille peu combustible, à Saint-Muzy, à Sainte-Agnès, à La Mothe. Bois bitumineux, à la Tour-du-Pin. Tourbe, à Verpilière.

### Métaux.

Or natif, à la Gardette. Pyrite aurifère, *ib.* Argent natif, argent sulfuré antimonié, sur asbeste et calcaire laminaire, à Allemont. Mercure sulfuré rouge, à Allemont, à Saint-Avré, à Palançon. Plomb sulfuré, à Allemont, à Allevard, à la Gardette, à la Galerie-saint-Marcel, à Grave et à Oulle en Oisans. Zinc sulfuré, au lac de la Frette, au Lac-Mort, à Rivoiran, à Vaulnavey, à Vienne. Antimoine natif et arsenical, à Allemont; antimoine sulfuré capillaire, à Inferney, au mont de Lans, dans la vallée de la Romanche. Cuivre pyriteux, à Allemont, à Allevard, à Frenay, à la Gardette, à Grave, à la montagne de Mont-Jean, à Rochefort. Cuivre gris, à Allevard; cuivre carbonaté bleu, aux montagnes de Palançon et de Frassin. Manganèse oxidé, à Allemont, à Arlicolles, à la Chartreuse-de-Saint-Zugre, et à la Grande-Chartreuse. Cobalt gris, cobalt oxidé noir, cobalt arséniaté, à Allemont. Nickel arsenical, à Allemont, à la montagne de Chalanches. Titane anatase, à Vaujam. Fer oligiste, à Allemont, à Allevard, au bourg d'Oisans, à Saint-Christophe; fer oxidé, à Albem, à Allemont, à Allevard, au Cul-de-France, aux montagnes des Sept-Cols, de Sainte-Agnès et de Theys, à

Saint-Pierre-d'Allevard; fer carbonaté, au filon des bois, à Mailla, Allevard, Vizille; fer sulfuré, à Allevard et dans la forêt de Colessard; fer spathique, à Allevard, à Pernière-d'Allevard, à Croix-des-Champs, au Pont-Bernard sur le Drac.

### Minéraux acidifères et Roches.

Chaux carbonatée cristallisée, à Allevard, au bourg d'Oisans, à Maronne, à la montagne Porte-de-France près Grenoble. Calcaire concrétionné, aux grottes de Sassenage. Brèche calcaire siliceuse, aux Chalanches. Chaux sulfatée, à Boulon près Vizille, à Saint-Sauveur. Anhydrite, à Boulon et à la Carrière-des-Marbriers. Baryte sulfatée, à Brandes. Quartz hyalin, à la Gardette, au bourg d'Oisans, à Saint-Christophe, à Maronne. Grès, à Allevard, au Col-de-Predos. Quartz cellulaire, à Brandes. Brèche quartzeuse, à Chalanches. Quartz hyalin fibreux, à Chalanches. Micaschiste, à Saint-Symphorien-d'Ozon, à la Pernière-d'Allemont, aux montagnes de Tressen, à Ponfile. Talc stéatite, employé au fourneau de Coupelle-d'Allemont, à la Garde. Granite, aux Grandes-Rousses, à Chalanches, à Allemont. Roche de feldspath et d'amphibole, à Vizille; roche amphibolique, à Allemont. Siénite, roulée par la Durance. Prehnite sur schiste amphibolique, à Saint-Christophe en Oisans. Épidote cristallisée et grenue, à la Pernière d'Allemont, au bourg d'Oisans, à la Gardette, à Chalanches, etc., avec chaux carbonatée, asbeste, etc. Axinite, à l'Armentières, à la Balme-d'Auris. Roche feldspathique, à Chalanches. Argile en masses arrondies, crevassées, les cavités sont tapissées de cristaux de quartz.

## JURA.

### Combustibles.

Houille, près de la saline de Salins, à Arbagnac, à la saline de Montmorot. Bois fossile bitumineux, à Sainte-Agnès, chemin de Poligny, aux environs de Lons-le-Saulnier. Tourbes, canton de Saint-Claude et Noroy.

### Métaux.

Fer oxidé jaunâtre, à Riole, à Romange, à Magnal, à Angea, à Mosnay près Poligny, à Marconey, à Choisey, au Mont-d'Or, etc.

### Minéraux acidifères et Roches.

Calcaire compacte gris, à Salins; calcaire laminaire, à Mosnay, à Salins. Marbres, rouge, violâtre, à Chassal; calcaire grisâtre étoilé, à Saint-Maur; *id.* gris, jaunâtre et rouge, à Orgelet ; *id.* coquiller, à Courbon; gris bleuâtre veiné de blanc, à Dions; jaunâtre et blanchâtre, à Ravillole; gris rougeâtre, à Mignovillars; rougeâtre et violâtre, à Mosinges, à Saint-Amour. Chaux sulfatée blanche, rosée, etc., à Salins et aux environs. Argile gris jaunâtre, à Lons-le-Saulnier; grisâtre, à Salins, à la base de la tourbière de Bief du Foury, à Mignovillars; blanche, à Estrepigney, à Or-Champs. Schiste argileux, à Lons-le-Saulnier, à Ouliers près Noservy, à Voray. Sable jaune, à Sainte-Agnès; géodes quartzeuses, entre Saint-Priest et Saint-Claude. Pudding calcaire, à Sainte-Agnès. Psammite, employé pour paver, moudre et construire les creusets de hauts-fourneaux, à Moissey près de Dôle. Granite gris blanchâtre, à Lons-le-Saulnier.

## LANDES.

### Combustibles.

Houille schisteuse, à Saint-Pandelon près Dax, à Agos. Tourbe compacte, aux environs de Dax. Succin, dans le calcaire de la houillère de Saint-Leu. Bitume glutineux, à Copenne, à Bastènes.

### Métaux.

Fer oxidé jaunâtre, à Saint-Paul, à Uza; fer oxidé brun, à Bias, à Saint-Paul, à Pontains. Manganèse oxidé, à Bastènes.

### Minéraux acidifères et Roches.

Chaux carbonatée, aux environs de Dax, à Coupe-Gorge, à

Saint-Pandelon. Arragonites prismatiques et cunéolaires, à Bastènes et aux environs de Dax. Chaux carbonatée incrustante, à la Fontaine d'eau chaude à Dax; chaux sulfatée laminaire, à Bastènes. Quartz hyalin avec chlorite, aux environs de Dax. Galets quartzeux, à Dax. Quartz grenu, *ib.* Roche amphibolique, à Saint-Pandelon. Argiles ocreuses, rougeâtres et jaunes, à Bastènes. Kaolin, à Bastènes, à Gaujac; Argile grise, à Garrey.

## LOIR-ET-CHER.

### Métaux.

Fer oxidé brun jaunâtre, à Fretteval.

### Minéraux acidifères et Roches.

Chaux carbonatée, concrétionnée, tuberculeuse, aux environs de Troo; chaux carbonatée siliceuse, accompagnée de quartz calcédoine, aux environs de Blois. Quartz pyromaque, à Saint-Aignan; quartz pyromaque et molaire, aux environs de Blois. Argile jaune, sableuse et micacée, à Saint-Aignan; argile ferrugineuse brun rougeâtre, aux environs de Blois. Brèche calcaire coquillère, à Vieux-Château, à Vendôme.

## LOIRE.

### Combustibles.

Houille schisteuse feuilletée, à Rive-de-Gier, à Regny, dans le bassin de Saint-Étienne. Schiste argileux, bitumineux, à Rive-de-Gier. Argile bitumineuse, *id.*

### Métaux.

Fer oxidé, à Mura, aux environs de Saint-Étienne; fer oligiste, à Valbenoise; fer sulfuré, à Saint-Victor. Plomb sulfuré, à Rive-de-Gier, à Royas, à la Voûte Saint-Martin, à la Vieille-Voûte, à Estressin, aux environs de Saint-Étienne. Cuivre pyriteux, à la mine de Duret, à Estressin; cuivre carbonaté, à Estressin. Zinc sulfuré, à Goutte, à Poyel. Antimoine sulfuré, à Marcou.

### Minéraux acidifères et Roches.

Chaux carbonatée, à Saint-Martin-d'Urphe, à Saint-Étienne. Calcaire saccharoïde, à Champoly. Tuf calcaire, à Saint-Martin-d'Ébreaux, plaine de Roanne, à Saint-Julien-d'Odes, à Regny, à Nacon, à Perreux. Marbre gris noirâtre, à Regny. Chaux sulfatée, à Saint-Just-en-Chevalet; chaux fluatée, à Ambierze, à Saint-Martin-la-Sauvette. Baryte sulfatée, à Poyet, à Ambierles, à Saint-Symphorien. Quartz hyalin, aux environs de Saint-Étienne, à Renaison, à Ambielves, à Saint-Julien-d'Odes, à Sainte-Marguerite-de-Naux; quartz agate calcédoine onyx, à Russieux, à Saint-Clément-de-Valsource, à Meynard, à Saint-Maurice-sur-Loire; quartz jaspe, aux environs de Lagoutte; Quartz résinite, à Saint-Haon-le-Vieux; quartz pyromaque, dans la plaine de Montbrison et dans le bassin de Saint-Étienne. Feldspath laminaire, à Renaison, aux environs de Montbrison. Amphibole laminaire, à Saint-André-les-Puy, à Saint-Martin-la-Plaine, dans le bassin de Saint-Étienne. Tourmaline cylindroïde, près Montbrison. Granite, au Mont-Pilat, à Vigezy, au Mont-Olivet près de Montbrison, à Roanne, à Tours près Saint-Étienne, à Estressin. Kaolin, près de Montbrison. Pierre à rasoir (schiste novaculaire), à Cordello. Schiste micacé, aux environs de Saint-Étienne, à Estressin. Brèche grise et rouge, à Meynard, au hameau de Saint-Maurice-sur-Loire. Porphyre gris et brun, à Villerest et aux environs de Roanne; porphyre brun rougeâtre, à Meynard, près Renaison. Granite porphyroïde, à Renaison. Lave poreuse près de Roanne. Thermantide poreuse, aux environs de Saint-Étienne.

## LOIRE (HAUTE-).

### Combustibles.

Houille schisteuse, à Sainte-Florine, à la montagne de la Taupe, commune de Vergoujeon, aux Barthes, même commune.

### Métaux.

Plomb sulfuré, à Saint-Julien-de-Chapteuil, à la Voulte près Langeac. Antimoine sulfuré, à la Licoulne, à la Roussière près Alby, aux environs de Brioude. Scheelin ferrugineux, à la Bessade, canton de Saint-Ilpice.

### Minéraux acidifères et Roches.

Chaux sulfatée, feuilletée, compacte, fibreuse, au Puy-en-Velay. Marne calcaire, au Puy-en-Velay. Chaux fluatée laminaire, à Chavagnac près Brioude. Quartz hyalin en masse, à la Roussière; quartz résinite, à la montagne de Saint-Pierre-Eynac. Grès à grain moyen, à la Chartreuse. Argile glaise avec fer phosphaté, à Alleyras; argile avec chaux sulfatée, au Puy-en-Velay. Laves lithoïdes, à Saint-Pierre-Eynac, au Mont-Mezing, à Villeneuve-de-Berg, aux environs de l'abbaye de Chambons. Tuf volcanique bréchoïde, aux volcans de Saint-Michel, à Corneille, à Polignac, à Ceyssac, etc.

## LOIRE-INFÉRIEURE.

### Combustibles.

Houille grasse, à Montrelais; houille schisteuse, *ib.* Tourbe compacte, à Montoire, aux marais de Douge. Argile schisteuse, bitumineuse, à Montrelais.

### Métaux.

Fer oxidé brun jaunâtre ou rougeâtre, à la Chaussée près Lusauger, à Montrelais, au milieu de la veine de houille, au Chêne-Vert, à la Furetière en Meilleraye, à Chetrové en Meilleraye, dans la Forêt-de-l'Arche de Fontaine-Fermée, à Meilleraye, etc. Fer oxidé titanifère, à Maisdon; fer oxidulé titanifère, au Clos du Fief Saint-Georges. Pyrite magnétique, au Four-au-Diable, au Chêne-Vert. Fer sulfuré épigène, au Chêne-Vert; fer arsenical, au Chêne-Vert; fer phosphaté blanc, au Chêne-Vert; fer phosphaté bleu, au Four-au-Diable. Titane silicéo-calcaire, à la carrière de la Chatterie. Étain oxidé, roulé dans les sables de la pointe de Penaran, commune de Piriac; étain en place avec or natif, près de Nantes, route de Rennes.

### Minéraux acidifères et Roches.

Chaux carbonatée coquillère, à Machecoul, près de Haute-Goulaine, à Cléons, à Cambon. Calcaire compacte, polissable, au côteau de Choutchoux en Mouzeil. Chaux phosphatée, à la carrière de la Ourdière et à Guimorau, à un kilomètre du Chêne-Vert. Baryte sulfatée, crêtée à Miseri près Nantes. Quartz hyalin gras, au Chêne-Vert, à 4 kilomètres ouest de Nantes; quartz agate grossier, à la Gapallière près le bourg de Reillé, à la forêt de Vertois, à deux lieues sud-est de Nantes, à Montrelais; quartz aventuriné, aux environs de Nantes, de tous les côtés; quartz résinite, aux Côteaux près Donges; quartz fétide, dans le terrain des anciens Capucins, à Nantes; quartz lydien, à Languin près de Nort. Grenat dans une roche quartzeuse et amphibolique au Chêne-Vert. Prehnite amorphe, au Chêne-Vert. Émeraude primi tive, au Chêne-Vert et au Buron, commune de Vigneux.

## LOIRET.

### Métaux.

Fer oxidé globuliforme, aux environs de Montargis.

### Minéraux acidifères et Roches.

Chaux carbonatée compacte, à Beaugency, à Ollivet, à la Chapelle près d'Orléans; *id.* mélangée de quartz résinite, quelquefois hydrophane, à la Chapelle près d'Orléans; *id.* avec ossemens fossiles, à Montabuzard, à Briare; chaux carbonatée grossière, à la Mollière, vis-à-vis le clocher de Marigny, à trois lieues d'Orléans; chaux carbonatée coquillère, à Sandillon, à deux lieues d'Orléans, à Montabuzard, à Saint-Fiacre, à la Mollière, sur la route de Pithiviers, près d'Orléans. Quartz pyromaque, ayant quelquefois des noyaux en onyx, à Châtillon-sur-Loing, à la Chapelle, à Olivet; quartz molaire, pierre meulière, à Talcy, à Boisseau, sur les bords de la Loire, près d'Orléans; quartz résinite, à la Chapelle. Argile glaise, entre Châtillon-sur-Loing et Montargis, à Marsilly; argile smectique ou terre à foulon, à Fleury. Marne argileuse, à Vienne, canton de Jargeot.

## LOT.

### Combustibles.

Houille schisteuse, compacte, à Souillié près Figeac, aux environs de Cahors, à Saint-Perdoux près Figeac; houille sèche, près de Cajarc.

### Métaux.

Fer oxidé brun jaunâtre, à Cressensac, canton de Pouillac, à Argues, à Bitarelles; fer sulfuré mélangé de fer sulfaté, à Capdenac. Plomb sulfuré, près de Figeac, à Combecave, à Aignac. Zinc oxidé carbonaté jaunâtre, à Combecave. Calcaire magnésifère, contenant du manganèse oxidé et du zinc carbonaté, à Combecave. Cuivre carbonaté vert et bleu, à Lantillac et aux environs de Figeac, accompagné de quartz agate et de baryte sulfatée.

### Minéraux acidifères et Roches.

Calcaire concrétionné, à la grotte de Marcilhac; calcaire compacte, à la Madeleine, à Combecave; calcaire grossier, à Cahus près Cahors; calcaire coquiller arénacé, à Gramat, à Combecave, etc. Marbres, rouges, gris ou jaunâtres, à Commiac, canton de Saint-Ceré, à Fontenilles, à Sines, à la Vallette, à Loubressac, à Floirac, à Saint-Simon. Baryte sulfatée, à Combecave. Grès, à Souillié, à Saint-Perdoux. Argile schisteuse, à Souillié, à Saint-Perdoux; argile glaise, bonne pour les pots de verrerie, à Nurejouls; argile grise jaunâtre, à Livernon, près Figeac. Granite, à Clougna, près Figeac. Serpentine, à Cahus, à Saint-Montels. Pudding siliceux, à la Capelle Marival. Gneiss, schiste micacé, etc.

## LOT-ET-GARONNE.

### Métaux.

Fer oxidé hydraté, à Fumel.

### Minéraux acidifères et Roches.

Grès à grain fin, à Houcilles, canton de Casteljaloux.

## LOZÈRE.

### Combustibles.

Bois bitumineux, dans l'arrondissement de Marvejols. Graphite, aux Combettes.

### Métaux.

Fer sulfuré, aux mines de Villefort; fer arsenical, à la mine de Saint-André près Villefort; fer arsenical cobaltifère, dans le filon de Liquerol, à Saint-Germain de Colberte; *id.* mélangé d'antimoine, à Liquerol. Manganèse oxidé noir, aux Combettes, dans les Cévennes. Plomb sulfuré, à Vialas, canton de Villefort, à Bosviel, à Collet-de-Dèze, à Saint-Hilaire, aux mines de Bluetz, aux Combettes. Zinc sulfuré, aux Combettes. Antimoine sulfuré, à Rivière, près Collet-de-Dèze, à Saint-Germain de Colberte, à Saint-Étienne, vallée Française, à la mine de Chambon-de-la-Garde, commune de Saint-Germain-de-Colberte, à la mine de Fayfre, même commune, à Liquerol. Cuivre pyriteux, aux Combettes, dans la commune d'Ispignac, à la montagne de Fraysine, près Villefort, à Bahours, près Mende.

### Minéraux acidifères et Roches.

Chaux carbonatée, baryte sulfatée accompagnant le plomb sulfuré des diverses mines de la commune de Villefort. Quartz hyalin, grès talcqueux, talc, tourmalines, aux Combettes.

## MAINE-ET-LOIRE.

### Combustibles.

Houille schisteuse grasse, à Ingrande, à Saint-Georges-de-Chatelaison, à la Haie-Grande, à Mont-Jean, à Concourson, à Layon-et-Loire. Argile schisto-bitumineuse, à Layon-et-Loire.

### Métaux.

Fer oxidé, à Pouancé; fer sulfuré, cristallisé et en boules, dans la plupart des mines de houille du département; fer oxidé argileux, à Layon-et-Loire. Zinc oxidé, à Champigny.

### Minéraux acidifères et Roches.

Chaux carbonatée limpide, à Château-Panne, aux environs de Chalonne. Marbre gris et noirâtre, près d'Angers; marbre siliceux, à Saviniens, à quatre lieues ouest d'Angers. Calcaire grossier quelquefois mêlé de silex, à Champigny-le-Sec, à deux lieues de Saumur; *id.* à grain fin, à Raivie près Duretal, à Marnay-Roux. Quartz hyalin, à Beaucouzé, à environ une lieue et demie nord-ouest d'Angers, dans les ardoisières d'Angers; quartz silex, à Champigny. Grès à grain fin, à Tiercé, à Soucelles, etc. Roche jaspoïde, sur la route d'Ingrande à Candé. Pudding siliceux jaspoïde, sur le chemin de Fremur. Roche serpentineuse mélangée de quartz et de calcaire, à Villeneuve. Granite gris, à Becon. Quartz micacé, sur le chemin d'Angers du côté de Chollet. Brèche à fragmens de quartz hyalin et de talc schisteux, entre Concourson et Saint-Georges. Schiste ardoise, à Trelazé et aux environs d'Angers, avec empreintes de trilobites et quelquefois de la chaux sulfatée. Roches feldspathiques, à Pont-Barré.

## MANCHE.

### Combustibles.

Houille schisteuse au Plessis, canton de Penières. Bois fossile bitumineux à Yvetot, près Valognes. Argile bitumineuse à Semilly, arrondissement de Saint-Lô, à Briquebec.

### Métaux.

Fer oxidé brun jaunâtre, à Beauchamp, forêt de Lande-Pourrie, à Byon, canton de Mortain, au Plessis ; fer sulfuré, à Berigny, arrondissement de Saint-Lô. Manganèse oxidée concrétionnée noire, à la montagne de Pesnelle ; Manganèse oxidée brun terreux, au Plessis, au fort de Querqueville. Plomb sulfuré, aux environs de Cherbourg, à Pierreville, canton des Pieux, à la Ferrière, commune de Surtainville. Zinc sulfuré, à Pierreville. Mercure sulfuré, dans la commune de Menildo, à la Chapelle en Juger, aux environs de Saint-Lô. Étain métallique, disséminé dans un pré situé dans la commune de Tréauville.

### Minéraux acidifères et Roches.

Chaux carbonatée métastatique et laminaire, avec plomb et zinc sulfuré, à Pierreville. Calcaire lamellaire, à Règneville; calcaire subgranulaire, à Montchaton. Marbre noir veiné, à Briquebec, à la Chapelle-en-Juger, à Surtainville. Calcaire coquiller, à Pierreville, à Surtainville; calcaire argileux, à la Davinière, commune de Tissy. Baryte sulfatée primitive et épointée, à la montagne de Pesnelle. Quartz hyalin, dans la forêt de Lande-Pourrie; quartz laiteux, à Thuvigny avant le pont de Campaux, à Cavigny, près le pont Hébert; quartz molaire ou Pierre meulière, dans la forêt de Lande-Pourrie, à Saint-Martin-de-Chaulieu; quartz hyalin enfumé, aux environs de Saint-Lô; quartz arénacé rouge pâle, à la Roche-du-Roule, près Cherbourg; quartz micacé, au Cap-du-Rozel. Roche amphibolique avec mica et feldspath, sur la route de Lessay. Granite amphibolique à Mont-Huchon; granite à Fermanville, à Vire, à Pieux, à Tréauville, à Flamanville, à Avranches. Grès micacé, près de Grimault, à Bourberouge, à la Franconière. Quartz argileux bréchoïde, à la butte Saint-Victor, près Tissy. Schiste argile talcqueux, employé pour constructions et couvertures à Equeurdreville; schiste ardoise, au Roule près Cherbourg; schiste argileux blanchâtre, à la Lande-des-Vardes, près Coutances ; schiste talcqueux, à Roquefort, baie

Sainte-Anne, à Cherbourg; schiste graphique, crayon des charpentiers, à Vasteville, à Briquebec. Argile schisteuse, à Berigny, dans un chemin creux qui conduit à l'église Saint-Martin, à Pont-Terrette, à Saint-Pierre-de-Semilly, à Berigny. Quartz lydien : il sert quelquefois de pavé à Saint-Lô. Grenats, à Flamanville. Épidote, à Scioto. Feldspath compact vert avec grenats, à Flamanville.

## MARNE.

### Combustibles.

Lignite fibreux, aux Voisillons, commune de Rilly, et commune de Cumières. Tourbe fibreuse, à la Breuille, près Vitry-le-Français, à Chatelleron près la Breuille, aux environs de Reims.

### Métaux.

Fer oxidé jaunâtre, à Montdement, Montchenet; fer sulfuré, aux environs de Reims, à Chatelleron près la Breuille, à Montchenot, à Arzillère; fer sulfuré épigène, aux environs de Reims, dans les Craières.

### Minéraux acidifères et Roches.

Chaux carbonatée concrétionnée, à Courtagnon. Craie, au mont Saint-Michel, près Châlons. Calcaire strié, aux environs de Montmirail. Marne, à Montchenet, à Sezanne. Arragonite fibreuse, à Bergère, près Montmirail. Chaux sulfatée, à Ambonay, à Bouzi, à Tripart. Argile jaunâtre avec chaux sulfatée, à Montchenet. Quartz pyromaque, à Bergère, canton de Montmirail.

## MARNE (HAUTE-).

### Combustibles.

Lignite ou bois bitumineux, à Dampierre, à Corgisnon, à Luzy.

### Métaux.

Fer oxidé globuliforme, à Poisson, près Joinville, à Luzy, à Grasigny près Bourmons, à Villiers-le-Sec, à Dammartin-le-

Franc, à Verbois près Saint-Dizier, à Bestancourt, à Montgérard, à Pentefosse, près Chaumont, à Bologne, à Saint-Dizier, à Villembezon, à Montreuil-sur-Blaise.

### Minéraux acidifères et Roches.

Chaux carbonatée compacte, lamellaire, striée, commune de Luzy, canton de Pousangy. Calcaire coquiller gris, à Luzy, près de Brivoire, à Noydam-Châtenoy; calcaire laminaire, à la montagne des Piliers-de-Justice, près Langres; calcaire grossier, aux environs de Chaumont, à Vignory. Argile glaise, à Luzy, à Saint-Dizier; argile bolaire, à Saint-Dizier, à Corvignon; argile schisteuse, aux Piliers-de-Justice. Granite à gros grain, à Luzy. Grès micacé à grain fin ou grès des couteliers, aux environs de Sainte-Menehould, à Corvignon.

## MAYENNE.

### Combustibles.

Anthracite, dans tous les environs de Laval : elle y sert à la cuisson de la chaux.

### Métaux.

Fer oxidé aux environs de Laval, de Mayenne, etc. Manganèse oxidée hydratée, à Groroi; fer sulfuré cubique et dodécaèdre, dans le schiste argileux qui accompagne l'anthracite.

### Minéraux acidifères et Roches.

Calcaire compacte et laminaire, à Laval, à Saint-Berthevin, à la Pechardière; il est employé à faire la chaux pour les amendemens; calcaire polissable, gris, brun, rougeâtre, veiné, etc., à la Pechardière, à Saint-Berthevin, à Montroux, à Argentré, etc. Quartz jaspe onyx, aux Coëvrons, près Voutré. Schiste argilo-quartzeux, près d'Entrames, aux environs de Château-Gontier, au haut de Beauvais à Laval. Granite, à Gorron, près Mayenne. Agate grossière, près d'Entrames. Brèche argileuse, à Saint-Pierre, près Laval.

## MEURTHE.

### Combustibles.

Lignite friable, bois bitumineux, à Gremonviller, à la Croix-au-Chêne, à Burisey, à la Côtre, etc. Tourbe compacte, à Lezey, canton de Marchal.

### Métaux.

Fer oxidé brun jaunâtre, à Arbaville, à Thyaville, à Venteux, etc.; fer sulfuré, à Saint-Firmin.

### Minéraux acidifères et Roches.

Strontiane sulfatée fibreuse, à Bouvron, près Toule. Argile en rognons, à Bouvron; argile grise servant à faire des poteries, à Tanconville, près Blamont. Quartz hyalin gras.

## MEUSE.

Calcaire coquiller, à Vaucouleurs. Fer oxidé globuliforme, à Reffroy, canton de Vignot, à Marbotte, près Saint-Michel, à Trevray, canton de Demange, à Villiers, à Boncourt, à Mangienne, à Biencourt, à Ribeaucourt; fer sulfuré en rognons, à Brecheville. Calcaire argileux, employé comme castine, à Chauvency.

## MORBIHAN.

### Métaux.

Fer oligiste arénacé, à l'île de Croix; fer oxidé brun jaunâtre, à la Nouée.

### Minéraux acidifères et Roches.

Calcaire grossier jaunâtre coquiller, entre Étel et Port-Louis. Argile glaise gris blanchâtre, au bas de la rivière d'Odet. Kaolin, à Saint-Cornely, commune de Plouhinel, à Auvray, entre Vannes et Lorient, à Lomalo, près Port-Louis. Staurotides, à Tellené, près Locminé. Schiste fibreux, entre Clairgueret et Perette;

schiste couleur lilas avec mâcles, à l'étang des salles de Rohan. Micaschiste feuilleté jaunâtre, à Tellené, entre Étel et Port-Louis, avec tourmalines. Granite, à Tellené, à la Roche-Bernard, à la rade de Concarneau, avec ou sans tourmalines noires; au Port-Louis, aux environs de Lorient, entre Étel et Port-Louis, avec ou sans tourmalines. Granite passant au gneiss à la roche Bernard, aux environs de Lorient. Roche amphibolique, à Étel; Roche quartzeuse et micacée, entre Étel et Port-Louis; roche feldspathique gris jaunâtre, en partie décomposée, avec mica, aux environs de Lorient.

## MOSELLE.

### Combustibles.

Houille commune à Schœnech.

### Métaux.

Fer oxidé brun jaunâtre, à la Houve, commune de Creutswald, à Saint-Pancré, canton de Longwy, à Aumetz, à Audunletich, à Munterhausen, à Moyeuvre, canton de Litry, à Schambourg, à Lestros, près Sarrelouis, aux Vignes, commune d'Hayange, à Coulmy, à Ottange. Plomb sulfuré, à Saint-Avald; près Sarreguemines, à Gargarthen. Cuivre carbonaté vert et bleu, à Lemberg, près Sarrelouis, à Rischfilstein, à Valdevranche, aux environs de Metz.

### Minéraux acidifères et Roches.

Chaux carbonatée laminaire, grossière et lamellaire, aux environs de Metz; chaux sulfatée prismatoïde avec pyrites dans une argile, à Prêche, canton de Rodenmacher. Grès micacé avec cuivre carbonaté, à Blanberg, près Vandrevange.

## NIÈVRE.

### Combustibles.

Houille feuilletée, à Decise, à la Machine, canton de Decise.

### Métaux.

Fer oxidé jaunâtre, à Saint-Saturnin, à Villette, à la montagne de Champ-Robert, à Childe, à Vendenesse, à la Vignonerie, à Soray, aux environs de Nevers, à Mèvre, à Bizy, etc., etc. Plomb sulfuré, à Chitry, à Saint-Frangy, avec de la houille, à la Machine.

### Minéraux acidi ères et Roches.

Chaux carbonatée grossière, entre Nevers et Saint-Pierre-le-Moutiers, à Apremont, à Cosne. Calcaire grossier, mélangé de quartz hyalin ou de silex, à Guérigny, à Pougues, au haut de la côte, à l'est du village; calcaire pulvérulent, à Pougues. Baryte sulfatée laminaire blanche avec fer oxidé brun, au Martray, commune de Luzy. Quartz pyromaque, entre Cosne et Briare, aux environs de Saint-Honoré, dans le canton de Moulins en Gilbert; quartz hyalin, à Childes, canton de Rochemillay, à Saint-Honoré, aux environs de Decize; quartz molaire, dans le canton de Saint-Benin d'Azy. Roche feldspathique porphyroïde, près des bains, à Saint-Honoré, et au sommet de la Vieille-Montagne, dans le même canton. Granite, à la Vieille-Montagne, à Decize. Schiste argileux, à Saint-Honoré. Argile propre à faire des pipes, des pots de verreries, au port Tarraux; argile pour la faïence, aux environs de Nevers; argiles glaises à Narcy, à Tarraux, à Tannay, à Saiut-Loup; argile bolaire, à Saint-Amand. Feldspath blanc arénacé, servant pour la couverte de la faïence, à Decize.

## NORD.

### Combustibles.

Houille, à Anzin, à Fresnes, à Vieux-Condé, à Anniche. Bois fossile bitumineux ou lignite, à Anzin.

### Métaux.

Fer oxidé, à Anniche, à Vieux-Condé, à Davesnes; fer carbonaté en grains dans les houillères, à Fresnes, à Vieux-Condé, à Anzin; fer carbonaté compacte, à Anzin : il y est recouvert par la houille; fer sulfuré au toit des veines de houille, à Anniche.

### Minéraux acidifères et Roches.

Craie : craie marneuse, craie à gros grain avec grains verts, à Anzin. Quartz pyromaque dans la craie. Pudding quartzeux, à Anzin. Grès donnant un excellent pavé, auprès de Douai. Pudding quartzeux à pâte calcaire, argileuse, à Anniche; grès micacé compact, schisteux et en décomposition, à Anzin. Argile glaise verdâtre, argile ferrugineuse et bitumineuse, à Anzin; argile schisteuse micacée, bitumineuse, à Anzin, à Anniche. Tous ces schistes contiennent des empreintes végétales. Sables mêlés aux argiles et à la craie.

## OISE.

### Combustibles.

Tourbe, à Bresle, à Mareuil, aux environs de Beauvais, aux environs de Chantilly, dans les marais de Chaumont. Terre bitumineuse, à Muirancourt.

### Métaux.

Fer oxidé globuliforme, à Visigneux; fer oxidé brun jaunâtre, à Rhinvillers, à Saint-Just, à Goincourt; fer sulfuré, à Saint-Just; fer sulfuré épigène, à Saint-Just.

### Minéraux acidifères et Roches.

Chaux carbonatée grossière, coquillère, à Beauvais, à Saint-Siméon, à Mareuil, à Chaumont. Calcaire grossier à grain fin, à Creil; calcaire laminaire jaunâtre, au Mont-César, près Breteuil. Craie, à Chaumont, à Visigneux. Quartz hyalin et agate, près de Coye, canton de Creil; quartz pyromaque, à Saint-Just, dans les crayères de Visigneux; quartz xyloïde, à Mareuil, à Coye. Grès grisâtre, à Creil, à Coye. Terre argileuse bolaire, à

Morfontaine. Puddings siliceux, à Coye et à la montagne d'Arbois, près Noyon.

## ORNE.

### Combustibles.

Tourbe, à Pont-Chardon.

### Métaux.

Fer oxidé, hématite brun jaunâtre, à Argentan, à Halouse, à Montmeré, à Brulets, à la Pillière, à la Ferrière, à l'enclos de Valdieu.

### Minéraux acidifères et Roches.

Calcaire crayeux, au Ménil, commune de Saint-Santin; il est un peu argileux : on s'en sert pour marner; calcaire crayeux, à Fonteni, près Laigle : on en fait de la chaux; calcaire pisolitique, près de Mortagne et d'Alençon. Marne, à Pont-Chardon. Quartz hyàlin, enfumé, à Pompera, près d'Alençon; quartz hyalin, calcédoine et pyromaque, aux environs de Laigle; quartz arénacé, diamant ou caillou d'Alençon. Grès à grain très-fin, aux environs d'Alençon. Mica, aux environs d'Alençon. Granite, à la Butte dorée, à Hertrey, à Beauséjour, à Carouges, etc., autour d'Alençon. Kaolin, près Saint-Blaise, au sud d'Alençon. Grès veiné, à Blanche-Lande, commune de Montmeré; grès propre aux constructions de fourneaux, à Varennes; grès micacé, à Tinchebray. Brèche siliceuse, aux environs de Laigle. Schiste argileux, à la Ferrière-Bechet, près de Saint-Barthélemy. Argile à Tinchebray, à la Ferrière-Bechet, à Argentan.

## PAS-DE-CALAIS.

### Combustibles.

Houille schisteuse, à Hardinghen. Tourbe, dans les marais de Reux, commune de Vimy.

### Métaux.

Fer oxidé brun, dans le quartz, aux environs de Boulogne, à

Wimille; fer sulfuré, à Blancy, Ambleteuse, à Hardinghen, aux environs de Calais.

### Minéraux acidifères et Roches.

Chaux carbonatée, à Farbus, à Reux, à Marquises. Calcaire oolitique, miliolite, à Rely; calcaire donnant le ciment de Boulogne, en galets, aux falaises, près Boulogne; calcaire coquiller, à Marquises; calcaire laminaire, aux environs de Boulogne. Marbres de diverses nuances, dans la commune de Ferques, à Marquises, à Hardinghen. Chaux carbonatée incrustante, à Reux, à Blanet. Quartz hyalin, recouvrant un bois fossile bitumineux, près de Calais, au bord de la mer. Grès tendre, à Villers-au-Bois ; grès dur, à Vimy; grès entre Arras et Pernes. Argile schisteuse micacée, à Tilloy; argile glaise, schisteuse, micacée, marneuse, à Mouchy-le-Preux.

## PUY-DE-DOME.

### Combustibles.

Houille, à Saint-Éloy, à Youx, la Combelle, à Brassac, près Issoire. Bois bitumineux, à Saint-Saturnin. Bitume glutineux, à Couder, au Pont-du-Château. Schiste très-bitumineux, à Menat.

### Métaux.

Fer sulfuré, à Pontgibaud, à Menat, à Barbecot, à Combre; Fer arsenical, à Roure. Cuivre pyriteux, à Memont. Plomb sulfuré, à Barbecot, à Roure, à Pont-Gibaud, à Youx; plomb phosphaté, à Pont-Gibaud. Antimoine sulfuré, à Bergerats, à Pont-Gibaud. Fer oligiste, à Mansa, au Puy-de-la-Vache, au Puy-Chopine.

### Minéraux acidifères et Roches.

Chaux carbonatée, à Meilleraux, à Châtel, près Royat; chaux carbonatée concrétionnée, à Mirebel. Calcaire polissable, à Nonnette. Eau incrustante, à Saint-Allyre. Arragonite, à Châtelguion, près Riom, à Vertaison. Chaux fluatée, à Montpensier. Baryte sulfatée, à Royat, à Barbecot, à Youx, à Châtelguion. Quartz hyalin, à Vernes, à Clamoux. Améthyste, à Issoire; quartz résinite, à Gorgoria, à Royat. Calcédoine, à Pont-du-Château. Pyroxène, isolé au Puy de Rodes. Mésotype analcine, au Puy de Marmont, près Verre. Pinite, à Mansa, près Volvic. Serpentine, sur la droite des Barraques. Porphire grès, à Puy-Girou. Granite, au Mont-Dor, près de Néris. Kaolin, à Souxillanges. Alunite avec soufre, dans la vallée de la Dore. Produits volcaniques, tels que laves porphyriques, basaltiques, scories, thermantides, obsidiennes, etc., au Puy-de-la-Vache, au Puy-Girou, au Puy-Merceil, au Puy-de-l'Angle, au Puy-Baladon, au Puy-de-Saran, au Puy-Sarcoui, au Mont-Graveneire, au Mont-Gergovia, à Mont-Charade, à Mont-Rognon, à Mont-Sarcoui, au Mont-Dor, à Pont-du-Château, au Puy-Ferrand, à la Cime-du-Capucin, à Saint-Genest, dans la vallée des Brins, au Puy-Chopine, à la cascade de la Dogue, à Volvic, dans la vallée d'Enfer, à Rochefort, à la pointe du Puy-de-l'Aiguille, à Queille, à Menat, à Trador, à Vertaison, à Saint-Sandoux, à Barnoneize, etc., etc.

## PYRÉNÉES (BASSES-).

### Combustibles.

Anthracite, à Sainte-Suzanne. Graphite, dans la vallée de Cauteretz. Houille avec chaux sulfatée, à Orthez. Bitume glutineux, à Orthez. Succin, à Sainte-Suzanne. Soufre natif, à Saint-Boës. Bitume liquide, à Orthez.

### Métaux.

Fer oligiste, à Libarins, à Saint-Étienne-de-Baigory, à la montagne de Belechi. Fer oxidé brun, à Mauléon, à Loubie, à Baigorry, à Mittaly, à Libarins, à Ondarolles; fer carbonaté, à Baigorry, à Lichqueta, à Aritschouleguy, à Usteleguy, à Ondarolles, à Bareux, dans la vallée d'Ossau. Zinc sulfuré, à Ondarolles, aux montagnes de Lesponnes, de Turou, de Beterette. Plomb sulfuré, aux montagnes de Tura-d'Auzan, de Beterette, à Louvie, à Baigorry; plomb carbonaté, à la Tossette, canton d'Arète. Cuivre pyriteux, aux environs de Baigorry, à Astrouque, à Aritschouleguy; cuivre gris, à Ondarolles, à Louvie, à Baigorry, à la montagne d'Ériré; cuivre carbonaté, à Berette, canton d'Istor, à la montagne de fer de Hourat. Manganèse oxidé noir, à Bareux, canton de Mauléon.

### Minéraux acidifères et Roches.

Chaux carbonatée compacte, à Saint-Jean-de-Luz; chaux carbonatée laminaire, à Louhoussoa, près Mendioude, à Riouman, à la grotte de l'Amour; chaux carbonatée, cristallisée dans le lit du Gave, près de Pau; chaux carbonatée, mêlée de talc, à Libarrens. Arragonite coralloïde, près de Baigorry; chaux sulfatée fibreuse, à Saint-Boës; Chaux sulfatée compacte, albâtre gypseux, dans la vallée d'Aspe. Baryte sulfatée, à Guermiette, près de Baigorry. Dipyre, à Libarrens, sur la rive droite du Gave, à trois kilomètres de Mauléon. Talc stéatite, servant de gangue, au Dipyre, à Libarrens. Feldspath avec quartz, passant souvent à l'état de kaolin, aux environs de Bayonne. Roche de feldspath et d'amphibole, à Saint-Jean-Pied-de-Port, aux environs de Baigorry. Granite, à Louhoussoa. Galets argilo-ferrugineux, à Ogenne, canton de Navarrens. Schiste argileux, à Baigorry. Argile bolaire, à Orthez; argile rouge, à Libarrens.

## PYRÉNÉES (HAUTES-).

### Métaux.

Fer oxidé, à Varracolin, à Sarrancolin, au Pic du Midi, à Montarroi, à la montagne d'Esponne; fer oligiste écailleux, à Bagnères-de-Bigorre, au pont de la Gardette, à Nettatya, à la Tassa; fer sulfuré, au Filon anglais; fer arsenical, au bas du pic d'Arbizon; fer carbonaté, à Aste, à la montagne de Guchan, à Medon, à la vallée d'Aure, aux Artigues. Plomb sulfuré, à la montagne de Guchan, à la rivière de Neste, à la Courrette, à Héas, à Contrete. Antimoine sulfuré, à la Courrette. Zinc sulfuré, à

Coubre en l'Estiva, aux environs de Baréges, entre Pierre-Fitte et Luz, à la montagne de la Schiourre, aux environs de Gazos. Nickel oxidé sur calcaire, à Rieman vallée de Baréges. Cuivre pyriteux, au Tourmalet, à Benne-Rouge, au-dessus du filon de Montaroi, au Filon Anglais, à la Barthe, à la montagne de Meuchies. Cuivre carbonaté, au pic du midi de Soulom, à la montagne et dans les bois de Salechan, à la rivière de St.-Savin.

### Minéraux acidifères et Roches.

Chaux carbonatée laminaire et cristallisée, à Baréges, au Pic d'Erelitz, au sud de Baréges ; chaux carbonatée saccharoïde et lamellaire, à Gavernie, à Baréges; chaux carbonatée compacte, à la Prade de Saint-Jean Gavernie, au Petit-Baréges : chaux carbonatée fibreuse, à Baréges. Calcaire avec huîtres, au Mont-Perdu; avec de l'asbeste, au Pic d'Erelitz; avec grenat, à la montagne de Caubert, au Pic d'Arbison; calcaire rubané, à Rieuman. Quartz hyalin, au Pic d'Erelitz, au Petit-Baréges, à Héas, à Baréges. Grès à grain fin au Mont-Perdu. Grenat dans un calcaire gris brun, au Pic d'Espade. Calcaire argileux, au Mont-Perdu. Marbre rouge et blanc, à Sarran-Colin. Axinite, au Pic d'Erelitz. Prehnite, au Pic d'Erelitz. Micaschiste avec Staurotide, au lac de Seculado. Asbeste, à la Montagne-de-Lis, vallée de Baréges; au Pic d'Erelitz. Feldspath, au Pic d'Erelitz. Talc chlorite, au Petit-Baréges; Épidote avec calcaire, au cirque du Mont Arec. Mâcles dans schiste argileux, à Pierre-Fitte, à Baréges, à Belpoey, à Gavernie. Amphibole laminaire dans schiste talcqueux, au Pic d'Erelitz. Roche de Feldspath et Amphibole, à Luz. Granite avec Tourmaline cylindroïde, au Pic-du-Midi, à Baréges et Bagnères. Porphyres gris, gris verdâtre, au Tourmalet, passage de Bagnères-de-Bigorre à Baréges, à Baréges et au Pic-du-Midi. Granite, à Gavernie, dans les vallées d'Aure, de Heas, au Pic-du-Midi. Argile jaune pouvant remplacer le tripoli, à Hasparn en Soule. Mica écailleux, au Casaret-de-Sers.

## PYRÉNÉES-ORIENTALES.

### Métaux.

Fer oxidé brun, à Thoren, à Tauringa, à Escaron, à Fillols, à Huista, à Salvanère; fer hématite, à la Bouche dite Lapinouze; fer carbonaté, à la Bouche dite les Canals; fer sulfuré, aux environs d'Arles. Plomb sulfuré, à Fillols. Zinc sulfuré, aux environs d'Arles. Cuivre natif, à la montagne d'Albert. Cuivre pyriteux, à Saint-Laurent.

### Minéraux acidifères et Roches.

Chaux carbonatée, saccharoïde, marbre statuaire, dans la commune de Py. Schiste ardoise, à Lourdes. Marbres gris veiné de blanc, bleuâtre, rouge violet veiné de blanc, coquiller jaune, rougeâtre, jaunâtre veiné de blanc, brèches, fond rouge à fragment jaune et gris jaunâtre, fond jaune, fragmens blancs et gris noir, fond noir et fragmens blancs, etc., dans toute la chaîne des Pyrénées.

## RHIN (BAS-)

### Combustibles.

Houille schisteuse, à Lobsann, canton de Soultz, à Lalaye, canton de Benfeld. Lignite fibreux ou bois bitumineux, à Soulz, à Bouxweiler, arrondissement de Saverne, à Lalaye. Graphite sur quartz, au Val d'Urbeis. Bitume glutineux, ou poix minérale, à Lobsann; id. demi-fluide, dans le canton de Soultz; on s'en sert pour goudronner les cordes; bitume consistant, dans le même canton. Argile bitumineuse, à Lalaye, avec pyrites ou sel gemme. Terre noire vitriolique ou terre houille, dans les cavités de schistes, à Crastadt, près Wasselonne. Sable imprégné de bitume, à Lobsann.

### Métaux.

Fer oxidé brun jaunâtre, dans la forêt de Hagueneau; à Meitesheim, à Bischoff, au mont Pétronelle près Berg-Labern. Hématite fibreuse, à la Mias de Carreauzug, au mont Pétronelle, à Lamperlzloch, à quatre lieues de Schœnau ; fer oxidé brun terreux, près de Honsdorf, à quatre lieues de Schœnau ; fer oxidé brun jaunâtre, à Zweremberg, dans la forêt de Bergzabern ; fer carbonaté avec quartz, au fond du Val d'Urbeis. Plomb sulfuré, à la mine de la Goutte-Henry, canton de Villé, à Saint-Nicolas-d'Urbeis ; plomb phosphaté, à Erlenbach, arrondissement de Weissembourg, à Schweinhubel, à Neunhoff, canton de Niederbronn, à Breitemberg, près Erlenbach. Antimoine sulfuré, à Charbes, canton de Villé, à Urbeis. Manganèse oxidée métalloïde gris, à Dambach, près Schelestadt ; manganèse oxidé brunâtre et brun noirâtre, dans le même gisement. Cuivre pyriteux, à la Goutte-Henry, au-dessus d'Urbeis, canton de Villé, à La Chapelle, à Lalaye, à Triembach, à Schelestadt; il est souvent accompagné, dans ces diverses localités, de cuivre carbonaté vert, de baryte sulfatée, de quartz, ou de plomb sulfuré.

### Minéraux acidifères et Roches.

Calcaire compacte, coquiller, aux environs de Saverne, à Reischoff. Chaux sulfatée, gris rougeâtre, albâtre gypseux, à Waltenheim, à une lieue et demie de Brumpt, à Soultz, près Clyenthal. Marne dure à Wanhelmont. Grès rouge, à Soultz.

## RHIN (HAUT-).

### Combustibles.

Bitume dans un grès friable, à Hirtsbach, près Altkirch, à Saint-Hippolyte.

### Métaux.

Fer oligiste, à la mine de Courroux, près de Dellemont, à Bendorf ; fer oxidé brun jaunâtre, à Steinbig, vallée de Saint-Amarin, à la mine de Sainte-Barbe, vallée de Portelbach, à Vilkenbach, à Karsprung, à Saint-Auxelle-de-

Giromagny; fer oxidé brun, contenant peut-être de l'or, de l'argent et un peu de cuivre, à Lucelle, près Huningue; fer oxidé globuliforme ou en grains, à Chatenoy, à Roble, près Béfort, à Courroux, à Beltoncourt. Fer carbonaté avec quartz hyalin, dans la vallée de Saint-Amarin. Plomb sulfuré, à Sainte-Marie-aux-Mines, à Giromagny, dans la vallée de Plancher-aux-Mines, à Champ-Louvre, à Saint-Philippe d'Auxelle; il y est accompagné de chaux carbonatée, de chaux fluatée, de quartz ou de fer oxidé brun. Zinc sulfuré avec chaux carbonatée équiaxe, spath perlé, quartz hyalin, chaux carbonatée métastatique ou chaux fluatée, à Sainte-Marie-aux-Mines. Cuivre pyriteux jaune, à Giromagny, à Saint-Philippe-d'Auxelle, à Sainte-Marie-aux-Mines, à Saint-Roch, au lac de l'Étoile-du-Matin, accompagné de plomb sulfuré, quartz hyalin, fer hématite, chaux carbonatée, chaux fluatée. Cuivre gris, à Saint-Pierre de Giromagny, à Saint-Guillaume, vallée de Faunoux, à Sainte-Marie-aux-Mines, à Saint-Jacques, vallée de Raugenthal; il y est accompagné de quartz hyalin, chaux carbonatée pure et ferro-manganésifère, cuivre carbonaté, zinc sulfuré, Cuivre carbonaté, vert mamelonné ou terreux; à Giromagny, à Sainte-Marie-aux-Mines. Arsenic natif, à Sainte-Marie-aux-Mines. Argent natif, ramuleux, amorphe, à Sainte-Marie-aux Mines; argent antimonié sulfuré, à Sainte-Marie-aux-Mines, accompagné de chaux carbonatée, chaux fluatée, feldspath rouge, quartz hyalin, cuivre gris, et arsenic natif.

### Minéraux acidifères et Roches.

Chaux carbonatée lamellaire, à la montagne de Saint-Philippe, à la montagne au sud de Wissenbach; chaux carbonatée équiaxe, et métastatique, à Sainte Marie-aux-Mines; chaux carbonatée lamellaire, madréporite, à Lucelle, près Huningue. Chaux carbonatée ferro-manganésifère, à Sainte-Marie-aux-Mines. Chaux sulfatée compacte blanche, albâtre gypseux, à une lieue de Souetz; chaux fluatée cubique jaune, verte ou violette, avec chaux carbonatée dodécaèdre raccourcie, quartz, argent rouge, fer spatique, cuivre pyriteux, à Giromagny, à Sainte-Marie-aux-Mines. Arragonite coralloïde, à Sainte-Marie-aux-Mines. Quartz hyalin, à Gyromagny, à Sainte-Marie-aux-Mines. Feldspath rouge de chair, mélangé de talc stéatite, amphibole verte, pinite, dans la vallée de Giromagny, au ballon de Saint-Nicolas, près Massevaux, à la montagne de Saint-André sur la route du Ballon. Feldspath pétrosiliceux rubané gris noirâtre, dans la vallée de Gyromagny, à la montagne Saint-André, à la gorge du Ballon, à la montagne de Saint-Daniel, dans la vallée de Vescemont. Granite, à la montagne du Ballon, dans la vallée de Saint-Amarin, à la montagne Saint-André, à la montagne du château de Feste, du côté de Sainte-Marie-aux-Mines. Fausse brèche, passant du pétrosilex au trapp, avec quelques grains d'amphibole, dans la vallée de Giromagny, aux montagnes de la gorge du Ballon, au nord du Puitz. Roche amphibolique, à Giromagny, à la montagne de Faunoux. Porphyre avec cristaux de feldspath blanchâtres dans la vallée de Giromagny.

## RHONE.

### Combustibles.

Houille maigre, à Sainte-Foi-l'Argentière, à Sainte-Foi sur Brevennes.

### Métaux.

Fer oxidé brun rougeâtre, à la Rajasse, près de Lyon; fer oxidé terreux, dans les bois de Montron, près de Givors et du canal de Rive-de-Gier; fer sulfuré, à Chessy, à Chaviney, au Pilon, près Saint-Bel; fer sulfuré arsenical, à Frenoylle, près Lyon, à Chessy. Fer carbonaté, à la Rajasse, à Ardilly, près Lyon. Plomb sulfuré, à Chessy-aux-Chenelettes, près Villefranche; plomb sulfuré antimonifère, au filon de Bressieux, à deux lieues de Saint-Bel; plomb gomme, à Nuissier. Zinc sulfuré, à Chessy, à Cheviney. Cuivre oxidulé, à Chessy, à Saint-Bel. Cuivre sulfuré, à Saint-Bel, à Chessy, à Cheviney, à Sourcieux, au

Pilon. Cuivre carbonaté vert et bleu, à Chessy; cuivre sulfaté, au Pilon et à Chessy. Manganèse oxidée mamelonnée, à la Rajasse.

### Minéraux acidifères et Roches.

Chaux carbonatée, à Dardilly, à Chessy, à Lantin, à Châtillon, à la Rajasse, à Couzon, à Tarare; chaux sulfatée aciculaire, à Chessy. Baryte sulfatée, à Chessy. Quartz hyalin, à Saint-Bel, à Chessy, à Saint-Clément sur Tarare. Feldspath cristallisé, à Dardilly. Grenat, dans un schiste micacé, à la montagne de Tarare. Grès servant de toit, de mur, ou de crêtes, aux filons de cendre, à Saint-Bel, à Chessy, au Pilon, à Sourcieux. Granite, à Chessy, à Dardilly, entre la Tour et l'Arbresle, à Oullins, à Pierre-Bénite, à Lanchère, à Chaponneau, dans la forêt de La Farge, entre La Palisse et Roanne, à la montagne de Tarare. Gneiss, à Saint-Pierre, à deux lieues de Chessy, à Pierrecise, à la montagne d'Iseron, à celle de Buvet, entre Tarare et l'Arbresle. Roche pétrosiliceuse avec actinote, aux montagnes d'Aujoux, près de Propières, aux Chenelettes, à Poule, à la forêt de La Farge. Puddings, aux environs de Saint-Bel, aux montagnes d'Aujoux, à Dardilly.

## SAONE (HAUTE-)

### Combustibles.

Houille, à Blanzy, à Ronchamps, à Champagney. Tourbe compacte, à Gouhenau; tourbe herbacée, à Melisey. Schiste bitumineux, à Champagney. Soufre dans géode siliceuse à Fretigny.

### Métaux.

Fer oxidé globuliforme, à Var près Theuley, à Martinvelle, au bois de Colonge, à Saint-Georges, à deux lieues et demie de Lure, à Chargey, à Percey-le-Grand, à Willemenfroy près Vesoul; fer oxidé, brun, compacte, aux environs de Lure, à Jussey, à Charmont, à Rougemont; fer oligiste dans jaspe rouge, à Fougerolles, à Servance, à Luxeuil. Plomb sulfuré, à Saint-Brissoux, plomb phosphaté, à Peningthurn. Cuivre pyriteux, à Plancher-les-Mines ; cuivre gris, *ib.* Manganèse oxidé, à Ronchamps. Molybdène sulfuré, à Chateau-Lambert.

### Minéraux acidifères et Roches.

Chaux carbonatée compacte, à Vounans près de Lure, entre Nogent et Baleure, entre Nogent et Tournus, à Noiseret, à la Roche-d'Anjou. Calcaire concrétionné miliolite, aux environs de Neuville, à la carrière de Colombier, à la colline Briançon, à Martailly; calcaire laminaire grenu, entre Nogent et Baleure, aux environs de Champagney et de Senecey; calcaire coquiller, à la grotte de Fournière, à Champlitte, à Noiseret; calcaire siliceux, à la grotte de Fournières, à Colombier, à Nogent. Chaux sulfatée, à Vournans. Grès, entre Nogent et Baleure; grès à aiguiser, à la Selle, à deux lieues de la Hutte; grès micacé, à Ronchamps. Ardoise, à Plancher-Bas. Schiste argileux, à Ronchamps. Quartz jaspé noir, à Plancher-les-Mines. Silex blanchâtre, près de Champlitte, Grès rougeâtre, très-dur, à Étrigny. Roche feldspathique à Baleure, sur le chemin du bois de Baleure, à Morot. Roche porphyrique, près la grotte de Fournières. Granite, à Frette, à Plancher-les-Belles-Filles, à Fontaine près Luxeuil.

## SAONE-ET-LOIRE.

### Combustibles.

Houille grasse, à Igornay, à Brancille, à Chaufaille, à Saint-Brain, à la Gagère, au Creusot. Anthracite, à Mussy près la Claytte, à Mâcon. Schiste bitumineux, avec empreintes de poissons, au Creusot, à Muse, deux lieues au nord d'Autun, à l'entrée du village dans un chemin creux; à Saint-Brain.

### Métaux.

Fer oxidé globuliforme, à Chalençay, aux Apports, commune de Marisy, à Martigny, à Tourny, à Ermigny, à Tortercelles, à Remigny ; fer oxidé brun, à Chizeuil, près Beauchamp, au Pouriot, à Chalencey, à Bourbon-Lancy, aux Charmes; fer carbonaté, à Saint-Prix sous Beuvray, près d'Autun. Plomb sulfuré, à Saint-Prix sous Beuvray, à Gouvin près d'Autun; plomb arséniaté et phosphate arséniaté, à Saint-Prix sous Beuvray. Manganèse oxidée noire compacte, à Saint-Micaud, canton de Mondossi, à Romanèche, canton de Guinchay. Urane phosphaté, à Saint-Symphorien de Marmagne; le ruisseau qui coule dans le chemin creux qui mène à ce village en contient souvent des paillettes. Titane oxidé rouge, aux environs de Gourdon. Chrome oxidé colorant des quartz et grès, aux environs des Écouchets sur la route de Couches au Creusot.

### Minéraux acidifères et Roches.

Chaux carbonatée coquillère, à Lixy, à Saint-Martin, à Saint-Maurice, à Saint-Sernin-du-Plain; chaux carbonatée compacte polissable, à Mâcon; chaux carbonatée fibreuse, à Château-Neuf, à Saint-Maurice, au Montet. Calcaire argileux, aux environs de Saint-Sernin. Chaux carbonatée donnant une chaux hydraulique, à Brion; chaux sulfatée, à Cluny près Mâcon, chaux sulfatée, soyeuse, de diverses couleurs, à Saint-Sernin-du-Plain; chaux fluatée, à Saint-Prix-sous-Beuvray, à la Petite-Verrière, à La Boullaye, canton de Roussillon, à la grotte d'Argental, à Saint-Léger près Saint-Prix, avec quartz aux environs du Creusot, aux Écouchets. Baryte sulfatée, à La Boullaye près Roussillon. Quartz hyalin, à la grotte d'Argental, à Marmagne, etc., etc.; quartz avec empreinte de cristaux de chaux fluatée, etc., à La Boullaye, à la Petite-Verrière. Tourmalines, dans les granites des environs de la route de Couches au Creusot. Émeraudes dans la pegmatite, à Marmagne. Asbeste dur, à Marmagne. Grès micacé, aux environs d'Autun. Grenats, aux environs de Saint-Vincent. Granite, aux environs du Creusot, à Château-Neuf, à la Claytte, à la Pierre-d'Uchon, etc.; granites porphyriques, sur la route de Chisey à la Pierre-Écrite. Micaschiste, au Montjeu près d'Autun. Feldspath rougeâtre, à La Boullaye; feldspath compacte, à la Claytte, à la Grande-Verrière, au Mont-Beuvray. Porphyre rougeâtre décomposé, à Chassigny. Amphibole laminaire et serpentine verte, à Martigny près Marmagne. Brèches calcaires avec cristaux de feldspath, à Saint-Martin de Lixy. Granite décomposé, à Château-Neuf, à Saint-Symphorien de Marmagne. Argile micacée, employée pour les fourneaux du Creusot, à Marmagne. Argile, employée pour construire les hauts-fourneaux, à Palinges. Lave lithoïde avec péridot granulaire, à Charlieu, commune de Saint-Martin de Lixy; laves basaltiques avec péridot olivin, aux deux pics volcaniques de Drevin, près la route de Couches au Creusot, et servant au pavage d'une partie de cette route.

## SARTHE.

### Combustibles.

Lignite noir, friable, dans le canton de la Fuze, à Saint-Pavas. Succin jaune rougeâtre, à la Fuze.

### Métaux.

Fer oxidé globuliforme, au bois de la Pannetière, à Saint-Calais, à Saint-Pavas, entre Millèse et Aigue; fer oxidé brun, jaunâtre, à Chemire et Rouez en Champagné, près Sillé-le-Guillaume; fer sulfuré, à Saint-Léonard. Minerai de fer attirable à l'aimant, dans les bois de la Pannecière, à Saint-Calais.

### Minéraux acidifères et Roches.

Chaux carbonatée, à Bernay, à Sablé, etc., etc. Craie, sur la route du Mans à Alençon, à trois quarts de lieue du Mans. Chaux sulfatée laminaire, à Bernay. Calcaire grossier, argileux et sableux, formant la chaîne des Coteaux depuis Saint-Benoît jusqu'à Noyen. Marbre dit Montroux-de-Sablé, commune d'Asnières; marbre noir de Sablé, commune de Juigné. Marne calcaire tendre, à la butte de Moten-Filant, commune de Saint-Pavas. Quartz résinite, dans une marnière près du Mans; quartz résinite opaque, dans les marnières de Pruilé, à trois lieues au sud du Mans; *id.* veiné et rubané; *id.* onyx semblable à celui de Saint-Ouen, à Pruilé; quartz résinite sabluisant schisteux ou ménilite, aux environs du Mans. Argile jaunâtre, à Ponthieu, à la butte des Éveilles. Galets argileux, dans le ruisseau de Moiré, commune de Roizé. Argile smectique ou terre à foulon, à trois quarts de lieue du Mans sur la route d'Alençon. Grès à grain fin au bois de la Pannetière, à la Basoge, à Ponthibaud. Granite, à la butte de la Louichère. Roche amphibolique, à noyaux calcaires, près du Mans. Puddings dans les Landes de Mulsanne, de Ponthieu, et à Frangé. Roche composée de quartz hyalin et de feldspath en décomposition et en globules dans la forêt de Perceigne près de Mamers.

## SEINE.

### Combustibles.

Bois fossile peu altéré, dans la Seine, entre Ivry et Choisy, au Port-à-l'Anglais. Tourbe, dans les fouilles pratiquées pour la construction du Pont de la Concorde, au Port-à-l'Anglais. Soufre cristallisé, dans les fouilles faites à la porte Saint-Antoine dans un dépôt de plâtras et d'immondices.

### Métaux.

Fer oxidé brun, avec traces de fer sulfuré en rognons, à la butte Montmartre, à quatre pieds au-dessous de la terre végétale; fer sulfuré trouvé dans le terrain où l'on a creusé le puits de l'École-Militaire. Manganèse oxidée hydratée, disséminée en gouttes à la surface du gypse, à Montmartre.

### Minéraux acidifères et Roches.

Chaux carbonatée, grossière, tout autour de Paris et dans son intérieur; chaux carbonatée, concrétionnée, à Montmartre, à Belleville, dans les cavités de la première couche de gypse, à Clignancourt, à Pantin. Albâtre calcaire jaune roussâtre, dans les fentes de la première couche de gypse à Montmartre, à Pantin; *id.* incrustante, déposée par les eaux d'Arcueil. Chaux carbonatée compacte. Pierre à chaux, à Champigny; *id.* avec petits cristaux de chaux carbonatée inverse et de chaux fluatée cubique, au

Marché aux Chevaux. Craie blanche, au bas de Meudon, avec Silex, contenant quelquefois la strontiane sulfatée. Chaux carbonatée spongieuse. Agaric minéral, à Nanterre. Chaux carbonatée, pulvérulente, farine fossile, dans les carrières de Neuilly. Marne calcaire compacte, avec dendrites, sur la deuxième couche de gypse à Montmartre. Calcaire siliceux à Clamart sous Meudon. Chaux sulfatée, cristallisée fibreuse, à la butte Chaumont, dans les marnes de la seconde couche de gypse ; lenticulaire, et en fer de lance dans la marne sur la seconde couche de gypse à Montmartre; en chevilles entrelacées, dans la seconde couche de gypse à Montmartre, à Bagnolet; chaux sulfatée mixtiligne, au-dessus de l'argile verte à la butte Chaumont, à Montmartre, à Pantin; chaux sulfatée prismatoïde trapésienne, à la butte Chaumont; jaunâtre, chatoyante, à Montreuil-le-Petit; niviforme avec gypse transparent de mauvaise qualité, à Montmartre; chaux sulfatée, lamellaire, dans les quartz pyromaques, à Saint-Ouen; chaux sulfatée calcarifère, ou Pierre à plâtre, à Montmartre, à Clignancourt, à Ménilmontant, à Pantin, à la butte Chaumont, à Bagnolet, etc. Chaux fluatée cubique en très-petits cristaux dans la chaux carbonatée, à Passy. Strontiane sulfatée apotome, dans la strontiane sulfatée, calcarifère, à trois pieds au-dessous de la glaise verte, à Montmartre, à Pantin. Quartz pyromaque, à trois pieds au-dessous de la terre végétale à Romainville, à Champigny, à Saint-Maur, à Saint-Ouen; dans la première couche de gypse à Montmartre, à Montreuil au-dessus de Vincennes. Calcédoine blanchâtre et bleuâtre stalactiforme, à Champigny. Quartz nectique, à Saint-Ouen; quartz résinite, à Saint-Ouen, à Saint-Maur; quartz résinite schisteux, sabluisant (ménilite), dans l'argile feuilletée, à Ménilmontant; quartz hyalin avec chaux carbonatée inverse, dans la marne qui sépare les couches de calcaire exploitées près du pont de Neuilly. Argile feuilletée, happant à la langue, à Menilmontant; argile gris bleuâtre, à Montmartre, au-dessous de la strontiane sulfatée; argile glaise, gris rougeâtre, à Vanvres; argile gris jaunâtre, fine, aux environs de Charenton; argile jaunâtre, terre à four, à Picpus. Sable jaune, rougeâtre, à

Fontenay-aux-Roses, dans la plaine, entre la barrière de l'Étoile et Neuilly; sable noir, mélangé de pyrite, à Vaugirard. Grès, derrière le château d'Issy, à la butte Montmartre. Quartz xyloïde, dans le gypse, à Bagnolet, à Montmartre. Dans tous les gypses et calcaires, se trouve une grande quantité de fossiles.

## SEINE-ET-MARNE.

### Combustibles.

Touche fibreuse, entre Guillouvrais et Mareuil-sur-l'Ourcq, près de la Ferté-Milon. Terre vitriolique ou sulfureuse, à Luzancy, canton de la Ferté-sous-Jouarre.

### Métaux.

Fer oxidé brun jaunâtre, dans les sablières de Saint-Nicolas près de Provins.

### Minéraux acidifères et Roches.

Chaux carbonatée compacte, à Gouverne près Lagny, à Cressy, à la Chapelle près Cressy, entre Fontainebleau et Montereau, sur la route de Nogent-sur-Seine près Provins, aux ravins de Gennepont, aux environs de Provins, à Grisy. Calcaire compacte polissable, à Château-Landon, à Sereille près Poigny, au moulin de Prailly, sur la route de Brai à Provins, à Saint-Sylla, à Montjubert; calcaire concrétionné mamelonné, aux sources de l'abbaye de Cregi. Chaux carbonatée fibreuse conjointe, au ravin de Durtois au-dessus de la Bretonnière, aux ravins de Grisy; chaux carbonatée grossière, à Valvin, aux bords de la Seine; chaux carbonatée coquillère, aux carrières du Jardinet, à Lusancy. Craie, à Château-Landon, à Thorigny près Lagny. Chaux carbonatée quartzifère cristallisée, à Bellecroix, dans la forêt de Fontainebleau; chaux sulfatée, à Lagny, à Anet, canton de Claye, à Thorigny, à Cressy. Albâtre gypseux, à Lagny. Quartz pyromaque, aux environs de Nemours, à Dampmart, canton de Lagny, à Thorigny; quartz molaire, à la Ferté-sous-Jouarre; quartz hyalin, à Thorigny. Agate grossière, aux bois des Fossés près de Nemours, à la Chapelle, canton de Crécy. Quartz xyloïde, à Anet. Grès, à Fontainebleau, à Nemours, etc. Pudding quartzeux, aux environs de Nemours; puddings calcaires, au Jardinet à Lusancy. Argile glaise, à Thorigny, à la Ferté-sous-Jouarre; argile à faïence, à la Colonne entre Moret et Montereau-Fault-Yonne, à Chenevière; argile, à Foulon, à Saint-Brice, aux environs de Coulommiers. Marne, à Thorigny; argile grise, bonne à polir en place de tripoli, aux environs de Provins.

## SEINE-ET-OISE.

### Combustibles.

Bois bitumineux, dans l'argile glaise du bas de la montagne près Luzarches. Terre noire bitumineuse, à Saint-Martin-la-Garenne, arrondissement de Mantes. Tourbes, à Demoy près Noissy, à Mennecy, au Moulin-Galant, vallée de l'Essonne près de Corbeil. Argile schisteuse, remplie de débris de végétaux plus ou moins décomposés, à l'entrée de Bougival du côté de Versailles.

### Métaux.

Fer oxidé brun jaunâtre, dans les bois voisins du château de Meudon; fer oxidé arénacé, à Seraincourt près Pontoise, à la montagne de Carnel près Beaumont.

### Minéraux acidifères et Roches.

Chaux carbonatée cristallisée, entre Saint-Denis et Argenteuil, à Brières près Dourdan. Calcaire, pierre à bâtir et à chaux, à Essonne, à Saint-Cloud, à Sèvres, à Ville-d'Avray, à la côte de Marly, à Saillancourt, d'où viennent les pierres qni ont servi à la construction du pont de Neuilly, à Chars, canton de Marins, à Cormeilles, à Grignon; ce dernier est presque un falun, tant il est plein de coquilles; tous les autres, à peu d'exception près, sont aussi coquillers. Craie, à Meudon, à Marly. Silex dans les craies, à Meudon, à Marly, à Limours, à Lonjumeau, à Bièvre. Quartz molaire, près de Chevreuse; quartz résinite, près de Grignon, à Grasrouvre, au nord-ouest de Montfort-l'Amaury. Grès, à Belloy près Luzarches, aux environs de Montfort-l'Amaury, à Chars, canton de Marins, à Capenval au-dessus de Pontoise. Pudding siliceux, dans le chemin creux de Bleiche près de Montfort-l'Amaury, à Méréville. Sable micacé, à Bréançon, aux environs de Lonjumeau, à Ville-d'Avray, à Roboise. Argile glaise, au-dessus des craies à Meudon, à Marly; argile blanche, terre de pipe, dans les plaines de la Christinière près Houdant; argile grise feuilletée, à Bougival.

## SEINE-INFÉRIEURE.

### Combustibles.

Tourbe compacte noire, à Bolbec. Terre bitumineuse grise, noirâtre, brûlaut, avec une odeur très-fétide, aux environs de Dieppe.

### Métaux.

Fer oxidé brun jaunâtre, à Bellencombre; fer oxidé arénacé, au haut du plateau de la Hève; fer sulfuré, dans une marne près de Monville, avec argile, à Coursel près Saint-Samson, à la Hève, à Saint-Nicolas, arrondissement de Dieppe.

### Minéraux acidifères et Roches.

Chaux carbonatée coquillère, à Pourville, à Doudeauville; chaux carbonatée concrétionnée, à la grotte de la Bouille près Rouen; chaux carbonatée incrustante, dans une fontaine près d'Orcher sur les bords de la Seine, à trois lieues du Hâvre. Craie, à Berneval, à deux lieues nord-est de Dieppe, à Pourville, à Orival près Elbeuf. Calcaire argileux polissable, à Saint-Etienne-de-Rouvrai, canton d'Elbeuf. Galets calcaires, à Dieppe. Marne calcaire grise, coquillère, au-dessus de l'argile glaise au cap de la Hève. Calcaire siliceux, avec talc stéatite et fer sulfuré, décomposé, au quatrième banc du cap de la Hève. Quartz hyalin roulé, aux bords de la mer, depuis le Havre jusqu'à Dieppe; quartz pyromaque, avec calcédoine mamelonnée, au bord de la mer à

Dieppe; le même, dans une marne jaunâtre à Berneval, à Pourville. Sable gris fin, employé dans les verreries, à Beaubec, près Gournay; sable fin jaunâtre, à Menerval, près Gournay. Grès mélangé de calcaire laminaire et employé pour paver, à Gournay; grès à empreinte, au cap d'Ailly; grès lustré, au cap de la Hève. Pudding siliceux à pâte calcaire, au cap de la Hève. Argile glaise, au cap de la Hève, à Meulers, canton d'Arques, à Lalonde près d'Elbeuf, depuis Dieppe jusqu'à Gournay; argile plastique réfractaire, à Forges, à Martincamp près Neuchâtel. Lave lithoïde, avec péridot et fragmens de granite, sous la falaise de Dieppe à Berneval.

## SÈVRES (DEUX-).

### Métaux.

Fer oxidé, très-abondant sur le revers méridional de la chaîne de collines qui s'étend depuis Montalembert jusqu'aux environs de Melle. Ammonites pyriteuses, dans une argile des mêmes collines. Antimoine sulfuré, aux environs de Châtillon.

### Minéraux acidifères et Roches.

Chaux carbonatée compacte veinée, de diverses couleurs, nommée Marbres-Cervelas, sur un des côtés de la Vallée-de-l'Autise. Baryte sulfatée crêtée, en blocs considérables, sur un coteau vis-à-vis Saint-Maixent. Quartz hyalin jaune, aux environs de Châtillon; quartz hyalin roulé, galets, aux environs de Peyrate et d'Oroux; quartz hyalin amorphe, dans les communes d'Ardin et de Vausseroux; quartz aventuriné, dans le canton de la Ferrière et dans la commune de Vâles; quartz pyromaque, aux environs de Montalembert, à Melle, à Mairé. Silex gris terne, enveloppé d'argile jaunâtre, à Vâles; silex carié, agate molaire, à Melle et aux environs. Quartz xyloïde, à Vâles. Feldspath cristallisé et amphibole, aux environs de Bressuire. Granites, dans la commune de Moncanière, à Saint-Martin-des-Fouilloux, à Vausseroux, à Vâles. Gneiss en fragmens épars, dans la commune de Saint-Martin-de-Fouilloux. Serpentine vert noirâtre, entre Saint-Martin-de-Fouilloux et Vausseroux. Puddings quartzeux et ferrugineux, à Vâles. Roche amphibolique, aux environs de Châtillon. Argile smectique ou terre à foulon, aux environs d'Ardin.

## SOMME.

### Combustibles.

Tourbe fibreuse, à Vieulaine, à Longprey-les-Corps-Saints, à Long et Catelet, à Vaulx sous Corbie, à la Grande-Taille-de-Corbie, à Bray, à Cerisy-Hailly; tourbe compacte, aux environs d'Amiens, à Saint-Maurice, à Buissi. Bois bitumineux, aux environs d'Amiens, à Buissi, à Picquigny, à Brilly.

### Métaux.

Fer oxidé hydraté épigène globuliforme, à Rosoy, à Quiry-le-Sec. Fer sulfuré, à Quiry-le-Sec et dans les différentes tourbières. Cuivre pyriteux, dans la commune de Guchan. Manganèse oxidée noirâtre, canton de Nesle.

### Minéraux acidifères et Roches.

Chaux carbonatée compacte, marbre gris coquiller, à Pont-à-Colline. Craie, dans le canton de Montdidier, à Fillecamp. Chaux carbonatée concrétionnée, à la Grotte-d'Albert. Quartz pyromaque, avec la craie qui forme les collines entre lesquelles sont les vallées tourbeuses, dans un calcaire marneux au bas des falaises du Bourg-d'Ault; quartz pyromaque onyx, à la porte de Saint-Gilles, à Abbeville. Argile grisâtre et marne calcaire, à Roollot.

## TARN.

### Combustibles.

Houille grasse schisteuse, à Carmeaux, à la Croix-d'Alby, commune de Réalmont, à Cordes.

### Metaux.

Fer oligiste, dans les mines de Saint-Michel et Roquignol, à Alban; fer oxidé hématite cellulaire, au Col-Saint-Louis, à Alban; fer oxidé brun, à Alban, à Saint-Pierre-de-Trevisy, à la Malquière, à la mine de Travanet près la Fenasse, à Saint-Jean-du-Fraisse, à Cahuzac près Alban, à Faydel près la Caune, dans le vallon de la Caune, à la montagne de Bel-Air, vallée de la Caune, à Saint-Michel; fer hématite fibreux, à Saint-Pierre-de-Trevisy; fer oxidé globuliforme, à Puicelcy, près la forêt de Grésigné, arrondissement de Gaillac, à Sainte-Catherine près Puicelcy, à Saint-Maurice, à Penne, arrondissement de Gaillac, au plateau de la forêt de la Garrique, entre Clos-Nègre et Martre; fer carbonaté, à Caysac, au roc de Cayla, au Fraisse, à la Malquière, à Alban, à Travanet et Castelnais près la Fenasse, à la mine d'Ambialet près du Tarn, au Plo-d'Épinet dans le vallon de la Caune. Manganèse oxidée noir bleuâtre, à Saint-Marcel près Salles. Plomb sulfuré, à la mine de Brassac près la Caune. Cuivre pyriteux, à Faydel près de la Caune, à Rozières près Carmeaux. Cuivre carbonaté vert avec fer carbonaté décomposé, à Faydel, à Ambialet; dans du quartz, à Rozières.

### Minéraux acidifères et Roches.

Chaux carbonatée, sur les plateaux entre Albi et Réalmont, à la Malquière, à la Montagne-de-Bijoux, à la Montagne-Noire; dans cette chaîne on trouve des variétés à grain salin et compacte, quelquefois talcqueuses. Aux parois d'une grotte, près de Penne, on trouve de la chaux carbonatée pulvérulente. Arragonite coralloïde et fibreux, à la grotte des Cujes-de-Saint-Vergonin. Marne endurcie, sur les plateaux entre Albi et Réalmont. Chaux sulfatée, à Mamave, vallée de Céron aux environs de Penne. Quartz hyalin roulé, au Saut-de-Sabo; quartz résinite, aux environs de la Pomarède. Silex, aux environs de Revel. Brèche quartzeuse, au bassin de Saint-Ferréol, à la Montagne-Noire. Quartz xyloïde, près de la Pomarède. Feldspath laminaire, à la

Montagne-Noire. Tourmalines, à la Montagne-Noire. Granite, gneiss, pegmatite, kaolin, calcaires, argiles, etc., à la Montagne-Noire, depuis la Pomarède jusque vers les Cévennes. Grès, entre Marsac et Carsa, à Graulhat. Granite, à la Fenasse, à Sidobre, à la chaîne de Montalet. Gneiss, aux montagnes qui environnent le bassin de Saint-Ferréol, à la chaîne de Moutalet. Roche amphibolique, dans la vallée du Tarn à la montagne de Montalet. Micaschiste, au Saut-de-Sabo, à Cahuzac. Schiste argileux, à la montagne de Roquecezière, aux environs d'Albi et d'Alban; schiste ardoise, à Montgros, à l'ouest de la Caune. Lave lithoïde avec olivin et pyroxène, au-dessous du Saut-de-Sabo. Argile plastique ou terre à foulon, aux environs d'Albi. Sable granitique, sous le calcaire entre Cahuzac et Gaillac.

## TARN-ET-GARONNE.

Contient des minérais de fer.

## VAR.

### Combustibles.

Houille maigre compacte, à Draguignan. Lignite (jayet), à la montagne de Canderon près Brignoles, à Gardin, commune de la Celle. Graphite, aux Chauvins, commune de Gassin, entre la Molle et Cavalaire.

### Métaux.

Fer oxidé hydraté, à Rebouillon près Draguignan; fer oxidé en grains, à Venasque près Carpentras; fer oxidé, au Mont-Ferrat; fer arsenical, à Campo près la chartreuse de l'Averne; fer chromé, à la Bastide de la Carrade, sur la limite des communes de Gassin et de la Molle. Plomb sulfuré, à Garde-Freinet, à Collabrières, à Saint-Marc près la Molle, à Leigontier près Toulon, entre le fort La Malgue et Toulon, au Canet, dans la forêt des Maures près le Luc. Cuivre gris, au Canet près le Luc, à Gardefreinet; cuivre carbonaté, vert et bleu, à la mine de la Garonne et à la Couëlle-Nègre près Toulon. Zinc sulfuré, à Gardefreinet, à Grimaud, au Canet. Titane oxidé ferrifère avec le fer chromé, à la Bastide de la Carrade. Manganèse oxidée, brun noirâtre, en petits fragmens, à Villeneuve près Antibes.

### Minéraux acidifères et Roches.

Chaux carbonatée compacte, aux environs de Toulon, à Olioulles, aux environs de Grasse, du côté de Nice. Calcaire coquiller fétide, au Bausset. Chaux carbonatée laminaire, à Gardefreinet; chaux fluatée, aù Canet. Baryte sulfatée, au Canet, à Gardefreinet, au Luc, dans la presqu'île de Sépé, en face de Toulon. Quartz hyalin amorphe avec graphite, aux Chauvins, commune de Gassin; quartz hyalin amorphe avec grenat, et staurotide, avec disthène bleu, à la montagne de la Molle; quartz résinite, jaune rougeâtre, à Mons près Grasse. Silex, à la Couëlle-Nègre près Toulon. Tourmaline, à la Molle près Saint-Tropez. Mica argentin, pulvérulent, au bord de la mer, à l'est de Cannes. Quartz schisteux, noirâtre, à Hières. Talc schisteux, vert jaunâtre, au fort La Malgue; talc stéatite, à l'Averne près Saint-Tropez; talc schisteux, blanc verdâtre, à Six-Fours près Toulon. Gneiss, aux montagnes de Gardefreinet, à Garrou. Granite, à la montagne de la Molle. Micaschiste, à la Garonne près Toulon, aux environs de Cogolin, à la Molle. Porphyre rouge, depuis l'Esterel jusqu'à Gardefreinet près de Vidauban. Serpentine, à Gardefreinet, à la Molle, à la Carrade. Roche amphibolique noire, aux montagnes de Gardefreinet. Asbeste dur, à la Carrade, à la Chartreuse de l'Averne. Porphyre décomposé, argilophire, à Vidauban. Granite porphyroïde, *ibid.* Pyroxène noir, à Antibes. Lave lithoïde, à Antibes, au volcan de Rougier, près Saint-Maximin, à Montfaucon près Cogolin, à la Garde, à Évenas près Toulon; lave décomposée, au volcan de Mauville, commune de la Molle, au volcan de Rougier, à Trouves près Brignolles.

## VAUCLUSE.

### Combustibles.

Lignite compacte, à Métamis près Carpentras, à Piolen, canton d'Orange. Tourbe, sur les bords de la Sorgue, à Monieux, canton de Carpentras. Succin, au coteau de Pierrefeu.

### Métaux.

Fer oxidé hydraté, au coteau de Pierrefeu, canton de Mallermot près des argiles, à Bedouin, à la Ferrière, à Savoillan, à Monieux, bassin de Sault, auprès de la fontaine de Vaucluse; fer sulfuré, à Pierrefeu, à Savoillan, à Malaucenne; fer arsenical, à Apt.

### Minéraux acidifères et Roches.

Chaux carbonatée métastatique sur calcaire grossier, à Faucon; chaux carbonatée laminaire, dans une grotte près de la fontaine de Vaucluse. Calcaire compacte, gris bleuâtre, près du château d'Avignon. Marne, aux environs d'Apt. Chaux sulfatée lenticulaire, à Gargas. Potasse nitratée, à Malaucenne. Calcaire madréporite, à Uchaux. Quartz hyalin avec calcédoine, à Pierrefeu; quartz agate, à Montmoiron, à Pierrefeu. Cornaline, à Montmoiron. Silex pyromaque, dans les sables, entre Blauvac et Vieilles, à Mormoiron, à Saint-Trinit. Quartz arénacé blanc, aux coteaux des environs de Pierrefeu, à Grignac près d'Apt : on les emploie à la verrerie, aux faïences et pour faire des mortiers; quartz xyloïde, bois agatisé, à la montagne de Pierrefeu, au sommet des côteaux entre Gignac et Viens près d'Entrechaux, canton de Paymeras, au bois de la Cour, sur le coteau qui sépare les bassins d'Aurel et de Sault. Grès rubané, à grain fin, à Pierrefeu; grès rougeâtre, aux environs d'Apt; grès gris jaunâtre, à Murs; grès blanc, très-dur, à Bedouin. Pudding siliceux, à Pierrefeu. Argile bolaire, ocre jaune, à Apt.

## VENDÉE.

### Métaux.

Fer oxidé hydraté, à une demi-lieue, au nord, de Fontenay. Plomb sulfuré, à Fontenay-le-Comte, aux mines des Essarts, entre Talmont et les sables d'Olonne. Antimoine sulfuré, à la mine de la Ramée, commune de Bon-Père près Pouzange.

### Minéraux acidifères et Roches.

Chaux carbonatée, à Réaumur. Calcaire rougi par des mollusques, le long de la grève, entre Talmont et les sables d'Olonne. Quartz hyalin blanchâtre, avec amphibole noire, à Montaigu. Roche amphibolique et feldspathique, à Chantonnay. Porphyre rouge sur la côte. Schiste talcqueux, à Fonsordine; *id.* avec staurotide, aux environs des Essarts près les sables d'Olonne. Schiste argileux, se délitant aux environs de Réaumur. Argile bleuâtre mélangée de talc argentin, aux Essarts; argile glaise, jaunâtre, aux Essarts, à la Rousselière près Réaumur; argile provenant de la décomposition des schistes talcqueux, à la Bonnetière.

## VIENNE.

### Combustibles.

Lignite ou bois bitumineux à Crontelle.

### Métaux.

Fer oxidé brun jaunâtre, aux environs de Charroux, de l'île Jourdain, à Gemais, aux environs de Chatellerault; fer sulfuré, aux environs de Chatellerault. Plomb sulfuré, à Grimaud.

### Minéraux acidifères et Roches.

Chaux carbonatée, aux environs de Poitiers, à Civray, à Luchat, aux environs de Croutelle, au port Seguin, au Breuil. Quartz hyalin roulé, aux environs de Chatellerault; quartz jaspoïde blanc, rouge et jaune, dans la commune de Vaux et de Velleche, sur les confins du département d'Indre-et-Loire. Silex, au port Seguin, à Civray. Quartz caverneux, aux bords de la Vienne près d'Abjac. Mica jaune pulvérulent, aux environs de Poitiers. Feldspath laminaire avec talc, à Grimaud, avec amphibole, aux environs de l'Ile Jourdain, près d'Availles. Granite, aux environs du port Seguin, entre Luchat et l'Ile Jourdain. Argile glaise, aux environs de Poitiers; argile très-siliceuse, aux environs de Poitiers, à Sèves. Grès calcaire, marne calcaire à Croutelle.

## VIENNE (HAUTE-).

### Métaux.

Fer oxidé, à Masmarvent, à la Vaveix, aux environs de Limoges; fer sulfuré, près de Saint-Bonnard, à Saint-Léonard; fer phosphaté manganésifère, aux environs de Limoges; fer arsenical, à la Meyrine, près Saint-Yriex. Étain oxidé, à Vaury, à Puy-les-Vignes à Brilliaufa. Plomb sulfuré, à Glanges, à Vicq. Cuivre gris, dans le Wolfram, près de Saint-Léonard; cuivre carbonaté vert, à St-Bonnet-la-Rivière; cuivre arséniaté ferrifère, aux montagnes de Blon près Vaury. Antimoine sulfuré et oxidé, aux Bias, commune de Glandon près Saint-Yriex, à Fretille près Saint-Georges. Manganèse phosphatée ferrifère, sur le plateau de Chanteloube. Titane oxidé rouge, aux environs de Saint-Yriex, autour du village de la Grollière, dans les bois de Férussac; il est épars dans les champs sur le gneiss dans le domaine de la Bachellerie. Urane phosphaté, sur le plateau de Chanteloube. Scheelin ferruginé, à Puy-les-Vignes, à une lieue de Saint-Léonard.

### Minéraux acidifères et Roches.

Chaux carbonatée, à Sussac, à la Roche-l'Abeille; chaux sulfatée lamellaire nacrée, à Limoges. Baryte sulfatée, au Pont-Rompu, à une lieue de Limoges, sur la route de Saint-Yriex. Quartz hyalin, aux Sayzes, à Oradour, au Dorat, à Saint-Yriex, aux environs de Limoges, à Puy-les-Vignes, à Chanteloube, au bas Rhedon; quartz pyromaque, sur la route de Vierzon. Émeraude, au-dessus du ruisseau de Barreau près de Chanteloube, dans les granites du plateau de Chanteloube. Feldspath lamellaire blanc petunzé, à Saint-Yriex, aux environs du bois de la Malaize, à l'étang de Chevriers, à Bordaz. Feldspath décomposé, Kaolin, à Saint-Yriex. Lépidolite, sur le plateau de Chanteloube. Talc verdâtre et asbeste, à Perabruna, à Dournazac. Granite, à Pierre-Buffière, à la Collerie, à Mazei, à Saint-Lazare, près du pont Saint-Martial, à Bessines, aux environs de Saint-Léonard, à Magnac, à Panazot, à Royers. Granite porphyroïde, à Mazei, à Panazol, aux environs de Magnac-le-Petit, aux environs de Limoges, sur la route de Clermont. Gneiss, à Saint-Yriex, sur le plateau de Chanteloube, à Pierre Buffière, aux environs de Limoges, sur la route de Clermont, aux environs de Vigex. Roche amphibolique, à Pierre-Buffière, aux environs de Vigex, dans la commune de Verneuil, dans celle de Saugon ; roche serpentineuse, à Dournazac, à la Roche-l'Abeille, à Magnac. Siénite, sur la route de Boujas, à Aimoutier, à Pierre-Buffière. Schiste micacé, à Saint-Yriex, aux environs de Vigex ; schiste talcqueux à Perabruna. Roche stéatiteuse, à la Barre. Argile micacée, à saint-Yriex, à Rithai ; Argile, à la Bastide, au bois de la Malaise, à Puymery.

## VOSGES.

### Combustibles.

Houille, dans la commune de Gemenaincourt.

### Métaux.

Fer oligiste à Menekette, à Banewald, dans le Val de Schirmek, au banc de l'évêché près Framont, au Tillot entre Bussang et Remiremont, à Recula, à Wildersbach, à Rothau, à Bague, à Lampemat, au bois de Wisch, à Plombières, à Framont, à Belmont, à Châtillon près Plombières, entre Chenot et Salbach ; fer oxidé hydraté, à Recula, à Vaitte-froide, dans le Val de Schirmek, à la montagne de l'Évêché, au charbonnier du Tillot, à Framont, à Rothau, à Gemenaincourt, au Chenot de Salbach ; fer sulfuré, à Pontaye, à Menekette; fer carbonaté, à Framont, à Waldersbach, à Rothau, à Recula. Cuivre pyriteux, à la montagne du Tillot, à Lusse dans le Val de Saint-Dié, dans le ruisseau de Petit-Jean, commune de Ramochamp, au Charbonnier du banc de Ramochamp, aux montagnes Rouges et du Charbonnier près le Tillot; cuivre gris, à Lubine, dans le Val de Saint-Dié; cuivre carbonaté vert, à Waldersbach, près Rothau, dans le Val de Schirmek, aux mines de La Croix, au ruisseau de Petit-Jean, à la montagne du Charbonnier au Tillot, aux environs de Saint-Maurice. Plomb sulfuré, à Saint-Jean, commune de Laveline, à

Pontaye, à La Croix-aux-Mines; plomb carbonaté, à La Croix-aux-Mines; plomb phosphaté, à La Croix-aux-Mines. Manganèse oxidée noire, à Chmingoutte canton de Saint-Dié. Zinc sulfuré, à Lusse dans le val de Saint-Dié, au banc de l'évêché dans le val de Schirmek. Arsenic natif testacé, à la Croix-aux-Mines.

### Minéraux acidifères et Roches.

Chaux carbonatée compacte, au banc de l'Évêché, vis-à-vis Schirmek, à Waldersbach; chaux carbonatée cristallisée, à Framont; chaux carbonatée ferrifère; à Framont. Marne calcaire, à Gemenaincourt. Calcaire gris et gris jaunâtre polissable, aux Montagnes de l'Évêché, dans la vallée de Schirmek. Arragonite fibreux, à Framont. Baryte sulfatée, à Lubine, dans le Val de Saint-Dié, aux environs de la Hutte, près Darney. Quartz hyalin, aux environs de la Hutte, au sommet de la montagne de Bambois, en face du Chenot. Grès, à la montagne de La Couave, arrondissement de Remiremont; grès calcaire, aux environs de Rothau; grès micacé, à la Hutte. Granite, aux environs de la Hutte, à Wildersbach, aux environs du Tillot. Granite porphyroïde, aux environs du Tillot, à Tollé; granite passant au gneiss, à Gemenaincourt. Porphyre, à base de Feldspath, brun rougeâtre avec mica, amphibole, et gros cristaux de feldspath blanc, à Saint-Maurice. Roche feldspathique, avec amphibole et talc stéatite, aux environs du Tillot; la même sans talc, à Saint-Dié. Roche amygdaloïde, vert foncé, avec noyaux calcaires, à Brentchthal. Argile grise, gris clair, et rougeâtre, à Plombières; argile bolaire, aux mines de la Croix.

## YONNE.

### Combustibles.

Bois fossile noir et succin, dans une argile grise, au bas du bois de Duchy, au-dessus de la ferme de Frecambeaux, commune d'Asrole près Saint-Florentin.

### Métaux.

Fer oxidé jaunâtre, à Étivey, à Saint-Privey, canton de Saint-

Fargeau, aux environs d'Auxerre; fer sulfuré, dans la craie, auprès de Joigny, avec le bois fossile, au bois de Duchy; fer sulfuré arsenifère, dans une argile glaise, près de la Maladrerie, commune de Saint-Florentin. Plomb sulfuré, à Chatelus, près d'Avallon.

### Minéraux acidifères et Roches.

Chaux carbonatée grossière, pierre à bâtir, dans les bois de Tonnerre, à Passy, près d'Ancy-le-Franc, aux environs d'Avallon, à Saint-Florentin, à Guin, commune de Venizy; chaux carbonatée concrétionnée stalactiforme, stalagmiforme, dans les grottes d'Arcy. Marne calcaire blanche, servant d'engrais dans la commune d'Issy, sur les limites des départemens de l'Yonne et du Loiret. Chaux carbonatée cristallisée paradoxale, sur chaux carbonatée terreuse, à Saint-Julien-du-Sault. Craie, près de Joigny. Quartz pyromaque, à la Côte-Saint-Jacques, près de Joigny, au hameau des Vallées, commune de Cérilly, canton de Cerisiers. Grès, au Moulin-Poulet et à la ferme de Frecambeaux, près Saint-Florentin et Avrolles, à la montagne de Duchy. Pudding quartzeux, dans les bois de Joigny. Granite, à Avallon, à La Roche-Hameau, à deux lieues de Joigny, à Tanlay; granite roulé, dans la rivière de Saint-Florentin. Argile schisteuse, aux environs d'Avallon; argile noire, à Dixmont, à deux lieues et demie de Villeneuve-sur-Yonne. Ocre jaune, à Pourrain.

# TABLE

## PAR ORDRE DE MATIÈRES.

## OUVRAGES DE GÉOLOGIE, MINÉRALOGIE, ET GÉOGNOSIE

### QUE L'ON PEUT CONSULTER AVEC LE PLUS DE FRUIT.

---

Traité de Géognosie, par d'Aubuisson de Voisins.

Tableau des terrains qui composent l'écorce du globe, par Alex. Brongniart.

Manuel géologique, par la Bèche, traduit par Brochant de Villiers.

Mémoires pour servir a une description géologique de la France, par Dufrénoy et Élie de Beaumont.

Coupe des terrains tertiaires du bassin de Paris, par Constant Prévost.

Essai géognostique sur le gisement des roches dans les deux hémisphères, par Alex. de Humbold.

Carte géologique de l'Europe, par Boué.

Traité de minéralogie, par Beudant.

Introduction a la Géologie, par d'Omalius d'Halloy.

Introduction a la Minéralogie, par Alex. Brongniart.

Sections and views illustrative of Géological phenomena. London.

Recherches sur les ossemens fossiles, par Cuvier.

Esquisse d'un tableau des Pétrifications de la Suède, Stockholm, 1829.

Description géologique des environs de Paris, par Cuvier et Brongniart.

Prodrome d'une histoire des végétaux fossiles, par Ad. Brongniart.

Géognosie des terrains tertiaires du midi de la France, par Marcel de Serres

Description des coquilles caractéristiques des terrains, par Deshayes.

Tableau des corps organisés fossiles, par Defrance.



---

# TABLE

## PAR ORDRE ALPHABÉTIQUE.

## C

## D

FIN.

1. 2. 3. 4 5. 7.

8. 6. 9. 10. 11. 12.

13. 14. 15. 16. 17. 18. 19.

20. 21. 22. 23. 24. 25. 26.

Gravé par Ambroise Tardieu.

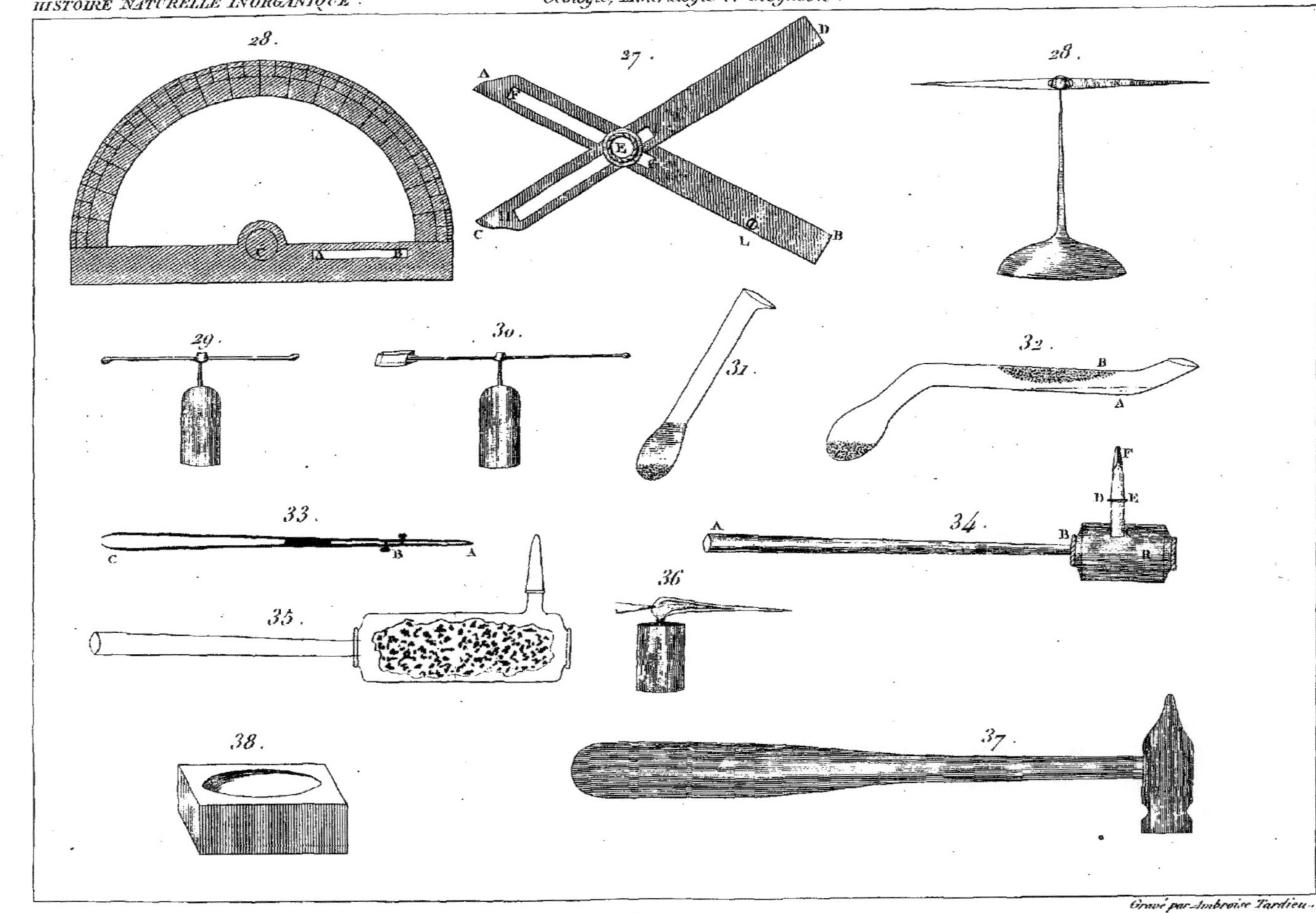


Gravé par Ambroise Tardieu.

39. 40. 41. 42. 43. 44. 45.

46. 47. 48. 49. 50. 51.

52. 53. 54. 55. 56. 57. 58.

59. 60 61. 62. 63. 64. 65. 66.

Gravé par Ambroise Tardieu.

67. 68. 69. 70 71. 72. 73.

74. 75. 76. 77. 78 79. 80.

81. 82. 83. 84. 85. 86. 87.

88. 89. 90. 91. 92. 93. 94. 95.

Gravé par Ambroise Tardieu.

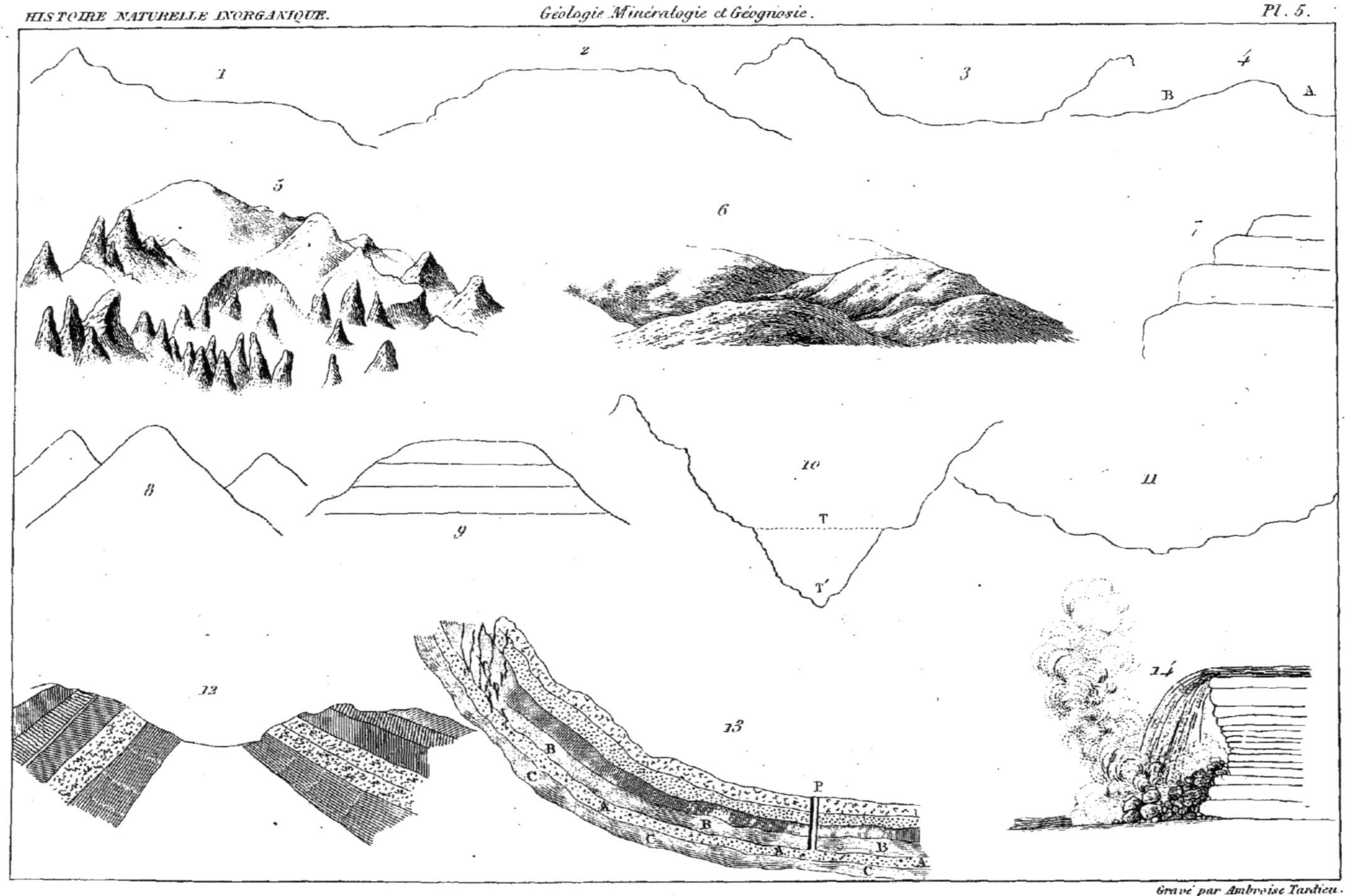


Gravé par Ambroise Tardieu.

15 16 17 18 19

20 21 22 23

24 25

26 27

28 29 30

A B C D E F

Gravé par Ambroise Tardieu.

www.ingramcontent.com/pod-product-compliance
Ingram Content Group UK Ltd.
Pitfield, Milton Keynes, MK11 3LW, UK
UKHW021840190726
13855UKWH00001B/72

9 782013 483186